수학이 쉬워지는 완벽한 솔루션

완쓸 개념

중등수학

3-1

메가스터디 BOOKS

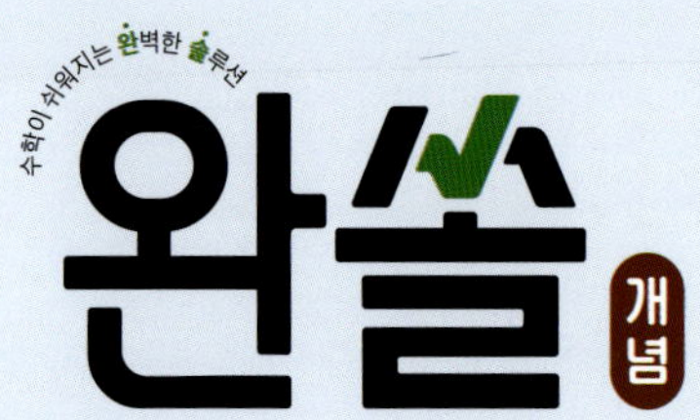

수학이 쉬워지는 완벽한 솔루션
완쏠
개념
중등수학
3-1

발행일	2025년 5월 30일
펴낸곳	메가스터디(주)
펴낸이	손은진
개발 책임	배경윤
개발	김민, 오성한, 신상희, 김건지, 성기은
디자인	주희연, 신은지, 윤준호
마케팅	엄재욱, 김세정
제작	이성재, 장병미
주소	서울시 서초구 효령로 304(서초동) 국제전자센터 24층
대표전화	1661-5431(내용 문의 02-6984-6901 / 구입 문의 02-6984-6868,9)
홈페이지	http://www.megastudybooks.com
출판사 신고 번호	제 2015-000159호
출간제안/원고투고	메가스터디북스 홈페이지 <투고 문의> 등록

메가스터디BOOKS

'메가스터디북스'는 메가스터디㈜의 교육, 학습 전문 출판 브랜드입니다.

초중고 참고서는 물론, 어린이/청소년 교양서, 성인 학습서까지 다양한 도서를 출간하고 있습니다.

·**제품명** 완쏠 개념 중등수학 3-1
·**제조자명** 메가스터디㈜ ·**제조년월** 판권에 별도 표기 ·**제조국명** 대한민국 ·**사용연령** 11세 이상
·**주소 및 전화번호** 서울시 서초구 효령로 304(서초동) 국제전자센터 24층 / 1661-5431

수학 기본기를 강화하는 완쏠 개념은 이렇게 만들었습니다!

새 교육과정에 충실한
중요 개념 선별 & 수록

교과서 수준에 철저히 맞춘
대표 예제와 유제 수록

내신 기출문제를 분석한
단원별 실전 문제 수록

단원의 개념을 최종 정리하는
마인드맵과 OX 문제 수록

정확한 답과 설명을
건너뛰지 않는 **친절한 해설**

이 책의 **짜임새**

STEP 1

필수 개념 + 개념 확인하기

단원별로 꼭 알아야 하는 필수 개념과 그 개념을 확인하는 문제로 개념을 쉽게 이해할 수 있습니다.

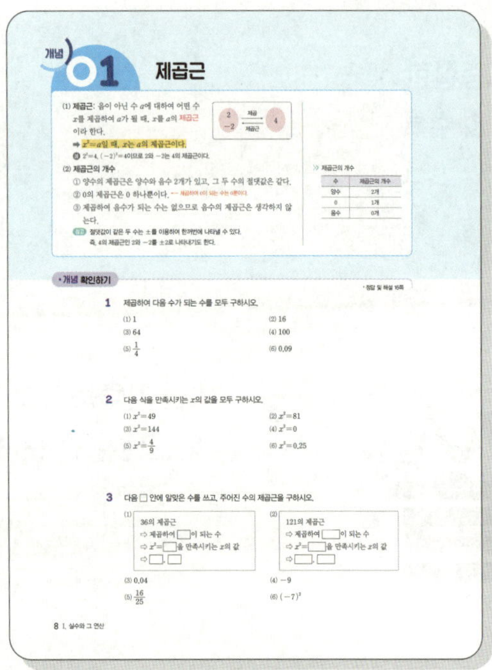

STEP 2

대표 예제로 개념 익히기

개념별로 자주 출제되는 유형으로 선정한 대표 예제, 이와 관련된 유제를 다시 풀어 보며 내신 기본기를 다질 수 있습니다.

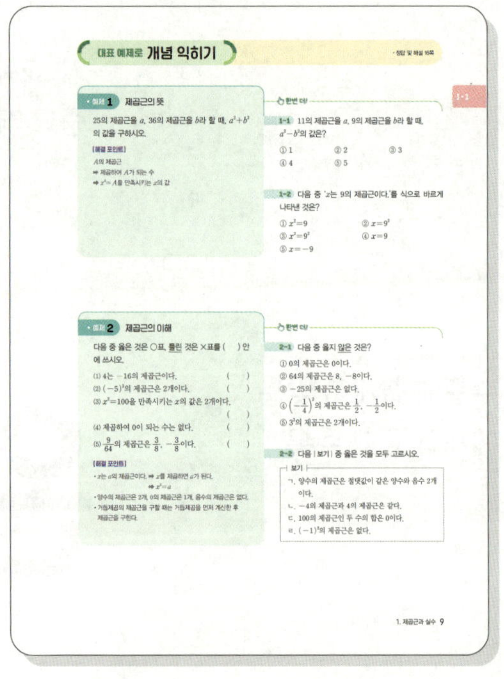

STEP 3

실전 문제로 단원 마무리하기

중단원 학습 내용을 점검하는 다양한 난이도의 실전 문제(서술형 포함)로 내신 대비를 탄탄하게 할 수 있습니다.

단원 정리하기

마인드맵 & OX 문제로 단원 정리하기

중단원에서 학습한 개념을 마인드맵으로 구조화하여 이해하고, OX 문제에 답하며 개념 이해도를 스스로 점검할 수 있습니다.

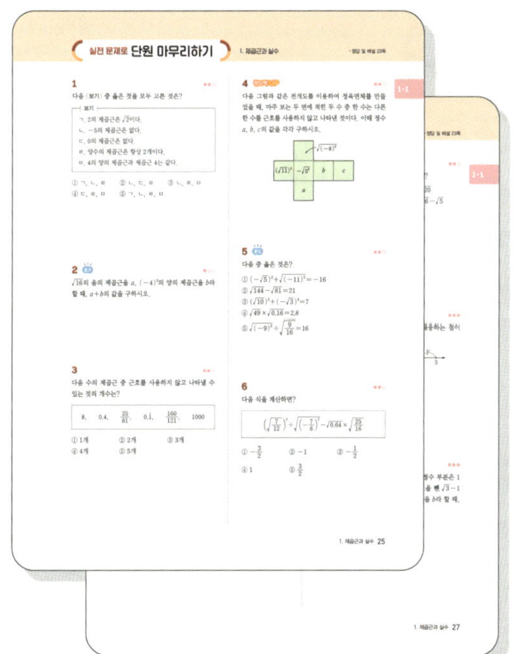

➕ 본책 학습 후 "워크북"

본책의 각 개념에 대한 확인 문제, 대표 예제를 반복하여 풀며 내신 기본기를 더욱 탄탄하게 다지고 싶은 학생은 "워크북"까지 풀어 보세요!

이 책의 차례

III
이차함수

5. 이차함수와 그 그래프

6. 이차함수 $y=ax^2+bx+c$의 그래프

중등 3-2	I 삼각비	1 삼각비
		2 삼각비의 활용
	II 원의 성질	3 원과 직선
		4 원주각
	III 통계	5 산포도 / 상자그림과 산점도

*완쏠 개념 중등수학 3-2는 별도 판매합니다.

1

제곱근과 실수

<table>
<tr><td colspan="3" align="center">**☑ 이번에 배워요**</td></tr>
<tr><td align="center">**배웠어요**</td><td></td><td align="center">**배울 거예요**</td></tr>
</table>

배웠어요

- 소인수분해 [중1]
- 정수와 유리수 [중1]
- 문자의 사용과 식 [중1]
- 유리수와 순환소수 [중2]
- 식의 계산 [중2]

☑ 이번에 배워요

1. 제곱근과 실수
- 제곱근의 뜻과 성질
- 제곱근의 대소 관계
- 무리수와 실수
- 실수의 대소 관계

2. 근호를 포함한 식의 계산
- 근호를 포함한 식의 곱셈과 나눗셈
- 근호를 포함한 식의 덧셈과 뺄셈

배울 거예요

- 다항식의 곱셈과 인수분해 [중3]
- 다항식의 연산 [고등]
- 복소수와 이차방정식 [고등]

약 3700년 전 고대 바빌로니아의 점토판에서 피타고라스 정리를 이용해 직각삼각형을 그린 흔적이 발견되었습니다.
이 점토판에는 대각선이 그려진 정사각형에 쐐기 문자로 여러 개의 수가 새겨져 있었고, 이 수들은 정사각형의 한 변의
길이와 그 대각선의 길이의 비임이 밝혀졌습니다. 그리고 이 수들은 유리수로 설명할 수 없었기 때문에 유리수가 아닌
수, 즉 무리수의 존재가 발견되는 계기가 되었습니다.
이 단원에서는 제곱근의 뜻과 성질, 무리수와 실수에 대해 학습합니다.

▶ **새로 배우는 용어 · 기호**
제곱근, 근호, 무리수, 실수, $\sqrt{}$

1. 제곱근과 실수를 시작하기 전에

정수와 유리수의 곱셈 [중1]

1 다음을 계산하시오.

(1) 3^2 (2) $(-5)^2$ (3) 0.2^2 (4) $\left(\dfrac{1}{2}\right)^2$

피타고라스 정리 [중2]

2 다음 그림의 직각삼각형에서 x의 값을 구하시오.

(1)
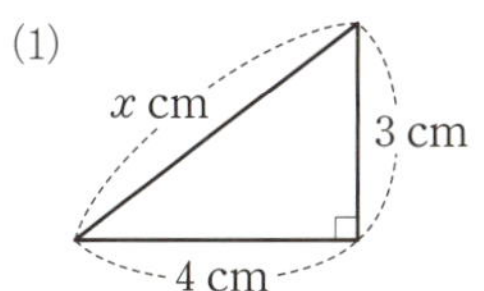

(2)
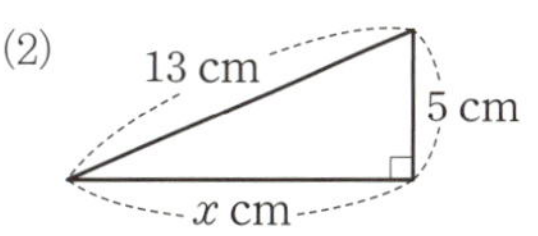

제곱근

(1) **제곱근**: 음이 아닌 수 a에 대하여 어떤 수 x를 제곱하여 a가 될 때, x를 a의 제곱근이라 한다.

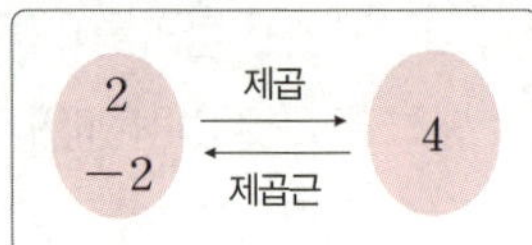

➡ $x^2=a$일 때, x는 a의 제곱근이다.

예 $2^2=4$, $(-2)^2=4$이므로 2와 −2는 4의 제곱근이다.

(2) **제곱근의 개수**

① 양수의 제곱근은 양수와 음수 2개가 있고, 그 두 수의 절댓값은 같다.

② 0의 제곱근은 0 하나뿐이다. ← 제곱하여 0이 되는 수는 0뿐이다.

③ 제곱하여 음수가 되는 수는 없으므로 음수의 제곱근은 생각하지 않는다.

참고 절댓값이 같은 두 수는 ±를 이용하여 한꺼번에 나타낼 수 있다.
즉, 4의 제곱근인 2와 −2를 ±2로 나타내기도 한다.

≫ 제곱근의 개수

수	제곱근의 개수
양수	2개
0	1개
음수	0개

• **개념 확인하기**

• 정답 및 해설 16쪽

1 제곱하여 다음 수가 되는 수를 모두 구하시오.

(1) 1   (2) 16

(3) 64   (4) 100

(5) $\dfrac{1}{4}$ (6) 0.09

2 다음 식을 만족시키는 x의 값을 모두 구하시오.

(1) $x^2=49$ (2) $x^2=81$

(3) $x^2=144$ (4) $x^2=0$

(5) $x^2=\dfrac{4}{9}$ (6) $x^2=0.25$

3 다음 □ 안에 알맞은 수를 쓰고, 주어진 수의 제곱근을 구하시오.

(1)
36의 제곱근
⇨ 제곱하여 □이 되는 수
⇨ $x^2=$□을 만족시키는 x의 값
⇨ □, □

(2)
121의 제곱근
⇨ 제곱하여 □이 되는 수
⇨ $x^2=$□을 만족시키는 x의 값
⇨ □, □

(3) 0.04   (4) −9

(5) $\dfrac{16}{25}$ (6) $(-7)^2$

• 예제 1 제곱근의 뜻

25의 제곱근을 a, 36의 제곱근을 b라 할 때, a^2+b^2 의 값을 구하시오.

[해결 포인트]

A의 제곱근

➡ 제곱하여 A가 되는 수

➡ $x^2=A$를 만족시키는 x의 값

👆**한번 더!**

1-1 11의 제곱근을 a, 9의 제곱근을 b라 할 때, a^2-b^2의 값은?

① 1 ② 2 ③ 3

④ 4 ⑤ 5

1-2 다음 중 'x는 9의 제곱근이다.'를 식으로 바르게 나타낸 것은?

① $x^2=9$ ② $x=9^2$

③ $x^2=9^2$ ④ $x=9$

⑤ $x=-9$

• 예제 2 제곱근의 이해

다음 중 옳은 것은 ○표, 틀린 것은 ×표를 (   ) 안에 쓰시오.

(1) 4는 -16의 제곱근이다. (   )

(2) $(-5)^2$의 제곱근은 2개이다. (   )

(3) $x^2=100$을 만족시키는 x의 값은 2개이다. (   )

(4) 제곱하여 0이 되는 수는 없다. (   )

(5) $\dfrac{9}{64}$의 제곱근은 $\dfrac{3}{8}$, $-\dfrac{3}{8}$이다. (   )

[해결 포인트]

• x는 a의 제곱근이다. ➡ x를 제곱하면 a가 된다.

  ➡ $x^2=a$

• 양수의 제곱근은 2개, 0의 제곱근은 1개, 음수의 제곱근은 없다.

• 거듭제곱의 제곱근을 구할 때는 거듭제곱을 먼저 계산한 후 제곱근을 구한다.

👆**한번 더!**

2-1 다음 중 옳지 <u>않은</u> 것은?

① 0의 제곱근은 0이다.

② 64의 제곱근은 8, -8이다.

③ -25의 제곱근은 없다.

④ $\left(-\dfrac{1}{4}\right)^2$의 제곱근은 $\dfrac{1}{2}$, $-\dfrac{1}{2}$이다.

⑤ 3^2의 제곱근은 2개이다.

2-2 다음 |보기| 중 옳은 것을 모두 고르시오.

| 보기 |

ㄱ. 양수의 제곱근은 절댓값이 같은 양수와 음수 2개 이다.

ㄴ. -4의 제곱근과 4의 제곱근은 같다.

ㄷ. 100의 제곱근인 두 수의 합은 0이다.

ㄹ. $(-1)^2$의 제곱근은 없다.

제곱근의 표현

(1) **제곱근의 표현**

① 제곱근은 기호 $\sqrt{}$ 를 사용하여 나타내는데 이것을 **근호**라 하며 '제곱근' 또는 '루트(root)'라 읽는다.

② 양수 a의 두 제곱근 중에서 ┌ 양수인 것: a의 양의 제곱근 ➡ $\sqrt{a}$
└ 음수인 것: a의 음의 제곱근 ➡ $-\sqrt{a}$

이때 $\sqrt{a}$와 $-\sqrt{a}$를 한꺼번에 $\pm\sqrt{a}$로 나타내기도 한다. → '플러스 마이너스 루트 a'라 읽는다.

➡ $x^2=a\,(a>0)$이면 $x=\pm\sqrt{a}$

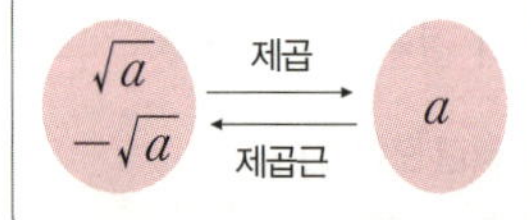

(2) **'a의 제곱근'과 '제곱근 a'**

$a>0$일 때

① **a의 제곱근**: 제곱하여 a가 되는 수이므로 $\pm\sqrt{a}$이다.

② **제곱근 a**: a의 제곱근 중 양의 제곱근이므로 $\sqrt{a}$이다.

> **참고** 근호 안의 수가 어떤 유리수의 제곱이면 근호를 사용하지 않고 나타낼 수 있다.
> **예** 9의 제곱근: $\pm\sqrt{9}=\pm\sqrt{3^2}=\pm3$　　제곱근 9: $\sqrt{9}=3$

· 개념 확인하기

· 정답 및 해설 17쪽

1 다음 표를 완성하시오.

a	2	3	4	5	6
a의 양의 제곱근	$\sqrt{2}$	$\sqrt{3}$	$\sqrt{4}=2$		
a의 음의 제곱근	$-\sqrt{2}$	$-\sqrt{3}$			
a의 제곱근	$\pm\sqrt{2}$				

2 다음 수의 제곱근을 근호를 사용하여 나타내시오.

(1) 7　　　　(2) 11　　　　(3) 0.2　　　　(4) $\dfrac{2}{5}$

3 다음 표를 완성하시오.

a	a의 제곱근	제곱근 a
10		
23		
0.1		
$\dfrac{1}{2}$		

4 다음 수를 근호를 사용하지 않고 나타내시오.

(1) $\sqrt{25}$　　　　(2) $\sqrt{0.49}$　　　　(3) $\pm\sqrt{144}$　　　　(4) $-\sqrt{\dfrac{4}{9}}$

• **예제 1** 제곱근의 표현

다음 중 옳은 것을 모두 고르면? (정답 2개)

① 11의 제곱근은 $\pm\sqrt{11}$이다.
② 제곱근 11은 $\pm\sqrt{11}$이다.
③ $\sqrt{9}$의 음의 제곱근은 -3이다.
④ 0.25의 제곱근은 0.5이다.
⑤ $\sqrt{49}$의 제곱근은 $\pm\sqrt{7}$이다.

[해결 포인트]

$a>0$일 때
• a의 제곱근 ➡ $\pm\sqrt{a}$
• 제곱근 a ➡ $\sqrt{a}$

✋ **한번 더!**

1-1 다음 |보기| 중 옳은 것을 모두 고르시오.

| 보기 |

ㄱ. 3의 음의 제곱근은 $-\sqrt{3}$이다.
ㄴ. $\sqrt{2}$는 2의 제곱근이다.
ㄷ. 제곱근 16은 ±4이다.
ㄹ. $\sqrt{121}$의 제곱근은 $\pm\sqrt{11}$이다.

1-2 $\sqrt{81}$의 양의 제곱근을 A, 제곱근 100을 B라 할 때, $B-A$의 값은?

① -1 ② 1   ③ 3
④ 5   ⑤ 7

• **예제 2** 근호를 사용하지 않고 나타내기

다음 수 중 근호를 사용하지 않고 나타낼 수 <u>없는</u> 것을 모두 고르면? (정답 2개)

① $\sqrt{64}$ ② $\sqrt{0.9}$ ③ $-\sqrt{\dfrac{1}{144}}$

④ $\sqrt{0.36}$ ⑤ $\sqrt{\dfrac{99}{25}}$

[해결 포인트]

1, 4, 9, 16, …과 같이 어떤 수의 제곱인 수의 제곱근은 근호를 사용하지 않고 나타낼 수 있다.
➡ a^2의 제곱근은 $\pm\sqrt{a^2}=\pm a$

✋ **한번 더!**

2-1 다음 수 중 근호를 사용하지 않고 나타낼 수 있는 것은?

① $-\sqrt{0.4}$ ② $\sqrt{10}$ ③ $\sqrt{\dfrac{5}{16}}$

④ $\sqrt{\dfrac{16}{81}}$ ⑤ $\sqrt{107}$

2-2 다음 수의 제곱근 중 근호를 사용하지 않고 나타낼 수 있는 것을 모두 고르시오.

$$1, \quad 8, \quad \frac{16}{9}, \quad 0.\dot{4}, \quad 1.\dot{6}$$

제곱근의 성질

(1) 제곱근의 성질

$a>0$일 때

① a의 제곱근 $\sqrt{a}$와 $-\sqrt{a}$를 제곱하면 a가 된다.

➡ $(\sqrt{a})^2=a,\ (-\sqrt{a})^2=a$

예 $(\sqrt{3})^2=3,\ (-\sqrt{3})^2=3$

② 근호 안의 수가 어떤 수의 제곱이면 근호 ($\sqrt{}$)를 사용하지 않고 나타낼 수 있다.

➡ $\sqrt{a^2}=a,\ \sqrt{(-a)^2}=a$

예 $\sqrt{8^2}=8,\ \sqrt{(-8)^2}=\sqrt{64}=\sqrt{8^2}=8$

참고 $(-a)^2=a^2$이므로 $(-a)^2$의 양의 제곱근은 a^2의 양의 제곱근과 같다.

>> a가 양수이므로
> - $\sqrt{a^2}$
> $=$(제곱하여 a^2이 되는 수 중 양수)
> $=(a^2$의 양의 제곱근)
> $=a$
> 즉, $\sqrt{a^2}=a$
> - $\sqrt{(-a)^2}=\sqrt{(-a)\times(-a)}$
> $=\sqrt{a^2}$
> $=a$
> 즉, $\sqrt{(-a)^2}=a$

(2) $\sqrt{A^2}$의 성질

모든 수 A에 대하여 $\sqrt{A^2}$은 A^2의 양의 제곱근이므로 A의 부호에 관계없이 항상 음이 아닌 값을 가진다.

➡ $\sqrt{A^2}=|A|=\begin{cases} A\geq0일 \text{ 때},\ A \\ A<0일 \text{ 때},\ -A \end{cases}$

음이 아닌 값 / 음이 아닌 값

예 $\sqrt{2^2}=2,\ \sqrt{(-2)^2}=-(-2)=2$

2가 양수이므로 부호 그대로 / -2가 음수이므로 부호 반대로

참고 $\sqrt{(a-b)^2}$ 꼴을 포함한 식을 간단히 할 때는 먼저 $a-b$의 부호를 조사한다.

- $a-b>0 \Rightarrow \sqrt{(a-b)^2}=a-b$ ← 부호 그대로
- $a-b<0 \Rightarrow \sqrt{(a-b)^2}=-(a-b)=-a+b$ ← 부호 반대로

>> $\sqrt{(양수)^2}=(양수)$
> $\sqrt{(음수)^2}=-(음수)$
> 양수

(3) 제곱수

$\to 1^2,\ 2^2,\ 3^2,\ 4^2,\ \cdots$

① $1,\ 4,\ 9,\ 16,\ \cdots$과 같이 자연수의 제곱인 수를 제곱수라 한다.

② 근호 안의 수가 제곱수이면 근호를 사용하지 않고 자연수로 나타낼 수 있다.

➡ $\sqrt{(제곱수)}=\sqrt{(자연수)^2}=(자연수)$

예 $\sqrt{49}=\sqrt{7^2}=7$

③ 제곱수는 소인수분해하였을 때, 각 소인수의 지수가 모두 짝수이다.

예 $\sqrt{2\times3^2\times x}$가 자연수가 되려면 각 소인수의 지수가 모두 짝수이어야 하므로 $x=2\times(자연수)^2$ 꼴이어야 한다.

따라서 $\sqrt{2\times3^2\times x}$가 자연수가 되도록 하는 가장 작은 자연수 x의 값은 $x=2\times1^2=2$

>> **암기하면 편리한 100 이상의 제곱수**
>
> | | |
> |---|---|
> | $11^2=121$ | $16^2=256$ |
> | $12^2=144$ | $17^2=289$ |
> | $13^2=169$ | $\vdots$ |
> | $14^2=196$ | $25^2=625$ |
> | $15^2=225$ | $\vdots$ |

1 다음 수를 근호를 사용하지 않고 나타내시오.

(1) $(\sqrt{7})^2$　　　　　　(2) $(\sqrt{11})^2$　　　　　　(3) $-(\sqrt{8})^2$

(4) $-\left(\sqrt{\dfrac{1}{2}}\right)^2$　　　　(5) $(-\sqrt{13})^2$　　　　(6) $-(-\sqrt{0.6})^2$

2 다음 수를 근호를 사용하지 않고 나타내시오.

(1) $\sqrt{3^2}$　　　　　　(2) $\sqrt{12^2}$　　　　　　(3) $-\sqrt{7^2}$

(4) $\sqrt{\left(-\dfrac{2}{5}\right)^2}$　　　　(5) $\sqrt{(-17)^2}$　　　　(6) $-\sqrt{(-21)^2}$

3 다음은 제곱근의 성질을 이용하여 식을 계산하는 과정이다. □ 안에 알맞은 수를 쓰시오.

(1) $\sqrt{2^2}+(-\sqrt{5})^2$

> $\sqrt{2^2}=\square$, $(-\sqrt{5})^2=\square$ 이므로
> $\sqrt{2^2}+(-\sqrt{5})^2=\square$

(2) $\sqrt{(-7)^2}-(\sqrt{6})^2$

> $\sqrt{(-7)^2}=\square$, $(\sqrt{6})^2=\square$ 이므로
> $\sqrt{(-7)^2}-(\sqrt{6})^2=\square$

4 다음 ○ 안에는 부등호 $>$, $<$ 중 알맞은 것을 쓰고, □ 안에는 알맞은 식을 쓰시오.

(1) $a>0$일 때, $\sqrt{(2a)^2}=\boxed{}$
$2a \bigcirc 0$

(2) $a<0$일 때, $\sqrt{(2a)^2}=\boxed{}$
$2a \bigcirc 0$

(3) $a>0$일 때, $\sqrt{(-2a)^2}=-(\boxed{})=\boxed{}$
$-2a \bigcirc 0$

(4) $a<0$일 때, $\sqrt{(-2a)^2}=\boxed{}$
$-2a \bigcirc 0$

5 다음 ○ 안에는 부등호 $>$, $<$ 중 알맞은 것을 쓰고, □ 안에는 알맞은 식을 쓰시오.

(1) $x>1$일 때,
$\sqrt{(x-1)^2}=\boxed{}$
$x-1 \bigcirc 0$

(2) $x<1$일 때,
$\sqrt{(x-1)^2}=-(\boxed{})=\boxed{}$
$x-1 \bigcirc 0$

6 다음은 $\sqrt{20x}$가 자연수가 되도록 하는 가장 작은 자연수 x의 값을 구하는 과정이다. □ 안에 알맞은 수를 쓰시오.

> 근호 안의 수를 소인수분해하면 $20x=2^{\square}\times5\times x$이고 $\sqrt{2^{\square}\times5\times x}$가 자연수가 되려면
> 각 소인수의 지수가 모두 짝수이어야 하므로 $x=\boxed{}\times(\text{자연수})^2$ 꼴이어야 한다.
> 따라서 $\sqrt{20x}$가 자연수가 되도록 하는 가장 작은 자연수 x의 값은 $\boxed{}$이다.

• 예제 1 제곱근의 성질

다음 중 옳지 <u>않은</u> 것은?

① $\left(\sqrt{\dfrac{2}{3}}\right)^2 = \dfrac{2}{3}$　　② $\sqrt{\left(\dfrac{5}{6}\right)^2} = \dfrac{5}{6}$

③ $\sqrt{\left(-\dfrac{4}{25}\right)^2} = \dfrac{4}{25}$　　④ $-\sqrt{\left(\dfrac{1}{3}\right)^2} = -\dfrac{1}{3}$

⑤ $-\sqrt{(-0.5)^2} = 0.5$

[해결 포인트]

$a > 0$일 때

• $(\sqrt{a})^2 = (-\sqrt{a})^2 \Rightarrow (a$의 제곱근$)^2 = a$

• $\sqrt{a^2} = \sqrt{(-a)^2} = a$

🖐 **한번 더!**

1-1 다음 중 그 값이 나머지 넷과 <u>다른</u> 하나는?

① $(\sqrt{10})^2$　　② $\sqrt{10^2}$　　③ $\sqrt{(-10)^2}$

④ $(-\sqrt{10})^2$　　⑤ $-\sqrt{(-10)^2}$

1-2 다음 수를 크기가 작은 것부터 차례로 나열하시오.

$$-\sqrt{6^2}, \quad (-\sqrt{2})^2, \quad \sqrt{(-5)^2}, \quad (-\sqrt{3})^2$$

• 예제 2 제곱근의 성질을 이용한 식의 계산

다음을 계산하시오.

(1) $\sqrt{(-3)^2} + \sqrt{7^2}$

(2) $\left(-\sqrt{\dfrac{5}{2}}\right)^2 - \sqrt{\left(\dfrac{7}{2}\right)^2}$

(3) $(\sqrt{0.8})^2 \times \sqrt{(-10)^2}$

(4) $\sqrt{12^2} \div \left(-\sqrt{\dfrac{3}{4}}\right)^2$

[해결 포인트]

제곱근의 성질을 이용하여 근호를 없앤 후 식을 계산한다.

🖐 **한번 더!**

2-1 다음을 계산하시오.

(1) $\sqrt{\left(\dfrac{7}{3}\right)^2} + \left(-\sqrt{\dfrac{2}{3}}\right)^2$

(2) $\sqrt{2.4^2} - \sqrt{(-0.4)^2}$

(3) $(-\sqrt{8})^2 - \sqrt{6^2} \times \sqrt{\left(-\dfrac{5}{3}\right)^2}$

(4) $-\sqrt{9} \times (-\sqrt{5})^2 - \sqrt{(-6)^2} \div \sqrt{\left(-\dfrac{3}{4}\right)^2}$

I·1

• 예제 **3** $\sqrt{a^2}$의 성질

$a<0$일 때, 다음 |보기| 중 옳은 것을 모두 고르시오.

| 보기 |

ㄱ. $-\sqrt{(-a)^2}=-a$　　ㄴ. $\sqrt{(2a)^2}=-2a$

ㄷ. $-\sqrt{36a^2}=-6a$　　ㄹ. $\sqrt{(-4a)^2}=-4a$

[해결 포인트]

$$\sqrt{a^2}=|a|=\begin{cases} a\ (a>0) \Rightarrow \sqrt{(\text{양수})^2}=(\text{양수}) \\ -a\ (a<0) \Rightarrow \sqrt{(\text{음수})^2}=\underset{\text{양수}}{-(\text{음수})} \end{cases}$$

☞ **한번 더!**

3-1 $a>0$일 때, 다음 중 옳지 <u>않은</u> 것은?

① $\sqrt{(-a)^2}=a$　　② $-\sqrt{a^2}=-a$

③ $(-\sqrt{a})^2=-a$　　④ $\sqrt{25a^2}=5a$

⑤ $-\sqrt{(-3a)^2}=-3a$

• 예제 **4** $\sqrt{a^2}$ 꼴을 포함한 식 간단히 하기

$a>0$, $b<0$일 때, 다음 식을 간단히 하시오.

$$\sqrt{a^2}+\sqrt{(-5a)^2}+2\sqrt{4b^2}$$

[해결 포인트]

$\sqrt{a^2}$ 꼴을 포함한 식을 간단히 할 때는 먼저 a의 부호를 조사한다.

• $a>0$이면 $\Rightarrow \sqrt{a^2}=a$

• $a<0$이면 $\Rightarrow \sqrt{a^2}=-a$

☞ **한번 더!**

4-1 다음 식을 간단히 하시오.

(1) $a>0$일 때, $\sqrt{(3a)^2}+\sqrt{(-4a)^2}$

(2) $a<0$, $b>0$일 때, $\sqrt{(-2a)^2}-\sqrt{a^2}+\sqrt{(-b)^2}$

• 예제 **5** $\sqrt{(a-b)^2}$ 꼴을 포함한 식 간단히 하기

다음 식을 간단히 하시오.

(1) $a<1$일 때, $\sqrt{(1-a)^2}+\sqrt{(a-1)^2}$

(2) $-3<a<1$일 때, $\sqrt{(a-1)^2}-\sqrt{(3+a)^2}$

[해결 포인트]

$\sqrt{(a-b)^2}$ 꼴을 포함한 식을 간단히 할 때는 먼저 $a-b$의 부호를 조사한다.

• $a-b>0$이면 $\Rightarrow \sqrt{(a-b)^2}=a-b$

• $a-b<0$이면 $\Rightarrow \sqrt{(a-b)^2}=-(a-b)$

☞ **한번 더!**

5-1 $a>b$일 때, 다음 식을 간단히 하시오.

$$\sqrt{(a-b)^2}+\sqrt{(b-a)^2}$$

5-2 $0<a<2$일 때, 다음 식을 간단히 하시오.

$$\sqrt{(3a)^2}+\sqrt{(a-2)^2}-\sqrt{(2+a)^2}$$

•예제 6　$\sqrt{\square}$가 자연수가 될 조건(1)

$\sqrt{\dfrac{28}{x}}$이 자연수가 되도록 하는 가장 작은 자연수 x의 값을 구하려고 한다. 다음 물음에 답하시오.

(1) 28을 소인수분해하시오.

(2) (1)의 결과에서 지수가 홀수인 소인수를 구하시오.

(3) $\sqrt{\dfrac{28}{x}}$이 자연수가 되도록 하는 가장 작은 자연수 x의 값을 구하시오.

[해결 포인트]

$\sqrt{Ax}$, $\sqrt{\dfrac{A}{x}}$ (A는 자연수) 꼴을 자연수로 만들기

➡ A를 소인수분해한 후 소인수의 지수가 모두 짝수가 되도록 x의 값을 정한다.

👆 **한번 더!**

6-1　다음 식이 자연수가 되도록 하는 가장 작은 자연수 x의 값을 구하시오.

(1) $\sqrt{3^2 \times 5 \times x}$

(2) $\sqrt{8x}$

6-2　다음 식이 자연수가 되도록 하는 가장 작은 자연수 x의 값을 구하시오.

(1) $\sqrt{\dfrac{2^4 \times 3}{x}}$

(2) $\sqrt{\dfrac{72}{x}}$

•예제 7　$\sqrt{\square}$가 자연수가 될 조건(2)

$\sqrt{20-x}$가 자연수가 되도록 하는 자연수 x의 값을 모두 구하려고 한다. 다음 물음에 답하시오.

(1) 20보다 작은 제곱수를 모두 구하시오.

(2) $\sqrt{20-x}$가 자연수가 되도록 하는 자연수 x의 값을 모두 구하시오.

[해결 포인트]

• $\sqrt{A+x}$ (A는 자연수) 꼴을 자연수로 만들기

　➡ A보다 큰 제곱수를 찾는다.

• $\sqrt{A-x}$ (A는 자연수) 꼴을 자연수로 만들기

　➡ A보다 작은 제곱수를 찾는다.

👆 **한번 더!**

7-1　$\sqrt{40+x}$가 자연수가 되도록 하는 가장 작은 자연수 x의 값을 구하시오.

7-2　$\sqrt{35-x}$가 자연수가 되도록 하는 자연수 x의 값 중 가장 큰 값을 a, 가장 작은 값을 b라 할 때, $a-b$의 값은?

① 24　　　② 27　　　③ 30

④ 36　　　⑤ 38

 제곱근의 대소 관계

$a>0$, $b>0$일 때

(1) $a<b$이면 $\sqrt{a}<\sqrt{b}$ 예 $2<5$이면 $\sqrt{2}<\sqrt{5}$

(2) $\sqrt{a}<\sqrt{b}$이면 $a<b$ 예 $\sqrt{2}<\sqrt{5}$이면 $2<5$

(3) $\sqrt{a}<\sqrt{b}$이면 $-\sqrt{a}>-\sqrt{b}$ 예 $\sqrt{2}<\sqrt{5}$이면 $-\sqrt{2}>-\sqrt{5}$

참고 두 양수 a, b에 대하여 a와 $\sqrt{b}$와 같이 근호가 없는 수와 근호가 있는 수가 주어질 때는

방법 ① a를 $\sqrt{a^2}$으로 바꾸어 $\sqrt{a^2}$과 $\sqrt{b}$의 대소를 비교한다. ← 근호가 없는 수를 근호를 사용하여 나타낸 후 대소를 비교한다.

방법 ② a, $\sqrt{b}$를 각각 제곱하여 a^2과 b의 대소를 비교한다.

· 개념 확인하기

· 정답 및 해설 20쪽

1 오른쪽 그림은 한 칸의 가로와 세로의 길이가 각각 1인 모눈종이 위에 크기가 다른 두 정사각형 A, B를 겹쳐 그린 것이다. □ 안에 알맞은 수를 쓰시오.

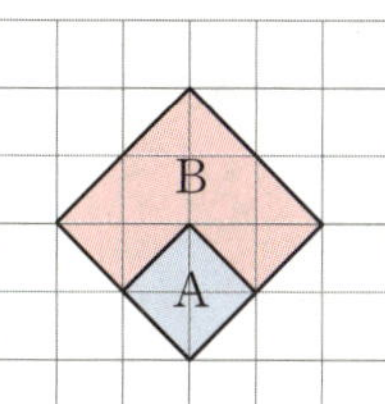

(1) 두 정사각형 A, B의 넓이

⇨ (정사각형 A의 넓이)=□, (정사각형 B의 넓이)=□

(2) 두 정사각형 A, B의 한 변의 길이

⇨ (정사각형 A의 한 변의 길이)=□, (정사각형 B의 한 변의 길이)=□

(3) 두 정사각형 A, B의 한 변의 길이의 대소 관계 ⇨ □ < □

2 다음 두 수의 대소를 비교하여 ◯ 안에 부등호 >, < 중 알맞은 것을 쓰시오.

(1) $\sqrt{3}$, $\sqrt{6}$ ⇨ 3 ◯ 6이므로 $\sqrt{3}$ ◯ $\sqrt{6}$

(2) $\sqrt{10}$, $\sqrt{13}$ ⇨ $\sqrt{10}$ ◯ $\sqrt{13}$

(3) $\sqrt{\dfrac{1}{3}}$, $\sqrt{\dfrac{1}{6}}$ ⇨ $\sqrt{\dfrac{1}{3}}$ ◯ $\sqrt{\dfrac{1}{6}}$

(4) $-\sqrt{5}$, $-\sqrt{7}$ ⇨ 5 ◯ 7이므로 $\sqrt{5}$ ◯ $\sqrt{7}$ ∴ $-\sqrt{5}$ ◯ $-\sqrt{7}$

(5) $-\sqrt{11}$, $-\sqrt{14}$ ⇨ $-\sqrt{11}$ ◯ $-\sqrt{14}$

(6) $-\sqrt{0.9}$, $-\sqrt{0.4}$ ⇨ $-\sqrt{0.9}$ ◯ $-\sqrt{0.4}$

3 다음 □ 안에는 알맞은 수를 쓰고, 주어진 두 수의 대소를 비교하여 ◯ 안에는 부등호 >, < 중 알맞은 것을 쓰시오.

(1) 3, $\sqrt{8}$ ⇨ $3=\sqrt{\square}$이고 $\sqrt{\square}$ ◯ $\sqrt{8}$이므로 3 ◯ $\sqrt{8}$

(2) $\sqrt{20}$, 5 ⇨ $\sqrt{20}$ ◯ 5

(3) $\dfrac{1}{2}$, $\sqrt{\dfrac{3}{4}}$ ⇨ $\dfrac{1}{2}$ ◯ $\sqrt{\dfrac{3}{4}}$

(4) -4, $-\sqrt{10}$ ⇨ $4=\sqrt{\square}$이고 $\sqrt{\square}$ ◯ $\sqrt{10}$이므로 4 ◯ $\sqrt{10}$ ∴ -4 ◯ $-\sqrt{10}$

(5) $-\sqrt{33}$, -6 ⇨ $-\sqrt{33}$ ◯ -6

(6) -0.3, $-\sqrt{0.07}$ ⇨ -0.3 ◯ $-\sqrt{0.07}$

• 예제 **1**   제곱근의 대소 관계

다음 중 두 수의 대소 관계가 옳은 것은?

① $\sqrt{6} > 3$ ② $-\sqrt{15} < -\sqrt{17}$

③ $\sqrt{0.1} > 0.1$ ④ $\sqrt{\dfrac{1}{3}} < \dfrac{1}{2}$

⑤ $-\sqrt{\dfrac{2}{3}} < -\sqrt{\dfrac{3}{4}}$

[해결 포인트]

제곱근의 대소는 같은 형태로 변형한 후 비교한다.
즉, $\sqrt{\ }$ 가 없는 수는 $\sqrt{\ }$ 를 사용하여 나타낸 후 비교한다.

한번 더!

1-1 다음 중 두 수의 대소 관계가 옳지 <u>않은</u> 것을 모두 고르면? (정답 2개)

① $2 < \sqrt{5}$ ② $-4 > -\sqrt{17}$

③ $0.5 > \sqrt{0.5}$ ④ $\sqrt{\dfrac{3}{4}} < \sqrt{\dfrac{4}{5}}$

⑤ $-\sqrt{\dfrac{1}{5}} > -\sqrt{\dfrac{1}{7}}$

1-2 다음 중 가장 작은 수는?

① $\dfrac{5}{2}$ ② $\sqrt{10}$ ③ $\sqrt{(-6)^2}$

④ $(-\sqrt{7})^2$ ⑤ 4

• 예제 **2**   제곱근을 포함하는 부등식

다음은 부등식 $2 < \sqrt{x} < 3$을 만족시키는 자연수 x의 값을 모두 구하는 과정이다. □ 안에 알맞은 수를 쓰시오.

> $2 < \sqrt{x} < 3$에서 2와 3을 각각 근호를 사용하여 나타내면
>
> $\sqrt{\square} < \sqrt{x} < \sqrt{9}$ ∴ $\square < x < 9$
>
> 따라서 주어진 부등식을 만족시키는 자연수 x의 값은 $\square$, $\square$, $\square$, $\square$이다.

[해결 포인트]

양수 a, b에 대하여
$a < \sqrt{x} < b \Rightarrow \sqrt{a^2} < \sqrt{x} < \sqrt{b^2}$
$\qquad\qquad \Rightarrow a^2 < x < b^2$

한번 더!

2-1 다음 부등식을 만족시키는 자연수 x의 개수를 구하시오.

(1) $\sqrt{8} < \sqrt{x} < 4$

(2) $1 < \sqrt{2x} < 3$

2-2 다음 중 부등식 $3 \leq \sqrt{\dfrac{x-1}{2}} < 4$를 만족시키는 자연수 x의 값이 될 수 <u>없는</u> 것은?

① 19   ② 23   ③ 30

④ 32   ⑤ 33

개념  무리수와 실수

(1) 무리수   └→ 분수 $\dfrac{a}{b}$(a, b는 정수, $b \neq 0$) 꼴로 나타낼 수 있는 수

① **무리수**: 유리수가 아닌 수, 즉 순환소수가 아닌 무한소수로 나타내어지는 수

    예 $\sqrt{2}=1.414213\cdots$, $\sqrt{3}=1.732050\cdots$, $\pi=3.141592\cdots$

② 소수의 분류

소수	유한소수		유리수
	무한소수	순환소수	
		순환소수가 아닌 무한소수 — 무리수

주의 근호를 사용하여 나타낸 수가 모두 무리수인 것은 아니다.

➡ $\sqrt{9}=\sqrt{3^2}=3$이므로 $\sqrt{9}$는 유리수이다.

(2) 실수

① 실수: 유리수와 무리수를 통틀어 실수라 한다.

② 실수의 분류

$$
\text{실수} \begin{cases} \text{유리수} \begin{cases} \text{정수} \begin{cases} \text{양의 정수(자연수): } 1, 2, 3, \cdots \\ 0 \\ \text{음의 정수: } -1, -2, -3, \cdots \end{cases} \\ \text{정수가 아닌 유리수: } 1.8, -\dfrac{1}{7}, 0.\dot{3}, \cdots \end{cases} \\ \text{무리수: } \pi, \sqrt{2}, -\sqrt{3}, \cdots \end{cases}
$$

참고 앞으로 특별한 말이 없을 때는 수라고 하면 실수를 뜻한다.

· 개념 확인하기

•정답 및 해설 21쪽

1 다음 수가 유리수인 것은 '유', 무리수인 것은 '무'를 (　) 안에 쓰시오.

(1) -3 (　　)   (2) $\sqrt{4}$ (　　)

(3) π (　　)   (4) $1.\dot{2}6\dot{5}$ (　　)

(5) $0.2564301\cdots$ (　　)   (6) $-\sqrt{7}$ (　　)

2 무리수와 실수에 대한 다음 설명 중 옳은 것은 ○표, 옳지 <u>않은</u> 것은 ×표를 (　) 안에 쓰시오.

(1) 유리수는 모두 유한소수이다.   (　　)

(2) 순환소수가 아닌 무한소수는 무리수이다.   (　　)

(3) 근호를 사용하여 나타낸 수는 모두 무리수이다.   (　　)

(4) 무한소수는 모두 무리수이다.   (　　)

(5) 무리수가 아닌 실수는 유리수이다.   (　　)

• 예제 **1** 유리수와 무리수의 이해

다음 |보기| 중 무리수인 것을 모두 고르시오.

| 보기 |

ㄱ. 0　　　　　　　ㄴ. $\sqrt{10}$

ㄷ. $-\dfrac{1}{3}$　　　　ㄹ. $0.\dot{2}$

ㅁ. $\sqrt{\dfrac{1}{4}}$　　　　ㅂ. 3의 제곱근

ㅅ. 2.5　　　　　　ㅇ. $\sqrt{16}$

[해결 포인트]

• 정수, 유한소수, 순환소수, 근호를 없앨 수 있는 수
　➡ 유리수
• 순환소수가 아닌 무한소수, 근호를 없앨 수 없는 수
　➡ 무리수

🖑 한번 더!

1-1 다음 중 소수로 나타내었을 때 순환소수가 아닌 무한소수가 되는 것의 개수는?

$$-\sqrt{11}, \quad \frac{1}{2}, \quad \sqrt{25}, \quad 0.3\dot{4}, \quad \sqrt{2.8}$$

① 1개　　② 2개　　③ 3개
④ 4개　　⑤ 5개

• 예제 **2** 실수의 이해

다음 중 옳은 것은?

① 순환소수는 모두 무리수이다.
② 유리수와 무리수는 모두 실수이다.
③ 순환소수가 아닌 무한소수는 모두 유리수이다.
④ 근호를 사용하여 나타낸 수는 모두 무리수이다.
⑤ 모든 무리수는 $\dfrac{(정수)}{(0이\ 아닌\ 정수)}$ 꼴로 나타낼 수 있다.

[해결 포인트]

유리수와 무리수를 통틀어 실수라 하고, 실수는 다음과 같이 분류한다.

실수 ┬ 유리수 ┬ 정수 ┬ 양의 정수(자연수)
　　　│　　　│　　　├ 0
　　　│　　　│　　　└ 음의 정수
　　　│　　　└ 정수가 아닌 유리수
　　　└ 무리수(유리수가 아닌 실수)

🖑 한번 더!

2-1 다음 |보기| 중 옳은 것을 모두 고르시오.

| 보기 |

ㄱ. 무한소수 중에는 유리수도 있다.
ㄴ. 유리수가 아닌 실수는 모두 무리수이다.
ㄷ. 0은 유리수인 동시에 무리수이다.
ㄹ. 순환소수가 아닌 무한소수는 실수가 아니다.

2-2 다음 수 중 실수의 개수를 a개, 유리수의 개수를 b개라 할 때, $a-b$의 값을 구하시오.

$$1, \quad \sqrt{5}, \quad \pi, \quad 0.1\dot{7}, \quad -\sqrt{9}, \quad \frac{3}{2}$$

실수와 수직선

(1) 무리수를 수직선 위에 나타내기

다음과 같이 두 무리수 $\sqrt{2}$, $-\sqrt{2}$에 대응하는 점을 수직선 위에 나타낼 수 있다.

❶ 한 눈금의 길이가 1인 모눈종이 위에 수직선과 직각을 낀 두 변의 길이가 각각 1인 직각삼각형 AOB를 그린다.

❷ 피타고라스 정리를 이용하여 직각삼각형 AOB의 빗변의 길이를 구한다. ➡ $\overline{\text{OA}}=\sqrt{1^2+1^2}=\sqrt{2}$

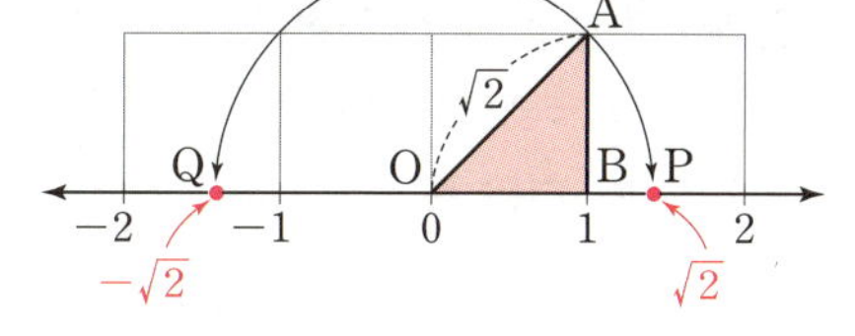

❸ 원점 O를 중심으로 하고 $\overline{\text{OA}}$를 반지름으로 하는 원을 그릴 때, 수직선과 만나는 두 점 P, Q에 대응하는 수가 각각 $\sqrt{2}$, $-\sqrt{2}$이다.

(2) 실수와 수직선

① 모든 실수는 각각 수직선 위의 한 점에 대응하고, 또 수직선 위의 한 점에는 한 실수가 반드시 대응한다.

② 서로 다른 두 실수 사이에는 무수히 많은 실수가 있다.

③ 수직선은 유리수와 무리수, 즉 실수에 대응하는 점들로 완전히 메울 수 있다.

> **참고** • 서로 다른 두 유리수 사이에는 무수히 많은 유리수, 무리수가 있다.
> • 서로 다른 두 무리수 사이에는 무수히 많은 유리수, 무리수가 있다.
> • 유리수(또는 무리수)에 대응하는 점만으로 수직선을 완전히 메울 수 없다.

• 개념 확인하기

• 정답 및 해설 21쪽

1 다음은 한 눈금의 길이가 1인 모눈종이 위에 수직선과 두 직각삼각형 ABO와 COD를 그린 후 수직선 위의 두 점 P, Q에 대응하는 수를 각각 구하는 과정이다. $\overline{\text{OA}}=\overline{\text{OP}}$, $\overline{\text{OC}}=\overline{\text{OQ}}$일 때, $\square$ 안에 알맞은 수를 쓰시오.

피타고라스 정리에 의하여

$\triangle$ABO에서 $\overline{\text{OA}}=\sqrt{\overline{\text{OB}}^2+\overline{\text{AB}}^2}=\sqrt{\square^2+2^2}=\square$,

$\triangle$COD에서 $\overline{\text{OC}}=\sqrt{\overline{\text{OD}}^2+\overline{\text{CD}}^2}=\sqrt{\square^2+1^2}=\square$

$\therefore \overline{\text{OP}}=\overline{\text{OA}}=\square$, $\overline{\text{OQ}}=\overline{\text{OC}}=\square$

따라서 점 P에 대응하는 수는 $\square$, 점 Q에 대응하는 수는 $\square$이다.

2 실수와 수직선에 대한 다음 설명 중 옳은 것은 ○표, 옳지 <u>않은</u> 것은 ×표를 ( ) 안에 쓰시오.

⑴ $\sqrt{5}$에 대응하는 점은 수직선 위에 나타낼 수 없다. ( )

⑵ 두 유리수 0과 1 사이에는 무리수가 없다. ( )

⑶ 서로 다른 두 무리수 사이에는 무수히 많은 유리수가 있다. ( )

⑷ 서로 다른 두 실수 사이에는 무수히 많은 무리수가 있다. ( )

⑸ 수직선은 유리수와 무리수에 대응하는 점들로 완전히 메울 수 있다. ( )

⑹ 모든 실수는 수직선 위의 점으로 나타낼 수 있다. ( )

• 예제 1 무리수를 수직선 위에 나타내기

아래 그림과 같이 한 눈금의 길이가 1인 모눈종이 위에 수직선과 직각삼각형 ABC를 그리고 $\overline{AC}=\overline{AP}=\overline{AQ}$가 되도록 수직선 위에 두 점 P, Q 를 정할 때, 다음 중 옳지 <u>않은</u> 것은?

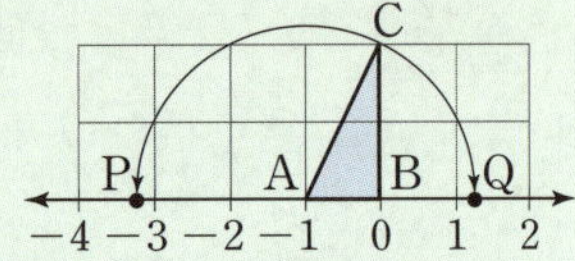

① $\overline{AP}=\sqrt{5}$　　② $\overline{AQ}=\sqrt{5}$

③ 점 P에 대응하는 수는 $-1-\sqrt{5}$이다.

④ 점 Q에 대응하는 수는 $1-\sqrt{5}$이다.

⑤ 두 점 P, Q에 대응하는 수 사이에 있는 정수는 5개이다.

[해결 포인트]

직각삼각형의 빗변의 길이를 이용하여 무리수에 대응하는 점을 수직선 위에 나타낼 수 있다.

🖑 **한번 더!**

1-1 아래 그림과 같이 한 눈금의 길이가 1인 모눈종이 위에 수직선과 두 직각삼각형 ABC, DEF를 그리고 $\overline{CA}=\overline{CP}$, $\overline{ED}=\overline{EQ}$가 되도록 수직선 위에 두 점 P, Q를 정할 때, 다음을 구하시오.

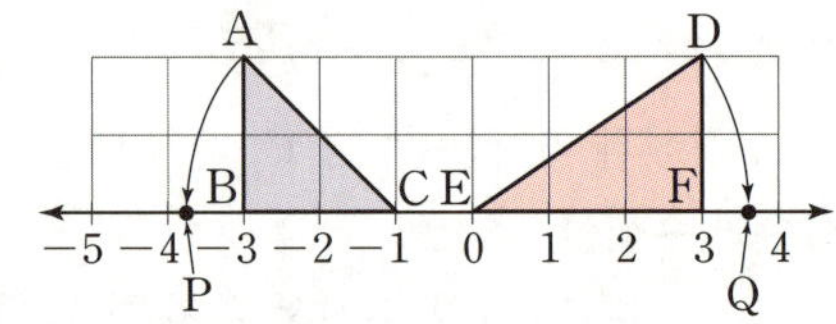

(1) $\overline{AC}$, $\overline{DE}$의 길이

(2) 두 점 P, Q에 대응하는 수

1-2 오른쪽 그림의 정사각형 ABCD에서 $\overline{AC}=\overline{AP}$, $\overline{BD}=\overline{BQ}$일 때, 두 점 P, Q에 대응하는 수를 각각 구하시오.

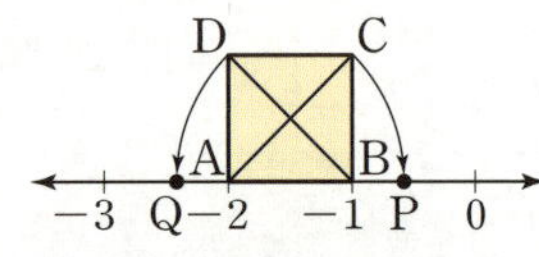

• 예제 2 실수와 수직선

다음 중 옳지 <u>않은</u> 것을 모두 고르면? (정답 2개)

① 두 무리수 $\sqrt{2}$와 $\sqrt{3}$ 사이에는 무리수가 없다.

② 서로 다른 두 유리수 사이에는 무수히 많은 유리수가 있다.

③ 서로 다른 두 실수 사이에는 무수히 많은 실수가 있다.

④ π는 수직선 위의 점에 대응시킬 수 있다.

⑤ 수직선은 무리수에 대응하는 점들로 완전히 메울 수 있다.

[해결 포인트]

서로 다른 두 실수 사이에는 무수히 많은 실수가 있으며, 수직선은 실수에 대응하는 점들로 완전히 메울 수 있다.

🖑 **한번 더!**

2-1 다음 중 옳은 것을 모두 고르면? (정답 2개)

① 모든 무리수는 그에 대응하는 점을 수직선 위에 나타낼 수 있다.

② 0과 2 사이에는 한 개의 유리수가 있다.

③ $\sqrt{2}$와 $\sqrt{5}$ 사이에 있는 자연수는 한 개이다.

④ 서로 다른 두 정수 사이에는 무수히 많은 정수가 있다.

⑤ 수직선 위의 모든 점은 유리수에 대응한다.

실수의 대소 관계

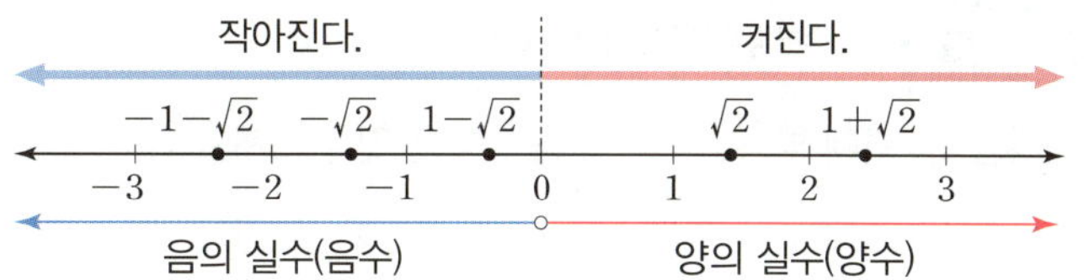

(1) 수직선 위에서 원점의 오른쪽에 있는 점에는 양의 실수(양수)가 대응하고, 왼쪽에 있는 점에는 음의 실수(음수)가 대응한다.

(2) 수직선 위에서 오른쪽에 있는 점에 대응하는 실수가 왼쪽에 있는 점에 대응하는 실수보다 크다.

(3) **실수의 대소 관계**

① 두 수의 차 이용: 두 실수 a, b의 대소 관계는 $a-b$의 값의 부호로 알 수 있다.

(ⅰ) $a-b>0$이면 $a>b$ (ⅱ) $a-b=0$이면 $a=b$ (ⅲ) $a-b<0$이면 $a<b$

예 $\sqrt{3}-1$과 1의 대소 비교

➡ $(\sqrt{3}-1)-1=\sqrt{3}-2<0$이므로 $\sqrt{3}-1<1$

└→ $2=\sqrt{4}$이고 $\sqrt{3}<\sqrt{4}$이므로 $\sqrt{3}<2$

② 부등식의 성질 이용: $a>b$일 때, $a+c>b+c$, $a-c>b-c$임을 이용한다.

예 $\sqrt{3}+\sqrt{5}$와 $\sqrt{3}+2$의 대소 비교 ⟶ $\sqrt{5}$와 2의 대소 비교

➡ $\sqrt{5}>2$이므로 $\sqrt{3}+\sqrt{5}>\sqrt{3}+2$

③ 제곱근의 값 이용: 근호 안의 수의 앞, 뒤의 제곱수를 찾아 근호가 있는 수의 정수 부분을 구하여 비교한다.

예 $\sqrt{3}+1$과 3의 대소 비교

➡ $\sqrt{1}<\sqrt{3}<\sqrt{4}$, 즉 $1<\sqrt{3}<2$에서 $\sqrt{3}=1.\times\times\times$이므로 $\sqrt{3}+1=2.\times\times\times$ ∴ $\sqrt{3}+1<3$

· 개념 확인하기

· 정답 및 해설 22쪽

1 다음은 두 수의 차를 이용하여 $\sqrt{8}-1$과 2의 대소를 비교하는 과정이다. □ 안에는 알맞은 수를, ○ 안에는 부등호 $>$, $<$ 중 알맞은 것을 쓰시오.

> $\sqrt{8}-1$에서 2를 빼면 $(\sqrt{8}-1)-2=\boxed{}$
>
> 이때 $\sqrt{8}$ ○ 3이므로 $\sqrt{8}-3$ ○ 0 ∴ $\sqrt{8}-1$ ○ 2

2 다음은 부등식의 성질을 이용하여 $\sqrt{3}+2$와 $\sqrt{5}+2$의 대소를 비교하는 과정이다. ○ 안에 부등호 $>$, $<$ 중 알맞은 것을 쓰시오.

> $\sqrt{3}$ ○ $\sqrt{5}$이므로 양변에 각각 2를 더하면 $\sqrt{3}+2$ ○ $\sqrt{5}+2$

3 다음은 제곱근의 값을 이용하여 $\sqrt{7}-1$과 2의 대소를 비교하는 과정이다. □ 안에는 알맞은 수를, ○ 안에는 부등호 $>$, $<$ 중 알맞은 것을 쓰시오.

> $\sqrt{4}<\sqrt{7}<\sqrt{9}$, 즉 $2<\sqrt{7}<3$에서 $\sqrt{7}=\boxed{}.\times\times\times$이므로
>
> $\sqrt{7}-1=\boxed{}.\times\times\times$ ∴ $\sqrt{7}-1$ ○ 2

• 예제 1 두 실수의 대소 관계

다음 ○ 안에 부등호 $>$, $<$ 중 알맞은 것을 쓰시오.

(1) $4 \bigcirc \sqrt{5}+1$

(2) $2 \bigcirc 1+\sqrt{2}$

(3) $5-\sqrt{3} \bigcirc 4$

(4) $\sqrt{5}-1 \bigcirc 2$

(5) $\sqrt{7}+2 \bigcirc \sqrt{8}+2$

(6) $\sqrt{5}-\sqrt{3} \bigcirc 2-\sqrt{3}$

[해결 포인트]

두 실수 a, b의 대소 관계는 $a-b$의 값의 부호로 판단할 수 있다.

• $a-b>0$이면 $a>b$

• $a-b=0$이면 $a=b$

• $a-b<0$이면 $a<b$

한번 더!

1-1 다음 중 두 실수의 대소 관계가 옳지 <u>않은</u> 것은?

① $2+\sqrt{5}<2+\sqrt{6}$

② $1<4-\sqrt{7}$

③ $\sqrt{12}+1<3$

④ $\sqrt{15}-\sqrt{17}<4-\sqrt{17}$

⑤ $-\sqrt{13}-1>-5$

1-2 다음 중 ○ 안에 알맞은 부등호의 방향이 나머지 넷과 <u>다른</u> 하나는?

① $3 \bigcirc \sqrt{3}+1$

② $4+\sqrt{2} \bigcirc 5$

③ $\sqrt{15}+1 \bigcirc 4$

④ $4-\sqrt{7} \bigcirc \sqrt{17}-\sqrt{7}$

⑤ $2-\sqrt{\dfrac{1}{5}} \bigcirc 2-\sqrt{\dfrac{1}{4}}$

• 예제 2 세 실수의 대소 관계

다음 세 실수 a, b, c의 대소 관계를 부등호를 사용하여 나타내려고 한다. 물음에 답하시오.

$$a=\sqrt{6}+2, \quad b=4, \quad c=2+\sqrt{8}$$

(1) 두 실수 a, b의 대소 관계를 부등호를 사용하여 나타내시오.

(2) 두 실수 a, c의 대소 관계를 부등호를 사용하여 나타내시오.

(3) 세 실수 a, b, c의 대소 관계를 부등호를 사용하여 나타내시오.

[해결 포인트]

세 실수의 대소를 비교할 때는 두 수씩 짝 지어 비교한다.

➡ a, b, c가 실수일 때, $a<b$이고 $b<c$이면 $a<b<c$

한번 더!

2-1 다음 세 수 a, b, c의 대소 관계를 부등호를 사용하여 나타내시오.

$$a=1+\sqrt{2}, \quad b=2, \quad c=\sqrt{5}-1$$

2-2 반지름의 길이가 $6-\sqrt{3}$, 4, $6-\sqrt{5}$인 세 원을 각각 A, B, C라 할 때, 넓이가 가장 큰 원을 말하시오.

1

다음 |보기| 중 옳은 것을 모두 고른 것은?

| 보기 |

ㄱ. 2의 제곱근은 $\sqrt{2}$이다.
ㄴ. -5의 제곱근은 없다.
ㄷ. 0의 제곱근은 없다.
ㄹ. 양수의 제곱근은 항상 2개이다.
ㅁ. 4의 양의 제곱근과 제곱근 4는 같다.

① ㄱ, ㄴ, ㄹ ② ㄴ, ㄷ, ㄹ ③ ㄴ, ㄹ, ㅁ
④ ㄷ, ㄹ, ㅁ ⑤ ㄱ, ㄴ, ㄹ, ㅁ

2 중요

$\sqrt{16}$의 음의 제곱근을 a, $(-4)^2$의 양의 제곱근을 b라 할 때, $a+b$의 값을 구하시오.

3

다음 수의 제곱근 중 근호를 사용하지 않고 나타낼 수 있는 것의 개수는?

8,	0.4,	$\dfrac{25}{81}$,	0.i̇,	$\dfrac{160}{121}$,	1000

① 1개 ② 2개 ③ 3개
④ 4개 ⑤ 5개

4 창의력 UP

다음 그림과 같은 전개도를 이용하여 정육면체를 만들었을 때, 마주 보는 두 면에 적힌 두 수 중 한 수는 다른 한 수를 근호를 사용하지 않고 나타낸 것이다. 이때 정수 a, b, c의 값을 각각 구하시오.

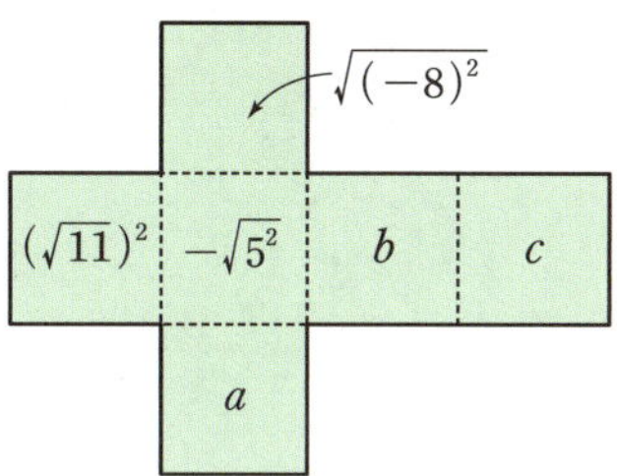

5 중요

다음 중 옳은 것은?

① $(-\sqrt{5})^2+\sqrt{(-11)^2}=-16$
② $\sqrt{144}-\sqrt{81}=21$
③ $(\sqrt{10})^2+(-\sqrt{3})^2=7$
④ $\sqrt{49}\times\sqrt{0.16}=2.8$
⑤ $\sqrt{(-9)^2}\div\sqrt{\dfrac{9}{16}}=16$

6

다음 식을 계산하면?

$$\left(\sqrt{\dfrac{7}{12}}\right)^2\div\sqrt{\left(-\dfrac{7}{6}\right)^2}-\sqrt{0.64}\times\sqrt{\dfrac{25}{16}}$$

① $-\dfrac{3}{2}$ ② -1 ③ $-\dfrac{1}{2}$
④ 1 ⑤ $\dfrac{3}{2}$

7 중요

$-2<a<2$일 때, $\sqrt{(a+2)^2}+\sqrt{(a-2)^2}$을 간단히 하시오.

8 중요

다음 중 $\sqrt{3^5\times5^2\times x}$가 자연수가 되도록 하는 자연수 x의 값이 될 수 없는 것은?

① 3 　　　② 9 　　　③ 12
④ 27 　　　⑤ 75

9

다음 그림과 같이 정사각형 모양의 색종이 두 장이 있다. 두 색종이의 넓이가 각각 $29-x$, $5x$이고, 두 색종이의 한 변의 길이가 모두 자연수로 나타내어질 때, 자연수 x의 값을 구하시오.

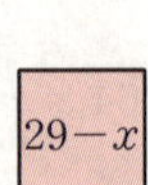

10

다음 수 중 가장 작은 수를 a, 가장 큰 수를 b라 할 때, a^2-2b의 값을 구하시오.

$$-\sqrt{25},\quad \sqrt{8},\quad \sqrt{\frac{15}{4}},\quad -4,\quad \frac{9}{2},\quad -\sqrt{5}$$

11

부등식 $3<\sqrt{x-1}<4$를 만족시키는 자연수 x의 개수를 구하시오.

12 중요

다음 |보기| 중 소수로 나타낼 때, 순환소수가 아닌 무한소수로 나타내어지는 것은 모두 몇 개인가?

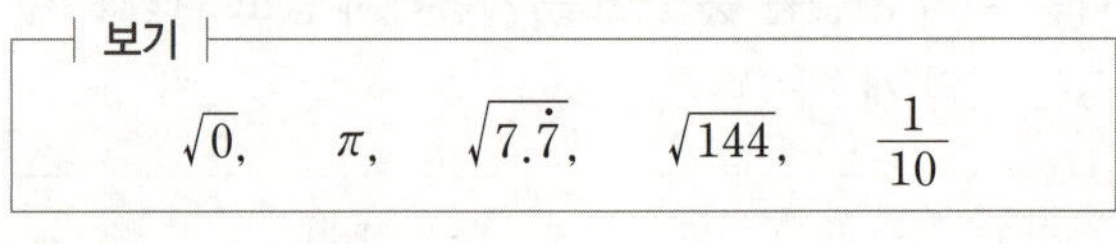

| 보기 |

$$\sqrt{0},\quad \pi,\quad \sqrt{7.\dot{7}},\quad \sqrt{144},\quad \frac{1}{10}$$

① 1개 　　　② 2개 　　　③ 3개
④ 4개 　　　⑤ 5개

I·1

13

다음 그림은 한 눈금의 길이가 1인 모눈종이 위에 수직선을 그린 것이다. 수직선 위의 5개의 점 A~E 중 $1-\sqrt{2}$에 대응하는 것을 구하시오.

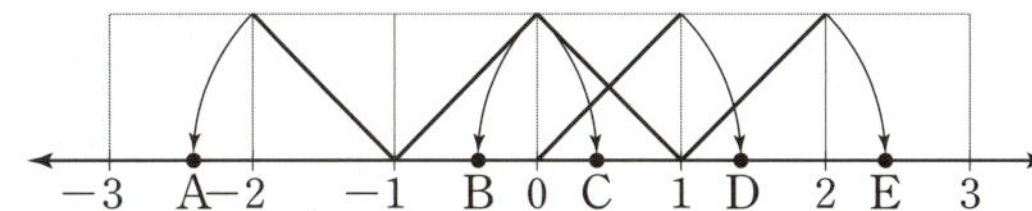

14 중요

다음 그림은 한 눈금의 길이가 1인 모눈종이 위에 수직선과 두 직각삼각형 ABC와 DCE를 각각 그린 것이다. $\overline{CA}=\overline{CP}$, $\overline{CD}=\overline{CQ}$이고, 점 Q에 대응하는 수가 $\sqrt{5}-5$일 때, 점 P에 대응하는 수를 구하시오.

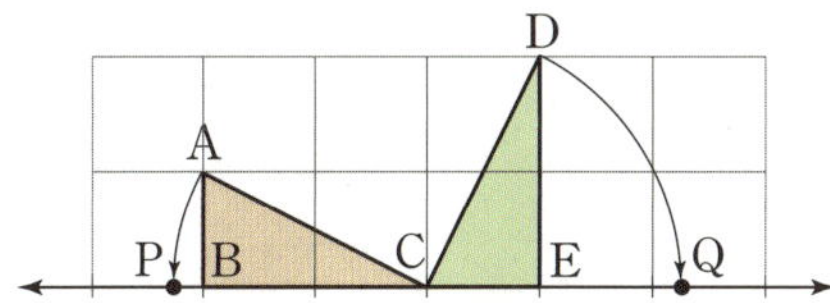

15

다음 중 옳지 <u>않은</u> 것은?

① 유한소수는 모두 유리수이다.
② 유리수는 근호를 사용하여 나타낼 수 없다.
③ 실수에서 무리수가 아닌 수는 모두 유리수이다.
④ 서로 다른 두 무리수 사이에는 무수히 많은 무리수가 있다.
⑤ 무리수는 수직선 위의 한 점에 대응시킬 수 있다.

16 중요

다음 중 두 실수의 대소 관계가 옳은 것은?

① $\sqrt{7}>3$
② $-4<-\sqrt{20}$
③ $3+\sqrt{3}>5$
④ $2-\sqrt{5}>\sqrt{6}-\sqrt{5}$
⑤ $-\sqrt{3}+3<-\sqrt{2}+3$

17

다음 수직선에서 $\sqrt{7}$, $-\sqrt{2}$, $3-\sqrt{5}$에 대응하는 점이 있는 구간을 차례로 구하시오.

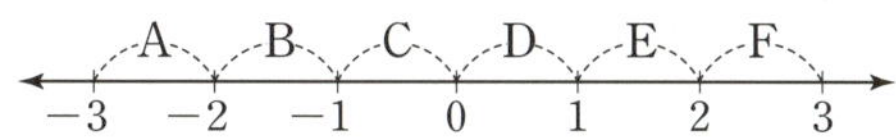

18

$\sqrt{3}$은 1보다 크고 2보다 작으므로 $\sqrt{3}$의 정수 부분은 1이고, 소수 부분은 $\sqrt{3}$에서 정수 부분인 1을 뺀 $\sqrt{3}-1$이다. $2+\sqrt{3}$의 정수 부분을 a, 소수 부분을 b라 할 때, $a-b$의 값을 구하시오.

서술형

19

오른쪽 그림의 직각삼각형과 넓이가 같은 정사각형을 만들려고 한다. 이 정사각형의 한 변의 길이를 구하시오.
(단, 풀이 과정을 자세히 쓰시오.)

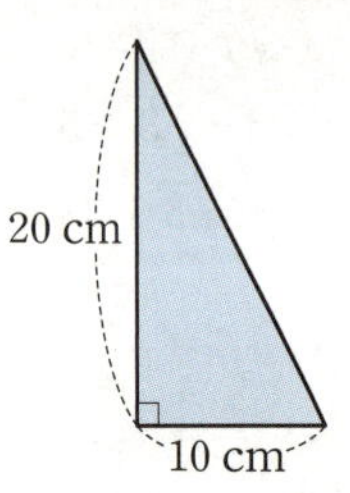

풀이

답

20

$a-b>0$, $ab<0$일 때, 다음 식을 간단히 하시오.
(단, 풀이 과정을 자세히 쓰시오.)

$$\sqrt{(-2a)^2}+\sqrt{9b^2}-\sqrt{(b-a)^2}$$

풀이

답

21

오른쪽 그림과 같은 정사각형 모양의 화단이 있다. 화단의 넓이가 $\dfrac{60}{x}$일 때, 정사각형 모양의 화단의 한 변의 길이가 자연수가 되도록 하는 가장 작은 자연수 x의 값을 구하시오. (단, 풀이 과정을 자세히 쓰시오.)

풀이

답

22

다음 수를 수직선 위에 나타낼 때, 오른쪽에서 두 번째에 오는 수와 왼쪽에서 두 번째에 오는 수를 차례로 구하시오. (단, 풀이 과정을 자세히 쓰시오.)

$$\sqrt{3}+1,\ \ -\sqrt{10}-\sqrt{7},\ \ -\sqrt{7},\ \ \sqrt{6}+\sqrt{3},\ \ 2+\sqrt{3}$$

풀이

답

1 마인드맵으로 개념 구조화!

2 OX 문제로 개념 점검!

옳은 것은 ◯, 옳지 않은 것은 ✕를 택하시오.   • 정답 및 해설 25쪽

❶ 음수의 제곱근은 음수이다.   ◯ | ✕

❷ 6의 제곱근은 $\pm\sqrt{6}$이다.   ◯ | ✕

❸ $\sqrt{(-2)^2}=-2$이다.   ◯ | ✕

❹ $\sqrt{1.1}<1.1$이다.   ◯ | ✕

❺ $\sqrt{0.9}<0.9$이다.   ◯ | ✕

❻ 무한소수는 모두 무리수이다.   ◯ | ✕

❼ 실수 중에서 유리수인 동시에 무리수인 수는 없다.   ◯ | ✕

❽ 무리수에 대응하는 점은 수직선 위에 나타낼 수 없다.   ◯ | ✕

2

근호를 포함한 식의 계산

✔ 이번에 배워요

1. 제곱근과 실수
- 제곱근의 뜻과 성질
- 제곱근의 대소 관계
- 무리수와 실수
- 실수의 대소 관계

2. 근호를 포함한 식의 계산
- 근호를 포함한 식의 곱셈과 나눗셈
- 근호를 포함한 식의 덧셈과 뺄셈

푸코의 추는 프랑스의 과학자 장 베르나르 레옹 푸코가 지구의 자전을 증명하기 위해 고안해 낸 장치입니다.

1851년 푸코는 길이가 $67\,\mathrm{m}$인 줄을 돔 천장에 매달아 그 끝에 추를 매달고 흔들었고, 추가 천천히 회전함을 밝힘으로써 지구가 자전함을 증명했습니다.

이때 추가 1회 왕복하는 데 걸리는 시간은 추가 매달린 줄의 길이의 제곱근에 정비례하기 때문에 줄의 길이를 8배로 늘이면 추가 1회 왕복하는 데 걸리는 시간은 $\sqrt{8}=\sqrt{2^2\times2}=2\sqrt{2}$ (배) 늘어나고, 추의 길이를 18배로 늘이면 추가 1회 왕복하는 데 걸리는 시간은 $\sqrt{18}=\sqrt{3^2\times2}=3\sqrt{2}$ (배) 늘어난다고 합니다.

이 단원에서는 근호를 포함한 식의 사칙계산에 대해 학습합니다.

▶ **새로 배우는 용어**

분모의 유리화

2. 근호를 포함한 식의 계산을 시작하기 전에

단항식의 곱셈과 나눗셈 〔중2〕

1 다음을 간단히 하시오.

(1) $3xy\times(-4x^2y)$

(2) $-8x^3y^2\div2xy^2$

다항식의 덧셈과 뺄셈 〔중2〕

2 다음을 간단히 하시오.

(1) $2x+1+4x-3$

(2) $\dfrac{2}{3}x+y-\dfrac{4}{3}y+2x$

(3) $(3x-4y)+(2x+y)$

(4) $(2x+3y)-(-5x+y)$

[정답] **1.** (1) $-12x^3y^2$ (2) $-4x^2$ **2.** (1) $6x-2$ (2) $\dfrac{8}{3}x-\dfrac{1}{3}y$ (3) $5x-3y$ (4) $7x+2y$

제곱근의 곱셈과 나눗셈

(1) 제곱근의 곱셈

$a>0$, $b>0$이고, m, n이 유리수일 때

① $\sqrt{a}\times\sqrt{b}=\sqrt{a}\sqrt{b}=\sqrt{ab}$　예 $\sqrt{2}\times\sqrt{3}=\sqrt{2}\sqrt{3}=\sqrt{2\times3}=\sqrt{6}$

② $m\sqrt{a}\times n\sqrt{b}=mn\sqrt{ab}$　예 $3\sqrt{2}\times5\sqrt{3}=(3\times5)\times\sqrt{2\times3}=15\sqrt{6}$

> 참고　세 개 이상의 제곱근의 곱셈도 근호 안의 수끼리 곱한다.
> 즉, $a>0$, $b>0$, $c>0$일 때, $\sqrt{a}\sqrt{b}\sqrt{c}=\sqrt{abc}$

(2) 제곱근의 나눗셈

$a>0$, $b>0$이고, m, n이 유리수일 때

① $\sqrt{a}\div\sqrt{b}=\dfrac{\sqrt{a}}{\sqrt{b}}=\sqrt{\dfrac{a}{b}}$　예 $\sqrt{2}\div\sqrt{3}=\dfrac{\sqrt{2}}{\sqrt{3}}=\sqrt{\dfrac{2}{3}}$

② $m\sqrt{a}\div n\sqrt{b}=\dfrac{m}{n}\sqrt{\dfrac{a}{b}}$ (단, $n\neq0$)　예 $3\sqrt{2}\div4\sqrt{3}=\dfrac{3\sqrt{2}}{4\sqrt{3}}=\dfrac{3}{4}\sqrt{\dfrac{2}{3}}$

> 참고　제곱근의 곱셈과 나눗셈의 혼합 계산은 다음과 같은 순서로 한다.
> ❶ 나눗셈은 분수 꼴이나 역수의 곱셈으로 고친다.
> ❷ 앞에서부터 순서대로 계산한다.

· 개념 확인하기

· 정답 및 해설 25쪽

1 다음을 간단히 하고, □ 안에 알맞은 수를 쓰시오.

(1) $\sqrt{3}\times\sqrt{5}$

(2) $\sqrt{7}\sqrt{6}$

(3) $-\sqrt{2}\times\sqrt{7}$

(4) $\sqrt{\dfrac{7}{2}}\times\sqrt{6}$

(5) $3\sqrt{5}\times4\sqrt{2}$

(6) $\sqrt{2}\times\sqrt{3}\times\sqrt{5}=\sqrt{\square\times\square\times\square}=\sqrt{\square}$

2 다음을 간단히 하고, □ 안에 알맞은 수를 쓰시오.

(1) $\sqrt{21}\div\sqrt{7}$

(2) $\dfrac{\sqrt{18}}{\sqrt{3}}$

(3) $-\sqrt{42}\div\sqrt{6}$

(4) $4\sqrt{6}\div2\sqrt{2}$

(5) $2\sqrt{6}\div6\sqrt{30}$

(6) $\sqrt{\dfrac{15}{7}}\div\sqrt{\dfrac{3}{14}}=\sqrt{\dfrac{15}{7}}\times\sqrt{\square}=\sqrt{\dfrac{15}{7}\times\square}=\sqrt{\square}$

• 예제 **1** 제곱근의 곱셈

다음 중 옳지 <u>않은</u> 것은?

① $\sqrt{3}\sqrt{11}=\sqrt{33}$

② $-\sqrt{2}\times\sqrt{8}=-4$

③ $3\sqrt{5}\times2\sqrt{3}=6\sqrt{15}$

④ $\sqrt{\dfrac{6}{5}}\times\sqrt{\dfrac{5}{2}}=3$

⑤ $2\sqrt{\dfrac{3}{4}}\times5\sqrt{\dfrac{7}{6}}=10\sqrt{\dfrac{7}{8}}$

[해결 포인트]

$a>0$, $b>0$이고, m, n이 유리수일 때

• $\sqrt{a}\times\sqrt{b}=\sqrt{ab}$

• $m\sqrt{a}\times n\sqrt{b}=mn\sqrt{ab}$

한번 더!

1-1 다음 식을 만족시키는 유리수 a, b에 대하여 $a+b$ 의 값을 구하시오.

$$\sqrt{\dfrac{10}{3}}\times\sqrt{\dfrac{6}{5}}=a,\qquad 5\sqrt{\dfrac{12}{21}}\times\sqrt{\dfrac{7}{4}}=b$$

1-2 다음을 간단히 하시오.

$$-2\sqrt{2}\times\left(-\sqrt{\dfrac{7}{3}}\right)\times5\sqrt{3}$$

• 예제 **2** 제곱근의 나눗셈

다음 중 옳지 <u>않은</u> 것을 모두 고르면? (정답 2개)

① $\dfrac{\sqrt{15}}{\sqrt{5}}=\sqrt{3}$

② $-\dfrac{\sqrt{81}}{\sqrt{9}}=-\sqrt{3}$

③ $\sqrt{168}\div\sqrt{14}=\sqrt{12}$

④ $2\sqrt{12}\div3\sqrt{3}=\dfrac{4}{3}$

⑤ $\dfrac{\sqrt{35}}{\sqrt{10}}\div\dfrac{\sqrt{7}}{\sqrt{8}}=2\sqrt{2}$

[해결 포인트]

$a>0$, $b>0$이고, m, n이 유리수일 때

• $\sqrt{a}\div\sqrt{b}=\sqrt{\dfrac{a}{b}}$

• $m\sqrt{a}\div n\sqrt{b}=\dfrac{m}{n}\sqrt{\dfrac{a}{b}}$ (단, $n\neq0$)

한번 더!

2-1 다음을 만족시키는 유리수 a, b에 대하여 $\sqrt{a}\div\sqrt{b}$ 의 값을 구하시오.

$$\dfrac{\sqrt{60}}{\sqrt{3}}=\sqrt{a},\qquad \dfrac{\sqrt{18}}{\sqrt{6}}\div\dfrac{\sqrt{3}}{\sqrt{10}}=\sqrt{b}$$

2-2 다음을 간단히 하시오.

$$\dfrac{\sqrt{6}}{2\sqrt{2}}\div\dfrac{\sqrt{3}}{\sqrt{5}}\div\dfrac{\sqrt{15}}{\sqrt{3}}$$

근호가 있는 식의 변형

(1) 근호 안의 제곱인 인수는 근호 밖으로 꺼낼 수 있다.
이때 근호 안의 수는 가장 작은 자연수가 되게 한다.
$a>0$, $b>0$일 때

① $\sqrt{a^2 b}=\sqrt{a^2}\sqrt{b}=a\sqrt{b}$ 　예 $\sqrt{48}=\sqrt{4^2\times3}=4\sqrt{3}$

② $\sqrt{\dfrac{b}{a^2}}=\dfrac{\sqrt{b}}{\sqrt{a^2}}=\dfrac{\sqrt{b}}{a}$ 　예 $\sqrt{\dfrac{3}{25}}=\sqrt{\dfrac{3}{5^2}}=\dfrac{\sqrt{3}}{5}$

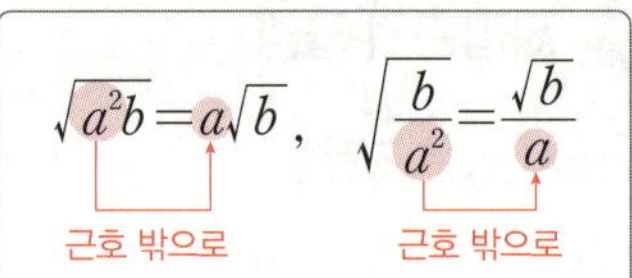

(2) 근호 밖의 양수는 제곱하여 근호 안으로 넣을 수 있다.
$a>0$, $b>0$일 때

① $a\sqrt{b}=\sqrt{a^2}\sqrt{b}=\sqrt{a^2 b}$ 　예 $2\sqrt{6}=\sqrt{2^2\times6}=\sqrt{24}$

② $\dfrac{\sqrt{b}}{a}=\dfrac{\sqrt{b}}{\sqrt{a^2}}=\sqrt{\dfrac{b}{a^2}}$ 　예 $\dfrac{\sqrt{3}}{10}=\sqrt{\dfrac{3}{10^2}}=\sqrt{\dfrac{3}{100}}$

주의 근호 밖의 양수만 근호 안으로 넣을 수 있다.
➡ $-2\sqrt{3}=\sqrt{(-2)^2\times3}$ (×)　$-2\sqrt{3}=-\sqrt{2^2\times3}=-\sqrt{12}$ (○)

· 개념 확인하기

· 정답 및 해설 26쪽

1 $a>0$, $b>0$일 때, $\sqrt{a^2 b}=a\sqrt{b}$임을 이용하여 다음 □ 안에 알맞은 수를 쓰시오.

$$\sqrt{40}=\sqrt{2^3\times5}=\sqrt{\square^2\times2\times5}=\sqrt{\square}\sqrt{10}=\square\sqrt{10}$$

2 다음 □ 안에 알맞은 수를 쓰시오.

(1) $\sqrt{20}=\sqrt{\square^2\times5}=\square\sqrt{5}$

(2) $\sqrt{32}=\sqrt{\square^2\times2}=\square\sqrt{2}$

(3) $\sqrt{27}=\sqrt{\square^2\times3}=\square\sqrt{3}$

(4) $-\sqrt{54}=-\sqrt{\square^2\times6}=-\square\sqrt{6}$

(5) $\sqrt{\dfrac{5}{16}}=\sqrt{\dfrac{5}{\square^2}}=\dfrac{\sqrt{5}}{\square}$

(6) $\sqrt{0.07}=\sqrt{\dfrac{7}{\square}}=\sqrt{\dfrac{7}{\square^2}}=\dfrac{\sqrt{7}}{\square}$

3 다음 □ 안에 알맞은 수를 쓰시오.

(1) $3\sqrt{5}=\sqrt{\square^2\times5}=\sqrt{\square}$

(2) $4\sqrt{3}=\sqrt{\square^2\times3}=\sqrt{\square}$

(3) $6\sqrt{2}=\sqrt{\square^2\times2}=\sqrt{\square}$

(4) $-5\sqrt{2}=-\sqrt{\square^2\times2}=-\sqrt{\square}$

(5) $\dfrac{\sqrt{10}}{3}=\sqrt{\dfrac{10}{\square^2}}=\sqrt{\square}$

(6) $-\dfrac{\sqrt{3}}{4}=-\sqrt{\dfrac{3}{\square^2}}=-\sqrt{\square}$

• 예제 **1** 근호가 있는 식의 변형

다음 |보기| 중 옳은 것을 모두 고르시오.

| 보기 |

ㄱ. $2\sqrt{10}=\sqrt{20}$　　ㄴ. $\sqrt{48}=4\sqrt{3}$

ㄷ. $-2\sqrt{6}=\sqrt{24}$　　ㄹ. $\sqrt{0.12}=\dfrac{\sqrt{3}}{5}$

ㅁ. $\sqrt{\dfrac{5}{9}}=\dfrac{5}{3}$　　ㅂ. $-\dfrac{\sqrt{7}}{4}=-\sqrt{\dfrac{7}{16}}$

[해결 포인트]

① 근호 안의 제곱인 인수를 근호 밖으로 꺼낸다.

② 근호 밖의 양수를 제곱하여 근호 안으로 넣는다.

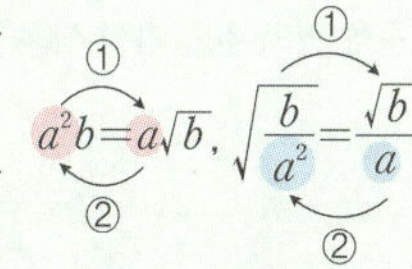

$$①\quad a^2b=a\sqrt{b},\ \sqrt{\dfrac{b}{a^2}}=\dfrac{\sqrt{b}}{a}\quad②$$

1-1 $2\sqrt{5}=\sqrt{a}$, $\sqrt{96}=b\sqrt{6}$, $\sqrt{0.45}=c\sqrt{5}$일 때, 유리수 a, b, c의 값을 각각 구하시오.

I·2

1-2 $\sqrt{11+3k}=4\sqrt{2}$일 때, 유리수 k의 값을 구하시오.

• 예제 **2** 제곱근을 문자를 사용하여 나타내기

$\sqrt{2}=a$, $\sqrt{3}=b$라 할 때, $\sqrt{6}$을 |보기|와 같이 a, b를 사용하여 나타낼 수 있다. 이때 다음 수를 a, b를 사용하여 나타내시오.

| 보기 |

$$\sqrt{6}=\sqrt{2\times3}=\sqrt{2}\times\sqrt{3}=ab$$

(1) $\sqrt{18}$　　　　(2) $\sqrt{24}$

(3) $\sqrt{54}$　　　　(4) $\sqrt{72}$

[해결 포인트]

제곱근을 주어진 문자를 사용하여 나타낼 때는

❶ 근호 안의 수를 소인수분해한다.

❷ 근호 안의 제곱인 인수는 근호 밖으로 꺼낸다.

❸ 주어진 문자를 사용하여 나타낸다.

2-1 $\sqrt{3}=a$, $\sqrt{7}=b$일 때, 다음 중 옳은 것은?

① $\sqrt{84}=ab$　　　　② $\sqrt{63}=ab^2$

③ $\sqrt{252}=a^2b^2$　　　④ $\sqrt{0.63}=\dfrac{a^2b}{10}$

⑤ $\sqrt{0.0021}=\dfrac{ab}{1000}$

2-2 $\sqrt{3}=a$, $\sqrt{5}=b$일 때, $\sqrt{300}+\sqrt{0.05}=ax+by$이다. 이때 유리수 x, y에 대하여 $\dfrac{x}{y}$의 값을 구하시오.

분모의 유리화

(1) **분모의 유리화**: 분수의 분모가 근호가 있는 무리수일 때, 분모와 분자에 0이 아닌 같은 수를 곱하여 분모를 유리수로 고치는 것

(2) **분모를 유리화하는 방법**

$a>0$이고, a, b, c가 유리수일 때

① $\dfrac{b}{\sqrt{a}}=\dfrac{b\times\sqrt{a}}{\sqrt{a}\times\sqrt{a}}=\dfrac{b\sqrt{a}}{a}$

예) $\dfrac{3}{\sqrt{2}}=\dfrac{3\times\sqrt{2}}{\sqrt{2}\times\sqrt{2}}=\dfrac{3\sqrt{2}}{2}$

② $\dfrac{\sqrt{b}}{\sqrt{a}}=\dfrac{\sqrt{b}\times\sqrt{a}}{\sqrt{a}\times\sqrt{a}}=\dfrac{\sqrt{ab}}{a}$ (단, $b>0$)

예) $\dfrac{\sqrt{2}}{\sqrt{3}}=\dfrac{\sqrt{2}\times\sqrt{3}}{\sqrt{3}\times\sqrt{3}}=\dfrac{\sqrt{6}}{3}$

③ $\dfrac{b}{c\sqrt{a}}=\dfrac{b\times\sqrt{a}}{c\sqrt{a}\times\sqrt{a}}=\dfrac{b\sqrt{a}}{ac}$ (단, $c\neq0$)

예) $\dfrac{5}{3\sqrt{2}}=\dfrac{5\times\sqrt{2}}{3\sqrt{2}\times\sqrt{2}}=\dfrac{5\sqrt{2}}{6}$

참고 분모의 근호 안에 제곱인 인수가 있으면 $\sqrt{a^2b}=a\sqrt{b}$임을 이용하여 근호 안의 수를 가장 작은 자연수로 바꾼 후 분모를 유리화한다.

예) $\dfrac{1}{\sqrt{12}}=\dfrac{1}{2\sqrt{3}}=\dfrac{1\times\sqrt{3}}{2\sqrt{3}\times\sqrt{3}}=\dfrac{\sqrt{3}}{6}$

• 개념 확인하기

•정답 및 해설 27쪽

1 다음은 수의 분모를 유리화하는 과정이다. ☐ 안에 알맞은 수를 쓰시오.

(1) $\dfrac{1}{\sqrt{3}}=\dfrac{1\times\boxed{}}{\sqrt{3}\times\boxed{}}=\boxed{}$

(2) $\dfrac{2}{\sqrt{5}}=\dfrac{2\times\boxed{}}{\sqrt{5}\times\boxed{}}=\boxed{}$

(3) $\dfrac{\sqrt{3}}{\sqrt{7}}=\dfrac{\sqrt{3}\times\boxed{}}{\sqrt{7}\times\boxed{}}=\boxed{}$

(4) $\dfrac{\sqrt{5}}{\sqrt{2}}=\dfrac{\sqrt{5}\times\boxed{}}{\sqrt{2}\times\boxed{}}=\boxed{}$

(5) $\dfrac{5}{2\sqrt{2}}=\dfrac{5\times\boxed{}}{2\sqrt{2}\times\boxed{}}=\boxed{}$

(6) $\dfrac{\sqrt{7}}{\sqrt{24}}=\dfrac{\sqrt{7}}{2\sqrt{6}}=\dfrac{\sqrt{7}\times\boxed{}}{2\sqrt{6}\times\boxed{}}=\boxed{}$

2 다음 수의 분모를 유리화하시오.

(1) $\dfrac{1}{\sqrt{6}}$

(2) $-\dfrac{7}{\sqrt{2}}$

(3) $\dfrac{\sqrt{11}}{\sqrt{5}}$

(4) $\dfrac{4}{5\sqrt{3}}$

(5) $\dfrac{3}{\sqrt{20}}$

(6) $\dfrac{2\sqrt{2}}{\sqrt{14}}$

• 예제 **1** 분모의 유리화

다음 중 분모를 유리화한 것으로 옳지 <u>않은</u> 것은?

① $\dfrac{1}{\sqrt{5}}=\dfrac{\sqrt{5}}{5}$ ② $-\dfrac{6}{\sqrt{3}}=-2\sqrt{3}$

③ $\dfrac{7}{2\sqrt{7}}=\dfrac{\sqrt{7}}{2}$ ④ $\dfrac{\sqrt{3}}{3\sqrt{6}}=\dfrac{\sqrt{6}}{6}$

⑤ $\dfrac{2}{\sqrt{12}}=\dfrac{\sqrt{3}}{3}$

[해결 포인트]

$a>0$이고, a, b, c가 유리수일 때

➡ $\dfrac{b}{\sqrt{a}}=\dfrac{b\sqrt{a}}{a}$, $\dfrac{\sqrt{b}}{\sqrt{a}}=\dfrac{\sqrt{ab}}{a}$ (단, $b>0$), $\dfrac{b}{c\sqrt{a}}=\dfrac{b\sqrt{a}}{ac}$ (단, $c\neq0$)

이때 분자, 분모가 약분이 되는 경우, 약분을 먼저 한 후 분모를 유리화하면 편리하다. 또 분모를 유리화한 후 약분이 되는 것은 약분하여 간단한 꼴로 나타낸다.

🖑 **한번 더!**

1-1 다음 중 옳은 것은 ○표, 옳지 <u>않은</u> 것은 ×표를 ( ) 안에 쓰시오.

(1) $\dfrac{10}{\sqrt{5}}=2\sqrt{5}$ ( )

(2) $\dfrac{2}{\sqrt{18}}=\dfrac{2\sqrt{2}}{3}$ ( )

(3) $\dfrac{6\sqrt{3}}{\sqrt{2}}=3\sqrt{6}$ ( )

(4) $\dfrac{\sqrt{5}}{3\sqrt{12}}=\dfrac{\sqrt{15}}{12}$ ( )

1-2 $\dfrac{6}{\sqrt{2}}=a\sqrt{2}$, $\dfrac{10\sqrt{3}}{\sqrt{5}}=b\sqrt{15}$를 만족시키는 유리수 a, b에 대하여 ab의 값을 구하시오.

• 예제 **2** 제곱근의 곱셈과 나눗셈의 혼합 계산

다음을 간단히 하시오.

(1) $\sqrt{6}\times\sqrt{2}\div\sqrt{10}$

(2) $2\sqrt{2}\div\sqrt{3}\times3\sqrt{7}$

[해결 포인트]

제곱근의 곱셈과 나눗셈의 혼합 계산은

❶ 근호 안의 제곱인 인수는 근호 밖으로 꺼낸다.

❷ 나눗셈은 역수의 곱셈으로 고친다.

❸ 앞에서부터 순서대로 계산한다. 이때 제곱근의 성질과 분모의 유리화를 이용한다.

🖑 **한번 더!**

2-1 다음을 간단히 하시오.

$$\sqrt{\dfrac{1}{2}}\div\sqrt{\dfrac{8}{3}}\times\sqrt{\dfrac{10}{3}}$$

2-2 $\dfrac{14}{\sqrt{12}}\times\dfrac{\sqrt{7}}{4}\div\sqrt{28}$을 간단히 하였더니 $a\sqrt{3}$이 되었다. 이때 유리수 a의 값을 구하시오.

(1) **제곱근표** ← p.145~148의 제곱근표 참고

　1.00부터 9.99까지의 수는 0.01 간격으로, 10.0부터 99.9까지의 수는 0.1 간격으로 그 수의 양의 제곱근의 값을
　소수점 아래 넷째 자리에서 반올림하여 나타낸 표

(2) **제곱근표에서 제곱근의 값을 읽는 방법**

　처음 두 자리 수의 가로줄과 끝자리 수의 세로줄이 만나는 곳
　에 있는 수를 읽는다.

　$\sqrt{1.23}$ 의 값을 오른쪽 제곱근표를 이용하여 구하면 1.2의 가로
　줄과 3의 세로줄이 만나는 칸에 적혀 있는 수인 1.109이다.

수	0	1	2	3	4
1.0	1.000	1.005	1.010	1.015	1.020
1.1	1.049	1.054	1.058	1.063	1.068
1.2	1.095	1.100	1.105	1.109	1.114
1.3	1.140	1.145	1.149	1.153	1.158
1.4	1.183	1.187	1.192	1.196	1.200

(3) **제곱근표에 없는 수의 제곱근의 값**

　제곱근표에 없는 수의 제곱근의 값은 $\sqrt{a^2 b}=a\sqrt{b}$ 임을 이용하여
　근호 안의 수를 제곱근표에 있는 수로 바꾸어 구한다.

　① 100보다 큰 수의 제곱근의 값

　　➡ $\sqrt{100a}=10\sqrt{a}$, $\sqrt{10000a}=100\sqrt{a}$, …임을 이용하여 제곱근의 값을 구한다.

　② 0보다 크고 1보다 작은 수의 제곱근의 값

　　➡ $\sqrt{\dfrac{a}{100}}=\dfrac{\sqrt{a}}{10}$, $\sqrt{\dfrac{a}{10000}}=\dfrac{\sqrt{a}}{100}$, …임을 이용하여 제곱근의 값을 구한다.

· 개념 확인하기

·정답 및 해설 28쪽

1　오른쪽 표는 제곱근표의 일부이다. 이 표
　를 이용하여 다음 □ 안에 알맞은 수를 쓰
　시오.

수	2	3	4	5	6
1.0	1.010	1.015	1.020	1.025	1.030
1.1	1.058	1.063	1.068	1.072	1.077
⋮	⋮	⋮	⋮	⋮	⋮
63	7.950	7.956	7.962	7.969	7.975
64	8.012	8.019	8.025	8.031	8.037

　(1) $\sqrt{1.15}=\boxed{}$

　(2) $\sqrt{\boxed{}}=1.015$

　(3) $\sqrt{63.\boxed{\ }}=7.962$

　(4) $\sqrt{64.2}=\boxed{}$

2　$\sqrt{5}=2.236$, $\sqrt{50}=7.071$일 때, 다음 □ 안에 알맞은 수를 쓰시오.

　(1) $\sqrt{500}=\sqrt{5\times\boxed{\ }}=\boxed{\ }\sqrt{5}=\boxed{\ }\times 2.236=\boxed{\ }$

　(2) $\sqrt{5000}=\sqrt{50\times\boxed{\ }}=\boxed{\ }\sqrt{50}=\boxed{\ }\times 7.071=\boxed{\ }$

　(3) $\sqrt{0.05}=\sqrt{\dfrac{5}{\boxed{\ }}}=\dfrac{\sqrt{5}}{\boxed{\ }}=\dfrac{2.236}{\boxed{\ }}=\boxed{\ }$

　(4) $\sqrt{0.005}=\sqrt{\dfrac{50}{\boxed{\ }}}=\dfrac{\sqrt{50}}{\boxed{\ }}=\dfrac{7.071}{\boxed{\ }}=\boxed{\ }$

• 예제 1 　제곱근표를 이용한 제곱근의 값(1)

$\sqrt{2}=1.414$, $\sqrt{20}=4.472$일 때, 다음 제곱근의 값을 소수로 나타내시오.

(1) $\sqrt{200}$ 　　　　(2) $\sqrt{2000}$

(3) $\sqrt{0.2}$ 　　　　(4) $\sqrt{0.02}$

[해결 포인트]

제곱근표에 없는 수의 제곱근의 값을 구할 때는 제곱근표에 있는 수가 되도록 소수점의 위치를 두 자리씩 왼쪽 또는 오른쪽으로 이동하여 본다.

☞ **한번 더!**

1-1 $\sqrt{2.15}=1.466$, $\sqrt{21.5}=4.637$일 때, 다음 중 옳지 <u>않은</u> 것은?

① $\sqrt{215}=14.66$ 　　② $\sqrt{2150}=46.37$

③ $\sqrt{21500}=463.7$ 　　④ $\sqrt{0.215}=0.4637$

⑤ $\sqrt{0.0215}=0.1466$

1-2 다음 |보기| 중 $\sqrt{7}=2.646$임을 이용하여 그 값을 구할 수 <u>없는</u> 것을 모두 고르시오.

| 보기 |

ㄱ. $\sqrt{0.07}$ 　　　　ㄴ. $\sqrt{0.7}$

ㄷ. $\sqrt{700}$ 　　　　ㄹ. $\sqrt{7000}$

• 예제 2 　제곱근표를 이용한 제곱근의 값(2)

$\sqrt{2}=1.414$일 때, 다음 제곱근의 값을 소수로 나타내시오.

(1) $\sqrt{18}$ 　　　　(2) $\sqrt{\dfrac{1}{8}}$

[해결 포인트]

제곱근표에 없는 수의 제곱근의 값을 구하려면 $\sqrt{a^2 b}=a\sqrt{b}$임을 이용하여 근호 안의 수를 제곱근표에 있는 수로 바꾸어야 한다.

☞ **한번 더!**

2-1 $\sqrt{5}=2.236$일 때, $\sqrt{45}$의 값을 소수로 나타내시오.

2-2 $\sqrt{2}=1.414$일 때, $\sqrt{0.72}+\sqrt{\dfrac{2}{25}}$의 값을 소수로 나타내시오.

l, m, n이 유리수이고, $\sqrt{a}$가 무리수일 때

(1) $m\sqrt{a}+n\sqrt{a}=(m+n)\sqrt{a}$ 예 $3\sqrt{2}+2\sqrt{2}=(3+2)\sqrt{2}=5\sqrt{2}$

(2) $m\sqrt{a}-n\sqrt{a}=(m-n)\sqrt{a}$ 예 $3\sqrt{2}-2\sqrt{2}=(3-2)\sqrt{2}=\sqrt{2}$

(3) $m\sqrt{a}+n\sqrt{a}-l\sqrt{a}=(m+n-l)\sqrt{a}$ 예 $7\sqrt{2}+2\sqrt{2}-5\sqrt{2}=(7+2-5)\sqrt{2}=4\sqrt{2}$

참고 ① 근호 안의 수가 제곱인 인수를 갖는 경우에는 $a\sqrt{b}$ 꼴로 고친 후 계산한다.

예 $\sqrt{12}+\sqrt{27}=2\sqrt{3}+3\sqrt{3}=(2+3)\sqrt{3}=5\sqrt{3}$

② 분모가 근호를 포함한 무리수이면 분모를 유리화한 후 계산한다.

예 $\dfrac{5}{\sqrt{2}}+\sqrt{8}=\dfrac{5\sqrt{2}}{2}+2\sqrt{2}=\left(\dfrac{5}{2}+2\right)\sqrt{2}=\dfrac{9}{2}\sqrt{2}$

주의 $\sqrt{5}+\sqrt{2}$와 같이 근호 안의 수가 같지 않으면 더 이상 간단히 할 수 없다.

➡ $\sqrt{5}+\sqrt{2}\neq\sqrt{5+2}$, $\sqrt{5}-\sqrt{2}\neq\sqrt{5-2}$

· 개념 확인하기

· 정답 및 해설 28쪽

1 다음을 계산하시오.

(1) $3\sqrt{5}+2\sqrt{5}$

(2) $\sqrt{7}+3\sqrt{7}$

(3) $7\sqrt{3}-4\sqrt{3}$

(4) $\sqrt{6}-5\sqrt{6}$

(5) $4\sqrt{2}-6\sqrt{2}+\sqrt{2}$

(6) $4\sqrt{5}+3\sqrt{5}-8\sqrt{5}$

(7) $5\sqrt{2}+6\sqrt{3}+\sqrt{2}-4\sqrt{3}$

(8) $\sqrt{3}+2\sqrt{7}-5\sqrt{3}+3\sqrt{7}$

2 다음을 계산하시오.

(1) $\sqrt{3}+\sqrt{12}$

(2) $\sqrt{18}+\sqrt{2}$

(3) $\sqrt{28}-\sqrt{7}$

(4) $\sqrt{6}-\sqrt{24}$

(5) $3\sqrt{7}+\dfrac{14}{\sqrt{7}}$

(6) $\dfrac{9}{\sqrt{3}}+\sqrt{75}$

(7) $3\sqrt{3}-\dfrac{6}{\sqrt{3}}$

(8) $\sqrt{32}-\dfrac{8}{\sqrt{2}}$

• 예제 **1** 제곱근의 덧셈과 뺄셈

다음 중 옳지 <u>않은</u> 것을 모두 고르면? (정답 2개)

① $7\sqrt{2}+3\sqrt{2}=10\sqrt{2}$

② $2\sqrt{3}-\sqrt{3}=\sqrt{3}$

③ $\sqrt{2}-6\sqrt{5}-5\sqrt{5}=-11\sqrt{3}$

④ $7\sqrt{3}+8\sqrt{3}-5\sqrt{3}=10\sqrt{3}$

⑤ $3\sqrt{5}+\sqrt{5}-7\sqrt{5}=3\sqrt{5}$

[해결 포인트]

제곱근의 덧셈과 뺄셈은 근호 안의 수가 같은 것끼리 모아서 계산한다.

한번 더!

1-1 $\dfrac{5\sqrt{7}}{6}-\dfrac{\sqrt{5}}{3}+\dfrac{\sqrt{7}}{3}+\dfrac{7\sqrt{5}}{6}=a\sqrt{5}+b\sqrt{7}$일 때, 유리수 a, b에 대하여 $a-b$의 값을 구하시오.

1-2 $A=4\sqrt{3}-6\sqrt{5}+2\sqrt{5}$, $B=\sqrt{3}-5\sqrt{5}+7\sqrt{3}$일 때, $A-B$의 값을 구하시오.

• 예제 **2** $\sqrt{a^2 b}$ 꼴이 포함된 제곱근의 덧셈과 뺄셈

$\sqrt{18}+\sqrt{50}-\sqrt{8}$을 계산하면?

① $2\sqrt{3}$ 　　② $3\sqrt{2}$ 　　③ $5\sqrt{2}$

④ $6\sqrt{2}$ 　　⑤ $6\sqrt{3}$

[해결 포인트]

$\sqrt{a^2 b}$ 꼴은 $a\sqrt{b}$ 꼴로 고친 후 근호 안의 수가 같은 것끼리 모아서 계산한다.

한번 더!

2-1 다음을 계산하시오.

(1) $2\sqrt{7}+\sqrt{63}-6\sqrt{7}$

(2) $4\sqrt{3}-\sqrt{12}+\sqrt{6}-\sqrt{24}$

2-2 $5\sqrt{3}-\sqrt{80}-\dfrac{12}{\sqrt{3}}+\sqrt{20}=a\sqrt{3}+b\sqrt{5}$일 때, 유리수 a, b에 대하여 $a-b$의 값은?

① -3 　　② -1 　　③ 1

④ 3 　　⑤ 5

근호를 포함한 복잡한 식의 계산

---

(1) 근호를 포함한 식의 분배법칙

① 근호를 포함한 식의 분배법칙

$a>0$, $b>0$, $c>0$일 때

(ⅰ) $\sqrt{a}(\sqrt{b}+\sqrt{c})=\sqrt{a}\sqrt{b}+\sqrt{a}\sqrt{c}=\sqrt{ab}+\sqrt{ac}$ **예** $\sqrt{2}(\sqrt{3}+\sqrt{5})=\sqrt{2}\sqrt{3}+\sqrt{2}\sqrt{5}=\sqrt{6}+\sqrt{10}$

(ⅱ) $(\sqrt{a}+\sqrt{b})\sqrt{c}=\sqrt{a}\sqrt{c}+\sqrt{b}\sqrt{c}=\sqrt{ac}+\sqrt{bc}$ **예** $(\sqrt{5}-\sqrt{7})\sqrt{2}=\sqrt{5}\sqrt{2}-\sqrt{7}\sqrt{2}=\sqrt{10}-\sqrt{14}$

② 분배법칙을 이용한 분모의 유리화

$a>0$, $b>0$, $c>0$일 때

$$\frac{\sqrt{a}+\sqrt{b}}{\sqrt{c}}=\frac{(\sqrt{a}+\sqrt{b})\times\sqrt{c}}{\sqrt{c}\times\sqrt{c}}=\frac{\sqrt{ac}+\sqrt{bc}}{c}$$

  예 $\dfrac{1+\sqrt{2}}{\sqrt{3}}=\dfrac{(1+\sqrt{2})\times\sqrt{3}}{\sqrt{3}\times\sqrt{3}}=\dfrac{\sqrt{3}+\sqrt{6}}{3}$

→ 분자에서 분배법칙을 이용하여 괄호를 푼다.

(2) 근호를 포함한 식의 혼합 계산

❶ 괄호가 있으면 분배법칙을 이용하여 괄호를 푼다.

❷ 근호 안에 제곱인 인수가 있으면 근호 밖으로 꺼내고, 분모에 무리수가 있으면 분모를 유리화한다.

❸ 곱셈, 나눗셈을 먼저 한 후 덧셈, 뺄셈을 한다.

• 개념 확인하기

•정답 및 해설 29쪽

1 다음을 계산하시오.

(1) $\sqrt{5}(\sqrt{3}+\sqrt{7})$ (2) $\sqrt{2}(\sqrt{3}-\sqrt{5})$

(3) $\sqrt{3}(2\sqrt{3}+\sqrt{5})$ (4) $(3\sqrt{2}+4\sqrt{6})\div\sqrt{2}$

2 다음은 수의 분모를 유리화하는 과정이다. ☐ 안에 알맞은 수를 쓰시오.

(1) $\dfrac{\sqrt{3}-2}{\sqrt{3}}=\dfrac{(\sqrt{3}-2)\times\boxed{}}{\sqrt{3}\times\boxed{}}=\boxed{}$ (2) $\dfrac{\sqrt{3}+\sqrt{6}}{\sqrt{2}}=\dfrac{(\sqrt{3}+\sqrt{6})\times\boxed{}}{\sqrt{2}\times\boxed{}}=\boxed{}$

3 다음 수의 분모를 유리화하시오.

(1) $\dfrac{1+\sqrt{2}}{\sqrt{3}}$ (2) $\dfrac{3-\sqrt{3}}{\sqrt{6}}$

4 다음을 계산하시오.

(1) $\sqrt{3}\times\sqrt{6}+3\sqrt{2}$ (2) $\sqrt{30}\div\sqrt{5}-4\sqrt{6}$

(3) $\dfrac{\sqrt{27}}{3}-\sqrt{2}\times\sqrt{6}$ (4) $\sqrt{8}+\sqrt{10}\div\dfrac{1}{\sqrt{5}}$

(5) $\sqrt{10}\times\sqrt{2}+\sqrt{15}\div\sqrt{3}$ (6) $\sqrt{21}\div\sqrt{3}-\sqrt{14}\times\sqrt{2}$

• 예제 1 근호를 포함한 식의 혼합 계산

다음을 계산하시오.

(1) $8\sqrt{5}-\sqrt{3}(2+\sqrt{15})$

(2) $(2-\sqrt{8})\sqrt{2}+3\sqrt{2}$

(3) $\sqrt{3}(\sqrt{6}-2\sqrt{3})+\sqrt{5}(2\sqrt{5}+\sqrt{10})$

[해결 포인트]

괄호가 있으면 분배법칙을 이용하여 괄호를 푼 후 근호 안의 수가 같은 것끼리 덧셈, 뺄셈을 한다.

🖑 한번 더!

1-1 다음을 계산하시오.

(1) $\sqrt{3}(\sqrt{3}+\sqrt{6})-4\sqrt{2}$

(2) $\sqrt{27}-\sqrt{2}(\sqrt{14}+\sqrt{6})$

(3) $5\sqrt{5}+(3-2\sqrt{15})\div\sqrt{3}$

(4) $\sqrt{2}(\sqrt{6}+\sqrt{3})-(2-\sqrt{18})\sqrt{6}$

1-2 $a=\sqrt{2}+5\sqrt{3}$, $b=3\sqrt{2}-\sqrt{3}$일 때, $\sqrt{2}a-\sqrt{3}b$의 값을 구하시오.

• 예제 2 분배법칙을 이용한 분모의 유리화

다음을 계산하시오.

$$\frac{6+2\sqrt{3}}{\sqrt{3}}+\frac{12-4\sqrt{2}}{\sqrt{8}}$$

[해결 포인트]

$a>0$, $b>0$, $c>0$일 때

$$\frac{\sqrt{a}+\sqrt{b}}{\sqrt{c}}=\frac{(\sqrt{a}+\sqrt{b})\times\sqrt{c}}{\sqrt{c}\times\sqrt{c}}=\frac{\sqrt{ac}+\sqrt{bc}}{c}$$

🖑 한번 더!

2-1 다음을 만족시키는 유리수 a, b에 대하여 $2a+4b$의 값을 구하시오.

$$\frac{\sqrt{5}-\sqrt{2}}{2\sqrt{2}}-\frac{3\sqrt{6}-\sqrt{15}}{\sqrt{6}}=a+b\sqrt{10}$$

2-2 $x=\dfrac{3+\sqrt{6}}{\sqrt{3}}$, $y=\dfrac{3-\sqrt{6}}{\sqrt{3}}$일 때, $\sqrt{3}(x+y)$의 값을 구하시오.

1 중요

다음 중 옳지 <u>않은</u> 것은?

① $\sqrt{2}\sqrt{7}=\sqrt{14}$　　② $\sqrt{2}\times(-\sqrt{18})=-6$

③ $\sqrt{12}\div(-\sqrt{3})=-4$　④ $\sqrt{10}\div\sqrt{11}=\sqrt{\dfrac{10}{11}}$

⑤ $\sqrt{\dfrac{5}{3}}\sqrt{\dfrac{3}{4}}=\sqrt{\dfrac{5}{4}}$

2

다음과 같이 $\sqrt{12}$에서 시작하여 화살표 위에 쓰여 있는 계산을 차례로 할 때, ㈎에 알맞은 수를 구하시오.

3 중요

$\sqrt{180}=6\sqrt{a}$, $\sqrt{75}=b\sqrt{3}$일 때, 유리수 a, b에 대하여 $\sqrt{ab}$의 값은?

① 2　　　② 3　　　③ 4
④ 5　　　⑤ 6

4

$\sqrt{3}=p$, $\sqrt{5}=q$일 때, $\sqrt{60}-\sqrt{48}$을 p, q를 사용하여 나타내면?

① $2p-2q$　② $4p-2q$　③ $4p-3q$
④ $2pq-4p$　⑤ $2pq-4q$

5

$\sqrt{0.025}$는 $\sqrt{10}$의 a배이고 $\sqrt{150}$은 $\sqrt{6}$의 b배일 때, ab의 값을 구하시오.

6

오른쪽 그림과 같이 밑면의 가로의 길이와 세로의 길이가 각각 $\sqrt{6}$ cm, $2\sqrt{2}$ cm인 직육면체의 부피가 $4\sqrt{15}$ cm^{3}일 때, 직육면체의 높이를 구하시오.

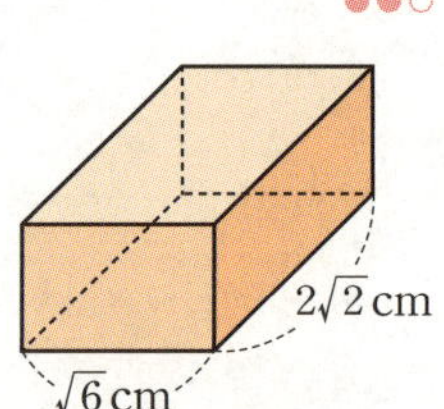

7

$\dfrac{3\sqrt{7}}{a\sqrt{6}}$의 분모를 유리화하였더니 $\dfrac{\sqrt{42}}{4}$가 되었다. 이때 자연수 a의 값을 구하시오.

8 중요

다음 수를 크기가 작은 것부터 차례로 나열할 때, 세 번째에 오는 수를 구하시오.

9

다음 중 주어진 제곱근표를 이용하여 그 값을 구할 수 없는 것은?

수	0	1	2	3	4	5
2.4	1.549	1.552	1.556	1.559	1.562	1.565
2.5	1.581	1.584	1.587	1.591	1.594	1.597
2.6	1.612	1.616	1.619	1.622	1.625	1.628
2.7	1.643	1.646	1.649	1.652	1.655	1.658

① $\sqrt{2.40}$ ② $\sqrt{263}$ ③ $\sqrt{2710}$
④ $\sqrt{0.0254}$ ⑤ $\sqrt{2.75}$

10 중요

$\sqrt{7}=2.646$, $\sqrt{70}=8.367$일 때, 다음 중 옳지 <u>않은</u> 것은?

① $\sqrt{0.007}=0.08367$ ② $\sqrt{0.07}=0.2646$
③ $\sqrt{0.7}=0.2646$ ④ $\sqrt{700}=26.46$
⑤ $\sqrt{7000}=83.67$

11 창의력 UP

다음 제곱근표를 이용하여 넓이가 $1400\,\mathrm{cm}^2$인 정사각형의 한 변의 길이를 구하시오.

수	0	1	2	3	4
1.4	1.183	1.187	1.192	1.196	1.200
1.5	1.225	1.229	1.233	1.237	1.241
⋮	⋮	⋮	⋮	⋮	⋮
14	3.742	3.755	3.768	3.782	3.795
15	3.873	3.886	3.899	3.912	3.924

12 중요

$A=\sqrt{8}+4\sqrt{2}-\sqrt{18}$, $B=4\sqrt{3}-\sqrt{27}+5\sqrt{3}$일 때, AB의 값을 구하시오.

13

$\sqrt{2}\left(\dfrac{1}{\sqrt{2}}+\dfrac{1}{\sqrt{7}}\right)-\sqrt{7}\left(\dfrac{1}{\sqrt{7}}-\dfrac{2\sqrt{2}}{7}\right)$를 계산하면?

① 1 ② $\dfrac{3\sqrt{14}}{7}$ ③ $\sqrt{14}$
④ $\dfrac{9\sqrt{14}}{7}$ ⑤ $2\sqrt{14}$

14

$\dfrac{\sqrt{180}-10}{\sqrt{20}}$의 분모를 유리화하였더니 $a+b\sqrt{5}$가 되었을 때, 유리수 a, b에 대하여 $a+b$의 값을 구하시오.

15

다음 그림은 한 눈금의 길이가 1인 모눈종이 위에 수직선과 두 직각삼각형 ABC, AED를 각각 그린 것이다. $\overline{AB}=\overline{AP}$, $\overline{AD}=\overline{AQ}$이고, 두 점 P, Q에 대응하는 수를 각각 a, b라 할 때, $a-b$의 값을 구하시오.

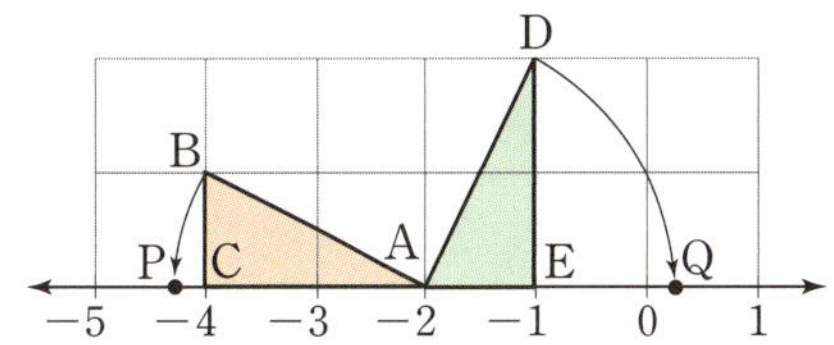

16

$\sqrt{2}(\sqrt{2}+4\sqrt{3})-\sqrt{2}(a\sqrt{3}-\sqrt{2})$를 계산한 결과가 유리수가 되도록 하는 유리수 a의 값을 구하시오.

17

다음 그림과 같이 넓이가 각각 $96\,\mathrm{m}^2$, $54\,\mathrm{m}^2$, $24\,\mathrm{m}^2$인 정사각형 모양의 타일을 이어 붙여 새로운 모양의 타일을 만들었다. 이 타일의 둘레의 길이는 몇 m인지 구하시오.

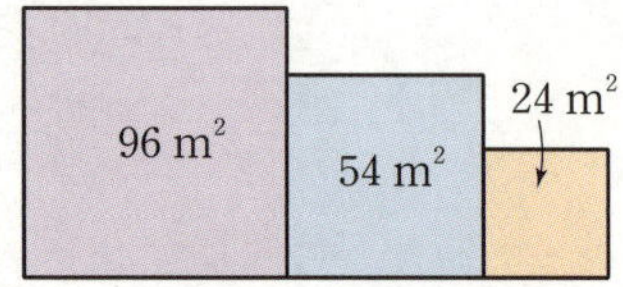

18 중요

다음 세 수의 대소 관계를 바르게 나타낸 것은?

$$A=\sqrt{3}+4\sqrt{5}, \quad B=6\sqrt{3}-\sqrt{5}, \quad C=3\sqrt{3}+2\sqrt{5}$$

① $A<B<C$ ② $A<C<B$
③ $B<A<C$ ④ $B<C<A$
⑤ $C<A<B$

서술형

19

$a>0$, $b>0$, $ab=24$일 때, $a\sqrt{\dfrac{6b}{a}}+b\sqrt{\dfrac{4a}{b}}$의 값을 구하시오. (단, 풀이 과정을 자세히 쓰시오.)

풀이

답

20

다음 그림의 삼각형과 직사각형의 넓이가 서로 같을 때, 직사각형의 세로의 길이를 구하시오.

(단, 풀이 과정을 자세히 쓰시오.)

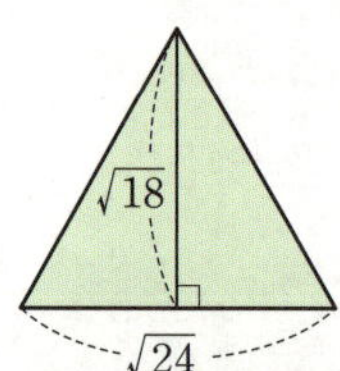

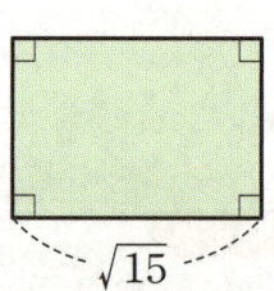

풀이

답

1 마인드맵으로 개념 구조화!

2 OX 문제로 개념 점검!

옳은 것은 ○, 옳지 <u>않은</u> 것은 ×를 택하시오.　　　　　·정답 및 해설 32쪽

❶ $\sqrt{2}\times\sqrt{3}=\sqrt{6}$이다.　　　　○ | ×

❷ $\sqrt{10}\div5=\sqrt{2}$이다.　　　　○ | ×

❸ $\sqrt{12}$는 $2\sqrt{3}$으로 나타낼 수 있다.　　　　○ | ×

❹ $\dfrac{3}{\sqrt{3}}$의 분모를 유리화하면 $\dfrac{\sqrt{3}}{3}$이다.　　　　○ | ×

❺ $\sqrt{7}+\sqrt{3}=\sqrt{10}$이다.　　　　○ | ×

❻ $5\sqrt{2}-3\sqrt{2}=2\sqrt{2}$이다.　　　　○ | ×

❼ $\sqrt{3}(\sqrt{2}+\sqrt{5})=\sqrt{6}+\sqrt{15}$이다.　　　　○ | ×

❽ $2\sqrt{3}-\sqrt{2}<\sqrt{3}+\sqrt{2}$이다.　　　　○ | ×

3

다항식의 곱셈과 인수분해

산소와 수소를 결합시키면 물이 만들어지고, 물을 분해하면 산소와 수소로 나눌 수 있습니다.

또 두 수 7, 8의 곱을 계산하면 $7 \times 8 = 56$이고, 56을 두 수의 곱으로 나타내면 $56 = 7 \times 8$로 나타낼 수 있습니다.

이는 각각 수의 곱셈과 소인수분해의 과정입니다.

이와 같이 우리 생활 주변에서 결합과 분해, 즉 역관계를 찾아볼 수 있고, 다항식의 전개와 인수분해의 관계도 같은 경우입니다.

이 단원에서는 다항식의 곱셈 공식과 인수분해의 원리와 방법에 대해 학습합니다.

▶ **새로 배우는 용어**

인수, 인수분해, 완전제곱식

3. 다항식의 곱셈과 인수분해를 시작하기 전에

소인수분해 〔중1〕

1 다음 수를 소인수분해하시오.

(1) 56   (2) 143

지수법칙 〔중2〕

2 다음 식을 간단히 하시오.

(1) $a^3 \times b^2 \times a^5$ (2) $a^{10} \div a^5 \div (a^2)^3$ (3) $(a^2)^3 \times (b^5)^2 \div a^6$ (4) $\left(\dfrac{a^2}{4b}\right)^3$

다항식의 계산 〔중2〕

3 다음을 계산하시오.

(1) $(6x-5y)+3(x-3y)$ (2) $4(3x+4y)-(2x-3y)$

[정답] **1.** (1) $2^3 \times 7$ (2) 11×13 **2.** (1) $a^8 b^2$ (2) $\dfrac{1}{a}$ (3) b^{10} (4) $\dfrac{a^6}{64b^3}$ **3.** (1) $9x-14y$ (2) $10x+19y$

다항식의 곱셈 / 곱셈 공식

(1) 다항식의 곱셈

분배법칙을 이용하여 전개하고 동류항이 있으면 동류항끼리 모아서 정리한다.

➡ $(a+b)(c+d)=ac+ad+bc+bd$

예 $(a+2)(a+3)=a^2+3a+2a+6=a^2+5a+6$

(2) 곱셈 공식 ① – 합의 제곱, 차의 제곱

- $(a+b)^2=a^2+2ab+b^2$ ← 합의 제곱

  곱의 2배

  예 $(x+1)^2=x^2+2\times x\times 1+1^2=x^2+2x+1$

- $(a-b)^2=a^2-2ab+b^2$ ← 차의 제곱

  곱의 2배

  예 $(x-1)^2=x^2-2\times x\times 1+1^2=x^2-2x+1$

  주의 $(a+b)^2\neq a^2+b^2$, $(a-b)^2\neq a^2-b^2$임에 주의한다.

(3) 곱셈 공식 ② – 합과 차의 곱

$(a+b)(a-b)$의 전개

$$(a+b)(a-b)=a^2-b^2$$

합 차 제곱의 차

예 $(x+1)(x-1)=x^2-1^2=x^2-1$

참고 (합과 차의 곱)=(부호가 같은 것)^2-(부호가 다른 것)^{2}이므로

$(-a+b)(a+b)=(b-a)(b+a)=b^2-a^2$

$(-a+b)(-a-b)=(-a)^2-b^2=a^2-b^2$

(4) 곱셈 공식 ③ – x의 계수가 1인 두 일차식의 곱

$(x+a)(x+b)$의 전개

합

$$(x+a)(x+b)=x^2+(a+b)x+ab$$

곱

예 $(x+2)(x+3)=x^2+(2+3)x+2\times 3=x^2+5x+6$

(5) 곱셈 공식 ④ – x의 계수가 1이 아닌 두 일차식의 곱

$(ax+b)(cx+d)$의 전개

$$(ax+b)(cx+d)=acx^2+(ad+bc)x+bd$$

x의 계수의 곱 상수항의 곱

예 $(2x+1)(3x+2)=(2\times 3)x^2+(2\times 2+1\times 3)x+1\times 2=6x^2+7x+2$

≫ 직사각형의 넓이를 이용하여 $(a+b)(c+d)$를 전개하기

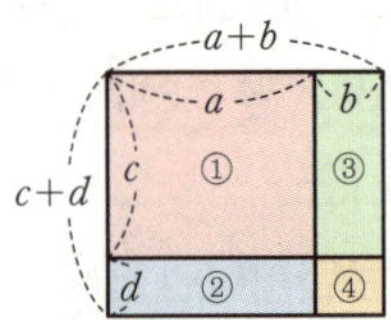

$(a+b)(c+d)$
$=①+②+③+④$
$=ac+ad+bc+bd$

≫ 서로 같은 제곱식

- $(-a-b)^2=(a+b)^2$

  ➡ $(-a-b)^2=\{-(a+b)\}^2$
  $\qquad\qquad =(a+b)^2$

- $(-a+b)^2=(a-b)^2$

  ➡ $(-a+b)^2=\{-(a-b)\}^2$
  $\qquad\qquad =(a-b)^2$

1 다음 식을 전개하시오.

(1) $(a+2)(a+5)$

(2) $(a+1)(a-3)$

(3) $(a+2)(-3a+1)$

(4) $(3a-b)(2a+5b+1)$

2 다음 식을 전개하시오.

(1) $(x+4)^2$

(2) $(2a+1)^2$

(3) $(-x+2)^2$

(4) $(x-6)^2$

(5) $(3x-2)^2$

(6) $(5x-3y)^2$

3 다음 식을 전개하시오.

(1) $(x+4)(x-4)$

(2) $(a+3)(a-3)$

(3) $(2x+1)(2x-1)$

(4) $(3x+4)(3x-4)$

(5) $(5+a)(5-a)$

(6) $\left(x+\dfrac{1}{2}\right)\left(x-\dfrac{1}{2}\right)$

4 다음 □ 안에 알맞은 것을 쓰고, 주어진 식을 전개하시오.

(1) $(x+3)(x+4)$

$=x^2+(\square+\square)x+\square\times\square$

$=\boxed{}$

(2) $(x-4)(x+2)$

(3) $(x+1)(x-6)$

(4) $(x-3)(x-5)$

(5) $(x+y)(x+5y)$

(6) $(a+2b)(a-3b)$

5 다음 □ 안에 알맞은 것을 쓰고, 주어진 식을 전개하시오.

(1) $(2x+3)(4x+6)$

$=(2\times4)x^2+(2\times\square+3\times\square)x+3\times6$

$=\boxed{}$

(2) $(3x+5)(2x-1)$

(3) $(4x-1)(5x+3)$

(4) $(5x-1)(3x-2)$

(5) $(2x+5y)(3x+4y)$

(6) $(3a-2b)(2a+3b)$

• 예제 1 곱셈 공식 ① - 합의 제곱, 차의 제곱

다음 중 옳지 <u>않은</u> 것은?

① $(3x+2)^2=9x^2+12x+4$

② $(x-2y)^2=x^2-4xy+4y^2$

③ $(-x-6y)^2=x^2-12xy+36y^2$

④ $(-x+7y)^2=x^2-14xy+49y^2$

⑤ $\left(\dfrac{1}{2}x-\dfrac{1}{3}y\right)^2=\dfrac{1}{4}x^2-\dfrac{1}{3}xy+\dfrac{1}{9}y^2$

[해결 포인트]

· $(a+b)=a^2+2ab+b^2$

· $(a-b)=a^2-2ab+b^2$

🖐 **한번 더!**

1-1 다음 중 옳지 <u>않은</u> 것은?

① $(x+5)^2=x^2+10x+25$

② $(-a+4)^2=a^2-8a+16$

③ $(2x-3)^2=4x^2-9$

④ $\left(\dfrac{1}{2}x+1\right)^2=\dfrac{1}{4}x^2+x+1$

⑤ $(3a-b)^2=9a^2-6ab+b^2$

1-2 다음 |보기| 중 $(x-y)^2$과 전개식이 같은 것을 모두 고르시오.

| 보기 |
| ㄱ. $(x+y)^2$ ㄴ. $(-x+y)^2$ |
| ㄷ. $(-x-y)^2$ ㄹ. $(y-x)^2$ |

• 예제 2 곱셈 공식 ② - 합과 차의 곱

$(-5x+y)(5x+y)-(-2x+3y)(-2x-3y)$ 를 계산하면?

① x^2-8y^2

② $-x^2+8y^2$

③ $21x^2-3y^2$

④ $-29x^2-10y^2$

⑤ $-29x^2+10y^2$

[해결 포인트]

$(a+b)(a-b)=a^2-b^2$

🖐 **한번 더!**

2-1 다음 식을 계산하시오.

$$(3x-1)(3x+1)-2(x+4)(x-4)$$

2-2 $a^2=50,\ b^2=27$일 때, $\left(\dfrac{1}{5}a+\dfrac{2}{3}b\right)\left(\dfrac{1}{5}a-\dfrac{2}{3}b\right)$ 의 값을 구하시오.

• 예제 3 곱셈 공식 ③ − x의 계수가 1인 두 일차식의 곱

다음 중 옳은 것은?

① $(x+6)(x+4)=x^2+10x+10$

② $\left(x-\dfrac{1}{2}\right)\left(x-\dfrac{3}{4}\right)=x^2-\dfrac{5}{4}x-\dfrac{3}{8}$

③ $(x-y)(x+8y)=x^2+6xy-8y^2$

④ $(x+3y)(x-y)=x^2+2xy-3y^2$

⑤ $\left(x-\dfrac{3}{4}y\right)\left(x-\dfrac{2}{3}y\right)=x^2+5xy-\dfrac{1}{2}y^2$

[해결 포인트]

$(x+a)(x+b)=x^2+(a+b)x+ab$

☞ **한번 더!**

3-1 다음 중 옳지 <u>않은</u> 것을 모두 고르면? (정답 2개)

① $(x+3)(x-5)=x^2-2x+15$

② $(a+7)(a-3)=a^2+4a-21$

③ $(x-y)(x-4y)=x^2-5xy+4y^2$

④ $\left(x+\dfrac{1}{4}\right)\left(x+\dfrac{1}{3}\right)=x^2+x+\dfrac{1}{12}$

⑤ $(a-5b)(a+6b)=a^2+ab-30b^2$

3-2 $(x-a)(x+7)=x^2+bx-21$일 때, 상수 a, b의 값을 각각 구하시오.

• 예제 4 곱셈 공식 ④ − x의 계수가 1이 아닌 두 일차식의 곱

$\left(2x-\dfrac{1}{4}y\right)(4x+y)=Ax^2+Bxy+Cy^2$일 때, 상수 A, B, C에 대하여 $A+B+C$의 값을 구하시오.

[해결 포인트]

$(ax+b)(cx+d)=acx^2+(ad+bc)x+bd$

☞ **한번 더!**

4-1 $(2x-3)(5x+6)=Ax^2+Bx+C$일 때, 상수 A, B, C에 대하여 $A-B+C$의 값은?

① -5 　　② -3 　　③ -1

④ 1 　　⑤ 3

4-2 $(5x+3)(2x+a)$의 전개식에서 x의 계수가 -14일 때, 상수 a의 값을 구하시오.

곱셈 공식의 응용 (1) – 식의 계산

(1) 곱셈 공식을 이용한 근호를 포함한 식의 계산

제곱근을 문자로 생각하고 곱셈 공식을 이용하여 계산하면 편리하다.

$a>0,\ b>0$일 때

① $(\sqrt{a}+\sqrt{b})^2=(\sqrt{a})^2+2\times\sqrt{a}\times\sqrt{b}+(\sqrt{b})^2=a+2\sqrt{ab}+b$

$(\sqrt{a}-\sqrt{b})^2=(\sqrt{a})^2-2\times\sqrt{a}\times\sqrt{b}+(\sqrt{b})^2=a-2\sqrt{ab}+b$

예 ・$(\sqrt{2}+\sqrt{3})^2=(\sqrt{2})^2+2\times\sqrt{2}\times\sqrt{3}+(\sqrt{3})^2=2+2\sqrt{6}+3=5+2\sqrt{6}$

・$(\sqrt{3}-\sqrt{2})^2=(\sqrt{3})^2-2\times\sqrt{3}\times\sqrt{2}+(\sqrt{2})^2=3-2\sqrt{6}+2=5-2\sqrt{6}$

② $(\sqrt{a}+\sqrt{b})(\sqrt{a}-\sqrt{b})=(\sqrt{a})^2-(\sqrt{b})^2=a-b$

예 $(\sqrt{7}+\sqrt{3})(\sqrt{7}-\sqrt{3})=(\sqrt{7})^2-(\sqrt{3})^2=7-3=4$

(2) 곱셈 공식을 이용한 분모의 유리화

곱셈 공식 $(a+b)(a-b)=a^2-b^2$을 이용하여 분모를 유리화한다.

$a>0,\ b>0,\ a\neq b$이고 c가 실수일 때

➡ $\dfrac{c}{\sqrt{a}+\sqrt{b}}=\dfrac{c\times(\sqrt{a}-\sqrt{b})}{(\sqrt{a}+\sqrt{b})\times(\sqrt{a}-\sqrt{b})}=\dfrac{c(\sqrt{a}-\sqrt{b})}{(\sqrt{a})^2-(\sqrt{b})^2}=\dfrac{c(\sqrt{a}-\sqrt{b})}{a-b}$

부호 반대

예 $\dfrac{2}{\sqrt{5}+\sqrt{3}}=\dfrac{2\times(\sqrt{5}-\sqrt{3})}{(\sqrt{5}+\sqrt{3})\times(\sqrt{5}-\sqrt{3})}=\dfrac{2(\sqrt{5}-\sqrt{3})}{(\sqrt{5})^2-(\sqrt{3})^2}=\dfrac{2(\sqrt{5}-\sqrt{3})}{5-3}=\sqrt{5}-\sqrt{3}$

・개념 확인하기

・정답 및 해설 35쪽

1 다음을 계산하시오.

(1) $(\sqrt{3}+\sqrt{2})^2$

(2) $(\sqrt{6}-\sqrt{5})^2$

(3) $(\sqrt{5}+\sqrt{2})(\sqrt{5}-\sqrt{2})$

(4) $(\sqrt{7}-1)(\sqrt{7}+1)$

(5) $(\sqrt{3}+2)(\sqrt{3}+4)$

(6) $(2\sqrt{2}+1)(\sqrt{2}+3)$

2 다음은 수의 분모를 유리화하는 과정이다. □ 안에 알맞은 수를 쓰시오.

(1) $\dfrac{1}{\sqrt{2}+1}=\dfrac{1\times(\boxed{})}{(\sqrt{2}+1)\times(\boxed{})}=\boxed{}$

(2) $\dfrac{4}{\sqrt{7}-\sqrt{3}}=\dfrac{4\times(\boxed{})}{(\sqrt{7}-\sqrt{3})\times(\boxed{})}=\boxed{}$

(3) $\dfrac{\sqrt{2}}{2+\sqrt{2}}=\dfrac{\sqrt{2}\times(\boxed{})}{(2+\sqrt{2})\times(\boxed{})}=\boxed{}$

(4) $\dfrac{\sqrt{3}}{\sqrt{3}-\sqrt{2}}=\dfrac{\sqrt{3}\times(\boxed{})}{(\sqrt{3}-\sqrt{2})\times(\boxed{})}=\boxed{}$

(5) $\dfrac{\sqrt{5}-2}{\sqrt{5}+2}=\dfrac{(\sqrt{5}-2)\times(\boxed{})}{(\sqrt{5}+2)\times(\boxed{})}=\boxed{}$

(6) $\dfrac{\sqrt{3}+\sqrt{2}}{\sqrt{3}-\sqrt{2}}=\dfrac{(\sqrt{3}+\sqrt{2})\times(\boxed{})}{(\sqrt{3}-\sqrt{2})\times(\boxed{})}=\boxed{}$

• 예제 1 곱셈 공식을 이용한 근호를 포함한 식의 계산

$(\sqrt{2}+1)^2-(2-\sqrt{3})(2+\sqrt{3})$ 을 계산하면?

① $1-2\sqrt{2}$ ② $2-\sqrt{2}$

③ $2+\sqrt{2}$ ④ $2-2\sqrt{2}$

⑤ $2+2\sqrt{2}$

[해결 포인트]
제곱근을 문자로 생각하고 곱셈 공식을 이용하여 식을 전개한 후 계산한다.

🖐 **한번 더!**

1-1 $(\sqrt{2}-3)^2-(3+\sqrt{5})(3-\sqrt{5})$ 를 계산하면?

① $6-3\sqrt{5}$ ② $3-3\sqrt{5}$ ③ $3-3\sqrt{2}$

④ $7-6\sqrt{2}$ ⑤ $3-6\sqrt{2}$

1-2 $(2-3\sqrt{2})(a+5\sqrt{2})=-22+b\sqrt{2}$ 를 만족시키는 유리수 a, b의 값을 각각 구하시오.

Ⅱ·3

• 예제 2 곱셈 공식을 이용한 분모의 유리화

$\dfrac{3}{\sqrt{3}+\sqrt{2}}$ 의 분모를 유리화하면 $a\sqrt{3}+b\sqrt{2}$ 일 때, 유리수 a, b에 대하여 $2a+b$의 값을 구하시오.

[해결 포인트]
곱셈 공식 $(a+b)(a-b)=a^2-b^2$ 임을 이용하여 분모를 유리화한다.

🖐 **한번 더!**

2-1 $\dfrac{3-2\sqrt{2}}{3+2\sqrt{2}}=A+B\sqrt{2}$ 일 때, 유리수 A, B에 대하여 $A+B$의 값은?

① 1 ② 3 ③ 5

④ 7 ⑤ 9

2-2 $x=2-\sqrt{11}$, $y=2+\sqrt{11}$ 일 때, $\dfrac{1}{x}-\dfrac{1}{y}$ 의 값은?

① $-\sqrt{11}$ ② $-\dfrac{2\sqrt{11}}{7}$ ③ $\dfrac{\sqrt{11}}{7}$

④ $\sqrt{11}$ ⑤ $2\sqrt{11}$

곱셈 공식의 응용 (2) – 수의 계산

(1) 곱셈 공식을 이용한 수의 제곱의 계산

곱셈 공식 $(a+b)^2=a^2+2ab+b^2$ 또는 $(a-b)^2=a^2-2ab+b^2$을 이용한다.

예 • $101^2=(100+1)^2=100^2+2\times100\times1+1^2=10000+200+1=10201$

• $98^2=(100-2)^2=100^2-2\times100\times2+2^2=10000-400+4=9604$

(2) 곱셈 공식을 이용한 두 수의 곱의 계산

곱셈 공식 $(a+b)(a-b)=a^2-b^2$ 또는 $(x+a)(x+b)=x^2+(a+b)x+ab$를 이용한다.

예 • $101\times99=(100+1)(100-1)=100^2-1^2=10000-1=9999$

• $101\times102=(100+1)(100+2)=100^2+(1+2)\times100+1\times2$

$=10000+300+2=10302$

• 개념 확인하기

•정답 및 해설 36쪽

1 다음 수를 계산할 때 이용하면 가장 편리한 곱셈 공식을 찾아 선으로 연결하시오. (단, $b>0$)

(1) 198^2 •

(2) 102^2 •

(3) 103×97 •

(4) 201×204 •

• ㄱ. $(a+b)(a-b)=a^2-b^2$

• ㄴ. $(a+b)^2=a^2+2ab+b^2$

• ㄷ. $(a-b)^2=a^2-2ab+b^2$

• ㄹ. $(x+a)(x+b)=x^2+(a+b)x+ab$

2 곱셈 공식을 이용하여 다음을 계산하시오. (단, ①~④의 과정을 모두 쓰시오.)

(1) $103^2=(100+3)^2$ ⋯ ①

$\quad\ =100^2+2\times100\times3+3^2$ ⋯ ②

$\quad\ =10000+600+9$ ⋯ ③

$\quad\ =$______ ⋯ ④

(2) $199^2=$______ ⋯ ①

$\quad\ =$______ ⋯ ②

$\quad\ =$______ ⋯ ③

$\quad\ =$______ ⋯ ④

(3) $82\times78=$______ ⋯ ①

$\quad\ =$______ ⋯ ②

$\quad\ =$______ ⋯ ③

$\quad\ =$______ ⋯ ④

(4) $51\times53=$______ ⋯ ①

$\quad\ =$______ ⋯ ②

$\quad\ =$______ ⋯ ③

$\quad\ =$______ ⋯ ④

대표 예제로 개념 익히기

· 예제 **1** 곱셈 공식을 이용한 수의 제곱의 계산

다음 수를 계산할 때 이용하면 가장 편리한 곱셈 공식을 | 보기 |에서 고르시오.

| 보기 |
> ㄱ. $(a+b)^2=a^2+2ab+b^2$ (단, $b>0$)
> ㄴ. $(a-b)^2=a^2-2ab+b^2$ (단, $b>0$)
> ㄷ. $(a+b)(a-b)=a^2-b^2$
> ㄹ. $(x+a)(x+b)=x^2+(a+b)x+ab$

(1) 203^2　　　　(2) 398^2

[해결 포인트]

수의 제곱의 계산은
$$\begin{cases} (a+b)^2=a^2+2ab+b^2 \\ (a-b)^2=a^2-2ab+b^2 \end{cases}$$ 을 이용한다.

🖑 한번 더!

1-1 다음 중 302^2을 계산하는 데 이용되는 가장 편리한 곱셈 공식은? (단, a, b는 양수)

① $(a+b)^2=a^2+2ab+b^2$

② $(a-b)^2=a^2-2ab+b^2$

③ $(a+b)(a-b)=a^2-b^2$

④ $(x+a)(x+b)=x^2+(a+b)x+ab$

⑤ $(ax+b)(cx+d)=acx^2+(ad+bc)x+bd$

1-2 곱셈 공식을 이용하여 다음을 계산하시오.

$$91^2+299^2$$

· 예제 **2** 곱셈 공식을 이용한 두 수의 곱의 계산

다음 수를 계산할 때 이용하면 가장 편리한 곱셈 공식을 | 보기 |에서 고르시오.

| 보기 |
> ㄱ. $(a+b)^2=a^2+2ab+b^2$ (단, $b>0$)
> ㄴ. $(a-b)^2=a^2-2ab+b^2$ (단, $b>0$)
> ㄷ. $(a+b)(a-b)=a^2-b^2$
> ㄹ. $(x+a)(x+b)=x^2+(a+b)x+ab$

(1) 302×304　　　　(2) 7.2×6.8

[해결 포인트]

서로 다른 두 수의 곱의 계산은
$$\begin{cases} (a+b)(a-b)=a^2-b^2 \\ (x+a)(x+b)=x^2+(a+b)x+ab \end{cases}$$ 를 이용한다.

🖑 한번 더!

2-1 다음 중 4.02×3.98을 계산하는 데 이용되는 가장 편리한 곱셈 공식은? (단, a, b는 양수)

① $(a+b)^2=a^2+2ab+b^2$

② $(a-b)^2=a^2-2ab+b^2$

③ $(a+b)(a-b)=a^2-b^2$

④ $(x+a)(x+b)=x^2+(a+b)x+ab$

⑤ $(ax+b)(cx+d)=acx^2+(ad+bc)x+bd$

2-2 곱셈 공식을 이용하여 다음을 계산하시오.

$$\frac{1009\times1011+1}{1010}$$

곱셈 공식의 변형

(1) 곱셈 공식의 변형

① $(a+b)^2=a^2+2ab+b^2$
➡ $a^2+b^2=(a+b)^2-2ab$
$(a-b)^2=(a+b)^2-4ab$

② $(a-b)^2=a^2-2ab+b^2$
➡ $a^2+b^2=(a-b)^2+2ab$
$(a+b)^2=(a-b)^2+4ab$

(2) 두 수의 곱이 1인 식의 변형

① $a^2+\dfrac{1}{a^2}=\left(a+\dfrac{1}{a}\right)^2-2$

② $a^2+\dfrac{1}{a^2}=\left(a-\dfrac{1}{a}\right)^2+2$

③ $\left(a+\dfrac{1}{a}\right)^2=\left(a-\dfrac{1}{a}\right)^2+4$

④ $\left(a-\dfrac{1}{a}\right)^2=\left(a+\dfrac{1}{a}\right)^2-4$

(3) $x=a\pm\sqrt{b}$ 의 꼴이 주어진 경우 식의 값 구하기

$x=a+\sqrt{b}$를 $x-a=\sqrt{b}$로 변형한 후 양변을 제곱하여 정리한다.

$$x=1+\sqrt{2} \ \Rightarrow \ x-1=\sqrt{2} \ \Rightarrow \ (x-1)^2=2$$

참고 x의 값을 직접 대입하여 식의 값을 구할 수도 있다.

• 개념 확인하기

•정답 및 해설 37쪽

1 $a+b=6$, $ab=3$일 때, ☐ 안에 알맞은 수를 쓰시오.

(1) $a^2+b^2=(a+b)^2-\square ab$
$=6^2-\square\times3=\square$

(2) $(a-b)^2=(a+b)^2-\square ab$
$=6^2-\square\times3=\square$

2 $a-b=2$, $ab=1$일 때, ☐ 안에 알맞은 수를 쓰시오.

(1) $a^2+b^2=(a-b)^2+\square ab$
$=2^2+\square\times1=\square$

(2) $(a+b)^2=(a-b)^2+\square ab$
$=2^2+\square\times1=\square$

3 $a+\dfrac{1}{a}=4$일 때, 다음 ☐ 안에 알맞은 수를 쓰시오.

(1) $a^2+\dfrac{1}{a^2}=\left(a+\dfrac{1}{a}\right)^2-\square=4^2-\square=\square$

(2) $\left(a-\dfrac{1}{a}\right)^2=\left(a+\dfrac{1}{a}\right)^2-\square=4^2-\square=\square$

4 $a-\dfrac{1}{a}=3$일 때, 다음 ☐ 안에 알맞은 수를 쓰시오.

(1) $a^2+\dfrac{1}{a^2}=\left(a-\dfrac{1}{a}\right)^2+\square=3^2+\square=\square$

(2) $\left(a+\dfrac{1}{a}\right)^2=\left(a-\dfrac{1}{a}\right)^2+\square=3^2+\square=\square$

5 다음은 곱셈 공식을 이용하여 식의 값을 구하는 과정이다. ☐ 안에 알맞은 수를 쓰시오.

(1) $x=-1+\sqrt{3}$일 때, x^2+2x의 값

$x=-1+\sqrt{3}$에서 $x+\square=\sqrt{3}$이므로
이 식의 양변을 제곱하면
$(x+\square)^2=(\sqrt{3})^2$
$x^2+2x+\square=3$ ∴ $x^2+2x=\square$

(2) $x=3+\sqrt{2}$일 때, $x^2-6x+11$의 값

$x=3+\sqrt{2}$에서 $x-\square=\sqrt{2}$이므로
이 식의 양변을 제곱하면
$(x-\square)^2=(\sqrt{2})^2$
$x^2-6x+\square=2$, $x^2-6x=\square$
∴ $x^2-6x+11=\square$

• 예제 1 두 수의 합(또는 차)와 곱이 주어진 경우

$x+y=7$, $xy=10$일 때, x^2+y^2의 값은?

① 19 ② 24 ③ 29
④ 34 ⑤ 39

[해결 포인트]

• $a+b$, ab의 값이 주어진 경우

$\Rightarrow a^2+b^2=(a+b)^2-2ab$, $(a-b)^2=(a+b)^2-4ab$

• $a-b$, ab의 값이 주어진 경우

$\Rightarrow a^2+b^2=(a-b)^2+2ab$, $(a+b)^2=(a-b)^2+4ab$

한번 더!

1-1 $x-y=2\sqrt{3}$, $xy=5$일 때, $(x+y)^2$의 값은?

① 8 ② 16 ③ 20
④ 32 ⑤ 48

• 예제 2 두 수의 곱이 1인 경우

$x-\dfrac{1}{x}=3$일 때, $x^2+\dfrac{1}{x^2}$의 값은?

① 7 ② 9 ③ 11
④ 13 ⑤ 15

[해결 포인트]

• $x+\dfrac{1}{x}$의 값이 주어진 경우

$\Rightarrow x^2+\dfrac{1}{x^2}=\left(x+\dfrac{1}{x}\right)^2-2$, $\left(x-\dfrac{1}{x}\right)^2=\left(x+\dfrac{1}{x}\right)^2-4$

• $x-\dfrac{1}{x}$의 값이 주어진 경우

$\Rightarrow x^2+\dfrac{1}{x^2}=\left(x-\dfrac{1}{x}\right)^2+2$, $\left(x+\dfrac{1}{x}\right)^2=\left(x-\dfrac{1}{x}\right)^2+4$

한번 더!

2-1 $x+\dfrac{1}{x}=3$일 때, 다음 식의 값을 구하시오.

(1) $x^2+\dfrac{1}{x^2}$

(2) $\left(x-\dfrac{1}{x}\right)^2$

• 예제 3 $x=a+m\sqrt{b}$ 꼴이 주어진 경우

$x=\sqrt{2}-1$일 때, x^2+2x+7의 값을 구하시오.

[해결 포인트]

❶ $x=a+\sqrt{b}$를 $x-a=\sqrt{b}$로 변형한다.

❷ ❶의 식의 양변을 제곱하여 얻은 값을 주어진 식에 대입한다.

한번 더!

3-1 $x=4+\sqrt{6}$일 때, x^2-8x+8의 값을 구하시오.

인수분해

(1) 인수와 인수분해

① 인수: 하나의 다항식을 두 개 이상의 다항식의 곱으로 나타낼 때,
각각의 식을 처음 식의 **인수**라 한다.

② 인수분해: 하나의 다항식을 두 개 이상의 인수의 곱으로 나타내는 것을
그 다항식을 **인수분해**한다고 한다. ← 전개와 서로 반대의 과정

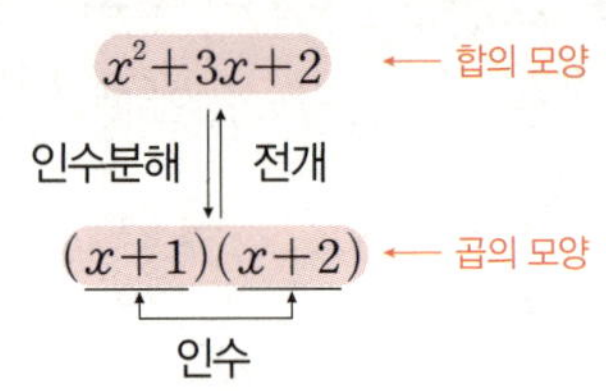

(2) 공통인 인수를 이용한 인수분해

다항식의 각 항에 공통인 인수가 있을 때는 분배법칙을 이용하여 공통인 인수를 묶어 내어
인수분해한다.

➡ $ma+mb=m(a+b)$

공통인 인수

참고 다항식을 인수분해할 때는 각 항에 공통인 인수가 남지 않도록 한다.

• 개념 확인하기

•정답 및 해설 38쪽

1 다음 식은 어떤 다항식을 인수분해한 것인지 구하시오.

(1) $a(a+2)$

(2) $(x-3)^2$

(3) $(x+1)(x-1)$

(4) $(2x-y)(3x-2y)$

2 다음 다항식에서 각 항의 공통인 인수를 찾은 후, 인수분해하여 표를 완성하시오.

다항식	공통인 인수	인수분해한 식
a^2-a		
$ax+ay$		
x^2y+xy		
$ax-bx+cx$		

3 다음 식을 인수분해하시오.

(1) x^2+2xy

(2) $3x^2y-5xy$

(3) $4a^2-8a$

(4) $2xz+6yz$

·정답 및 해설 38쪽

· 예제 **1**　인수와 인수분해

다음 | 보기 | 중 $x(x+1)(x-1)$의 인수인 것을 모두 고르시오.

| 보기 |

ㄱ. x^2　　　　　　ㄴ. $x+1$

ㄷ. $x-1$　　　　　ㄹ. x^2+1

ㅁ. $x(x-1)$　　　ㅂ. $(x+1)^2$

[해결 포인트]

다항식을 인수분해했을 때 곱해진 각각의 식 및 그 곱을 그 다항식의 인수라 한다.

☞ **한번 더!**

1-1 다음 중 $by(x-1)$의 인수가 <u>아닌</u> 것을 모두 고르면? (정답 2개)

① x　　　　　② by　　　　　③ $x-1$

④ $y-1$　　　　⑤ $b(x-1)$

1-2 다음 식에 대한 설명으로 옳은 것은?

$$xy(x+3y) \underset{㉡}{\overset{㉠}{\rightleftarrows}} x^2y+3xy^2$$

① ㉠의 과정을 인수분해라 한다.

② ㉡의 과정을 전개라 한다.

③ ㉠의 과정에서 결합법칙이 이용된다.

④ x^2y, $3xy^2$의 공통인 인수는 $x+3y$이다.

⑤ y, xy, $x+3y$는 모두 x^2y+3xy^2의 인수이다.

· 예제 **2**　공통인 인수를 찾아 인수분해하기

다음 식을 인수분해하시오.

(1) $5xy-10y^2$

(2) $4x^2y-8xy^2+6xy$

(3) $a(x+y)+b(x+y)$

(4) $x(x-2)+5(x-2)$

[해결 포인트]

각 항에서 공통인 인수를 찾아 공통인 인수가 남지 않도록 공통인 인수로 묶어 내어 인수분해한다.

☞ **한번 더!**

2-1 다음 중 바르게 인수분해한 것은?

① $3x^2+6x=3(x^2+x)$

② $5x^2y+10xy^2=5xy(x+2)$

③ $-2x^2+6x=-2x(x-3)$

④ $y(x-1)+3(x-1)=(x-1)(y-3)$

⑤ $(x+y)-5xy(x+y)=(x+y)(5xy-1)$

2-2 $(x-2)(x+4)+3(2-x)$가 x의 계수가 1인 두 일차식의 곱으로 인수분해될 때, 두 일차식의 합을 구하시오.

인수분해 공식 ①, ②

(1) 인수분해 공식 ① – 완전제곱식

① 완전제곱식

어떤 다항식의 제곱으로 이루어진 식 또는 그 식에 수를 곱한 식을 완전제곱식이라 한다.

> **예** $(a+b)^2,\ 2(a-b)^2,\ -2(5x-y)^2$

② $a^2+2ab+b^2,\ a^2-2ab+b^2$의 인수분해

- $a^2+2ab+b^2=(a+b)^2$

  > **예** $a^2+6a+9=a^2+2\times a\times 3+3^2=(a+3)^2$

- $a^2-2ab+b^2=(a-b)^2$

  > **예** $a^2-8a+16=a^2-2\times a\times 4+4^2=(a-4)^2$

  참고 모든 항에 공통인 인수가 있으면 공통인 인수로 먼저 묶어 낸 후 인수분해 공식을 이용한다.

  > **예** $2a^2+4ab+2b^2=2(a^2+2ab+b^2)=2(a+b)^2$

$$a^2+2ab+b^2=a^2+2\times a\times b+b^2=(a+b)^2$$
$$\underbrace{\quad}_{a,\ b\text{의 곱의 }2\text{배}}$$
$$a^2-2ab+b^2=a^2-2\times a\times b+b^2=(a-b)^2$$

③ 완전제곱식이 될 조건

x에 대한 이차식에 대하여

- x^2+ax+b가 완전제곱식이 되기 위한 상수항 b의 조건 ➡ $b=\left(\dfrac{a}{2}\right)^2$

  참고 $x^2+ax+b=x^2+2\times x\times\dfrac{a}{2}+\left(\dfrac{a}{2}\right)^2=\left(x+\dfrac{a}{2}\right)^2$에서 $b=\left(\dfrac{a}{2}\right)^2$

- $x^2+ax+b\,(b>0)$가 완전제곱식이 되기 위한 x의 계수 a의 조건 ➡ $a=\pm2\sqrt{b}$

  참고 $x^2+ax+b=x^2\pm2\sqrt{b}\,x+(\pm\sqrt{b})^2=(x\pm\sqrt{b})^2$에서 $a=\pm2\sqrt{b}$

  > **예** · $x^2+10x+b$가 완전제곱식이 되려면 ➡ $b=\left(\dfrac{10}{2}\right)^2=25$
  >
  > · $x^2+ax+\underset{(\pm2)^2}{4}$가 완전제곱식이 되려면 ➡ $a=2\times(\pm2)=\pm4$

(2) 인수분해 공식 ② – 제곱의 차

a^2-b^2의 인수분해

$\underset{\text{제곱의 차}}{a^2-b^2}=(\underset{\text{합}}{a+b})(\underset{\text{차}}{a-b})$

> **예** · $x^2-4=x^2-2^2=(x+2)(x-2)$
>
> · $4x^2-9y^2=(2x)^2-(3y)^2=(2x+3y)(2x-3y)$

• 정답 및 해설 39쪽

1 다음 □ 안에 알맞은 수를 쓰고, 주어진 식을 인수분해하시오.

(1) $x^2+8x+16$
$=x^2+2\times x\times\square+\square^2$
$=(x+\square)^2$

(2) $4x^2-12x+9$
$=(\square x)^2-2\times\square x\times\square+\square^2$
$=(\square x-\square)^2$

(3) $x^2-14x+49$

(4) $9x^2+30x+25$

(5) $2a^2+8a+8$

(6) $-3x^2+6x-3$

2 다음 □ 안에 알맞은 수를 쓰고, 주어진 식이 완전제곱식이 되도록 하는 상수 A의 값을 모두 구하시오.

(1) $x^2+6x+A=x^2+2\times x\times3+A$
$\Rightarrow A=\square^2=\square$

(2) $x^2+Ax+36=x^2+Ax+(\pm6)^2$
$\Rightarrow A=2\times(\square)=\square$

(3) $x^2-10x+A$

(4) $x^2+Ax+49$

3 다음 □ 안에 알맞은 수를 쓰고, 주어진 식이 완전제곱식이 되도록 하는 상수 A의 값을 모두 구하시오.

(1) $4x^2+20x+A=(2x)^2+2\times2x\times5+A$
$\Rightarrow A=\square^2=\square$

(2) $16x^2+Ax+9=(4x)^2+Ax+(\pm3)^2$
$\Rightarrow A=2\times\square\times(\pm3)=\square$

(3) $9x^2-6x+A$

(4) $25x^2+Ax+16$

4 다음 □ 안에 알맞은 수를 쓰시오.

(1) $x^2-16=x^2-\square^2=(x+\square)(x-4)$

(2) $a^2-25=a^2-\square^2=(a+5)(a-\square)$

(3) $49-x^2=\square^2-x^2=(\square+x)(\square-x)$

(4) $4x^2-1=(\square x)^2-\square^2=(\square x+1)(2x-\square)$

(5) $x^2-36y^2=x^2-(\square y)^2=(x+\square y)(x-\square y)$

(6) $\dfrac{1}{9}x^2-\dfrac{1}{16}y^2=\left(\square x\right)^2-\left(\square y\right)^2=\left(\square x+\square y\right)\left(\square x-\square y\right)$

예제 1   인수분해 공식 ①

$3x^2-24xy+48y^2$을 인수분해하면?

① $3(x-2)^2$ ② $(3x-4y)^2$

③ $3(x-4)^2$ ④ $3(x-2y)^2$

⑤ $3(x-4y)^2$

[해결 포인트]

- $a^2+2ab+b^2=(a+b)^2$
  $a^2-2ab+b^2=(a-b)^2$
- 인수분해하기 전에 먼저 공통인 인수로 묶어 낸다.

한번 더!

1-1   다음 중 옳지 <u>않은</u> 것은?

① $a^2+\dfrac{1}{2}a+\dfrac{1}{16}=\left(a+\dfrac{1}{4}\right)^2$

② $32a^2-16ab+2b^2=2(4a-b)^2$

③ $x^2+2+\dfrac{1}{x^2}=\left(x+\dfrac{1}{x}\right)^2$

④ $-9x^2+6x-1=-(3x+1)^2$

⑤ $\dfrac{1}{4}a^2+ab+b^2=\left(\dfrac{1}{2}a+b\right)^2$

1-2 $\dfrac{1}{25}x^2-2x+a$가 $\left(\dfrac{1}{5}x+b\right)^2$으로 인수분해될 때, 상수 a, b에 대하여 $a+b$의 값을 구하시오.

예제 2   완전제곱식이 될 조건

다음 식이 완전제곱식이 되도록 □ 안에 알맞은 양수를 쓰고, 인수분해하시오.

(1) $x^2-4x+\square$

(2) $x^2+10x+\square$

(3) $x^2+\square x+16$

(4) $4x^2-\square xy+36y^2$

[해결 포인트]

$x^2+ax+b\,(b>0)$가 완전제곱식이 될 조건

- $b=\left(\dfrac{a}{2}\right)^2$ - $a=\pm2\sqrt{b}$

한번 더!

2-1   다음 식이 모두 완전제곱식으로 인수분해될 때, □ 안에 알맞은 양수 중 가장 큰 것은?

① $x^2-12x+\square$ ② $x^2+\square x+81$

③ $4x^2+\square x+25$ ④ $9x^2-12x+\square$

⑤ $\square x^2+6x+1$

2-2   다항식 $(x-2)(x+10)+k$가 완전제곱식이 되도록 하는 상수 k의 값을 구하시오.

• 예제 3 인수분해 공식 ②

다음 중 옳은 것을 모두 고르면? (정답 2개)

① $a^2-4=(a-2)^2$

② $x^2-49=(x+7)(x-7)$

③ $25x^2-16=(5x+8)(5x-8)$

④ $-36x^2+y^2=(y+6x)(y-6x)$

⑤ $x^2y-\dfrac{1}{4}y=\left(x+\dfrac{1}{4}\right)\left(x-\dfrac{1}{4}\right)$

[해결 포인트]

$a^2-b^2=(a+b)(a-b)$

제곱의 차　합　차

👆 한번 더!

3-1 다음 네 학생 중 식을 잘못 인수분해한 학생을 모두 찾고, 그 학생의 식을 바르게 인수분해하시오.

> 동주: $-x^2+y^2=(x+y)(x-y)$
>
> 서희: $a^2-16b^2=(a+4b)(a-4b)$
>
> 은지: $\dfrac{9}{4}x^2-4y^2=\left(\dfrac{3}{2}x+2y\right)\left(\dfrac{3}{2}x-2y\right)$
>
> 찬우: $2x^2-50y^2=(2x+10y)(x-5y)$

3-2 $16x^2-9$가 x의 계수가 1이 아닌 자연수이고 상수항이 정수인 두 일차식의 곱으로 인수분해될 때, 두 일차식의 합을 구하시오.

• 예제 4 인수분해 공식 ② - 두 번 이상 인수분해되는 경우

인수분해 공식을 이용하여 x^4-y^4을 인수분해하시오.

[해결 포인트]

특별한 조건이 없으면 다항식의 인수분해는 유리수의 범위에서 더 이상 인수분해할 수 없을 때까지 계속한다.

👆 한번 더!

4-1 x^8-1을 인수분해하시오.

4-2 x^4-1의 인수가 <u>아닌</u> 것은?

① x^2+1　　② x^4+1　　③ $x+1$

④ x^4-1　　⑤ $x-1$

인수분해 공식 ③, ④

(1) 인수분해 공식 ③ $-x^2$의 계수가 1인 이차식

① $x^2+(a+b)x+ab$의 인수분해

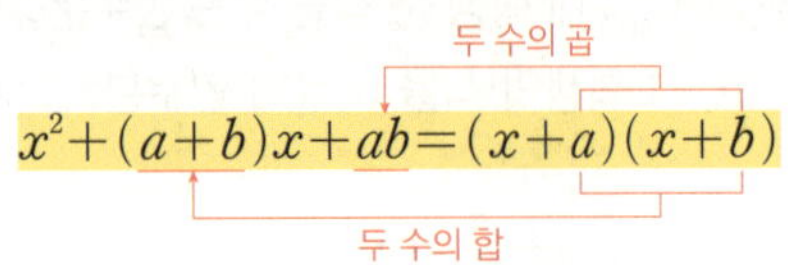

② $x^2+(a+b)x+ab$의 인수분해 방법

❶ 곱해서 상수항이 되는 두 정수를 모두 찾는다.

❷ ❶의 두 정수 중 합이 일차항의 계수가 되는 두 정수를 고른다.

❸ ❷의 두 정수를 각각 상수항으로 하는 두 일차식의 곱으로 나타낸다.

$$x^2+(a+b)x+ab=(x+a)(x+b)$$

예 다항식 x^2+3x+2에서 곱이 2이면서 합이 3인 두 정수는 1과 2이므로

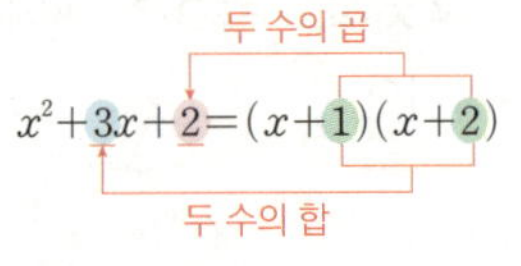

곱이 2인 두 정수	두 정수의 합
$-1, -2$	-3
$1, 2$	3

(2) 인수분해 공식 ④ $-x^2$의 계수가 1이 아닌 이차식

① $acx^2+(ad+bc)x+bd$의 인수분해

$$acx^2+(ad+bc)x+bd=(ax+b)(cx+d)$$

② $acx^2+(ad+bc)x+bd$의 인수분해 방법

❶ 곱해서 이차항이 되는 두 식을 세로로 나열한다.

❷ 곱해서 상수항이 되는 두 정수를 세로로 나열한다.

❸ 대각선 방향으로 곱하여 더한 값이 일차항이 되는 것을 찾는다.

❹ 두 일차식의 곱으로 나타낸다.

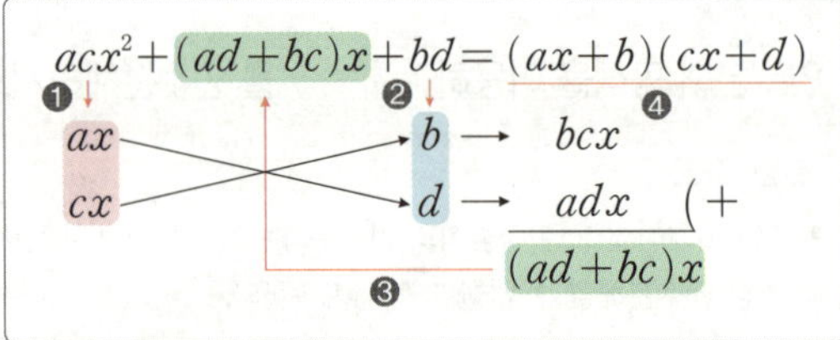

예 $\cdot 2x^2+5x+2=(2x+1)(x+2)$

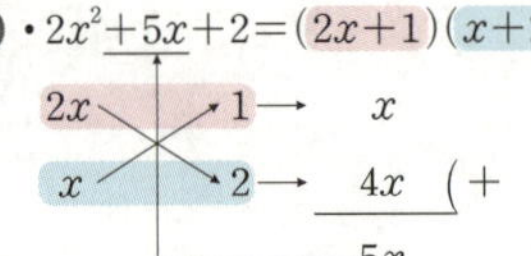

$\cdot 4x^2-8x+3=(2x-1)(2x-3)$

1 합과 곱이 각각 다음과 같은 두 정수를 구하시오.

(1) 합: 7, 곱: 10

(2) 합: -8, 곱: 7

(3) 합: 2, 곱: -8

(4) 합: -1, 곱: -12

2 다음 □ 안에 알맞은 수를 쓰고, 주어진 식을 인수분해하시오.

(1) x^2+5x+6

⇨ 곱이 6이고 합이 5인 두 정수는 □, □이다.

⇨ $x^2+5x+6=$ _______________

(2) $x^2-12x+11$

⇨ 곱이 11이고 합이 -12인 두 정수는 □, □이다.

⇨ $x^2-12x+11=$ _______________

(3) $x^2+5x-14$

⇨ 곱이 -14이고 합이 5인 두 정수는 □, □이다.

⇨ $x^2+5x-14=$ _______________

(4) $x^2-2x-15$

⇨ 곱이 -15이고 합이 -2인 두 정수는 □, □이다.

⇨ $x^2-2x-15=$ _______________

3 다음 □ 안에 알맞은 수를 쓰고, 주어진 식을 인수분해하시오.

(1) $2x^2+7x+3=(x+\square)(\square x+\square)$

(2) $3x^2+7x-6=$ _______________
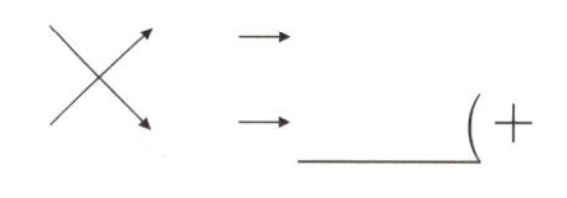

(3) $6x^2-11x+5=$ _______________
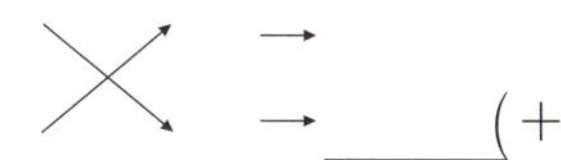

(4) $2x^2-3x-9=$ _______________
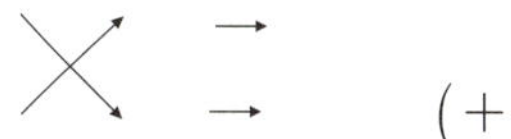

(5) $4x^2-13xy+9y^2=$ _______________

(6) $3x^2+2xy-8y^2=$ _______________

4 다음 식을 인수분해하시오.

(1) $2x^2+5x+2$

(2) $3x^2+2x-1$

(3) $4x^2-8x+3$

(4) $6x^2-7x-3$

(5) $2x^2-9x-5$

(6) $6a^2+ab-2b^2$

• 예제 1　인수분해 공식 ③

다음 중 옳지 <u>않은</u> 것은?

① $a^2-11a+28=(a-4)(a-7)$
② $x^2+2x-24=(x-4)(x+6)$
③ $x^2-5xy+6y^2=(x-2y)(x-3y)$
④ $a^2+2ab-3b^2=(a-b)(a+3b)$
⑤ $x^2-3xy-18y^2=(x-3y)(x+6y)$

[해결 포인트]

$x^2+(a+b)x+ab=(x+a)(x+b)$
　　　　합　　　곱

한번 더!

1-1　다음 두 다항식의 일차 이상의 공통인 인수를 구하시오.

$$x^2-6x+8, \qquad x^2-3x-4$$

1-2　$(x+6)(x-9)+26$이 x의 계수가 1인 두 일차식의 곱으로 인수분해될 때, 두 일차식의 합을 구하시오.

• 예제 2　인수분해 공식 ③ - 미지수 구하기

$x^2+ax+12$가 $(x+3)(x+b)$로 인수분해될 때, 상수 a, b에 대하여 $a+b$의 값을 구하시오.

[해결 포인트]

$(x+3)(x+b)$를 전개하여 $x^2+ax+12$와 계수를 비교한다.

한번 더!

2-1　$x^2+Ax-6=(x+2)(x+B)$일 때, 상수 A, B에 대하여 $A+B$의 값은?

① 4　　　　　② 2　　　　　③ -2
④ -3　　　　⑤ -4

2-2　$x^2+(2a-4)xy-15y^2$이 $x+3y$를 인수로 가질 때, 상수 a의 값을 구하시오.

• 예제 **3** 인수분해 공식④

$4x^2+5xy-6y^2=(x+ay)(bx-cy)$일 때, 양수 a, b, c에 대하여 $a+b+c$의 값을 구하시오.

[해결 포인트]

$$acx^2+(ad+bc)x+bd=(ax+b)(cx+d)$$

$ax \quad\longrightarrow\quad b \;\longrightarrow\; bcx$

$cx \quad\longrightarrow\quad d \;\longrightarrow\; \dfrac{adx}{(ad+bc)x}\;(+$

✋ **한번 더!**

3-1 $9x^2-21xy+6y^2=3(ax+by)(cx+dy)$일 때, 정수 a, b, c, d에 대하여 $a+b+c+d$의 값은?

(단, $a>0$)

① 3 　　　　② 1 　　　　③ -1

④ -5 　　　⑤ -10

3-2 $3x^2-7x+2$가 x의 계수가 자연수이고 상수항이 정수인 두 일차식의 곱으로 인수분해될 때, 두 일차식의 합을 구하시오.

• 예제 **4** 인수분해 공식④ – 미지수 구하기

$8x^2-ax-3=(2x+b)(cx-3)$일 때, 양수 a, b, c에 대하여 abc의 값을 구하시오.

[해결 포인트]

$(2x+b)(cx-3)$을 전개하여 $8x^2-ax-3$과 계수를 비교한다.

✋ **한번 더!**

4-1 $2x^2-x+a$가 $x+2$를 인수로 가질 때, 상수 a의 값을 구하시오.

4-2 $3x^2+kx-1$이 $x-1$로 나누어떨어질 때, 상수 k의 값은?

① -4 　　　② -2 　　　③ 1

④ 2 　　　　⑤ 4

인수분해 공식의 응용 – 수와 식의 계산

(1) 인수분해 공식을 이용한 수의 계산

인수분해 공식을 이용할 수 있도록 수의 모양을 바꾸어 계산한다.

① 공통인 인수로 묶기 ➡ $ma+mb=m(a+b)$

   예 $15\times35+15\times65=15(35+65)=15\times100=1500$

② 완전제곱식 이용하기 ➡ $a^2+2ab+b^2=(a+b)^2$, $a^2-2ab+b^2=(a-b)^2$

   예 $21^2+2\times21\times9+9^2=(21+9)^2=30^2=900$

③ 제곱의 차 이용하기 ➡ $a^2-b^2=(a+b)(a-b)$

   예 $97^2-3^2=(97+3)(97-3)=100\times94=9400$

(2) 인수분해 공식을 이용한 식의 계산

주어진 식을 인수분해한 후 수나 식을 대입하여 계산한다.

   예 $x=99$일 때, x^2+2x+1의 값은 $x^2+2x+1=(x+1)^2=(99+1)^2=100^2=10000$

   참고 식에 주어진 값을 바로 대입하여 구할 수도 있지만, 식을 인수분해한 후 대입하면 계산이 더 편리하다.

• 개념 확인하기

• 정답 및 해설 42쪽

1 다음 수를 계산할 때 이용하면 가장 편리한 인수분해 공식을 |보기|에서 골라 ☐ 안에 쓰고, 수를 계산하시오. (단, $b>0$)

보기
ㄱ. $a^2+2ab+b^2=(a+b)^2$ ㄴ. $a^2-2ab+b^2=(a-b)^2$
ㄷ. $ma-mb=m(a-b)$ ㄹ. $a^2-b^2=(a+b)(a-b)$

(1) $15\times96-15\times94$ ☐ 이용   ➡ $\dfrac{15(96-94)}{}$ = ______

(2) $11^2+2\times11\times9+81$ ☐ 이용   ➡ ______ = ______

(3) $53^2-2\times53\times3+9$ ☐ 이용   ➡ ______ = ______

(4) 37^2-27^2 ☐ 이용   ➡ ______ = ______

2 다음은 인수분해 공식을 이용하여 식의 값을 구하는 과정이다. ☐ 안에 알맞은 것을 쓰시오.

(1) $x=18$일 때, x^2+2x의 값

$$x^2+2x=x(x+\boxed{})$$
$$=18(18+\boxed{})$$
$$=18\times\boxed{}=\boxed{}$$

(2) $x=1+\sqrt{2}$, $y=1-\sqrt{2}$일 때, $x^2+2xy+y^2$의 값

$$x^2+2xy+y^2=(\boxed{})^2$$
$$=\{(1+\sqrt{2})+(\boxed{})\}^2$$
$$=\boxed{}^2=\boxed{}$$

• 예제 1 인수분해 공식을 이용한 수의 계산

인수분해 공식을 이용하여 다음을 계산하시오.

(1) $9 \times 57 + 9 \times 43$

(2) $18^2 + 2 \times 18 \times 12 + 12^2$

(3) $61^2 - 2 \times 61 + 1$

(4) $\sqrt{25^2 - 24^2}$

[해결 포인트]

수의 계산에 자주 이용되는 인수분해 공식

• $ma + mb = m(a+b)$

• $a^2 + 2ab + b^2 = (a+b)^2$, $a^2 - 2ab + b^2 = (a-b)^2$

• $a^2 - b^2 = (a+b)(a-b)$

한번 더!

1-1 인수분해 공식을 이용하여 다음을 계산하시오.

$$3 \times 12.5^2 - 3 \times 10.5^2$$

1-2 인수분해 공식을 이용하여 $\dfrac{50 \times 93 + 50 \times 7}{75^2 - 25^2}$ 을 계산하시오.

• 예제 2 인수분해 공식을 이용한 식의 계산

$x = \sqrt{2} - 1$일 때, 다음 식의 값을 구하시오.

(1) $x^2 + 2x + 1$

(2) $x^2 - 1$

(3) $x^2 + 4x + 3$

[해결 포인트]

식을 인수분해한 후 주어진 문자의 값을 대입하여 계산한다.

한번 더!

2-1 인수분해 공식을 이용하여 다음을 구하시오.

(1) $x = -3 + 2\sqrt{2}$일 때, $x^2 + 6x + 9$의 값

(2) $x = 2 + \sqrt{5}$일 때, $x^2 - x - 2$의 값

(3) $x = -1 + \sqrt{5}$, $y = 1 + \sqrt{5}$일 때, $x^2 - y^2$의 값

2-2 $a = \dfrac{1}{2 + \sqrt{3}}$, $b = \dfrac{1}{2 - \sqrt{3}}$일 때, $a^2 - b^2$의 값을 구하시오.

복잡한 식의 인수분해

(1) 공통부분이 있는 식의 인수분해

공통부분을 한 문자로 놓고 인수분해 공식을 이용한다.

예 $(a+b)^2+2(a+b)-15=A^2+2A-15=(A+5)(A-3)=(a+b+5)(a+b-3)$

$a+b$를 A로 놓는다.　　　　A에 $a+b$를 대입한다.

(2) 항이 4개인 식의 인수분해

① 공통인 인수가 생기도록 (2항)+(2항)으로 묶는다.

예 $ax+ay+bx+by=(ax+ay)+(bx+by)=a(x+y)+b(x+y)=(x+y)(a+b)$

　　　2항　　2항

② A^2-B^2의 꼴이 되도록 (3항)+(1항) 또는 (1항)+(3항)으로 묶는다.

예 $x^2-2x+1-y^2=(x^2-2x+1)-y^2=(x-1)^2-y^2=(x-1+y)(x-1-y)=(x+y-1)(x-y-1)$

　　　3항　　1항

· 개념 확인하기

·정답 및 해설 43쪽

1 다음 □ 안에 알맞은 것을 쓰고, 주어진 식을 인수분해하시오.

(1) $(x+1)^2-3(x+1)-10$　　　$x+1$을 A로 놓는다.
$=A^2-3A-10$
$=(A+2)(A-\square)$　　　A에 $x+1$을 대입한다.
$=(\square+2)(x+1-\square)$
$=(x+\square)(x-\square)$

(2) $(x-3)^2-16$　　　$x-3$을 A로 놓는다.
$=A^2-4^2$
$=(A+\square)(A-4)$　　　A에 $x-3$을 대입한다.
$=(x-3+\square)(\square-4)$
$=(x+\square)(x-\square)$

2 다음 □ 안에 알맞은 것을 쓰고, 주어진 식을 인수분해하시오.

(1) $a^2-ab+ac-bc$
$=(a^2-ab)+(ac-bc)$
$=a(a-\square)+c(a-\square)$
$=(a-\square)(a+\square)$

(2) $xy-x-y+1$
$=(xy-x)-(y-1)$
$=x(\square)-(\square)$
$=(x-1)(\square)$

3 다음 □ 안에 알맞은 것을 쓰고, 주어진 식을 인수분해하시오.

(1) $x^2+2xy+y^2-4$
$=(x^2+2xy+y^2)-4$
$=(\square)^2-2^2$
$=(\square+2)(\square-2)$

(2) $x^2-4xy-9+4y^2$
$=(x^2-4xy+4y^2)-9$
$=(x-2y)^2-\square^2$
$=(x-2y+\square)(x-2y-\square)$

· 예제 1 공통부분이 있는 식의 인수분해

다음 식을 인수분해하시오.

(1) $(a+2)^2-6(a+2)+9$

(2) $(x+y)^2-25$

(3) $(x-y)(x-y+3)+2$

[해결 포인트]

주어진 식에 공통부분이 있으면 공통부분을 한 문자로 놓고 인수분해한 후 원래의 식을 대입하여 정리한다.

🖐한번 더!

1-1 다음 식을 인수분해하시오.

(1) $(x-y)^2+14(x-y)+49$

(2) $16-(a-b)^2$

(3) $(x+2y)(x+2y-4)-12$

1-2 다음 식을 인수분해하시오.

$$(3x+1)^2+2(3x+1)(y-2)+(y-2)^2$$

· 예제 2 항이 4개인 식의 인수분해

다음 식을 인수분해하시오.

(1) a^2b-b+a^2-1

(2) $2xy+1-x^2-y^2$

[해결 포인트]

항이 4개인 경우

· 두 항씩 묶었을 때, 공통인 인수가 있으면 공통인 인수로 묶어 인수분해한다.

· 완전제곱식의 꼴이 있으면 $(\ \ )^2-(\ \ )^2$의 꼴로 만들어 인수분해한다.

🖐한번 더!

2-1 다음 식을 인수분해하시오.

(1) $xy-x-2y+2$

(2) $x^2-y^2-2x+2y$

(3) $-x^2-6x-9+y^2$

2-2 $x^2+x-3y-9y^2=(x+ay)(x+by+1)$일 때, 상수 a, b에 대하여 $a+b$의 값은?

① -6 ② -3 ③ 0

④ 3 ⑤ 6

1 중요 ●○○

$(x-2y)(x+y-3)$의 전개식에서 xy의 계수를 구하시오.

2 ●○○

다음 중 옳은 것을 모두 고르면? (정답 2개)

① $(a-6)^2=a^2-12a-36$
② $(3x-4y)^2=9x^2-16y^2$
③ $(-x+7)(-x-7)=x^2-49$
④ $(x+4)(x-2)=x^2-2x-8$
⑤ $(-2a+b)^2=4a^2-4ab+b^2$

3 중요 ●●○

$(5x-2)(ax+4)$의 전개식에서 x의 계수와 상수항이 같을 때, 상수 a의 값을 구하시오.

4 ●●○

$(a-1)(a+1)(a^2+1)(a^4+1)(a^8+1)=a^x-y$일 때, 자연수 x, y에 대하여 $x+y$의 값은? (단, $1 \leq y \leq 9$)

① 13 ② 14 ③ 15
④ 16 ⑤ 17

5 ●●●

$\dfrac{2+\sqrt{3}}{2-\sqrt{3}}+\dfrac{2-\sqrt{3}}{2+\sqrt{3}}$ 을 계산하시오.

6 중요 ●●○

다음 중 주어진 수를 계산할 때 이용하면 가장 편리한 곱셈 공식을 연결한 것으로 옳지 <u>않은</u> 것을 모두 고르면?

(정답 2개)

① $104^2 \Rightarrow (a-b)^2=a^2-2ab+b^2$ (단, $b>0$)
② $399^2 \Rightarrow (a-b)^2=a^2-2ab+b^2$ (단, $b>0$)
③ $201^2 \Rightarrow (a+b)^2=a^2+2ab+b^2$ (단, $b>0$)
④ $25.1 \times 24.9 \Rightarrow (a+b)(a-b)=a^2-b^2$
⑤ $997^2 \Rightarrow (x+a)(x+b)=x^2+(a+b)x+ab$

7 ●●○

둘레의 길이가 32이고 넓이가 28인 직사각형의 가로, 세로의 길이를 각각 a, b라 할 때, $(a-b)^2$의 값을 구하시오.

8 중요 ●●○

$x=\dfrac{1}{1+\sqrt{2}}$일 때, x^2+2x+6의 값을 구하시오.

9 중요 ●●○

두 다항식 x^2+ax+4, $4x^2+24x+b$가 모두 완전제곱식으로 인수분해될 때, 상수 a, b의 값을 각각 구하시오.

(단, $a>0$)

10 ●●●

$0<x<5$일 때, $\sqrt{x^2+8x+16}-\sqrt{x^2-10x+25}$를 간단히 하시오.

11 ●●○

다음 중 x^3-xy^2의 인수가 <u>아닌</u> 것은?

① x ② $x+y$ ③ $x(x+y)$
④ x^2-y^2 ⑤ x^2+y^2

12 중요 ●○○

다음 중 인수분해한 것이 옳은 것을 모두 고르면?

(정답 2개)

① $xy+x=x(y+x)$
② $x^2-4x+4=(x-2)^2$
③ $x^2+4=(x+2)(x-2)$
④ $x^2-5x-6=(x-2)(x-3)$
⑤ $3x^2-8x+5=(x-1)(3x-5)$

13 ●●●

$x^2+ax+10=(x+b)(x+c)$일 때, 다음 중 상수 a의 값이 될 수 <u>없는</u> 것은? (단, b, c는 정수)

① -11 ② -7 ③ 3
④ 7 ⑤ 11

14 창의력 UP ●●○

다음 그림의 미로는 현재 위치의 다항식과 공통인 인수가 있는 다항식의 방향으로만 이동할 수 있다. 입구에서 출발했을 때, 세 출구 A, B, C 중 나오는 출구를 구하시오.

(단, 이동은 아래, 오른쪽 방향으로만 가능하다.)

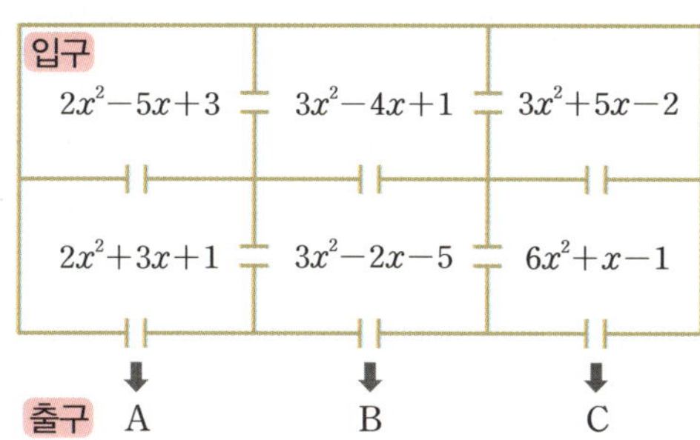

15 ●●○

$4x^2+(3a-4)x-12$가 $(2x-3)(2x+b)$로 인수분해될 때, 상수 a, b에 대하여 $a+b$의 값을 구하시오.

16

다음 그림과 같은 직사각형과 정삼각형의 둘레의 길이는 서로 같다. 직사각형의 세로의 길이가 $x+3$이고 넓이가 $2x^2+9x+9$일 때, 정삼각형의 한 변의 길이를 구하시오.

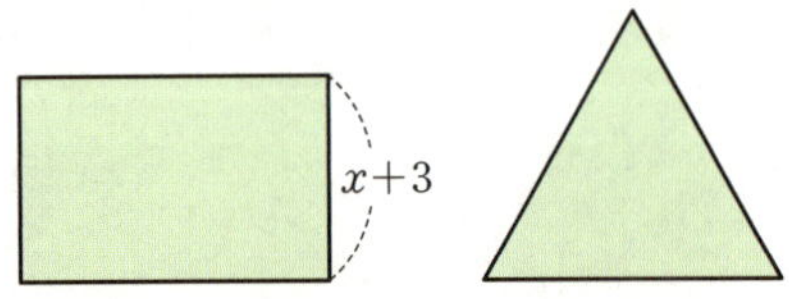

17

다음 두 수 A, B에 대하여 $A+B$의 값을 구하시오.

$$A=\sqrt{41^2-40^2}, \qquad B=\sqrt{38^2+4\times38+2^2}$$

18 중요

$x=2\sqrt{2}-1$일 때, $(x+4)^2-6(x+4)+9$의 값을 구하시오.

19

$a+b=-4$, $a-b=6$일 때, $a^2-b^2-14a+49$의 값은?

① -11　　② -5　　③ 2
④ 5　　⑤ 11

20

x^2의 계수가 1인 어떤 이차식을 대현이는 x의 계수를 잘못 보고 $(x-2)(x+9)$로 인수분해하였고, 경민이는 상수항을 잘못 보고 $(x+1)(x+2)$로 인수분해하였다. 처음 이차식을 바르게 인수분해하시오.

（단, 풀이 과정을 자세히 쓰시오.）

풀이

답

21

다음 두 다항식의 일차 이상의 공통인 인수를 구하시오.
（단, 풀이 과정을 자세히 쓰시오.）

$$a^2+ab-a-b, \qquad a^2-ac-b^2-bc$$

풀이

답

1 마인드맵으로 개념 구조화!

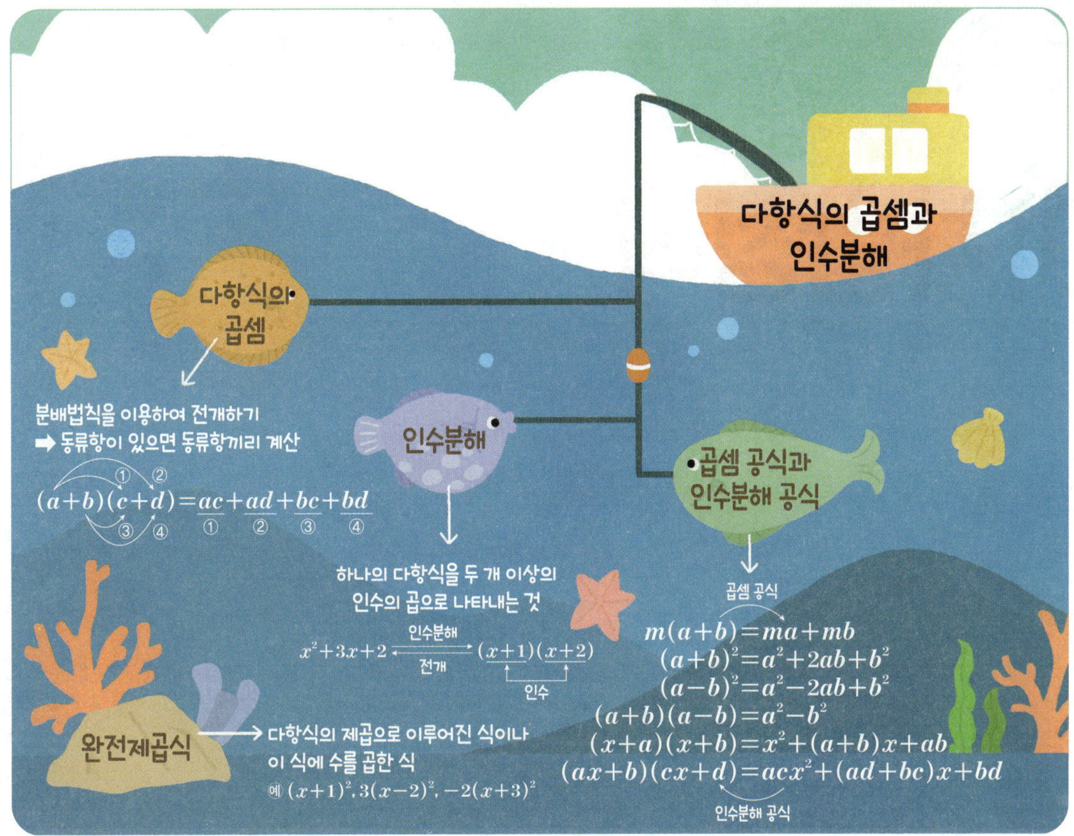

2 OX 문제로 개념 점검!

옳은 것은 ○, 옳지 <u>않은</u> 것은 ×를 택하시오.

· 정답 및 해설 46쪽

❶ $(a+1)^2$을 전개하면 a^2+2a+1이다.　　○ㅣ×

❷ $(x+5)(x-5)$를 전개하면 x^2-10이다.　　○ㅣ×

❸ $(x-3y)(x-y)$를 전개하면 $x^2-4xy+3y^2$이다.　　○ㅣ×

❹ $2ab^2$과 a^2b의 공통인 인수는 ab이다.　　○ㅣ×

❺ $x^2+6x+\square$가 완전제곱식으로 인수분해되려면 $\square=3$이어야 한다.　　○ㅣ×

❻ $x^2+3x-10$을 인수분해하면 $(x+2)(x-5)$이다.　　○ㅣ×

❼ $2a^2+7a-4$를 인수분해하면 $(2a-1)(a+4)$이다.　　○ㅣ×

❽ 67^2-57^2을 계산할 때 이용하면 가장 편리한 인수분해 공식은 $a^2-b^2=(a+b)(a-b)$이다.　　○ㅣ×

4

이차방정식

배웠어요

- 문자의 사용과 식 [중1]
- 일차방정식 [중1]
- 식의 계산 [중2]
- 일차부등식 [중2]
- 연립일차방정식 [중2]

☑ 이번에 배워요

3. 다항식의 곱셈과 인수분해
- 다항식의 곱셈
- 다항식의 인수분해

4. 이차방정식
- 이차방정식과 그 해
- 이차방정식의 풀이와 활용

배울 거예요

- 다항식의 연산 [고등]
- 나머지정리 [고등]
- 인수분해 [고등]
- 복소수와 이차방정식 [고등]
- 이차방정식과 이차함수 [고등]

조선시대 산학자가 집필한 "묵사집산법"이라는 수학책에 다음과 같은 이차방정식 문제가 실려 있습니다.

> 가로와 세로의 길이의 합이 92보이고, 넓이가 2052보^{2}인 직사각형 모양의 밭이 있다.
>
> 이 밭의 가로, 세로의 길이는 각각 몇 보인가? (보: 길이의 단위)

위의 문제는 가로의 길이를 x보로 놓고 이차방정식 $x^2-92x+2052=0$을 세워 해결할 수 있습니다.

이와 같이 이차방정식은 수량 사이의 관계를 명확하고 간결하게 표현해 주고, 우리 생활 주변의 여러 가지 문제를 해결하는 데 도움이 됩니다.

이 단원에서는 이차방정식의 뜻과 해를 구하는 방법에 대해 학습합니다.

▶ **새로 배우는 용어**

이차방정식, 중근, 근의 공식

4. 이차방정식을 시작하기 전에

일차방정식 중1

1 다음 일차방정식을 푸시오.

(1) $2x+15=5x$ (2) $3(x-2)=1$ (3) $2x+5=4x-3$

제곱근 중3

2 다음 수의 제곱근을 구하시오

(1) 64 (2) 0.09

인수분해 중3

3 다음 식을 인수분해하시오.

(1) x^2-4x+4 (2) $x^2-2xy-8y^2$

[정답] **1.** (1) $x=5$ (2) $x=\dfrac{7}{3}$ (3) $x=4$ **2.** (1) ± 8 (2) ± 0.3 **3.** (1) $(x-2)^2$ (2) $(x+2y)(x-4y)$

이차방정식과 그 해

(1) 이차방정식

등식의 모든 항을 좌변으로 이항하여 정리한 식이 (x에 대한 이차식)=0
의 꼴로 나타나는 방정식을 x에 대한 **이차방정식**이라 한다.
일반적으로 x에 대한 이차방정식은 다음과 같이 나타낼 수 있다.

$$ax^2+bx+c=0 \ (단, \ a, \ b, \ c는 \ 상수, \ a \neq 0)$$

예 ・ $x^2-2x+8=0, \ -x^2+5x=0, \ 2x^2-3=0$ ➡ 이차방정식

　　 ・ $-2x+1=0, \ \dfrac{1}{x^2}=0, \ x^3-2=0$ ➡ 이차방정식이 아니다.

(2) 이차방정식의 해(근)

① 이차방정식의 해(근): x에 대한 이차방정식을 참이 되게 하는 미지수
　 x의 값

② 이차방정식을 푼다: 이차방정식의 해를 모두 구하는 것

참고 $x=p$가 이차방정식 $ax^2+bx+c=0$의 해이다.

　　 ➡ $x=p$를 $ax^2+bx+c=0$에 대입하면 등식이 성립한다.

>> $ax^2+bx+c=0$이 x에 대한 이차방정식이 되기 위한 조건 ➡ $a \neq 0$

$a=0$이면 좌변이 x에 대한 이차식이 아니다.

따라서 방정식 $ax^2+bx+c=0$이 x에 대한 이차방정식이 되려면 x의 계수 b와 상수항 c는 0이어도 되지만 x^2의 계수 a는 반드시 0이 아니어야 한다.

・개념 확인하기

・정답 및 해설 47쪽

1 다음 중 이차방정식인 것은 ○표, 이차방정식이 <u>아닌</u> 것은 ×표를 ( ) 안에 쓰시오.

(1) $2x+1=0$ 　　　　　　(　) 　(2) x^2-3x+5 　　　　　　(　)

(3) $x(x^2+x)=x^3-4$ 　　(　) 　(4) $x^2+1=2x(x-3)$ 　　(　)

2 x의 값이 $-1, 0, 1, 2$일 때, 이차방정식 $x^2-x-2=0$에 대하여 다음 표를 완성하고 해를 구하시오.

x의 값	좌변 x^2-x-2의 값	우변 0	참 / 거짓
-1	$(-1)^2-(-1)-2=0$	0	참
0			
1			
2			

⇨ 해: ＿＿＿＿＿＿＿＿＿＿

3 다음은 [ ] 안의 수가 주어진 이차방정식의 한 근일 때, 상수 a의 값을 구하는 과정이다. □ 안에 알맞은 수를 쓰고, 상수 a의 값을 구하시오.

(1) $x^2+ax-8=0$ 　[2] 　　　　(2) $ax^2-4x+5=0$ 　[−1]

$x^2+ax-8=0$에 $x=2$를 대입하면
$\square^2+a\times\square-8=0$
$\therefore \ a=\square$

$ax^2-4x+5=0$에 $x=-1$을 대입하면
$a\times(\square)^2-4\times(\square)+5=0$
$\therefore \ a=\square$

• 예제 1 이차방정식

다음 |보기| 중 이차방정식인 것을 모두 고르시오.

> | 보기 |
> ㄱ. $x^2=x$
> ㄴ. $2x^2+3x-5$
> ㄷ. $x^2-3x=-2$
> ㄹ. $x^2+x+4=x^2-3x$
> ㅁ. $x^2+4=(x+1)^2$
> ㅂ. $x^2(x+1)=x^3-5$

[해결 포인트]

이차방정식을 판별할 때는 다음을 확인한다.
① 등식인가?
② 정리하여 (이차식)=0의 꼴로 나타낼 수 있는가?

👆 한번 더!

1-1 다음 |보기|에서 이차방정식이 <u>아닌</u> 것을 모두 고른 것은?

> | 보기 |
> ㄱ. $0.2x^2+0.5x-0.3=0$
> ㄴ. $x^3-2x=-2+x^2+x^3$
> ㄷ. $(x+3)^2=(x-3)^2-5$
> ㄹ. $(x-2)(x+2)=x^2+2x-1$

① ㄱ, ㄴ 　② ㄱ, ㄷ 　③ ㄴ, ㄷ
④ ㄴ, ㄹ 　⑤ ㄷ, ㄹ

1-2 다음 중 $kx^2+3x+1=2x^2-x$가 x에 대한 이차방정식이 되도록 하는 상수 k의 값이 될 수 <u>없는</u> 것은?

① 1 　② 2 　③ 3
④ 4 　⑤ 5

• 예제 2 이차방정식의 한 근이 주어지는 경우

이차방정식 $x^2+ax-6a=0$의 한 근이 $x=2$일 때, 상수 a의 값을 구하시오.

[해결 포인트]

이차방정식에 주어진 근을 대입하여 미지수의 값을 구한다.

👆 한번 더!

2-1 이차방정식 $2x^2+5x+k=0$의 한 근이 $x=-3$일 때, 상수 k의 값을 구하시오.

2-2 다음 중 [　] 안의 수가 주어진 이차방정식의 해가 <u>아닌</u> 것은?

① $x^2-16=0$ 　$[\,4\,]$
② $x^2+x+2=0$ 　$[-2]$
③ $x^2+3x=0$ 　$[-3]$
④ $x^2-2x-3=0$ 　$[\,3\,]$
⑤ $2x^2+5x+3=0$ 　$[-1]$

인수분해를 이용한 이차방정식의 풀이

(1) **$AB=0$의 성질**

두 수 또는 두 식 A, B에 대하여 $AB=0$이면 다음 세 가지 중 어느 하나가 성립한다.

① $A=0$, $B\neq0$　　② $A\neq0$, $B=0$　　③ $A=0$, $B=0$

이 세 가지를 통틀어 $A=0$ 또는 $B=0$이라 한다.

즉, $AB=0$이면 $A=0$ 또는 $B=0$

예 $(x-3)(x+5)=0$이면 $x-3=0$ 또는 $x+5=0$　　$\therefore x=3$ 또는 $x=-5$

$\gg$ $\underset{A}{(x-2)}\,\underset{B}{(x-3)}=0$이면

$\quad \underset{A}{x-2=0}$ 또는 $\underset{B}{x-3=0}$

(2) **인수분해를 이용한 이차방정식의 풀이**

이차방정식 $ax^2+bx+c=0\,(a\neq0)$의 좌변을 두 일차식의 곱으로 인수분해할 수 있는 경우에는 인수분해를 이용하여 이차방정식을 다음과 같은 순서로 푼다.

❶ 이차방정식을 정리한다.　➡　$ax^2+bx+c=0$

❷ 좌변을 인수분해한다.　➡　$a(x-\alpha)(x-\beta)=0$

❸ $AB=0$의 성질을 이용한다.　➡　$x-\alpha=0$ 또는 $x-\beta=0$

❹ 해를 구한다.　➡　$x=\alpha$ 또는 $x=\beta$

$\gg$ $2x^2-6x+4=0$

$\quad 2(x-1)(x-2)=0$

$\quad x-1=0$ 또는 $x-2=0$

$\quad \therefore x=1$ 또는 $x=2$

· 개념 확인하기

· 정답 및 해설 47쪽

1 다음 □ 안에 알맞은 수를 쓰고, 주어진 이차방정식을 푸시오.

(1) $x(x-4)=0$　　$\Rightarrow$　$x=0$ 또는 $x-4=0$　　$\therefore x=\boxed{}$ 또는 $x=\boxed{}$

(2) $(x+3)(x-6)=0$　$\Rightarrow$　$x+3=0$ 또는 $x-6=0$　　$\therefore$ _______________

(3) $(x-1)(x-5)=0$　$\Rightarrow$　_______________　　$\therefore$ _______________

(4) $(3x+1)(2x-5)=0$ $\Rightarrow$　_______________　　$\therefore$ _______________

2 다음 □ 안에 알맞은 것을 쓰고, 주어진 이차방정식을 인수분해를 이용하여 푸시오.

(1) $x^2+x-6=0$

> $x^2+x-6=0$의 좌변을 인수분해하면
> $(\boxed{})(x-2)=0$
> $\boxed{}=0$ 또는 $\boxed{}=0$
> $\therefore x=\boxed{}$ 또는 $x=\boxed{}$

(2) $x^2-3x=0$

> $x^2-3x=0$의 좌변을 인수분해하면
> $x(\boxed{})=0$
> $\boxed{}=0$ 또는 $\boxed{}=0$
> $\therefore x=\boxed{}$ 또는 $x=\boxed{}$

(3) $x^2+2x-3=0$

(4) $x^2-9=0$

(5) $2x^2+x-6=0$

(6) $3x^2+5x-2=0$

대표 예제로 **개념 익히기**

• 예제 1 $AB=0$의 성질을 이용한 이차방정식의 풀이

다음 이차방정식 중 해가 $x=-2$ 또는 $x=3$인 것은?

① $3x(x+2)=0$
② $(x+3)(x-2)=0$
③ $3(x+2)(x-3)=0$
④ $(3x+2)(x-3)=0$
⑤ $(2x+3)(x+2)=0$

[해결 포인트]
이차방정식 $(ax-b)(cx-d)=0$의 해는
➡ $x=\dfrac{b}{a}$ 또는 $x=\dfrac{d}{c}$

🖑 한번 더!

1-1 다음 중 이차방정식의 해가 나머지 넷과 <u>다른</u> 하나는?

① $\left(x-\dfrac{1}{2}\right)\left(x+\dfrac{1}{5}\right)=0$
② $\left(\dfrac{1}{5}+x\right)\left(-\dfrac{1}{2}+x\right)=0$
③ $(2x-1)(5x+1)=0$
④ $(2x+1)(5x-1)=0$
⑤ $(4x-2)(10x+2)=0$

1-2 이차방정식 $(x-5)(3-x)=0$의 근을 $x=a$ 또는 $x=b$라 할 때, $a+b$의 값을 구하시오.

• 예제 2 인수분해를 이용한 이차방정식의 풀이

이차방정식 $x^2-4x-2=1-3x^2$의 두 근을 a, b라 할 때, $a-b$의 값을 구하시오. (단, $a>b$)

[해결 포인트]
인수분해를 이용하여 이차방정식을 풀 때는 우변을 0으로 정리한 후 푼다.

🖑 한번 더!

2-1 이차방정식 $x^2+7x+12=-x$를 풀면 $x=a$ 또는 $x=b$일 때, 상수 a, b에 대하여 $a-b$의 값을 구하시오. (단, $a<b$)

2-2 다음 두 이차방정식의 공통인 근을 구하시오.

$$x^2+4x-5=0, \qquad x^2-7x+6=0$$

이차방정식의 중근

(1) **중근**: 이차방정식의 두 해가 중복될 때, 이 해를 주어진 이차방정식의 중근이라 한다.

　예 $x^2-4x+4=0$의 좌변을 인수분해하면 $(x-2)^2=0$ $\quad\therefore x=2$ → 중근
　　　　$\rightarrow (x-2)(x-2)=0 \quad \therefore x=2$ 또는 $x=2$

(2) **이차방정식이 중근을 가질 조건**

　이차방정식이 (완전제곱식)=0의 꼴로 나타내어지면 이 이차방정식은 중근을 갖는다.

　➡ 이차방정식 $x^2+ax+b=0$이 중근을 가지려면 좌변이 완전제곱식이 되어야 하므로 $b=\left(\dfrac{a}{2}\right)^2$이어야 한다. $\rightarrow \left(x+\dfrac{a}{2}\right)^2=0$

　예 이차방정식 $x^2+4x+\square=0$이 중근을 가지려면 $\square=\left(\dfrac{4}{2}\right)^2=4$

　참고 이차방정식의 x^2의 계수가 1이 아닐 때는 x^2의 계수로 양변을 나누어 x^2의 계수를 1로 만든 후 중근을 가질 조건을 생각한다.

≫ 이차방정식 $ax^2+bx+c=0$이 중근을 가진다.
　➡ 이차방정식 $ax^2+bx+c=0$이 한 개의 근을 가진다.

반의 제곱
≫ $(x+p)^2=x^2+2px+p^2$이므로 이차항의 계수가 1일 때,
$$(상수항)=\left(\dfrac{일차항의\ 계수}{2}\right)^2$$
이면 완전제곱식이 된다.

· 개념 확인하기

· 정답 및 해설 49쪽

1 다음 이차방정식을 푸시오.

(1) $(x+5)^2=0$

(2) $(x-3)^2=0$

(3) $(2x+1)^2=0$

(4) $(3x-4)^2=0$

2 다음 □ 안에 알맞은 것을 쓰고, 주어진 이차방정식을 푸시오.

(1) $x^2+4x+4=0$
　$\Rightarrow (\boxed{})^2=0 \quad \therefore x=\boxed{}$

(2) $x^2-8x+16=0$
　$\Rightarrow (\boxed{})^2=0 \quad \therefore x=\boxed{}$

(3) $9x^2+6x+1=0$

(4) $4x^2-20x+25=0$

3 다음 이차방정식이 중근을 가질 때, □ 안에 알맞은 수를 쓰고, 상수 k의 값을 구하시오.

(1) $x^2+6x+k=0$
　$\Rightarrow k=\left(\dfrac{\boxed{}}{2}\right)^2=\boxed{}$

(2) $x^2+kx+9=0$
　$\Rightarrow 9=\left(\dfrac{k}{2}\right)^2$에서 $k^2=\boxed{} \quad \therefore k=\pm\boxed{}$

(3) $x^2-12x+k=0$

(4) $x^2+kx+16=0$

• 예제 **1** 이차방정식의 중근

다음 |보기| 중 중근을 갖는 이차방정식을 모두 고르시오.

| 보기 |

ㄱ. $x^2+4x=0$　　　　ㄴ. $x^2+9=-6x$

ㄷ. $x^2=1$　　　　　　ㄹ. $(x+2)^2=1$

ㅁ. $4x^2-12x+9=0$　　ㅂ. $x^2-3x=-5x-1$

[해결 포인트]

이차방정식이 $a(x-m)^2=0\,(a\neq0)$의 꼴로 인수분해되면 이 이차방정식은 중근 $x=m$을 갖는다.

👆 **한번 더!**

1-1 다음 이차방정식 중 중근을 갖지 <u>않는</u> 것은?

① $x^2-6x+9=0$　　　② $3x^2=-x^2$

③ $x^2-\dfrac{1}{2}x+\dfrac{1}{16}=0$　　④ $x(x-4)=36-4x$

⑤ $(x-2)^2=4x-12$

1-2 이차방정식 $x^2+ax+b=0$이 중근 $x=-5$를 가질 때, 상수 a, b의 값을 각각 구하시오.

Ⅱ·4

• 예제 **2** 이차방정식이 중근을 가질 조건

이차방정식 $x^2+8x+13-m=0$이 중근을 가질 때, 상수 m의 값은?

① -3　　　　② 3　　　　③ 4

④ 9　　　　　⑤ 12

[해결 포인트]

이차방정식 $x^2+ax+b=0$이 중근을 가질 조건

➡ $b=\left(\dfrac{a}{2}\right)^2$

👆 **한번 더!**

2-1 이차방정식 $x^2+2kx+4=0$이 중근을 갖도록 하는 상수 k의 값을 모두 구하시오.

2-2 이차방정식 $x^2-18x+8k+25=0$이 중근 $x=a$를 가질 때, $a+k$의 값은? (단, k는 상수)

① 8　　　　② 10　　　　③ 12

④ 14　　　　⑤ 16

제곱근 또는 완전제곱식을 이용한 이차방정식의 풀이

(1) 제곱근을 이용한 이차방정식의 풀이

① 이차방정식 $x^2=a\,(a\geq0)$의 해: $\boxed{x=\pm\sqrt{a}}$ → x는 a의 제곱근이다.

② 이차방정식 $ax^2=b\,(a\neq0,\ ab\geq0)$의 해: $x=\pm\sqrt{\dfrac{b}{a}}$

> **예** $2x^2=6$ 〉 양변을 2로 나눈다.
> $x^2=3$ 〉 제곱근을 이용하여 해를 구한다.
> $\therefore x=\pm\sqrt{3}$

③ 이차방정식 $(x-p)^2=q\,(q\geq0)$의 해: $\boxed{x=p\pm\sqrt{q}}$

> **예** $(x-2)^2=5$ 〉 $x-2$를 하나의 문자로 생각하고 제곱근을 구한다.
> $x-2=\pm\sqrt{5}$ 〉 좌변의 -2를 이항한다.
> $\therefore x=2\pm\sqrt{5}$

④ 이차방정식 $a(x-p)^2=q\,(a\neq0,\ aq\geq0)$의 해: $x=p\pm\sqrt{\dfrac{q}{a}}$

> **참고** 이차방정식 $(x-p)^2=q$에 대하여
> ① 서로 다른 두 근을 가질 조건: $q>0$
> ② 중근을 가질 조건: $q=0$
> ③ 근을 갖지 않을 조건: $q<0$

(2) 완전제곱식을 이용한 이차방정식의 풀이

이차방정식 $ax^2+bx+c=0$은 다음과 같은 순서로 $(x-p)^2=q$의 꼴로 고친 후 제곱근을 이용하여 해를 구한다.

	$ax^2+bx+c=0\,(a\neq0)$의 풀이
❶ x^2의 계수로 양변을 나누어 x^2의 계수를 1로 만든다.	$x^2+\dfrac{b}{a}x+\dfrac{c}{a}=0$
❷ 상수항을 이항한다.	$x^2+\dfrac{b}{a}x=-\dfrac{c}{a}$
❸ 양변에 $\left(\dfrac{x의\ 계수}{2}\right)^2$을 더한다.	$x^2+\dfrac{b}{a}x+\left(\dfrac{b}{2a}\right)^2=-\dfrac{c}{a}+\left(\dfrac{b}{2a}\right)^2$
❹ $(x-p)^2=q$의 꼴로 고친다.	$\left(x+\dfrac{b}{2a}\right)^2=\dfrac{b^2-4ac}{4a^2}$
❺ 제곱근을 이용하여 해를 구한다.	$x=\dfrac{-b\pm\sqrt{b^2-4ac}}{2a}$

> **예** $3x^2+6x-1=0 \xrightarrow{\ ❶\ } x^2+2x-\dfrac{1}{3}=0$
> $\xrightarrow{\ ❷\ } x^2+2x=\dfrac{1}{3}$
> $\xrightarrow{\ ❸\ } x^2+2x+\left(\dfrac{2}{2}\right)^2=\dfrac{1}{3}+\left(\dfrac{2}{2}\right)^2$
> $\xrightarrow{\ ❹\ } (x+1)^2=\dfrac{4}{3}$
> $\xrightarrow{\ ❺\ } x+1=\pm\sqrt{\dfrac{4}{3}}$ 에서 $x=-1\pm\dfrac{2\sqrt{3}}{3}$

•정답 및 해설 50쪽

1 다음 이차방정식을 푸시오.

(1) $x^2=4$ $\quad\therefore\ x=\pm\square$

(2) $x^2-10=0$

(3) $3x^2=15$

(4) $3x^2-81=0$

2 다음 이차방정식을 푸시오.

(1) $(x-4)^2=5$

$\Rightarrow x-4=\pm\square$ $\quad\therefore\ x=\square\pm\square$

(2) $2(x+1)^2=32$

(3) $(x-6)^2-8=0$

(4) $-2(x+3)^2+14=0$

(5) $(3x-4)^2=12$

(6) $4(2x-1)^2-16=0$

3 다음은 이차방정식을 $(x-p)^2=q$의 꼴로 나타내는 과정이다. $\square$ 안에 알맞은 수를 쓰시오.

(단, p, q는 상수)

(1) $x^2-2x=3$

$x^2-2x+\square=3+\square$ ┐양변에 $\left(\dfrac{x\text{의 계수}}{2}\right)^2$을 ┘더한다.

$(x-\square)^2=\square$

(2) $\dfrac{1}{3}x^2+4x+5=0$ ┐x^2의 계수를 ┘1로 만든다.

$x^2+12x+15=0$

$x^2+12x=-15$

$x^2+12x+\square=-15+\square$ ┐양변에 $\left(\dfrac{x\text{의 계수}}{2}\right)^2$을 ┘더한다.

$(x+\square)^2=\square$

4 다음은 완전제곱식을 이용하여 이차방정식의 해를 구하는 과정이다. $\square$ 안에 알맞은 수를 쓰시오.

(1) $x^2-4x-3=0$

$x^2-4x=3$

$x^2-4x+\square=3+\square$

$(x-\square)^2=\square$

$\therefore\ x=\square$

(2) $3x^2+24x+15=0$ ┐x^2의 계수를 ┘1로 만든다.

$x^2+8x+5=0$

$x^2+8x=-5$

$x^2+8x+\square=-5+\square$

$(x+\square)^2=\square$

$\therefore\ x=\square$

• 예제 1 제곱근을 이용한 이차방정식의 풀이

이차방정식 $(x-1)^2=3$의 해가 $x=a\pm\sqrt{b}$일 때, 유리수 a, b의 값을 각각 구하면?

① $a=-2$, $b=2$ ② $a=-1$, $b=2$

③ $a=-1$, $b=3$ ④ $a=1$, $b=2$

⑤ $a=1$, $b=3$

[해결 포인트]

(일차식)$^2=0$ 또는 (일차식)$^2=$(양수) 꼴로 만든 후 제곱근을 이용하여 이차방정식을 푼다.

👆**한번 더!**

1-1 이차방정식 $4(x+2)^2-8=0$의 해가 $x=a\pm\sqrt{b}$일 때, 유리수 a, b에 대하여 $a+b$의 값을 구하시오.

1-2 이차방정식 $3(x+a)^2=15$의 해가 $x=2\pm\sqrt{b}$일 때, 유리수 a, b의 값을 각각 구하시오.

• 예제 2 이차방정식 $(x-p)^2=q$가 해를 가질 조건

x에 대한 이차방정식 $(x-a)^2=b$가 해를 가질 조건은?

① $a\geq0$ ② $a<0$ ③ $b\geq0$

④ $b>0$ ⑤ $b<0$

[해결 포인트]

$(x-p)^2=q$에서 $x-p$는 q의 제곱근이고, 제곱하여 음수가 되는 실수가 존재하지 않는다는 것을 이용하여 이차방정식 $(x-p)^2=q$가 해를 가질 조건을 생각해 본다.

👆**한번 더!**

2-1 다음 | 보기 | 중 x에 대한 이차방정식 $(x+p)^2=q$에 대한 설명으로 옳은 것을 모두 고르시오. (단, $p\neq0$)

| 보기 |

ㄱ. $q<0$이면 해가 존재하지 않는다.

ㄴ. $q=0$이면 중근을 갖는다.

ㄷ. $q>0$이면 절댓값이 같고 부호가 반대인 두 근을 갖는다.

2-2 다음 이차방정식 중에서 해를 갖지 <u>않는</u> 것을 모두 고르면? (정답 2개)

① $4x^2-3=0$ ② $2(x-2)^2=10$

③ $3x^2+25=0$ ④ $-4(x+2)^2+2=0$

⑤ $-(x-8)^2=36$

> • 예제 **3** **[완전제곱식]=[상수]의 꼴로 나타내기**

이차방정식 $3x^2+18x+9=0$을 $(x+p)^2=q$의 꼴로 나타낼 때, 상수 p, q에 대하여 $p+q$의 값을 구하시오.

[해결 포인트]

x^2의 계수가 1이 아닐 때는 그 계수로 양변을 나누어 x^2의 계수를 1로 만든다.

👆 **한번 더!**

3-1 이차방정식 $-x^2+8x-15=0$을 $(x-p)^2=q$의 꼴로 나타낼 때, 상수 p, q에 대하여 pq의 값은?

① -2 ② 1 ③ 2
④ 4 ⑤ 8

3-2 이차방정식 $2x^2-6x+a=0$을 $2(x-b)^2=\dfrac{1}{2}$의 꼴로 나타낼 때, 상수 a, b에 대하여 $a-b$의 값을 구하시오.

> • 예제 **4** **완전제곱식을 이용한 이차방정식의 풀이**

이차방정식 $x^2-5x+8=3x$를 완전제곱식을 이용하여 풀었더니 해가 $x=a\pm2\sqrt{b}$이었다. 이때 두 유리수 a, b에 대하여 $a+b$의 값을 구하시오.

(단, p, q는 상수)

[해결 포인트]

$(x-p)^2+q$의 꼴로 고친 후 제곱근을 이용하여 해를 구한다.

👆 **한번 더!**

4-1 이차방정식 $3x^2-18x+6=0$을 완전제곱식을 이용하여 풀면 해가 $x=a\pm\sqrt{b}$일 때, 유리수 a, b에 대하여 $b-a$의 값을 구하시오.

4-2 이차방정식 $x^2+8x=p$를 완전제곱식을 이용하여 풀었더니 해가 $x=q\pm\sqrt{21}$이었다. 이때 유리수 p, q에 대하여 $p+q$의 값을 구하시오.

이차방정식의 근의 공식

x에 대한 이차방정식 $ax^2+bx+c=0\,(a\neq0)$의 해는

$$x=\frac{-b\pm\sqrt{b^2-4ac}}{2a}\ (\text{단},\ b^2-4ac\geq0)$$

이고, 이 식을 이차방정식의 **근의 공식**이라 한다.

예 $x^2-5x+2=0$에서 근의 공식에 $a=1,\ b=-5,\ c=2$를 대입하면

$$x=\frac{-(-5)\pm\sqrt{(-5)^2-4\times1\times2}}{2\times1}=\frac{5\pm\sqrt{17}}{2}$$

참고 이차방정식 $ax^2+bx+c=0\,(a\neq0)$에서 x의 계수가 짝수, 즉 $b=2b'$일 때

이차방정식 $ax^2+2b'x+c=0$의 해는 $x=\dfrac{-b'\pm\sqrt{b'^2-ac}}{a}$ (단, $b'^2-ac\geq0$)

짝수 근의 공식

>> 이차방정식 $ax^2+bx+c=0$의 해 구하기
(1) 좌변이 인수분해되면
➡ 인수분해 이용 (p.82 참고)
(2) 좌변이 인수분해되지 않으면
➡ 근의 공식 이용

• 개념 확인하기

• 정답 및 해설 51쪽

1 다음은 근의 공식을 이용하여 이차방정식의 해를 구하는 과정이다. ☐ 안에 알맞은 수를 쓰시오.

(1) $x^2-3x-2=0$

근의 공식에 $a=\boxed{}$, $b=\boxed{}$, $c=\boxed{}$를 대입하면

$$x=\frac{-(\boxed{})\pm\sqrt{(\boxed{})^2-4\times\boxed{}\times(\boxed{})}}{2\times\boxed{}}=\boxed{}$$

(2) $3x^2-7x+1=0$

근의 공식에 $a=\boxed{}$, $b=\boxed{}$, $c=\boxed{}$을 대입하면

$$x=\frac{-(\boxed{})\pm\sqrt{(\boxed{})^2-4\times\boxed{}\times\boxed{}}}{2\times\boxed{}}=\boxed{}$$

(3) $x^2+4x-3=0$

짝수 근의 공식에 $a=\boxed{}$, $b'=\boxed{}$, $c=\boxed{}$을 대입하면

$$x=\frac{-\boxed{}\pm\sqrt{\boxed{}^2-\boxed{}\times(\boxed{})}}{\boxed{}}=\boxed{}$$

(4) $2x^2-10x+5=0$

짝수 근의 공식에 $a=\boxed{}$, $b'=\boxed{}$, $c=\boxed{}$를 대입하면

$$x=\frac{-(\boxed{})\pm\sqrt{(\boxed{})^2-\boxed{}\times\boxed{}}}{\boxed{}}=\boxed{}$$

예제 1 근의 공식을 이용한 이차방정식의 풀이

이차방정식 $x^2-3x+1=0$의 근이 $x=\dfrac{B\pm\sqrt{5}}{A}$일 때, 유리수 A, B의 값을 각각 구하시오.

[해결 포인트]
- 이차방정식 $ax^2+bx+c=0$의 근은

$$x=\dfrac{-b\pm\sqrt{b^2-4ac}}{2a} \ (\text{단, } b^2-4ac\geq0)$$

- 이차방정식 $ax^2+2b'x+c=0$의 근은

$$x=\dfrac{-b'\pm\sqrt{b'^2-ac}}{a} \ (\text{단, } b'^2-ac\geq0)$$

👆 **한번 더!**

1-1 이차방정식 $2x^2-6x-2=0$의 근이 $x=\dfrac{p\pm\sqrt{q}}{2}$ 일 때, 유리수 p, q에 대하여 pq의 값을 구하시오.

1-2 이차방정식 $x^2-x-3=0$의 두 근을 α, β라 할 때, $\alpha-\beta$의 값을 구하시오. (단, $\alpha>\beta$)

예제 2 근의 공식을 이용하여 미지수 구하기

이차방정식 $2x^2-5x+k=0$의 해가 $x=\dfrac{5\pm\sqrt{17}}{4}$일 때, 상수 k의 값을 구하시오.

[해결 포인트]
근의 공식을 이용하여 이차방정식의 해를 구한 후 주어진 해와 비교한다.

👆 **한번 더!**

2-1 이차방정식 $2x^2-kx+3=0$의 근이 $x=\dfrac{3\pm\sqrt{3}}{2}$ 일 때, 유리수 k의 값은?

① -2 ② 2 ③ 4
④ 6 ⑤ 8

2-2 이차방정식 $4x^2-6x+p=0$의 해가 $x=\dfrac{q\pm\sqrt{13}}{4}$ 일 때, 유리수 p, q에 대하여 $p+q$의 값을 구하시오.

복잡한 이차방정식의 풀이

(1) 괄호가 있는 이차방정식의 풀이

괄호가 있으면 전개하여 $ax^2+bx+c=0$의 꼴로 정리한다.

예 $(x+1)(x-1)=2x$ $\xrightarrow{\text{괄호를 풀어 정리하면}}$ $x^2-2x-1=0$

(2) 계수가 분수 또는 소수인 이차방정식의 풀이

계수가 분수 또는 소수이면 양변에 적당한 수를 곱하여 계수를 정수로 고친 후 $ax^2+bx+c=0$의 꼴로 정리한다.

① 계수가 분수인 경우: 양변에 분모의 최소공배수를 곱한다.

예 $\dfrac{1}{2}x^2-x-\dfrac{5}{4}=0$ $\xrightarrow{\text{양변에 4를 곱하면}}$ $2x^2-4x-5=0$

② 계수가 소수인 경우: 양변에 10의 거듭제곱을 곱한다.

예 $0.2x^2+0.3x-1=0$ $\xrightarrow{\text{양변에 10을 곱하면}}$ $2x^2+3x-10=0$

(3) 공통부분이 있는 이차방정식의 풀이

공통부분이 있으면 (공통부분)$=A$로 놓고 $aA^2+bA+c=0$의 꼴로 정리한다.

예 $(x+2)^2-3(x+2)+2=0$ $\xrightarrow{x+2=A\text{로 놓으면}}$ $A^2-3A+2=0$

주의 A의 값을 구한 후, 다시 원래의 식으로 바꾸어 x의 값을 구해야 한다.

≫ 계수가 분수 또는 소수일 때 계수를 정수로 고치지 않더라도 근의 공식을 이용하면 해를 구할 수 있다.
그런데 분수 또는 소수를 근의 공식에 대입하면 계산이 복잡해지므로 계산이 간단해지도록 계수를 정수로 고친다.

· 개념 확인하기

· 정답 및 해설 52쪽

1 다음은 복잡한 이차방정식의 해를 구하는 과정이다. □ 안에 알맞은 것을 쓰시오.

(1) $(x-1)(x+2)=-x+6$

> 주어진 이차방정식의 좌변을 전개하여 정리하면
> $x^2+\boxed{}x-\boxed{}=0$
> $(x+\boxed{})(x-2)=0$
> $\therefore x=\boxed{}$ 또는 $x=2$

(2) $\dfrac{1}{2}x^2+\dfrac{5}{6}x-\dfrac{1}{3}=0$

> 주어진 이차방정식의 양변에 분모의 최소공배수인 $\boxed{}$을 곱하면
> $\boxed{}x^2+5x-\boxed{}=0$
> $(x+2)(\boxed{})=0$
> $\therefore x=-2$ 또는 $x=\boxed{}$

(3) $0.2x^2-0.3x+0.1=0$

> 주어진 이차방정식의 양변에 $\boxed{}$을 곱하면
> $2x^2-\boxed{}x+\boxed{}=0$
> $(x-1)(\boxed{})=0$
> $\therefore x=1$ 또는 $x=\boxed{}$

(4) $(x-2)^2-4(x-2)-5=0$

> $x-2=A$로 놓으면
> $A^2-\boxed{}A-\boxed{}=0$
> $(A+1)(A-\boxed{})=0$
> $\therefore A=-1$ 또는 $A=\boxed{}$
> (i) $A=-1$일 때, $x=\boxed{}$
> (ii) $A=\boxed{}$일 때, $x=\boxed{}$
> 따라서 (i), (ii)에서 $x=\boxed{}$ 또는 $x=\boxed{}$

대표 예제로 개념 익히기

• 예제 1 복잡한 이차방정식의 풀이

다음 이차방정식을 푸시오.

(1) $2x^2 - 2 = (x-1)^2$

(2) $\dfrac{1}{4}x^2 + \dfrac{1}{3}x - \dfrac{1}{2} = 0$

(3) $1.2x^2 - 0.4x - 0.5 = 0$

[해결 포인트]

- 괄호가 있으면 전개하여 정리한 후 푼다.
- 계수에 분수가 있으면 양변에 분모의 최소공배수를 곱하여 계수를 정수로 바꾸어 정리한 후 푼다.
- 계수에 소수가 있으면 양변에 10의 거듭제곱을 곱하여 계수를 정수로 바꾸어 정리한 후 푼다.

한번 더!

1-1 이차방정식 $(x+2)(x-3) = -3x-4$의 해가 $x = A \pm \sqrt{B}$일 때, 유리수 A, B에 대하여 $A+B$의 값을 구하시오.

1-2 다음 이차방정식을 푸시오.

$$\frac{1}{5}x^2 - 0.3x - \frac{1}{2} = 0$$

• 예제 2 공통부분이 있는 이차방정식의 풀이

다음 이차방정식을 푸시오.

(1) $(x-1)^2 - 2(x-1) - 15 = 0$

(2) $3(x+2)^2 - (x+2) - 2 = 0$

[해결 포인트]

❶ 공통부분을 A로 놓는다.
❷ 인수분해 또는 근의 공식을 이용하여 A의 값을 구한다.
❸ A에 원래의 식을 대입하여 x의 값을 구한다.

한번 더!

2-1 이차방정식 $(x+3)^2 - 5(x+3) + 4 = 0$의 두 근을 α, β라 할 때, $\alpha + \beta$의 값을 구하시오.

2-2 $(2x-y+1)(2x-y+5) + 4 = 0$일 때, $4x-2y$의 값은?

① -6 ② -4 ③ -2

④ 4 ⑤ 6

이차방정식의 근의 개수 / 이차방정식 구하기

(1) 이차방정식의 근의 개수

이차방정식 $ax^2+bx+c=0$의 근의 개수는 근의 공식 $x=\dfrac{-b\pm\sqrt{b^2-4ac}}{2a}$에서

b^2-4ac의 부호에 따라 결정된다.

① $b^2-4ac>0$이면 서로 다른 두 근을 갖는다. ➡ 근이 2개 ┐
② $b^2-4ac=0$이면 한 근(중근)을 갖는다. ➡ 근이 1개 └ → $b^2-4ac\geq0$이면 근을 가진다.
③ $b^2-4ac<0$이면 근이 없다. ➡ 근이 0개 → 음수의 제곱근은 없으므로 근이 없다.

참고 • b^2-4ac를 판별식이라 한다.

　　• 이차방정식의 일차항의 계수가 짝수일 때, 근의 개수의 판별

　　$ax^2+2b'x+c=0\,(a\neq0)$일 때, 근의 개수는 짝수 근의 공식 $x=\dfrac{-b'\pm\sqrt{b'^2-ac}}{a}$에서 b'^2-ac의 부호를

　　이용하여 알아본다.

(2) 이차방정식 구하기

① 두 근이 α, β이고 x^2의 계수가 a인 이차방정식은

　　➡ $a(x-\alpha)(x-\beta)=0$

　　예 두 근이 2, 3이고 x^2의 계수가 5인 이차방정식

　　➡ $5(x-2)(x-3)=0$, 즉 $5x^2-25x+30=0$

② 중근이 α이고 x^2의 계수가 a인 이차방정식은

　　➡ $a(x-\alpha)^2=0$ ← (완전제곱식)=0의 꼴

　　예 중근이 2이고 x^2의 계수가 3인 이차방정식

　　➡ $3(x-2)^2=0$, 즉 $3x^2-12x+12=0$

• 개념 확인하기

• 정답 및 해설 53쪽

1 다음은 $ax^2+bx+c=0$의 꼴의 이차방정식의 근의 개수를 구하는 과정이다. 표를 완성하시오.

(단, a, b, c는 상수)

	$ax^2+bx+c=0$	a, b, c의 값	b^2-4ac의 값	근의 개수
(1)	$3x^2+4x-1=0$	$a=3$, $b=\Box$, $c=\Box$	$\Box^2-4\times3\times(\Box)=\Box$	$\Box$개
(2)	$x^2-6x+9=0$			
(3)	$2x^2+x+3=0$			
(4)	$x^2+2x+2=0$			
(5)	$4x^2-4x+1=0$			
(6)	$2x^2+5x-2=0$			

2 이차방정식 $x^2+5x+k=0$의 근이 다음과 같을 때, 상수 k의 값 또는 범위를 구하시오.

⑴ 서로 다른 두 근

⑵ 중근

⑶ 근이 없다.

3 이차방정식 $3x^2+2x-k=0$의 근이 다음과 같을 때, 상수 k의 값 또는 범위를 구하시오.

⑴ 서로 다른 두 근

⑵ 중근

⑶ 근이 없다.

4 다음 조건을 만족시키는 x에 대한 이차방정식을 $ax^2+bx+c=0$의 꼴로 나타내시오.

(단, a, b, c는 상수)

⑴ 두 근이 -2, -3이고 x^2의 계수가 1인 이차방정식

⑵ 두 근이 -4, 1이고 x^2의 계수가 2인 이차방정식

⑶ 두 근이 -2, 5이고 x^2의 계수가 -3인 이차방정식

⑷ 두 근이 $\dfrac{1}{2}$, 3이고 x^2의 계수가 1인 이차방정식

5 다음 조건을 만족시키는 x에 대한 이차방정식을 $ax^2+bx+c=0$의 꼴로 나타내시오.

(단, a, b, c는 상수)

⑴ 중근이 -8이고 x^2의 계수가 1인 이차방정식

⑵ 중근이 -2이고 x^2의 계수가 3인 이차방정식

⑶ 중근이 3이고 x^2의 계수가 -1인 이차방정식

⑷ 중근이 $\dfrac{3}{4}$이고 x^2의 계수가 2인 이차방정식

예제 **1** 이차방정식의 근의 개수

다음 이차방정식 중 서로 다른 두 근을 갖는 것을 모두 고르면? (정답 2개)

① $x^2-6x-7=0$
② $x^2+5x+7=0$
③ $3x^2-x-1=0$
④ $9x^2+12x+4=0$
⑤ $2x^2+20x+50=0$

[해결 포인트]

이차방정식 $ax^2+bx+c=0$의 근의 개수는
- $b^2-4ac>0$ ➡ 서로 다른 두 근 ➡ 근이 2개
- $b^2-4ac=0$ ➡ 중근 ➡ 근이 1개
- $b^2-4ac<0$ ➡ 근이 없다. ➡ 근이 0개

👆 한번 더!

1-1 다음 이차방정식 중 근의 개수가 나머지 넷과 <u>다른</u> 하나는?

① $x^2-8x+10=0$
② $2x^2-2x-3=0$
③ $3x^2+2x-1=0$
④ $4x^2+6x-1=0$
⑤ $5x^2-7x+3=0$

예제 **2** 이차방정식이 근을 가질 조건

이차방정식 $x^2-4x+k-7=0$의 근이 다음과 같을 때, 상수 k의 값 또는 범위를 구하시오.

(1) 서로 다른 두 근
(2) 중근
(3) 근이 없다.

[해결 포인트]

이차방정식 $ax^2+bx+c=0$이
- 서로 다른 두 근을 가지려면 ➡ $b^2-4ac>0$
- 중근을 가지려면 ➡ $b^2-4ac=0$
- 근을 갖지 않으려면 ➡ $b^2-4ac<0$

👆 한번 더!

2-1 이차방정식 $3x^2+6x+k+3=0$이 서로 다른 두 근을 가질 때, 상수 k의 값의 범위를 구하시오.

2-2 이차방정식 $x^2+kx+3-k=0$이 중근을 가질 때, 상수 k의 값을 모두 구하시오.

2-3 이차방정식 $3x^2+5x-k=0$의 근이 존재하지 않도록 하는 상수 k의 값 중 가장 큰 정수는?

① -4
② -3
③ -2
④ -1
⑤ 0

• 예제 3 이차방정식 구하기① – 서로 다른 두 근

이차방정식 $2x^2+ax+b=0$의 두 근이 -1, -3일 때, 상수 a, b의 값을 각각 구하시오.

[해결 포인트]

두 근이 α, β이고, x^2의 계수가 a인 이차방정식은

➡ $a(x-\alpha)(x-\beta)=0$

👆 한번 더!

3-1 이차방정식 $3x^2+ax+b=0$의 두 근이 $-\dfrac{1}{3}$, 4일 때, 상수 a, b에 대하여 ab의 값을 구하시오.

3-2 이차방정식 $4x^2+ax+b=0$의 두 근이 -1, $\dfrac{1}{4}$일 때, 이차방정식 $ax^2-2x+b=0$의 해를 구하시오.

(단, a, b는 상수)

Ⅱ·4

• 예제 4 이차방정식 구하기② – 중근

중근이 3이고 x^2의 계수가 -2인 이차방정식이 $-2x^2+ax+b=0$일 때, 상수 a, b에 대하여 $a+b$의 값을 구하시오.

[해결 포인트]

중근이 α이고, x^2의 계수가 a인 이차방정식은

➡ $a(x-\alpha)^2=0$

👆 한번 더!

4-1 이차방정식 $5x^2+ax+b=0$이 중근 $-\dfrac{1}{2}$을 가질 때, 상수 a, b에 대하여 $a-b$의 값은?

① $-\dfrac{15}{4}$ ② $-\dfrac{5}{4}$ ③ $\dfrac{5}{4}$

④ $\dfrac{5}{2}$ ⑤ $\dfrac{15}{4}$

4-2 이차방정식 $4x^2+3ax+4b=0$의 중근이 3일 때, a, b를 두 근으로 하고 x^2의 계수가 1인 이차방정식을 구하시오.

이차방정식의 활용

(1) 이차방정식의 활용 문제 해결

이차방정식을 활용한 문제는 다음과 같은 순서로 해결한다.

❶ 문제의 뜻을 이해하고, 구하려는 값을 미지수로 정한다.

❷ 문제의 뜻에 맞게 이차방정식을 세운다.

❸ 이차방정식을 푼다.

❹ 구한 해가 문제의 뜻에 맞는지 확인한다.

> **주의** 이차방정식의 모든 해가 문제의 답이 되는 것은 아니므로 문제의 조건에 맞는지 확인하는 것이 중요하다.

> **참고** 사람 수, 개수, 나이 등은 자연수이어야 한다.

> **예** 연속하는 두 자연수의 곱이 56일 때, 두 자연수를 구하시오.

❶ 미지수 정하기	연속하는 두 자연수를 x, $x+1$이라 하자.
❷ 이차방정식 세우기	두 자연수의 곱이 56이므로 $x(x+1)=56$
❸ 이차방정식 풀기	$x^2+x=56$, $x^2+x-56=0$ $(x+8)(x-7)=0$ $\therefore x=-8$ 또는 $x=7$ 그런데 x는 자연수이므로 $x=7$ 따라서 연속하는 두 자연수는 7, 8이다.
❹ 확인하기	두 자연수의 곱은 $7\times8=56$이므로 문제의 뜻에 맞는다.

(2) 여러 가지 이차방정식의 활용 문제

① 연속하는 수에 대한 문제

- 연속하는 두 자연수 ➡ x, $x+1$ (단, x는 자연수)
- 연속하는 세 자연수 ➡ $x-1$, x, $x+1$ (단, $x>1$인 자연수)
    또는 x, $x+1$, $x+2$ (단, x는 자연수)
- 연속하는 두 짝수 ➡ x, $x+2$ (단, x는 짝수)
- 연속하는 두 홀수 ➡ x, $x+2$ (단, x는 홀수)

② 나이에 대한 문제

- 현재 x세인 사람의 a년 후의 나이 ➡ $(x+a)$세
- 현재 x세인 사람의 a년 전의 나이 ➡ $(x-a)$세
- 나이 차가 a세인 두 사람의 나이 ➡ x세와 $(x+a)$세 또는 $(x-a)$세와 x세

③ 도형에 대한 문제

- (삼각형의 넓이)$=\dfrac{1}{2}\times$(밑변의 길이)$\times$(높이)
- (직사각형의 넓이)$=$(가로의 길이)$\times$(세로의 길이)
- (직사각형의 둘레의 길이)$=2\times\{$(가로의 길이)$+$(세로의 길이)$\}$
- (원의 넓이)$=\pi\times$(반지름의 길이)^2
- (직육면체의 부피)$=$(가로의 길이)$\times$(세로의 길이)$\times$(높이)
- 피타고라스 정리 ➡ 직각삼각형에서 직각을 낀 두 변의 길이를 각각 a, b라 하고, 빗변의 길이를 c라 하면 $a^2+b^2=c^2$이 성립한다.

• 정답 및 해설 55쪽

1 다음은 연속하는 두 자연수의 제곱의 합이 85일 때, 두 수를 구하는 과정이다. ☐ 안에 알맞은 것을 쓰시오.

> ❶ 연속하는 두 자연수 중 작은 수를 x라 하면 두 자연수는 x, ☐ 이다.
> ❷ 연속하는 두 자연수의 제곱의 합이 85이므로 이차방정식을 세우면 $x^2+(x+1)^2=85$
> ❸ 이 이차방정식을 풀면 $(x+\boxed{})(x-\boxed{})=0$ ∴ $x=\boxed{}$ 또는 $x=\boxed{}$
>   그런데 x는 자연수이므로 $x=\boxed{}$
>   따라서 구하는 두 자연수는 $\boxed{}$, $\boxed{}$ 이다.
> ❹ $\boxed{}^2+\boxed{}^2=85$이므로 문제의 뜻에 맞는다.

2 다음은 언니가 동생보다 2세가 많고 언니의 나이의 10배가 동생의 나이의 제곱보다 4세만큼 적을 때, 동생의 나이를 구하는 과정이다. ☐ 안에 알맞은 것을 쓰시오.

> ❶ 동생의 나이를 x세라 하면 언니는 동생보다 2세가 많으므로 언니의 나이는 $(\boxed{})$세이다.
> ❷ 언니의 나이의 10배가 동생의 나이의 제곱보다 4세만큼 적으므로 이차방정식을 세우면
> $10(\boxed{})=x^2-\boxed{}$
> ❸ 이 이차방정식을 풀면 $(x+\boxed{})(x-\boxed{})=0$ ∴ $x=\boxed{}$ 또는 $x=\boxed{}$
>   그런데 $x>0$이므로 $x=\boxed{}$
>   따라서 구하는 동생의 나이는 $\boxed{}$세이다.
> ❹ $10(\boxed{}+2)=\boxed{}^2-4$이므로 문제의 뜻에 맞는다.

3 다음은 자연수 1부터 n까지의 합이 $\dfrac{n(n+1)}{2}$임을 이용하여 1부터 얼마까지의 자연수를 더해야 190이 되는지 구하는 과정이다. ☐ 안에 알맞은 수를 쓰시오.

> ❶ 주어진 식을 이용하여 이차방정식을 세우면 $\dfrac{n(n+1)}{2}=\boxed{}$, 즉 $n(n+1)=\boxed{}$
> ❷ 이 이차방정식을 풀면 $(n+\boxed{})(n-\boxed{})=0$ ∴ $n=\boxed{}$ 또는 $n=\boxed{}$
>   그런데 n은 자연수이므로 $n=\boxed{}$
>   따라서 1부터 $\boxed{}$까지의 자연수를 더해야 190이 된다.
> ❸ $\dfrac{\boxed{}\times(\boxed{}+1)}{2}=190$이므로 문제의 뜻에 맞는다.

4 다음은 가로의 길이가 세로의 길이보다 3 cm만큼 짧은 직사각형의 넓이가 108 cm^{2}일 때, 직사각형의 가로의 길이를 구하는 과정이다. ☐ 안에 알맞은 것을 쓰시오.

> ❶ 직사각형의 가로의 길이를 x cm라 하면 세로의 길이는 $(\boxed{})$ cm이다.
> ❷ 직사각형의 넓이가 108 cm^{2}이므로 이차방정식을 세우면 $x(\boxed{})=108$
> ❸ 이 이차방정식을 풀면 $(x+\boxed{})(x-\boxed{})=0$ ∴ $x=\boxed{}$ 또는 $x=\boxed{}$
>   그런데 $x>0$이므로 $x=\boxed{}$
>   따라서 직사각형의 가로의 길이는 $\boxed{}$ cm이다.
> ❹ $\boxed{}\times(\boxed{}+3)=108$이므로 문제의 뜻에 맞는다.

• 예제 1 이차방정식의 활용 ① – 수, 나이

어떤 자연수의 제곱은 이 자연수를 2배한 것보다 15만큼 더 클 때, 어떤 자연수를 구하려고 한다. 다음 물음에 답하시오.

(1) 어떤 자연수를 x라 할 때, x에 대한 이차방정식으로 나타내시오.

(2) (1)에서 구한 이차방정식을 풀어 어떤 자연수를 구하시오.

[해결 포인트]

• 어떤 수 ➡ x

• 연속하는 두 자연수 ➡ $x,\ x+1$

• 연속하는 세 자연수 ➡ $x-1,\ x,\ x+1$ 또는 $x,\ x+1,\ x+2$

👆 **한번 더!**

1-1 연속하는 세 자연수에 대하여 가장 큰 수의 9배는 나머지 두 수의 곱보다 9만큼 크다고 할 때, 연속하는 세 자연수를 구하시오.

1-2 어머니와 딸의 나이 차는 26세이고, 딸의 나이의 제곱은 어머니의 나이의 2배보다 4세만큼 적다. 이때 딸의 나이를 구하시오.

• 예제 2 이차방정식의 활용 ② – 식이 주어지는 경우

지면에서 지면에 수직인 방향으로 초속 $25\,\mathrm{m}$로 쏘아 올린 물 로켓의 t초 후의 높이가 $(-5t^2+25t)\,\mathrm{m}$일 때, 다음 물음에 답하시오.

(1) 이 물 로켓의 높이가 $20\,\mathrm{m}$가 되는 것은 쏘아 올린 지 몇 초 후인지 구하시오.

(2) 이 물 로켓이 지면에 떨어지는 것은 쏘아 올린 지 몇 초 후인지 구하시오.

[해결 포인트]

식이 주어진 이차방정식의 활용 문제는 주어진 식을 이용하여 이차방정식을 세운 후 문제를 해결한다.

👆 **한번 더!**

2-1 지면으로부터 높이가 $40\,\mathrm{m}$인 건물의 옥상에서 초속 $30\,\mathrm{m}$로 지면에 수직인 방향으로 쏘아 올린 물체의 t초 후의 높이는 $(-5t^2+30t+40)\,\mathrm{m}$이다. 이 물체의 지면으로부터의 높이가 처음으로 $65\,\mathrm{m}$가 되는 것은 쏘아 올린 지 몇 초 후인지 구하시오.

2-2 n명의 사람들이 서로 한 번씩 악수를 하면 그 총 횟수는 $\dfrac{n(n-1)}{2}$번이다. 어느 모임에 참가한 모든 회원들이 서로 한 번씩 악수한 총 횟수가 55번일 때, 이 모임에 참가한 회원 수를 구하시오.

• 예제 3 이차방정식의 활용 ③ – 도형

오른쪽 그림과 같이 정사각형의 가로의 길이를 2 cm만큼 늘이고, 세로의 길이를 4 cm만큼 줄여서 만든 직사각형의 넓이가 72 cm²일 때, 처음 정사각형의 한 변의 길이를 구하시오.

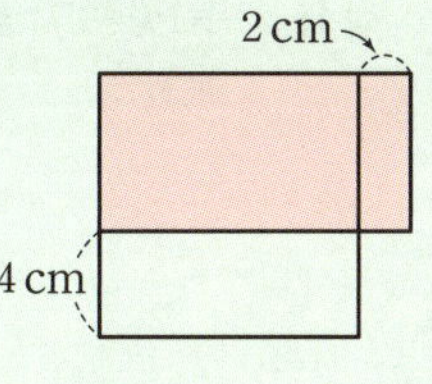

[해결 포인트]
• (직사각형의 넓이)=(가로의 길이)×(세로의 길이)
• (원의 넓이)=$\pi\times$(반지름의 길이)²

3-1 오른쪽 그림과 같이 반지름의 길이가 x cm인 원의 반지름의 길이를 x cm만큼 더 늘였더니 원의 넓이가 처음보다 27π cm²만큼 넓어졌다. 이때 x의 값을 구하시오.

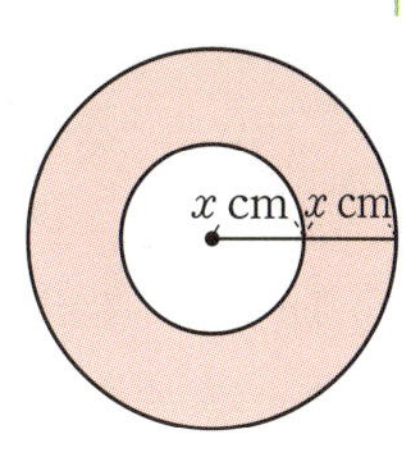

3-2 오른쪽 그림과 같은 삼각형이 직각삼각형이 되기 위한 x의 값을 구하시오.

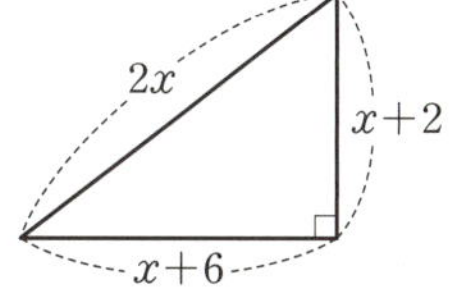

• 예제 4 이차방정식의 활용 ④ – 길의 폭, 상자 만들기

오른쪽 그림과 같이 가로의 길이가 20 m, 세로의 길이가 15 m인 직사각형 모양의 땅에 폭이 일정한 길을 만들고 남은 부분을 꽃밭으로 만들려고 한다. 길을 제외한 꽃밭의 넓이가 234 m²일 때, 길의 폭을 구하시오.

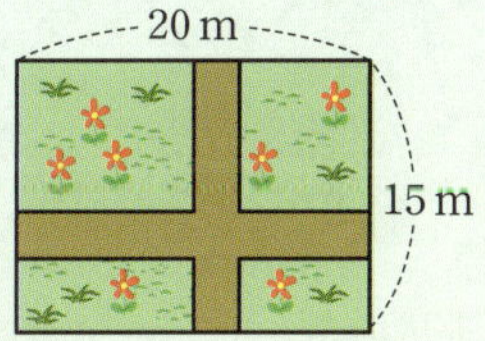

[해결 포인트]
다음 그림과 같은 직사각형에서 색칠한 부분의 넓이가 모두 같음을 이용하여 넓이에 대한 이차방정식을 세운다.

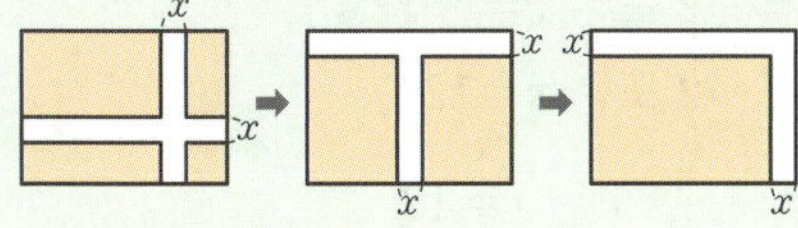

4-1 가로, 세로의 길이가 각각 50 m, 30 m인 직사각형 모양의 잔디밭에 오른쪽 그림과 같이 폭이 일정한 길을 만들었더니 길을 제외한 잔디밭의 넓이가 1188 m²가 되었다. 이때 길의 폭을 구하시오.

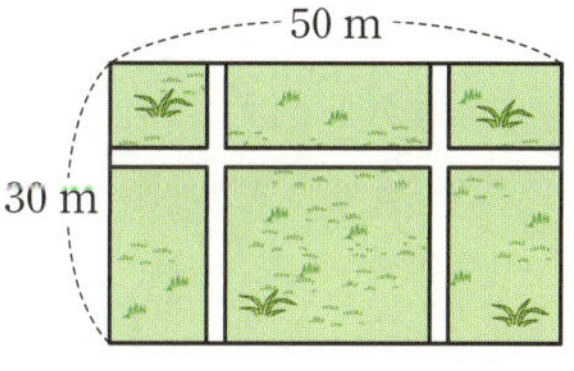

4-2 다음 그림과 같이 정사각형 모양의 종이의 네 귀퉁이를 한 변의 길이가 5 cm인 정사각형 모양으로 잘라 내어 윗면이 없는 직육면체 모양의 상자를 만들려고 한다. 상자의 부피가 2000 cm³일 때, 처음 정사각형 모양의 종이의 한 변의 길이를 구하시오.

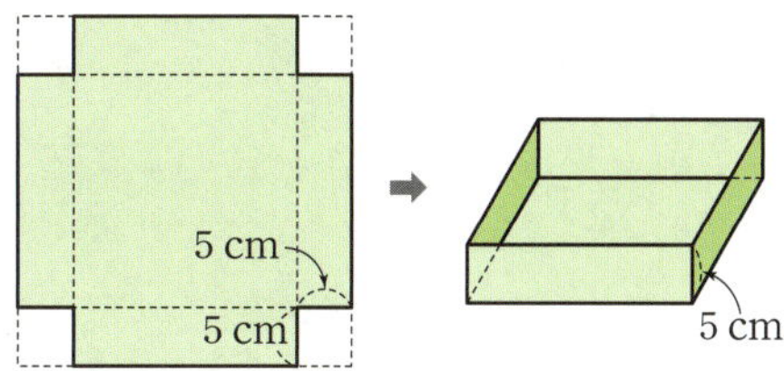

1 ●○○

다음 중 이차방정식이 <u>아닌</u> 것을 모두 고르면?

(정답 2개)

① $\dfrac{1}{x^2}=0$ ② $(x-4)^2=3x$

③ $9x^2=(1-3x)^2$ ④ $(x-1)(x+2)=x$

⑤ $x^3-2x=-2+x^2+x^3$

2 ●●○

다음 중 방정식 $(ax+1)(2x-1)=-x^2+2x$가 x에 대한 이차방정식이 되도록 하는 상수 a의 값이 <u>아닌</u> 것은?

① -4 ② $-\dfrac{1}{2}$ ③ $\dfrac{1}{2}$

④ 2 ⑤ 4

3 ●○○

다음 중 [   ] 안의 수가 주어진 이차방정식의 해인 것은?

① $x^2+1=0$ $[-1]$

② $2x^2=-x-1$ $[-1]$

③ $25=9x^2$ $\left[\dfrac{3}{5}\right]$

④ $(x+2)^2=4$ $[-4]$

⑤ $x(x+3)=-3x$ $[-3]$

4  ●●●

이차방정식 $x^2+6x+k=0$이 중근을 가질 때, 이차방정식 $x^2+(k-5)x-12=0$을 푸시오. (단, k는 상수)

5 ●○○

다음은 완전제곱식을 이용하여 이차방정식 $x^2-5x+3=0$의 해를 구하는 과정이다. ①~⑤에 들어갈 수로 옳지 <u>않은</u> 것은?

$$x^2-5x+3=0\text{에서}$$
$$x^2-5x=-3$$
$$x^2-5x+\boxed{①}=-3+\boxed{①}$$
$$\left(x-\boxed{②}\right)^2=\boxed{③}$$
$$x-\boxed{②}=\boxed{④}$$
$$\therefore\ x=\boxed{⑤}$$

① $\dfrac{25}{4}$ ② $\dfrac{5}{2}$ ③ $\dfrac{13}{4}$

④ $\dfrac{\sqrt{13}}{2}$ ⑤ $\dfrac{5\pm\sqrt{13}}{2}$

6 ●○○

이차방정식 $2(x+1)(x-2)=(x+4)^2+4$를 풀면?

① $x=-2$ 또는 $x=-12$

② $x=-2$ 또는 $x=12$

③ $x=-\dfrac{1}{2}$ 또는 $x=12$

④ $x=\dfrac{1}{2}$ 또는 $x=-12$

⑤ $x=2$ 또는 $x=12$

7 창의력UP

오른쪽 마방진은 1부터 9까지의 숫자를 한 번씩만 사용하여 가로, 세로, 대각선에 있는 세 숫자의 합이 같도록 하는 규칙으로 만든 것이다. 이때 x의 값을 구하시오.

		$1.5x$
9	$x+1$	
		$\dfrac{1}{2}x^2$

8

이차방정식 $4x^2-Ax+1=0$의 해가 $x=\dfrac{5\pm\sqrt{B}}{8}$일 때, 유리수 A, B에 대하여 $A+B$의 값은?

① 12   ② 14   ③ 16

④ 18   ⑤ 20

9 중요

다음 이차방정식을 푸시오.

$$\frac{x(x+4)}{4}-0.5x=\frac{1}{8}$$

10

이차방정식 $3\left(x+\dfrac{1}{3}\right)^2+5\left(x+\dfrac{1}{3}\right)=12$의 두 근의 차를 구하시오.

11 중요

다음 이차방정식 중에서 중근을 갖는 것은?

① $x^2-6x+5=0$ ② $2x^2-4x-3=0$

③ $5x^2-2x-1=0$ ④ $6x^2+x+8=0$

⑤ $9x^2-3x+\dfrac{1}{4}=0$

12

이차방정식 $x^2+2x+2k-5=0$이 해를 갖지 않도록 하는 상수 k의 값의 범위는?

① $k<-3$ ② $k>-2$ ③ $k<2$

④ $k<3$ ⑤ $k>3$

13

이차방정식 $3x^2-8x+k=0$의 한 근이 다른 근의 3배일 때, 상수 k의 값을 구하시오.

14 중요

x^2의 계수가 1인 이차방정식이 있다. 두준이는 일차항의 계수를 잘못 보고 풀어 $x=-9$ 또는 $x=2$의 해를 얻었고, 보람이는 상수항을 잘못 보고 풀어 $x=-2$ 또는 $x=-1$의 해를 얻었다. 처음 이차방정식의 두 근의 합은?

① -12 ② -6 ③ -3

④ 3 ⑤ 6

15

오른쪽 그림과 같은 달력에서 1과 8을 각각 제곱하여 더하면 65이다. 이와 같은 방법으로 위, 아래로 이웃하는 두 날짜를 각각 제곱하여 더한 값이 169가 되도록 하는 두 날짜를 구하시오.

16

귤 70개를 학생들에게 남김없이 똑같이 나누어 주려고 한다. 한 학생이 받는 귤의 개수가 학생 수보다 3만큼 적을 때, 학생 수를 구하시오.

17

어느 공장에서 하루에 n개의 제품을 만드는 데 드는 비용은 $\left(16+2n-\dfrac{1}{10}n^2\right)$만 원이다. 하루에 23만 5천 원의 비용으로 몇 개의 제품을 만들 수 있는지 구하시오.

(단, $0 \le n \le 10$)

18

두 이차방정식 $x^2+3x-10=0$, $x^2+6x+5=0$을 동시에 만족시키는 x의 값이 이차방정식 $3x^2+(a+3)x-a=0$의 한 근일 때, 상수 a의 값을 구하시오. (단, 풀이 과정을 자세히 쓰시오.)

풀이

답

19

오른쪽 그림과 같은 직사각형 ABCD에서 점 P는 점 A를 출발하여 점 B까지 변 AB 위를 매초 1 cm로, 점 Q는 점 B를 출발하여 점 C까지 변 BC 위를 매초 2 cm로 움직인다. 두 점 P, Q가 동시에 출발하였을 때, 출발한 지 몇 초 후에 △PBQ의 넓이가 처음으로 48 cm²가 되는지 구하시오.

(단, 풀이 과정을 자세히 쓰시오.)

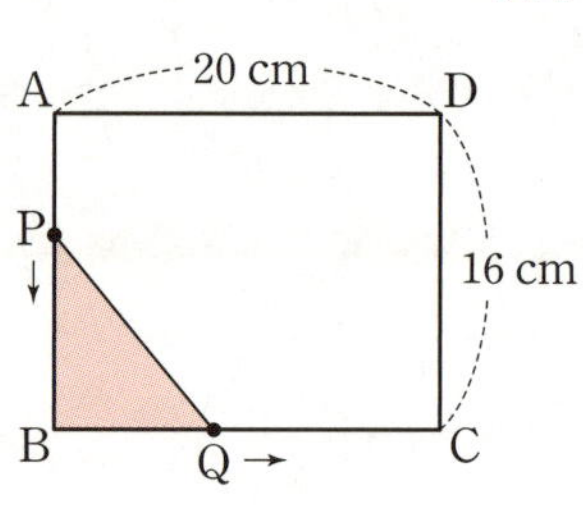

풀이

답

1 마인드맵으로 개념 구조화!

2 OX 문제로 개념 점검!

옳은 것은 ○, 옳지 <u>않은</u> 것은 ×를 택하시오.

· 정답 및 해설 59쪽

❶ $2x^2-x=x(2x+3)$은 이차방정식이다.　　○ | ×

❷ $x=1$은 이차방정식 $x^2+5x-6=0$의 해이다.　　○ | ×

❸ 이차방정식 $(x+3)(x+9)=0$의 해는 $x=3$ 또는 $x=9$이다.　　○ | ×

❹ 이차방정식 $x^2+14x+49=0$의 해는 $x=-7$이다.　　○ | ×

❺ 이차방정식 $x^2-8x+3=0$의 해는 $x=4\pm\sqrt{13}$이다.　　○ | ×

❻ 이차방정식 $2x^2-0.6x=\dfrac{1}{5}$의 해는 $x=-\dfrac{1}{5}$ 또는 $x=\dfrac{1}{2}$이다.　　○ | ×

❼ 이차방정식 $3x^2-2x+1=0$의 근의 개수는 2개이다.　　○ | ×

❽ 어떤 자연수와 그 수의 제곱의 합이 56일 때, 어떤 자연수를 x라 하고 이차방정식을 세우면 $x^2+x+56=0$이다.　　○ | ×

5

이차함수와 그 그래프

배웠어요

- 좌표와 그래프 [중1]
- 정비례와 반비례 [중1]
- 일차함수와 그 그래프 [중2]
- 일차함수와 일차방정식의 관계 [중2]

☑ 이번에 배워요

5. 이차함수와 그 그래프
- 이차함수의 뜻
- 이차함수 $y=ax^2$의 그래프
- 이차함수 $y=a(x-p)^2+q$의 그래프

6. 이차함수 $y=ax^2+bx+c$의 그래프
- 이차함수 $y=ax^2+bx+c$의 그래프

배울 거예요

- 평면좌표 [고등]
- 이차방정식과 이차함수 [고등]
- 함수 [고등]
- 유리함수와 무리함수 [고등]

쏘아 올린 폭죽의 높이와 시간 사이의 관계, 스키 점프대에서 도약하는 선수의 높이와 시간 사이의 관계, 풍력 발전기의 회전하는 날개가 생산하는 전기 에너지와 날개의 길이 사이의 관계, 자동차의 속력과 제동 거리 사이의 관계 등과 같이 우리 생활 주변에는 이차함수로 나타낼 수 있는 현상이 많이 있습니다.

이 단원에서는 이차함수의 뜻을 이해하고, 그 그래프를 그리는 방법과 그래프의 성질에 대해 학습합니다.

▶새로 배우는 용어

이차함수, 포물선, 축, 꼭짓점

5. 이차함수와 그 그래프를 시작하기 전에

일차함수의 뜻 중2

1 다음 |보기| 중 일차함수인 것을 모두 고르시오.

| 보기 |

$$ㄱ. \ y=\frac{1}{x} \qquad ㄴ. \ y=2x-3 \qquad ㄷ. \ y=x(x-5) \qquad ㄹ. \ y=-\frac{x}{4}$$

평행이동 중2

2 다음 일차함수의 그래프는 일차함수 $y=2x$의 그래프를 y축의 방향으로 얼마만큼 평행이동한 것인지 말하시오.

(1) $y=2x-1$ \qquad\qquad (2) $y=2x+5$

(1) 이차함수

함수 $y=f(x)$에서 y가 x에 대한 이차식

$$y=ax^2+bx+c\ (a,\ b,\ c\text{는 상수},\ a\neq 0)$$

로 나타날 때, 이 함수를 x에 대한 **이차함수**라 한다.

예 ・ $y=x^2$, $y=-2x^2+1$, $y=3x^2+2x+1$은 이차함수이다.
　・ $y=x+1$, $y=\dfrac{1}{x^2}$은 이차함수가 아니다.

(2) 이차함수의 함숫값

이차함수 $f(x)=ax^2+bx+c\ (a,\ b,\ c\text{는 상수},\ a\neq 0)$에 대하여

함숫값 $f(k)$는 $f(x)=ax^2+bx+c$에 $x=k$를 대입하여 얻은 값이다.

➡ $f(k)=ak^2+bk+c$

예 이차함수 $f(x)=x^2+4x-3$에 대하여 $f(1)$은 $x=1$일 때의 함숫값이므로
　　$f(1)=1^2+4\times 1-3=1+4-3=2$

>> $a\neq 0$이고 $a,\ b,\ c$가 상수일 때
・ ax^2+bx+c ➡ 이차식
・ $ax^2+bx+c=0$ ➡ 이차방정식
・ $y=ax^2+bx+c$ ➡ 이차함수

・개념 확인하기

・정답 및 해설 60쪽

1 다음 중 이차함수인 것은 ○표, 이차함수가 <u>아닌</u> 것은 ×표를 (　　) 안에 쓰시오.

(1) $y=2x-4$　　　　　　(　　) 　(2) $y=2x^2$　　　　　　(　　)

(3) $y=\dfrac{1}{x}$　　　　　　(　　) 　(4) $y=3x(x-2)$　　　(　　)

(5) $y=\dfrac{1}{5}x^2+1$　　　(　　) 　(6) $y=x^3+(x-1)^2$　(　　)

2 다음에서 y를 x에 대한 식으로 나타내고, y가 x에 대한 이차함수인 것을 모두 고르시오.

(1) 한 자루에 1000원인 볼펜 x자루의 가격 y원

(2) 자전거를 타고 시속 $10\,\text{km}$로 x시간 동안 달린 거리 $y\,\text{km}$

(3) 한 변의 길이가 $x\,\text{cm}$인 정사각형의 넓이 $y\,\text{cm}^2$

(4) 연속한 두 자연수 x, $x+1$의 곱 y

3 이차함수 $f(x)=x^2-3x+1$에 대하여 다음을 구하시오.

(1) $f(-1)$　　　　(2) $f(0)$　　　　(3) $f(2)$　　　　(4) $f(1)+f(3)$

· 예제 **1** 이차함수 찾기

다음 |보기| 중 이차함수인 것의 개수를 구하시오.

| 보기 |

ㄱ. $y=2x$ 　　ㄴ. $y=x(4-x)$

ㄷ. $y=(x+3)^2$ 　　ㄹ. $y=5-x$

ㅁ. $y=\dfrac{2}{x^2}$ 　　ㅂ. $y=x^2-x(x+1)$

[해결 포인트]

· 이차함수 ➡ $y=(x$에 대한 이차식)

　➡ $y=ax^2+bx+c$

　　　0이 아닌 상수　상수

· 문장으로 주어지면 주어진 문장을 파악하여 x, y 사이의 관계식을 세운 후 그 식이 $y=(x$에 대한 이차식)의 꼴인지 판단한다.

🖑 **한번 더!**

1-1 다음 중 y가 x에 대한 이차함수인 것을 모두 고르면? (정답 2개)

① $y=x(x+2)-1$ 　　② $y=\dfrac{-x^2+3x}{5}$

③ $y=-4x+5$ 　　④ $y=-2x^3+3x-1$

⑤ $y=2x(x+3)-2x^2-3$

1-2 다음 중 y가 x에 대한 이차함수가 <u>아닌</u> 것을 모두 고르면? (정답 2개)

① 밑변의 길이가 x cm, 높이가 $2x$ cm인 삼각형의 넓이 y cm^2

② 한 변의 길이가 x cm인 정사각형의 둘레의 길이 y cm

③ 한 모서리의 길이가 x cm인 정육면체의 겉넓이 y cm^2

④ 반지름의 길이가 x cm인 원의 둘레의 길이 y cm

⑤ 가로의 길이가 x cm, 세로의 길이가 $(x+2)$ cm인 직사각형의 넓이 y cm^2

· 예제 **2** 이차함수의 함숫값

이차함수 $f(x)=x^2-6x+5$에 대하여 $f(-2)-2f(3)$의 값을 구하시오.

[해결 포인트]

이차함수 $f(x)=ax^2+bx+c$에서 함숫값 $f(p)$

➡ $f(p)=ap^2+bp+c$ ← x 대신 p를 대입한다.

🖑 **한번 더!**

2-1 이차함수 $f(x)=-\dfrac{1}{2}x^2+3$에 대하여 $f(2)-f(-4)$의 값을 구하시오.

2-2 이차함수 $f(x)=ax^2+3x-6$에 대하여 $f(-2)=4$일 때, 상수 a의 값을 구하시오.

이차함수 $y=x^2$의 그래프

(1) 이차함수 $y=x^2$의 그래프

① 원점을 지나고, 아래로 볼록한 곡선이다.

② y축에 대칭이다.

③ $x<0$일 때, x의 값이 증가하면 y의 값은 감소한다.

  $x>0$일 때, x의 값이 증가하면 y의 값도 증가한다.

④ 원점을 제외한 부분은 모두 x축보다 위쪽에 있다.

⑤ 이차함수 $y=-x^2$의 그래프와 x축에 서로 대칭이다.

참고 앞으로 특별한 말이 없으면 이차함수에서 x의 값의 범위는 실수 전체로 생각한다.

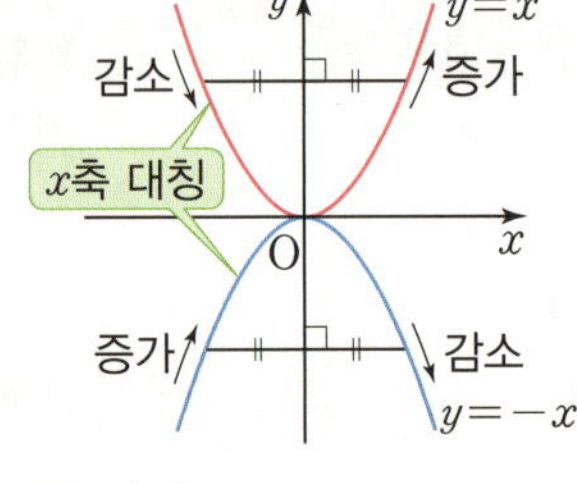

(2) 포물선

두 이차함수 $y=x^2$, $y=-x^2$의 그래프와 같은 모양의 곡선을 **포물선**이라 한다.

① 포물선은 선대칭도형이고, 그 대칭축을 포물선의 **축**이라 한다.

② 포물선과 축의 교점을 포물선의 **꼭짓점**이라 한다.

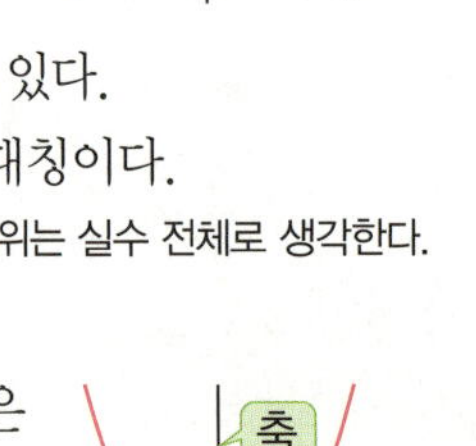

≫ 이차함수 $y=-x^2$의 그래프

① 원점을 지나고, 위로 볼록한 곡선이다.

② y축에 대칭이다.

③ $x<0$일 때, x의 값이 증가하면 y의 값도 증가한다.

  $x>0$일 때, x의 값이 증가하면 y의 값은 감소한다.

④ 원점을 제외한 부분은 모두 x축보다 아래쪽에 있다.

· 개념 확인하기

· 정답 및 해설 61쪽

1 이차함수 $y=x^2$에 대하여 아래 표를 완성하고, x의 값의 범위가 실수 전체일 때 이차함수 $y=x^2$의 그래프를 다음 좌표평면 위에 그리시오.

x	$\cdots$	-3	-2	-1	0	1	2	3	$\cdots$
$y=x^2$	$\cdots$	9							$\cdots$

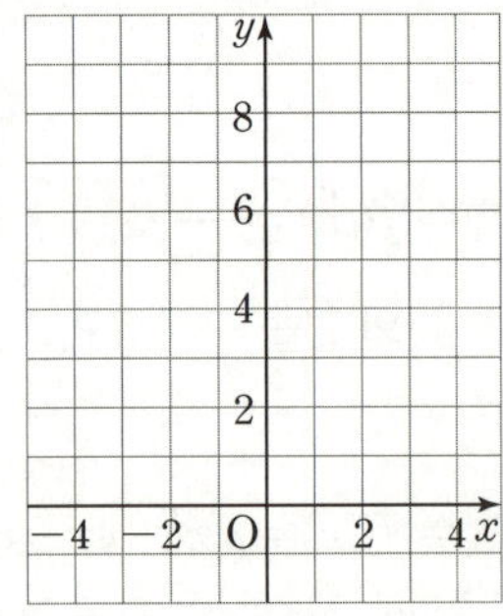

2 이차함수 $y=-x^2$에 대하여 아래 표를 완성하고, x의 값의 범위가 실수 전체일 때 이차함수 $y=-x^2$의 그래프를 다음 좌표평면 위에 그리시오.

x	$\cdots$	-3	-2	-1	0	1	2	3	$\cdots$
$y=-x^2$	$\cdots$	-9							$\cdots$

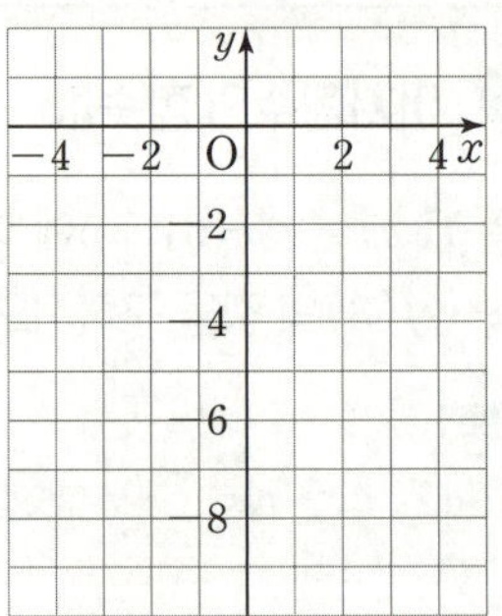

• 예제 **1** 이차함수 $y=x^2$의 그래프의 성질

다음 |보기|에서 이차함수 $y=x^2$의 그래프에 대한 설명으로 옳은 것을 모두 고른 것은?

| 보기 |

ㄱ. 원점을 지난다.
ㄴ. y축에 대칭이다.
ㄷ. 위로 볼록한 곡선이다.
ㄹ. $x<0$일 때, x의 값이 증가하면 y의 값도 증가한다.

① ㄱ, ㄴ　　　② ㄱ, ㄷ　　　③ ㄴ, ㄷ
④ ㄴ, ㄹ　　　⑤ ㄷ, ㄹ

[해결 포인트]
이차함수 $y=x^2$의 그래프는 원점 $(0, 0)$을 지나고, 아래로 볼록한 곡선이다.

🖐 **한번 더!**

1-1 다음 중 이차함수 $y=-x^2$의 그래프에 대한 설명으로 옳지 <u>않은</u> 것을 모두 고르면? (정답 2개)

① 점 $(0, -1)$을 지나며 아래로 볼록한 포물선이다.
② $x>0$일 때, x의 값이 증가하면 y의 값은 감소한다.
③ $x=2$일 때, $y=-4$이다.
④ 제3, 4사분면을 지난다.
⑤ 이차함수 $y=x^2$의 그래프와 y축에 서로 대칭이다.

• 예제 **2** 이차함수 $y=x^2$의 그래프 위의 점

다음 중 이차함수 $y=x^2$의 그래프 위의 점이 <u>아닌</u> 것은?

① $(-2, 4)$　　② $\left(-\dfrac{3}{2}, \dfrac{9}{4}\right)$　　③ $(1, -1)$

④ $\left(\dfrac{1}{2}, \dfrac{1}{4}\right)$　　⑤ $(3, 9)$

[해결 포인트]
점 (p, q)가 $y=x^2$의 그래프 위에 있다.
➡ $y=x^2$에 $x=p$, $y=q$를 대입하면 등식이 성립한다.

🖐 **한번 더!**

2-1 다음 중 이차함수 $y=-x^2$의 그래프 위의 점인 것은?

① $(4, -8)$　　② $(-2, 4)$　　③ $(-1, 1)$

④ $\left(\dfrac{1}{2}, 2\right)$　　⑤ $\left(-\dfrac{2}{3}, -\dfrac{4}{9}\right)$

2-2 이차함수 $y=x^2$의 그래프가 두 점 $(2, a)$, $(b, 9)$를 지날 때, $a+b$의 값을 구하시오. (단, $b>0$)

이차함수 $y=ax^2$의 그래프

이차함수 $y=ax^2$의 그래프의 성질은 다음과 같다.

(1) 원점을 꼭짓점으로 하는 포물선이다.

　➡ 꼭짓점의 좌표: $(0, 0)$

(2) y축에 대칭이다.

　➡ 축의 방정식: $x=0$ (y축)

(3) $a>0$이면 아래로 볼록하고,

　$a<0$이면 위로 볼록하다.

(4) a의 절댓값이 클수록 그래프의 폭이 좁아진다. → 폭이 좁아질수록 그래프는 y축에 가까워진다.

(5) 이차함수 $y=-ax^2$의 그래프와 x축에 서로 대칭이다.

참고 　이차함수 $y=ax^2$에서 a의 부호는 그래프의 모양(볼록한 방향)을 결정하고, a의 절댓값은 그래프의 폭을 결정한다.

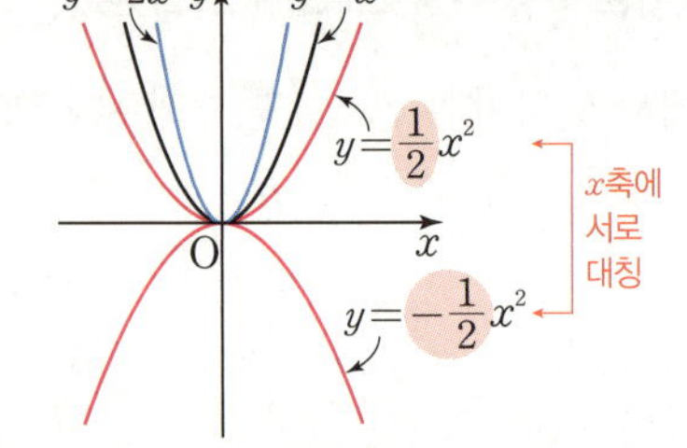

·개념 확인하기

·정답 및 해설 61쪽

1 세 이차함수 $y=x^2,\ y=2x^2,\ y=\dfrac{1}{2}x^2$에 대하여 다음 물음에 답하시오.

(1) 다음 표를 완성하고, x의 값의 범위가 실수 전체일 때 세 이차함수 $y=x^2,\ y=2x^2,\ y=\dfrac{1}{2}x^2$의 그래프를 오른쪽 좌표평면 위에 각각 그리시오.

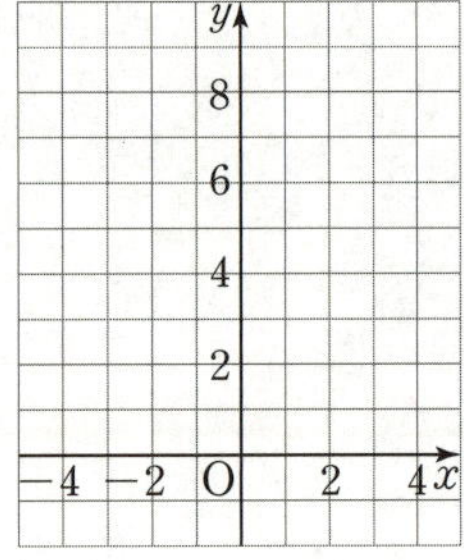

x	$\cdots$	-2	-1	0	1	2	$\cdots$
$y=x^2$	$\cdots$	4					$\cdots$
$y=2x^2$	$\cdots$	8					$\cdots$
$y=\dfrac{1}{2}x^2$	$\cdots$	2					$\cdots$

(2) 세 이차함수 $y=x^2,\ y=2x^2,\ y=\dfrac{1}{2}x^2$의 그래프의 꼭짓점의 좌표를 차례로 구하시오.

(3) 세 이차함수 $y=x^2,\ y=2x^2,\ y=\dfrac{1}{2}x^2$의 그래프의 축의 방정식을 차례로 구하시오.

(4) 세 이차함수 $y=x^2,\ y=2x^2,\ y=\dfrac{1}{2}x^2$에 대하여 그 그래프의 폭이 좁은 것부터 차례로 나열하시오.

(5) 세 이차함수 $y=x^2,\ y=2x^2,\ y=\dfrac{1}{2}x^2$의 그래프와 각각 x축에 서로 대칭인 그래프를 나타내는 이차함수의 식을 차례로 구하시오.

대표 예제로 **개념 익히기**

· 예제 **1**　이차함수 $y=ax^2$의 그래프의 성질

다음 중 이차함수 $y=-\dfrac{2}{3}x^2$의 그래프에 대한 설명으로 옳은 것을 모두 고르면? (정답 2개)

① 위로 볼록한 포물선이다.

② 직선 $y=0$을 축으로 한다.

③ 점 $(-3, 6)$을 지난다.

④ 이차함수 $y=\dfrac{3}{2}x^2$의 그래프와 x축에 서로 대칭이다.

⑤ $x<0$일 때, x의 값이 증가하면 y의 값도 증가한다.

[해결 포인트]

이차함수 $y=ax^2$의 그래프의 성질은 a의 부호에 따라 그래프의 모양이 아래로 볼록인지 위로 볼록인지 판단하여 그래프를 먼저 그려 본 후 생각한다.

✋ **한번 더!**

1-1 다음 중 이차함수 $y=\dfrac{1}{5}x^2$의 그래프에 대한 설명으로 옳은 것은?

① 꼭짓점의 좌표는 $\left(\dfrac{1}{5},\ 0\right)$이다.

② 직선 $x=0$을 축으로 한다.

③ 위로 볼록한 포물선이다.

④ $x>0$일 때, x의 값이 증가하면 y의 값은 감소한다.

⑤ 이차함수 $y=5x^2$의 그래프와 x축에 서로 대칭이다.

Ⅲ · 5

· 예제 **2**　이차함수 $y=ax^2$의 그래프에서 a의 의미

다음 |보기|의 이차함수의 그래프 중 그래프의 폭이 가장 넓은 것과 가장 좁은 것을 차례로 나열하면?

> | 보기 |
>
> ㄱ. $y=-\dfrac{1}{3}x^2$　　　ㄴ. $x=\dfrac{1}{5}x^2$
>
> ㄷ. $y=-5x^2$　　　ㄹ. $y=3x^2$

① ㄱ, ㄹ　　② ㄴ, ㄱ　　③ ㄴ, ㄷ

④ ㄷ, ㄴ　　⑤ ㄷ, ㄹ

[해결 포인트]

이차함수 $y=ax^2$에서 a의 절댓값이 클수록 그래프의 폭이 좁아진다.

✋ **한번 더!**

2-1 다음 이차함수의 그래프 중에서 위로 볼록하면서 폭이 가장 넓은 것은?

① $x=-\dfrac{1}{3}x^2$　　② $y=\dfrac{1}{2}x^2$　　③ $y=-4x^2$

④ $y=3x^2$　　⑤ $y=-x^2$

2-2 이차함수 $y=ax^2$의 그래프는 이차함수 $y=\dfrac{7}{4}x^2$의 그래프보다 폭이 좁고, 이차함수 $y=-4x^2$의 그래프보다 폭이 넓다고 할 때, 다음 중 상수 a의 값이 될 수 <u>없는</u> 것은?

① $-\dfrac{16}{5}$　　② $-\dfrac{5}{2}$　　③ 2

④ $\dfrac{15}{7}$　　⑤ $\dfrac{14}{3}$

• 정답 및 해설 62쪽

• **예제 3**   이차함수 $y=ax^2$의 그래프 위의 점

다음 중 이차함수 $y=2x^2$의 그래프 위의 점이 <u>아닌</u> 것은?

① $(0, 0)$ ② $(1, 2)$ ③ $(-2, 4)$

④ $\left(\dfrac{1}{2}, \dfrac{1}{2}\right)$ ⑤ $\left(-\dfrac{1}{3}, \dfrac{2}{9}\right)$

[해결 포인트]

점 (p, q)가 이차함수의 그래프 위에 있다.

➡ 이차함수의 식에 $x=p$, $y=q$를 대입하면 등식이 성립한다.

한번 더!

3-1 다음 중 이차함수 $y=-3x^2$의 그래프 위의 점이 <u>아닌</u> 것은?

① $(-1, -3)$ ② $(-2, -12)$ ③ $\left(-\dfrac{1}{3}, -\dfrac{1}{3}\right)$

④ $(2, 12)$ ⑤ $\left(-\dfrac{2}{3}, -\dfrac{4}{3}\right)$

3-2 이차함수 $y=\dfrac{5}{4}x^2$의 그래프와 x축에 서로 대칭인 그래프가 점 $(a, -20)$을 지날 때, 양수 a의 값을 구하시오.

• **예제 4**   이차함수 $y=ax^2$의 식 구하기

오른쪽 그림과 같이 원점을 꼭짓점으로 하고 점 $(4, 8)$을 지나는 포물선을 그래프로 하는 이차함수의 식을 구하시오.

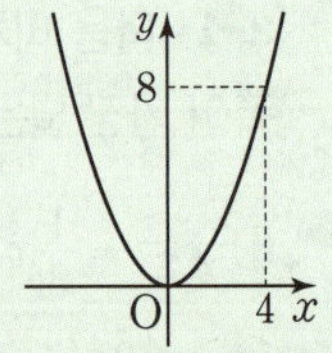

[해결 포인트]

원점을 꼭짓점으로 하고 y축을 축으로 하는 포물선의 식은 다음과 같은 순서로 구한다.

❶ 구하는 이차함수의 식을 $y=ax^2$으로 놓는다.

❷ ❶의 식에 그래프가 지나는 점의 좌표를 대입하여 a의 값을 구한다.

한번 더!

4-1 오른쪽 그림과 같이 원점을 꼭짓점으로 하고 점 $(2, -6)$을 지나는 포물선을 그래프로 하는 이차함수의 식을 구하시오.

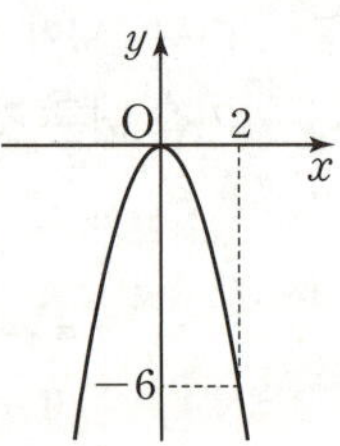

4-2 원점을 꼭짓점으로 하는 포물선이 두 점 $(-2, 8)$, $(k, 14)$를 지날 때, 양수 k의 값을 구하시오.

이차함수 $y=ax^2+q$의 그래프

이차함수 $y=ax^2+q$의 그래프는 이차함수 $y=ax^2$의 그래프를
==y축의 방향으로 q만큼 평행이동==한 것이다.

$$y=ax^2 \xrightarrow[\;q\text{만큼 평행이동}\;]{\;y\text{축의 방향으로}\;} y=ax^2+q$$

(1) 축의 방정식: $x=0\,(y$축$)$

(2) 꼭짓점의 좌표: $(0,\ q)$

참고 이차함수의 그래프를 평행이동하면 그래프의 모양과 폭은 변하지 않고 위치만 변한다.
　　 따라서 그래프의 모양과 폭을 결정하는 x^2의 계수는 변하지 않는다.

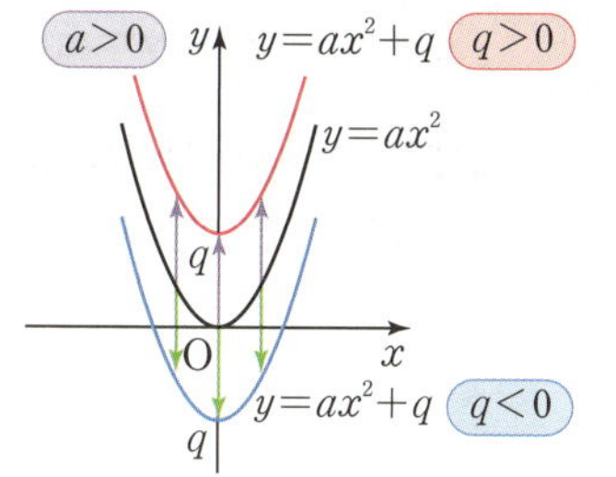

·개념 확인하기

·정답 및 해설 63쪽

1 두 이차함수 $y=x^2$, $y=x^2+3$에 대하여 다음 물음에 답하시오.

(1) 다음 표를 완성하고, x의 값의 범위가 실수 전체일 때 두 이차함수 $y=x^2$, $y=x^2+3$의 그래프를 오른쪽 좌표평면 위에 각각 그리시오.

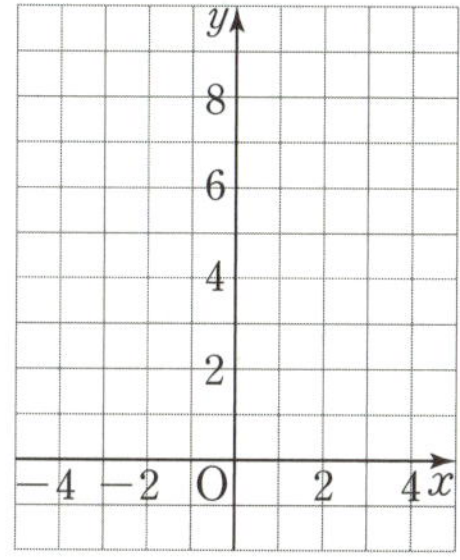

x	$\cdots$	-2	-1	0	1	2	$\cdots$
$y=x^2$	$\cdots$	4					$\cdots$
$y=x^2+3$	$\cdots$	7					$\cdots$

(2) '이차함수 $y=x^2+3$의 그래프는 이차함수 $y=x^2$의 그래프를 □축의 방향으로 □만큼 평행이동한 것이다.'에서 □ 안에 알맞은 것을 쓰시오.

(3) 두 이차함수 $y=x^2$, $y=x^2+3$의 그래프에 대하여 다음 표를 완성하시오.

이차함수	꼭짓점의 좌표	축의 방정식
$y=x^2$		
$y=x^2+3$		

2 다음 이차함수의 그래프를 y축의 방향으로 [　] 안의 수만큼 평행이동한 그래프를 나타내는 이차함수의 식을 구하고, 그 그래프의 축의 방정식과 꼭짓점의 좌표를 각각 구하시오.

(1) $y=2x^2$　$[-5]$

(2) $y=-x^2$　$[4]$

(3) $y=-3x^2$　$[2]$

(4) $y=\dfrac{2}{3}x^2$　$[-1]$

• 예제 **1** 이차함수 $y=ax^2+q$의 그래프의 성질

이차함수 $y=5x^2-1$의 그래프에 대한 설명으로 옳지 <u>않은</u> 것을 모두 고르면? (정답 2개)

① 점 $(1, -4)$를 지난다.
② 축의 방정식은 $x=0$이다.
③ 꼭짓점의 좌표는 $(0, -1)$이다.
④ 아래로 볼록하다.
⑤ 제1, 2사분면을 지나지 않는다.

[해결 포인트]

이차함수 $y=ax^2+q$의 그래프는 $y=ax^2$의 그래프를 y축의 방향으로 q만큼 평행이동한 것이다.
➡ 꼭짓점의 좌표: $(0, q)$
   축의 방정식: $x=0$

🖑 **한번 더!**

1-1 이차함수 $y=4x^2$의 그래프를 y축의 방향으로 -6만큼 평행이동한 그래프의 꼭짓점의 좌표는 (p, q), 축의 방정식은 $x=r$일 때, $p+q+r$의 값을 구하시오.

1-2 다음 중 이차함수 $y=2x^2-1$의 그래프로 알맞은 것은?

① 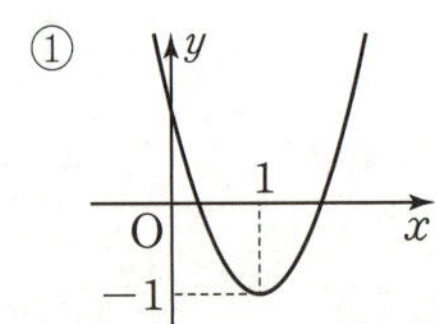 ② 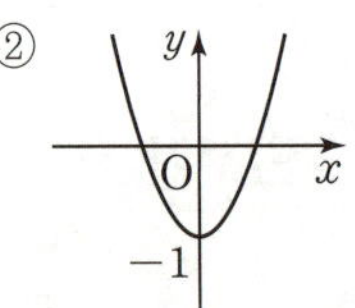

③ 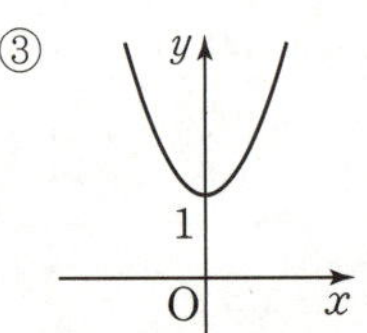 ④ 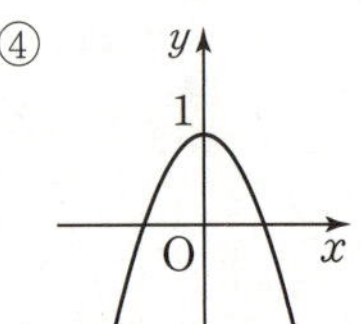

⑤ 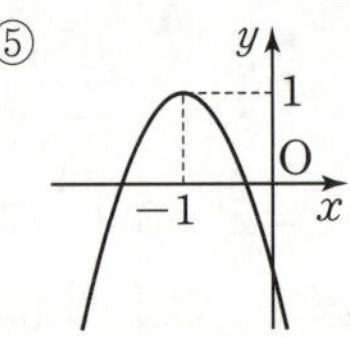

• 예제 **2** 이차함수 $y=ax^2+q$의 그래프 위의 점

오른쪽 그림은 이차함수 $y=-\dfrac{2}{5}x^2$의 그래프를 y축의 방향으로 평행이동한 것이다. 이 그래프가 점 $(10, k)$를 지날 때, k의 값을 구하시오.

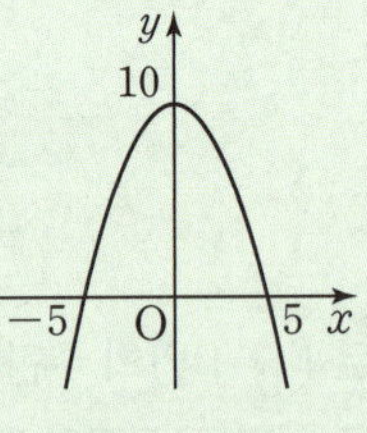

[해결 포인트]

평행이동한 그래프의 식을 구하고, 그래프의 식에 지나는 점의 x좌표, y좌표를 각각 대입하면 등식이 성립한다.

🖑 **한번 더!**

2-1 이차함수 $y=-2x^2$의 그래프를 y축의 방향으로 4만큼 평행이동하면 점 $(-1, a)$를 지날 때, a의 값을 구하시오.

2-2 이차함수 $y=\dfrac{1}{2}x^2$의 그래프를 y축의 방향으로 q만큼 평행이동하면 점 $(2, 1)$을 지날 때, q의 값을 구하시오.

이차함수 $y=a(x-p)^2$의 그래프

이차함수 $y=a(x-p)^2$의 그래프는 이차함수 $y=ax^2$의 그래프를
x축의 방향으로 p만큼 평행이동한 것이다.

$$y=ax^2 \xrightarrow[\text{p만큼 평행이동}]{\text{x축의 방향으로}} y=a(x-p)^2$$

(1) 축의 방정식: $x=p$

(2) 꼭짓점의 좌표: $(p,\ 0)$

참고 이차함수 $y=a(x-p)^2$의 그래프의 축의 방정식은 $x=p$이므로 이 그래프가
증가, 감소하는 범위는 축 $x=p$를 기준으로 생각한다.

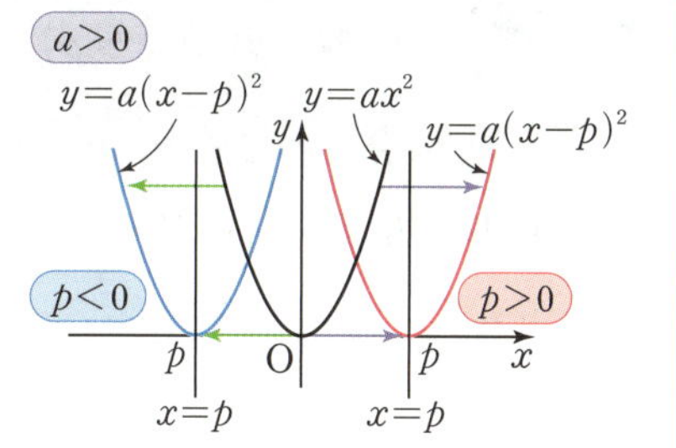

• 개념 확인하기

• 정답 및 해설 64쪽

1 두 이차함수 $y=x^2$, $y=(x-1)^2$에 대하여 다음 물음에 답하시오.

(1) 다음 표를 완성하고, x의 값의 범위가 실수 전체일 때 두 이차함수
$y=x^2$, $y=(x-1)^2$의 그래프를 오른쪽 좌표평면 위에 각각 그리
시오.

x	$\cdots$	-2	-1	0	1	2	$\cdots$
$y=x^2$	$\cdots$	4					$\cdots$
$y=(x-1)^2$	$\cdots$	9					$\cdots$

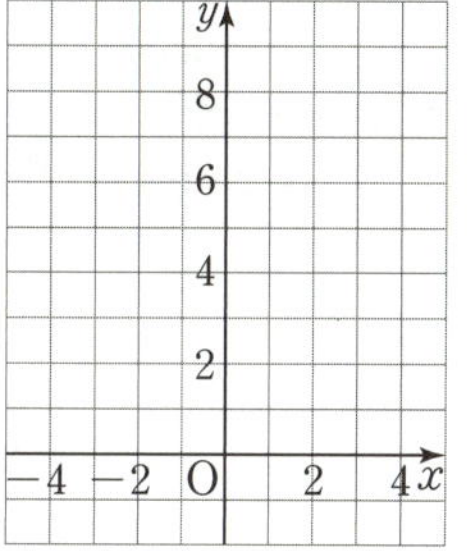

(2) '이차함수 $y=(x-1)^2$의 그래프는 이차함수 $y=x^2$의 그래프를 $\square$축의 방향으로 $\square$만큼 평행
이동한 것이다.'에서 $\square$ 안에 알맞은 것을 쓰시오.

(3) 두 이차함수 $y=x^2$, $y=(x-1)^2$의 그래프에 대하여 다음 표를 완성하시오.

이차함수	꼭짓점의 좌표	축의 방정식
$y=x^2$		
$y=(x-1)^2$		

2 다음 이차함수의 그래프를 x축의 방향으로 $[\quad]$ 안의 수만큼 평행이동한 그래프를 나타내는 이차
함수의 식을 구하고, 그 그래프의 축의 방정식과 꼭짓점의 좌표를 각각 구하시오.

(1) $y=3x^2$ $[-1]$

(2) $y=-x^2$ $[3]$

(3) $y=-5x^2$ $[2]$

(4) $y=-\dfrac{3}{2}x^2$ $[-2]$

•정답 및 해설 64쪽

• 예제 1   이차함수 $y=a(x-p)^2$의 그래프의 성질

다음 |보기| 중 이차함수 $y=\dfrac{1}{5}(x-2)^2$의 그래프에 대한 설명으로 옳은 것을 모두 고르시오.

| 보기 |

ㄱ. y축을 축으로 한다.

ㄴ. 점 $(-2, 0)$을 꼭짓점으로 한다.

ㄷ. 점 $(-3, 5)$를 지난다.

ㄹ. 이차함수 $y=\dfrac{1}{5}x^2$의 그래프를 x축의 방향으로 2만큼 평행이동한 것이다.

[해결 포인트]

이차함수 $y=a(x-p)^2$의 그래프는 $y=ax^2$의 그래프를 x축의 방향으로 p만큼 평행이동한 것이다.

➡ 꼭짓점의 좌표: $(p, 0)$
축의 방정식: $x=p$

👆 **한번 더!**

1-1 다음 대화를 보고 이차함수 $y=-3(x+1)^2$의 그래프에 대하여 바르게 말한 사람을 모두 고르시오.

> 은아: 꼭짓점이 x축 위에 있어.
> 수지: 축의 방정식은 $x=-3$이야.
> 선주: 점 $(2, -3)$을 지나는 포물선이야.
> 성원: 이차함수 $y=3x^2$의 그래프와 폭이 같아.

1-2 이차함수 $y=2(x+1)^2$의 그래프에서 x의 값이 증가할 때, y의 값도 증가하는 x의 값의 범위는?

① $x>-1$ 　② $x<-1$ 　③ $x>0$
④ $x>1$ 　⑤ $x<1$

• 예제 2   이차함수 $y=a(x-p)^2$의 그래프 위의 점

이차함수 $y=-3x^2$의 그래프를 x축의 방향으로 -2만큼 평행이동하면 점 $(k, -3)$을 지난다. 이때 k의 값을 모두 구하시오.

[해결 포인트]

평행이동한 그래프의 식을 구하고, 그래프의 식에 지나는 점의 x좌표, y좌표를 각각 대입하면 등식이 성립한다.

👆 **한번 더!**

2-1 이차함수 $y=ax^2$의 그래프를 x축의 방향으로 -3만큼 평행이동하면 점 $(5, -32)$를 지날 때, 상수 a의 값을 구하시오.

2-2 이차함수 $y=-2x^2$의 그래프를 x축의 방향으로 m만큼 평행이동하면 점 $(3, -8)$을 지날 때, m의 값을 모두 고르면? (정답 2개)

① 1 　② 2 　③ 3
④ 4 　⑤ 5

이차함수 $y=a(x-p)^2+q$의 그래프 (1)

이차함수 $y=a(x-p)^2+q$의 그래프는 이차함수 $y=ax^2$의 그래프를 **x축의 방향으로 p만큼, y축의 방향으로 q만큼 평행이동**한 것이다.

$$y=ax^2 \xrightarrow[\substack{y축의 \ 방향으로 \ q만큼 \\ 평행이동}]{x축의 \ 방향으로 \ p만큼} y=a(x-p)^2+q$$

(1) 축의 방정식: $x=p$

(2) 꼭짓점의 좌표: $(p,\ q)$

참고 $y=a(x-p)^2+q$의 꼴을 이차함수의 표준형이라 한다.

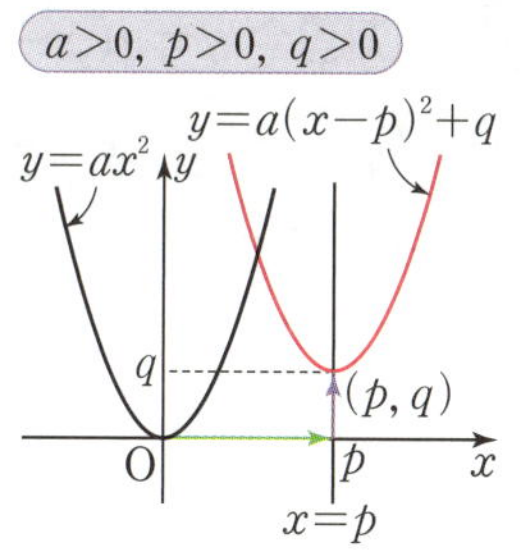

· 개념 확인하기

· 정답 및 해설 65쪽

1 다음 ☐ 안에 알맞은 수를 쓰시오.

(1) 이차함수 $y=3(x-1)^2+4$의 그래프는 이차함수 $y=3x^2$의 그래프를 x축의 방향으로 ☐만큼, y축의 방향으로 ☐만큼 평행이동한 것이다.

(2) 이차함수 $y=-2(x+5)^2-3$의 그래프는 이차함수 $y=-2x^2$의 그래프를 x축의 방향으로 ☐만큼, y축의 방향으로 ☐만큼 평행이동한 것이다.

(3) 이차함수 $y=\dfrac{1}{5}(x-1)^2-\dfrac{2}{3}$의 그래프는 이차함수 $y=\dfrac{1}{5}x^2$의 그래프를 x축의 방향으로 ☐만큼, y축의 방향으로 ☐만큼 평행이동한 것이다.

2 다음 이차함수의 그래프의 축의 방정식과 꼭짓점의 좌표를 각각 구하시오.

(1) $y=4(x-2)^2+7$

(2) $y=2(x+1)^2+3$

(3) $y=3(x-5)^2-2$

(4) $y=-6\left(x+\dfrac{1}{2}\right)^2-4$

(5) $y=\dfrac{3}{2}(x-4)^2-\dfrac{5}{6}$

(6) $y=-\dfrac{1}{4}\left(x+\dfrac{1}{3}\right)^2+5$

・예제 1 이차함수 $y=a(x-p)^2+q$의 그래프

이차함수 $y=2x^2$의 그래프를 x축의 방향으로 p만큼, y축의 방향으로 q만큼 평행이동하였더니 $y=2(x+4)^2-5$의 그래프와 일치하였다. 이때 $p+q$의 값을 구하시오.

[해결 포인트]

$$y=ax^2 \xrightarrow[\text{평행이동}]{x\text{축}:\,p,\;y\text{축}:\,q} y=a(x-p)^2+q$$

이때 이차항의 계수 a는 변하지 않는다.

🖐 **한번 더!**

1-1 이차함수 $y=-\dfrac{1}{4}x^2$의 그래프를 x축의 방향으로 3만큼, y축의 방향으로 -2만큼 평행이동하면 점 $(5, k)$를 지날 때, k의 값을 구하시오.

1-2 다음 중 이차함수 $y=-\dfrac{1}{2}(x+2)^2+3$의 그래프로 알맞은 것은?

① 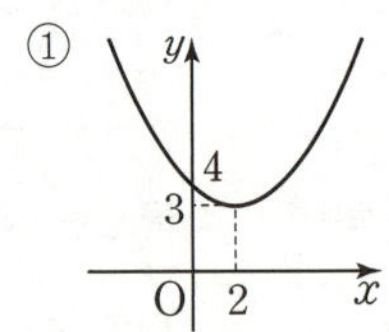 ② 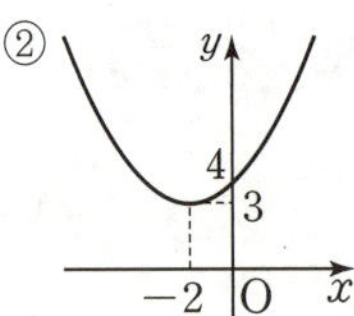

③ 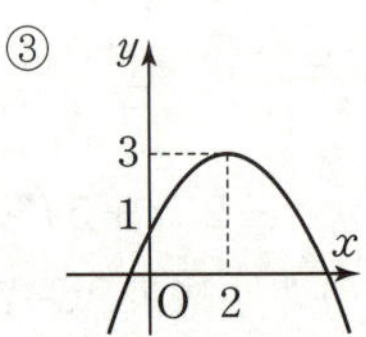 ④ 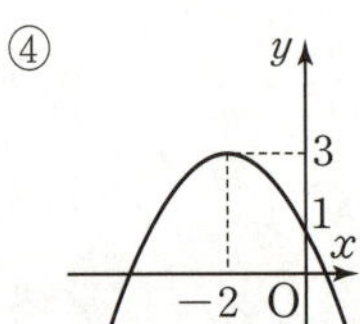

⑤ 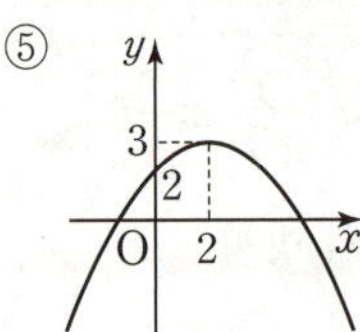

・예제 2 이차함수 $y=a(x-p)^2+q$의 그래프의 성질

다음은 이차함수 $y=\dfrac{2}{3}(x+3)^2-1$의 그래프에 대한 네 학생의 설명이다. 잘못 설명한 학생을 찾으시오.

> 소윤: 축의 방정식은 $x=-3$이야.
> 지호: 꼭짓점의 좌표는 $(-3, -1)$이야.
> 서준: 이차함수 $y=\dfrac{2}{3}x^2$의 그래프와 폭이 같아.
> 은정: 제3사분면을 지나지 않아.

[해결 포인트]

이차함수 $y=a(x-p)^2+q$의 그래프에서
➡ 꼭짓점의 좌표: (p, q)
　축의 방정식: $x=p$

🖐 **한번 더!**

2-1 다음 중 이차함수 $y=-2x^2$의 그래프를 x축의 방향으로 -5만큼, y축의 방향으로 2만큼 평행이동한 그래프에 대한 설명으로 옳은 것을 모두 고르면? (정답 2개)

① 제1, 2, 3사분면을 지난다.
② 모든 실수 x에 대하여 $y \geq 2$이다.
③ 축의 방정식은 $x=-5$이다.
④ 이차함수의 식은 $y=-2(x-5)^2+2$이다.
⑤ $x<-5$일 때, x의 값이 증가하면 y의 값도 증가한다.

이차함수 $y=a(x-p)^2+q$의 그래프 (2)

(1) 이차함수의 식 구하기

① 꼭짓점의 좌표 (p, q)와 그래프 위의 다른 한 점의 좌표가 주어지는 경우
이차함수의 식을 $y=a(x-p)^2+q$로 놓고, 다른 한 점의 좌표를 대입하여 a의 값을 구한다.

② 축의 방정식 $x=p$와 그래프 위의 두 점의 좌표가 주어지는 경우
이차함수의 식을 $y=a(x-p)^2+q$로 놓고, 두 점의 좌표를 각각 대입하여 a와 q의 값을 구한다.

(2) 이차함수 $y=a(x-p)^2+q$의 그래프에서 a, p, q의 부호

① a의 부호: 그래프의 모양에 따라 결정된다.

- 아래로 볼록하면 ➡ $a>0$ • 위로 볼록하면 ➡ $a<0$

② p, q의 부호: 꼭짓점이 위치하는 사분면에 따라 결정된다.

- 꼭짓점이 제1사분면 위에 있으면 ➡ $p>0$, $q>0$
- 꼭짓점이 제2사분면 위에 있으면 ➡ $p<0$, $q>0$
- 꼭짓점이 제3사분면 위에 있으면 ➡ $p<0$, $q<0$
- 꼭짓점이 제4사분면 위에 있으면 ➡ $p>0$, $q<0$

>> **꼭짓점의 좌표에 따른 이차함수의 식**
꼭짓점의 좌표가 주어진 경우, 다음 표와 같이 이차함수의 식을 놓을 수 있다.

꼭짓점	이차함수의 식
$(0, 0)$	$y=ax^2$
$(0, q)$	$y=ax^2+q$
$(p, 0)$	$y=a(x-p)^2$
(p, q)	$y=a(x-p)^2+q$

>>
제2사분면 $(-, +)$ / 제1사분면 $(+, +)$ / 제3사분면 $(-, -)$ / 제4사분면 $(+, -)$

• 개념 확인하기

• 정답 및 해설 66쪽

1 다음은 꼭짓점의 좌표가 $(1, 3)$이고, 점 $(2, 5)$를 지나는 포물선을 그래프로 하는 이차함수의 식을 구하는 과정이다. ☐ 안에 알맞은 수를 쓰고, 이차함수의 식을 구하시오.

❶ 꼭짓점의 좌표가 $(1, 3)$이므로 이차함수의 식을 $y=a(x-☐)^2+☐$으로 놓자.

❷ 이 그래프가 점 $(2, 5)$를 지나므로
❶의 식에 $x=☐$, $y=☐$를 대입하면 $a=☐$
따라서 구하는 이차함수의 식은 $y=\boxed{}$이다.

2 이차함수 $y=a(x-p)^2+q$의 그래프가 다음 그림과 같을 때 ◯ 안에 $>$, $<$ 중 알맞은 것을 쓰고, 표를 완성하시오. (단, a, p, q는 상수)

	$y=a(x-p)^2+q$의 그래프	a의 부호	p, q의 부호
(1)		그래프가 아래로 볼록 ⇨ $a ◯ 0$	꼭짓점이 제4사분면 위에 있으면 $(+, -)$ ⇨ $p ◯ 0$, $q ◯ 0$
(2)			

• 예제 **1** 이차함수의 식 구하기

이차함수 $y=a(x-p)^2+q$의 그래프의 꼭짓점의 좌표가 $(3, -2)$이고 점 $(4, 2)$를 지날 때, 상수 a, p, q의 값을 각각 구하시오.

[해결 포인트]

이차함수의 그래프에서
• 꼭짓점의 좌표가 (p, q)이면 이차함수의 식을
  $y=a(x-p)^2+q$로 놓고, a의 값을 구한다.
• 축의 방정식이 $x=p$이면 이차함수의 식을
  $y=a(x-p)^2+q$로 놓고, a, q의 값을 구한다.

🖐 **한번 더!**

1-1 꼭짓점의 좌표가 $(-2, 7)$이고, 점 $(1, -2)$를 지나는 포물선을 그래프로 하는 이차함수의 식을 구하시오.

1-2 이차함수 $y=a(x-p)^2+q$의 그래프가 오른쪽 그림과 같이 직선 $x=4$를 축으로 할 때, 상수 a, p, q에 대하여 apq의 값을 구하시오.

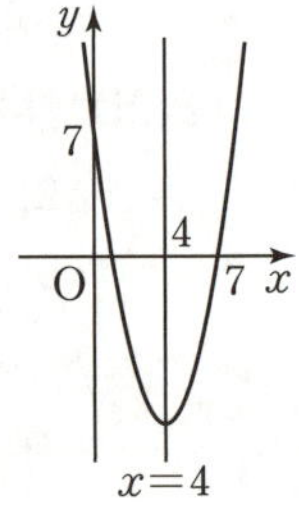

• 예제 **2** $y=a(x-p)^2+q$의 그래프에서 a, p, q의 부호

이차함수 $y=a(x-p)^2+q$의 그래프가 다음 그림과 같을 때, 상수 a, p, q의 부호를 각각 정하시오.

(1) 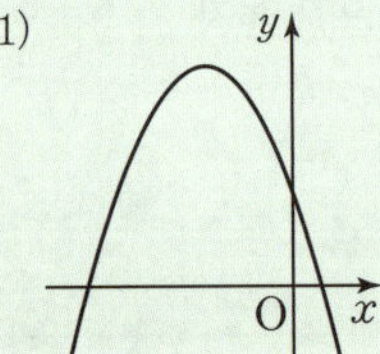 (2) 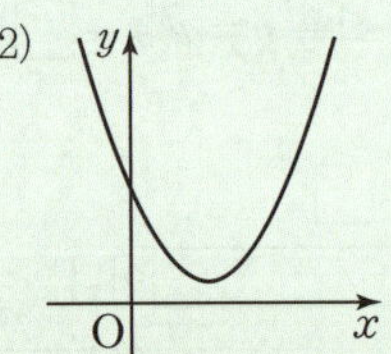

[해결 포인트]

$y=a(x-p)^2+q$에서 a, p, q의 부호
① 그래프의 모양 ➡ a의 부호를 알 수 있다.
② 꼭짓점의 위치 ➡ p, q의 부호를 알 수 있다.

🖐 **한번 더!**

2-1 $a<0$, $p<0$, $q<0$일 때, 다음 중 이차함수 $y=a(x-p)^2+q$의 그래프로 적당한 것은?

① 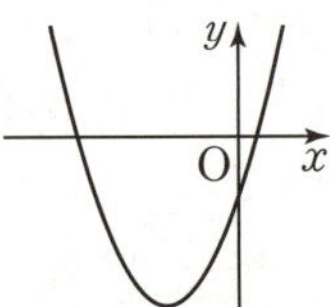 ② 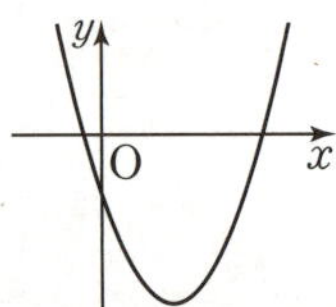

③ 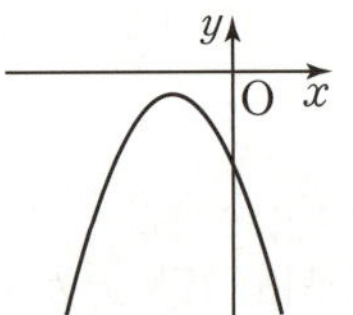 ④ 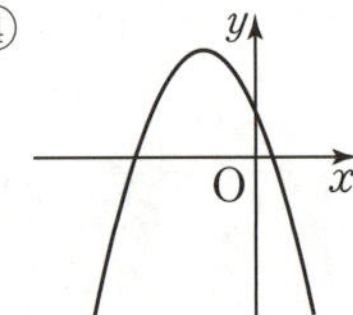

⑤ 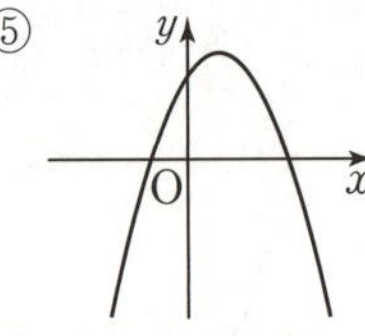

1

다음 중 이차함수인 것은?

① $y = \dfrac{5}{x}$ 　　② $y = 3x - 2$

③ $y = 2(x-1)^2 - 2x^2$ 　④ $y = 4x^3 - (2x+1)^2$

⑤ $y = x^2 + (1-x)^2$

2

$y = (2k+1)x^2 + x - 3$이 이차함수일 때, 다음 중 상수 k의 값이 될 수 <u>없는</u> 것은?

① -2 　② -1 　③ $-\dfrac{1}{2}$

④ 0 　　⑤ $\dfrac{1}{2}$

3 중요

이차함수 $f(x) = x^2 + ax + 2a$에 대하여 $f(-1) = 2$일 때, $f(1)$의 값을 구하시오. (단, a는 상수)

4

다음 중 두 이차함수 $y = x^2$, $y = -x^2$의 그래프에 대한 설명으로 옳지 <u>않은</u> 것을 모두 고르면? (정답 2개)

① 두 이차함수의 그래프는 모두 원점을 지난다.
② 두 이차함수의 그래프는 x축에 서로 대칭이다.
③ 이차함수 $y = x^2$의 그래프는 위로 볼록한 포물선이다.
④ 이차함수 $y = x^2$의 그래프는 $x < 0$일 때, x의 값이 증가하면 y의 값도 증가한다.
⑤ 이차함수 $y = -x^2$의 그래프는 y축에 대칭이다.

5

이차함수 $y = ax^2$의 그래프가 오른쪽 그림의 색칠한 부분을 지난다고 할 때, 다음 중 상수 a의 값이 될 수 <u>없는</u> 것은?

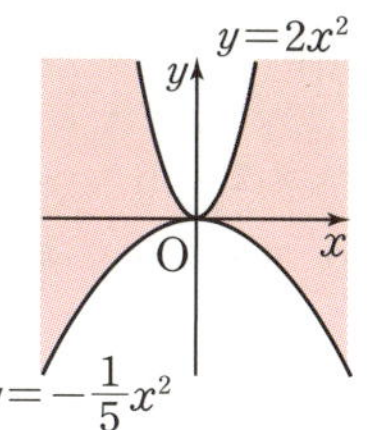

① $-\dfrac{5}{2}$ 　② $-\dfrac{1}{7}$

③ $\dfrac{1}{3}$ 　　④ $\dfrac{1}{2}$

⑤ $\dfrac{3}{2}$

6 중요

이차함수 $y = ax^2$의 그래프가 두 점 $(-2, 2)$, $(6, b)$를 지날 때, ab의 값을 구하시오. (단, a는 상수)

7

오른쪽 그림과 같이 직선 $y = 9$가 이차함수 $y = ax^2$의 그래프와 만나는 점을 각각 A, E, 이차함수 $y = x^2$의 그래프와 만나는 점을 각각 B, D, y축과 만나는 점을 C라 하자. $\overline{AB} = \overline{BC} = \overline{CD} = \overline{DE}$일 때, 상수 a의 값을 구하시오.

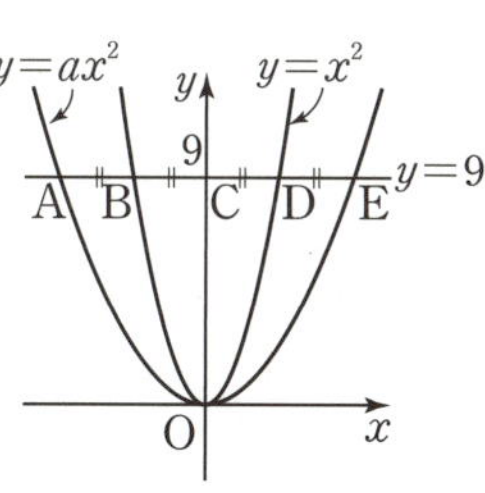

8 창의력 UP ●●●

다음과 같은 순서로 종이접기를 하여 곡선을 만들려고 한다.

❶ 직사각형 모양의 종이 한가운데에 점을 찍는다.

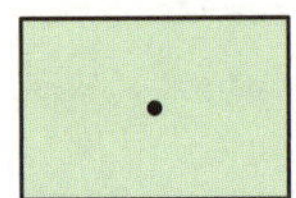

❷ 가로선이 점과 만나도록 종이를 접었다가 편다.

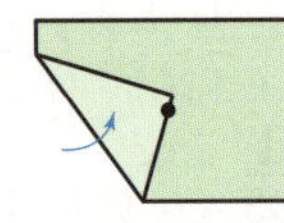

❸ 일정한 간격을 두고 ❷의 과정을 반복한다.

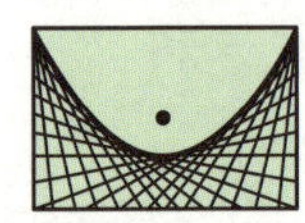

❸의 과정에서 생긴 접은 선들의 바깥 테두리를 좌표평면 위에 나타내었더니 원점을 꼭짓점으로 하는 포물선이 되었다. 이 포물선이 점 $(-3, 3)$을 지난다고 할 때, 포물선의 식을 구하시오.

9 중요 ●●○

일차함수 $y=ax+b$의 그래프가 오른쪽 그림과 같을 때, 다음 중 이차함수 $y=ax^2-b$의 그래프로 알맞은 것은? (단, a, b는 상수)

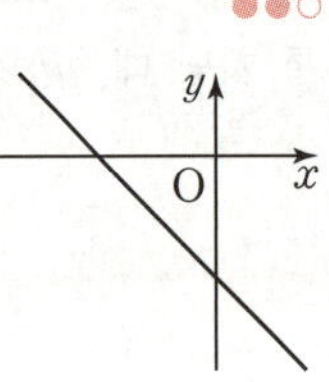

① 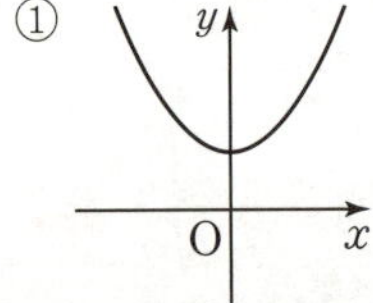
② 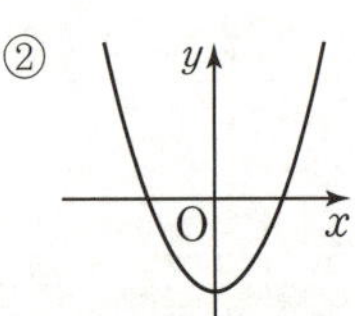

③ 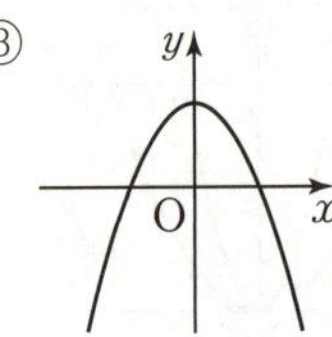
④ 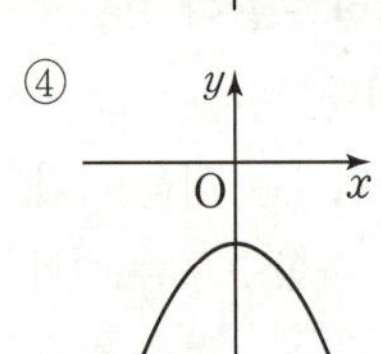

⑤ 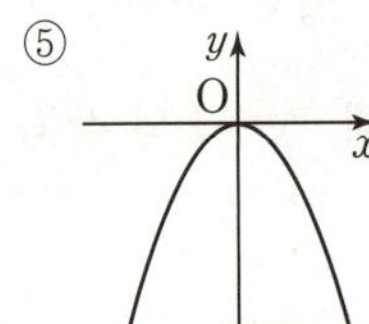

10 ●○○

다음 |보기|의 이차함수의 그래프 중 이차함수 $y=\dfrac{4}{3}x^2$의 그래프를 평행이동하여 완전히 포갤 수 있는 것의 개수를 구하시오.

| 보기 |

ㄱ. $y=-\dfrac{4}{3}(x+2)^2$ ㄴ. $y=\dfrac{4}{3}x^2+6$

ㄷ. $y=\dfrac{3}{4}(x-2)^2$ ㄹ. $y=-\dfrac{3}{4}x^2-\dfrac{4}{3}$

ㅁ. $y=3\left(x-\dfrac{4}{3}\right)^2$ ㅂ. $y=\dfrac{4}{3}(x+1)^2$

11 중요 ●●○

이차함수 $y=-\dfrac{1}{2}x^2$의 그래프를 x축의 방향으로 2만큼 평행이동한 그래프에서 x의 값이 증가할 때 y의 값은 감소하는 x의 값의 범위는?

① $x<-2$ ② $x>-2$ ③ $0<x<2$

④ $x<2$ ⑤ $x>2$

12 ●●○

다음 중 이차함수 $y=-(x-2)^2+1$의 그래프는?

① 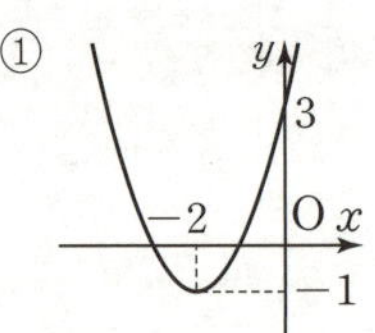
② 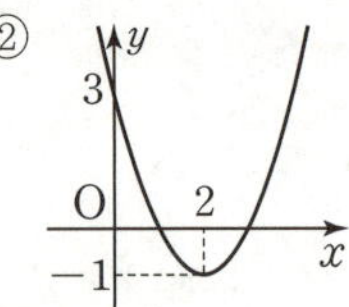

③ 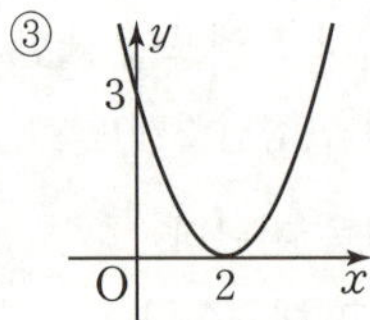
④ 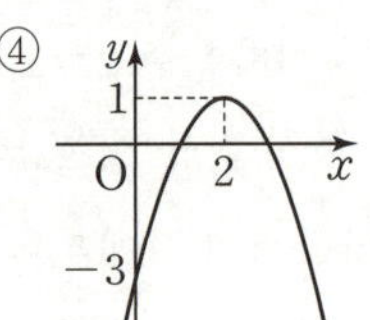

⑤ 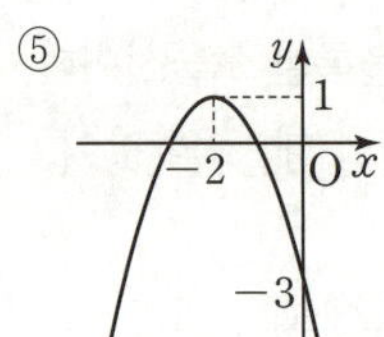

13 〔중요〕 ●○○

다음 이차함수의 그래프 중 꼭짓점이 제2사분면 위에 있는 것은?

① $y=x^2+3$　　② $y=2(x-1)^2$
③ $y=(x+2)^2-7$　　④ $y=3(x-4)^2-2$
⑤ $y=-2(x+1)^2+4$

14 〔중요〕 ●●○

다음 |보기| 중 이차함수 $y=-4(x+1)^2-2$의 그래프에 대한 설명으로 옳지 <u>않은</u> 것을 모두 고르시오.

| 보기 |

ㄱ. 축의 방정식은 $x=-1$이다.
ㄴ. 점 $(-2, -6)$을 지난다.
ㄷ. $x<-1$일 때, x의 값이 증가하면 y의 값은 감소한다.
ㄹ. 이차함수 $y=x^2$의 그래프보다 폭이 좁다.
ㅁ. 이차함수 $y=-4x^2$의 그래프를 x축의 방향으로 1만큼, y축의 방향으로 -2만큼 평행이동한 것이다.

15 ●●●

이차함수 $y=a(x-3)^2+5$의 그래프가 제2사분면을 지나지 않도록 하는 상수 a의 값의 범위를 구하시오.

16 ●●○

오른쪽 그림과 같이 이차함수 $y=a(x-p)^2+q$의 그래프는 꼭짓점의 좌표가 $(3, 3)$이고 원점 O를 지날 때, 상수 a, p, q에 대하여 apq의 값을 구하시오.

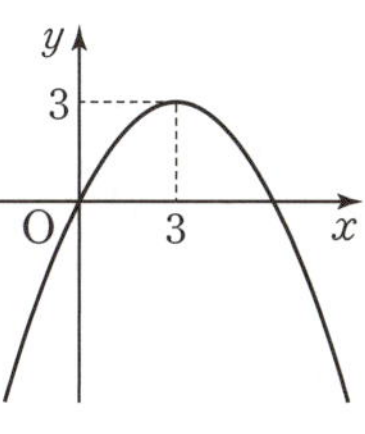

17 ●●○

다음 중 축의 방정식이 $x=-2$이고, 두 점 $(4, -12)$, $(-4, 4)$를 지나는 이차함수의 그래프 위의 점이 <u>아닌</u> 것은?

① $\left(-1, \dfrac{11}{2}\right)$　② $(0, 4)$　③ $\left(1, \dfrac{3}{2}\right)$
④ $(2, -2)$　⑤ $(3, -6)$

18 ●●○

이차함수 $y=a(x-p)^2+q$의 그래프가 오른쪽 그림과 같을 때, 상수 a, p, q에 대하여 다음 중 옳지 <u>않은</u> 것은?

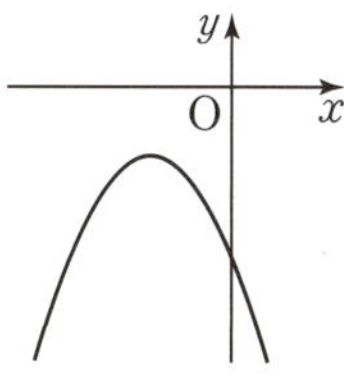

① $a<0$　　② $q<0$
③ $ap>0$　　④ $a+q>0$
⑤ $a+p+q<0$

19 ●●●

이차함수 $y=a(x-p)^2+q$의 그래프가 제1, 2, 3사분면만 지날 때, 다음 |보기| 중 옳지 <u>않은</u> 것을 모두 고르시오. (단, a, p, q는 상수)

| 보기 |

ㄱ. 그래프는 위로 볼록한 포물선이다.
ㄴ. 그래프는 x축과 두 점에서 만난다.
ㄷ. 그래프의 꼭짓점은 제2사분면 위에 있다.
ㄹ. $apq>0$이다.

서술형

20

●○○

이차함수 $y=-\dfrac{1}{2}x^2$의 그래프를 y축의 방향으로 3만큼 평행이동하면 점 $\left(-\dfrac{1}{2}\,,\,k\right)$를 지날 때, k의 값을 구하시오. (단, 풀이 과정을 자세히 쓰시오.)

풀이

답

21

●●○

이차함수 $y=2(x+1)^2$의 그래프와 모양이 같고, 꼭짓점의 좌표가 $(1,\,0)$인 그래프가 y축과 만나는 점의 좌표를 구하시오. (단, 풀이 과정을 자세히 쓰시오.)

풀이

답

22

●●○

이차함수 $y=2(x-5)^2+1$의 그래프를 x축의 방향으로 m만큼 평행이동하면 꼭짓점의 좌표가 $(2,\,n)$일 때, $m+n$의 값을 구하시오.

(단, 풀이 과정을 자세히 쓰시오.)

풀이

답

23

●●○

이차함수 $y=-(x+4p)^2-\dfrac{1}{2}p$의 그래프의 꼭짓점이 직선 $y=2x-5$ 위에 있을 때, 상수 p의 값을 구하시오. (단, 풀이 과정을 자세히 쓰시오.)

풀이

답

1 마인드맵으로 개념 구조화!

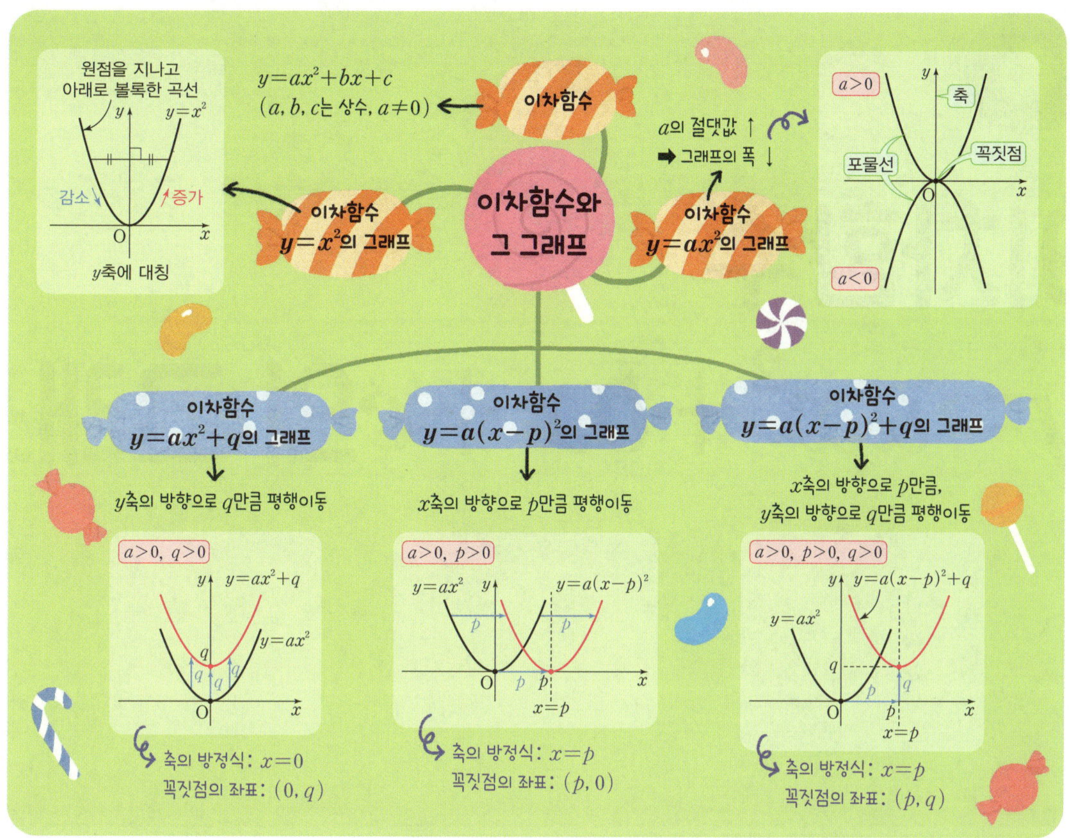

2 OX 문제로 개념 점검!

옳은 것은 ◯, 옳지 <u>않은</u> 것은 ✕를 택하시오.   • 정답 및 해설 69쪽

❶ $y=x(x+1)-2x^2$은 이차함수이다.   ◯ | ✕

❷ 이차함수 $y=-x^2$의 그래프는 아래로 볼록한 포물선이다.   ◯ | ✕

❸ 두 이차함수 $y=2x^2$, $y=-2x^2$의 그래프는 x축에 서로 대칭이다.   ◯ | ✕

❹ 이차함수 $y=-\dfrac{1}{2}x^2$의 그래프보다 이차함수 $y=4x^2$의 그래프가 폭이 더 넓다.   ◯ | ✕

❺ 이차함수 $y=2x^2+3$의 그래프는 이차함수 $y=2x^2$의 그래프를 y축의 방향으로 3만큼 평행이동한 것이다.   ◯ | ✕

❻ 이차함수 $y=-5(x+1)^2$의 그래프의 꼭짓점은 x축 위에 있다.   ◯ | ✕

❼ 이차함수 $y=3(x-1)^2+2$의 그래프는 직선 $x=-1$을 축으로 한다.   ◯ | ✕

❽ 꼭짓점의 좌표가 $(2, 1)$이고 점 $(3, 5)$를 지나는 포물선을 그래프로 하는 이차함수의 식은 $y=4(x+2)^2+1$이다.   ◯ | ✕

6

이차함수 $y=ax^2+bx+c$의 그래프

배웠어요

- 좌표와 그래프 [중1]
- 정비례와 반비례 [중1]
- 일차함수와 그 그래프 [중2]
- 일차함수와 일차방정식의 관계 [중2]

✅ 이번에 배워요

5. 이차함수와 그 그래프
- 이차함수의 뜻
- 이차함수 $y=ax^2$의 그래프
- 이차함수 $y=a(x-p)^2+q$의 그래프

6. 이차함수 $y=ax^2+bx+c$의 그래프
- 이차함수 $y=ax^2+bx+c$의 그래프

배울 거예요

- 평면좌표 [고등]
- 이차방정식과 이차함수 [고등]
- 함수 [고등]
- 유리함수와 무리함수 [고등]

농구 선수가 골대를 향해 던진 공이나 분수대의 물줄기나 폭죽의 불꽃이 이동하는 모양과 같이 시간에 따른 이동 경로가 포물선 모양으로 나타나는 현상이 많이 있습니다.
또 견고함과 아름다움을 위해 포물선 구조로 다리나 건축물을 설계하기도 합니다. 호주의 하버 브리지나 파리의 에펠탑이 그 대표적인 예입니다.
이 단원에서는 이차함수의 그래프의 성질에 대해 학습합니다.

▶ **새로 배우는 용어**
최댓값, 최솟값

6. 이차함수 $y=ax^2+bx+c$의 그래프를 시작하기 전에

인수분해 중3

1 다음 ☐ 안에 알맞은 수를 구하시오.

(1) $x^2+6x+9=(x+\boxed{})^2$

(2) $x^2-10x+\boxed{}=(x-5)^2$

(3) $x^2+5x+\dfrac{25}{4}=(x+\boxed{})^2$

(4) $3x^2+6x+\boxed{}=3(x+1)^2$

이차함수 $y=ax^2+bx+c$의 그래프 (1)

(1) 이차함수 $y=ax^2+bx+c$의 그래프

이차함수 $y=ax^2+bx+c$의 그래프는 $y=a(x-p)^2+q$의 꼴로 고친 후 a의 부호, 꼭짓점의 좌표,
축의 방정식, y축과의 교점의 좌표를 이용하여 그린다.

$$y=ax^2+bx+c \;\Rightarrow\; y=a\left(x+\frac{b}{2a}\right)^2-\frac{b^2-4ac}{4a}$$

참고
$$y=ax^2+bx+c$$
$$=a\left(x^2+\frac{b}{a}x\right)+c$$
$$=a\left\{x^2+\frac{b}{a}x+\left(\frac{b}{2a}\right)^2-\left(\frac{b}{2a}\right)^2\right\}+c$$
$$=a\left\{x^2+\frac{b}{a}x+\left(\frac{b}{2a}\right)^2\right\}-a\left(\frac{b}{2a}\right)^2+c$$
$$=a\left(x+\frac{b}{2a}\right)^2-\frac{b^2-4ac}{4a}$$

❶ x^2의 계수 a로 이차항과 일차항을 묶는다.

❷ 괄호 안에서 $\left(\dfrac{x의\ 계수}{2}\right)^2$을 더하고 뺀다.

❸ ❷에서 뺀 수를 괄호 밖으로 꺼낸다.

❹ $y=$(완전제곱식)$+$(상수)의 꼴로 정리한다.

① 축의 방정식: $x=-\dfrac{b}{2a}$

② 꼭짓점의 좌표: $\left(-\dfrac{b}{2a},\ -\dfrac{b^2-4ac}{4a}\right)$

③ y축과의 교점의 좌표: $(0,\ c)$ ← $y=ax^2+bx+c$에서 $x=0$일 때, $y=c$이므로 $(0,\ c)$

참고 $y=ax^2+bx+c$의 꼴은 이차함수의 일반형이라 하고,
$y=a(x-p)^2+q$의 꼴은 이차함수의 표준형이라 한다.

예 $y=2x^2+4x+3$
$$=2(x^2+2x)+3$$
$$=2(x^2+2x+1-1)+3$$
$$=2(x+1)^2+1$$

➡ 꼭짓점의 좌표: $(-1,\ 1)$, 축의 방정식: $x=-1$, y축과의 교점: $(0,\ 3)$
이므로 $y=2x^2+4x+3$의 그래프를 그리면 오른쪽 그림과 같다.

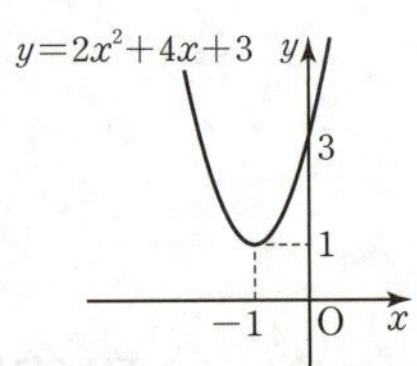

(2) 이차함수 $y=ax^2+bx+c$의 그래프와 x축, y축의 교점

이차함수 $y=ax^2+bx+c$의 그래프에서 ┌ $ax^2+bx+c=0$의 해

① x축과의 교점의 좌표: $y=0$일 때, x의 값을 구한다. ➡ $(\alpha,\ 0)$의 꼴

② y축과의 교점의 좌표: $x=0$일 때, y의 값을 구한다. ➡ $(0,\ c)$

예 • 이차함수 $y=-x^2+3x+4$의 그래프와 x축의 교점의 x좌표는 $y=0$일 때, x의 값이므로
$-x^2+3x+4=0$, $x^2-3x-4=0$, $(x+1)(x-4)=0$ ∴ $x=-1$ 또는 $x=4$
따라서 이차함수 $y=-x^2+3x+4$의 그래프와 x축의 교점의 좌표는 $(-1,\ 0)$, $(4,\ 0)$이다.
• 이차함수 $y=-x^2+3x+4$의 그래프와 y축의 교점의 y좌표는 $x=0$일 때, y의 값이므로
$y=-0^2+3\times0+4=4$
따라서 이차함수 $y=-x^2+3x+4$의 그래프와 y축의 교점의 좌표는 $(0,\ 4)$이다.

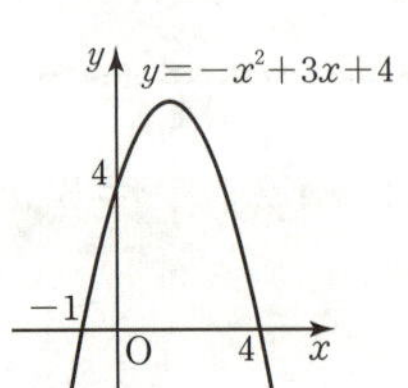

1 다음 □ 안에 알맞은 수를 쓰고, 주어진 이차함수를 $y=a(x-p)^2+q$의 꼴로 나타내시오.

(1) $y=x^2-8x+8$
$=(x^2-8x)+8$
$=(x^2-8x+\boxed{}-\boxed{})+8$
$=(x^2-8x+\boxed{})-\boxed{}+8$
$=(x-\boxed{})^2-\boxed{}$

(2) $y=x^2+6x+2$

2 다음 □ 안에 알맞은 수를 쓰고, 주어진 이차함수를 $y=a(x-p)^2+q$의 꼴로 나타내시오.

(1) $y=2x^2+8x-3$
$=2(x^2+4x)-3$
$=2(x^2+4x+\boxed{}-\boxed{})-3$
$=2(x^2+4x+\boxed{})-\boxed{}-3$
$=2(x+\boxed{})^2-\boxed{}$

(2) $y=3x^2-6x+1$

(3) $y=-x^2+4x-5$

(4) $y=\dfrac{1}{2}x^2+x-\dfrac{3}{2}$

3 다음 이차함수의 그래프의 꼭짓점의 좌표, y축과 만나는 점의 좌표, 그래프의 모양을 차례로 구하고, 그 그래프를 그리시오.

(1) $y=x^2-4x+3$

(2) $y=-3x^2-6x$

(3) $y=\dfrac{1}{3}x^2+2x+1$

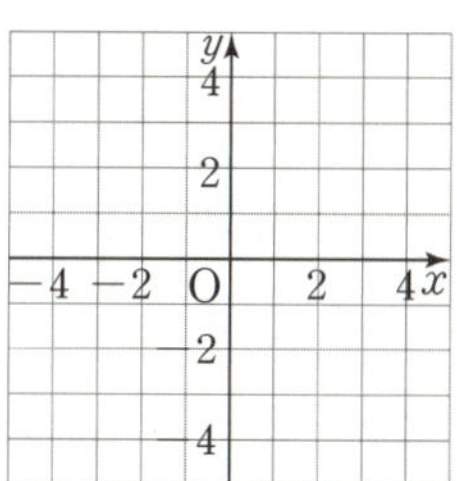
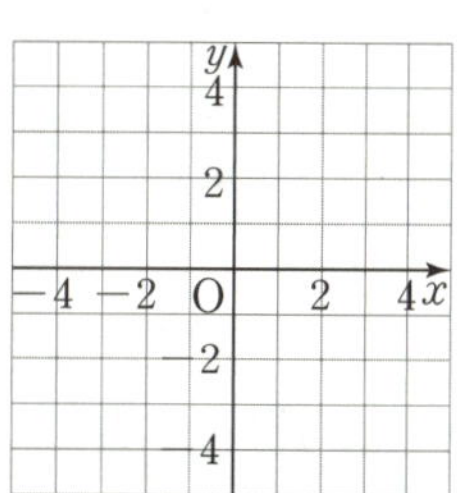
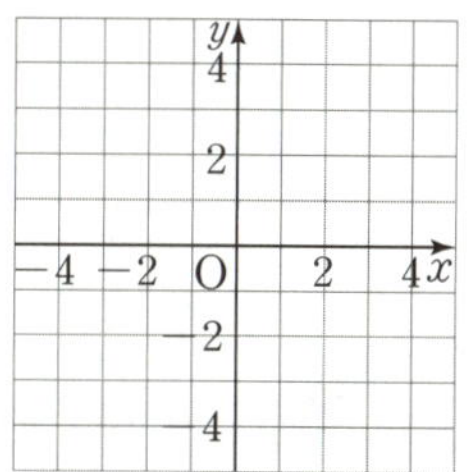

4 다음은 이차함수의 그래프가 x축과 만나는 점의 좌표를 구하는 과정이다. □ 안에 알맞은 수를 쓰시오.

(1) $y=x^2+7x+12$

$y=x^2+7x+12$에 $y=\boxed{}$을 대입하면
$\boxed{}=x^2+7x+12$
$(x+3)(x+\boxed{})=0$
$\therefore x=-3$ 또는 $x=\boxed{}$
$\Rightarrow (-3,\ \boxed{}),\ (\boxed{},\ \boxed{})$

(2) $y=-x^2-x+20$

$y=-x^2-x+20$에 $y=\boxed{}$을 대입하면
$\boxed{}=-x^2-x+20$
$(x+5)(x-\boxed{})=0$
$\therefore x=-5$ 또는 $x=\boxed{}$
$\Rightarrow (-5,\ \boxed{}),\ (\boxed{},\ \boxed{})$

• 예제 1 이차함수 $y=ax^2+bx+c$의 그래프

다음 이차함수를 $y=a(x-p)^2+q$의 꼴로 나타내고, 그 그래프의 축의 방정식과 꼭짓점의 좌표를 차례로 구하시오.

(1) $y=2x^2+12x+13$

(2) $y=-\dfrac{1}{4}x^2+x+3$

[해결 포인트]

이차함수 $y=ax^2+bx+c$를 $y=a(x-p)^2+q$의 꼴로 변형하면 축의 방정식은 $x=p$, 꼭짓점의 좌표는 (p, q)이다.

☞ 한번 더!

1-1 다음 이차함수 중 그 그래프의 축의 방정식과 꼭짓점의 좌표로 옳지 <u>않은</u> 것은?

	축의 방정식	꼭짓점의 좌표
① $y=3x^2$	$x=0$	$(0, 0)$
② $y=-x^2+3$	$x=0$	$(0, 3)$
③ $y=-x^2-6x-5$	$x=-3$	$(-3, 4)$
④ $y=\dfrac{1}{5}x^2-2x+6$	$x=-5$	$(-5, 1)$
⑤ $y=-2x^2+4x+3$	$x=1$	$(1, 5)$

• 예제 2 이차함수 $y=ax^2+bx+c$의 그래프와 x축의 교점

이차함수 $y=x^2-8x+12$의 그래프와 x축의 교점의 좌표를 구하시오.

[해결 포인트]

이차함수 $y=ax^2+bx+c$의 그래프가 x축과 만나는 점의 x좌표는 $y=0$일 때, 이차방정식 $ax^2+bx+c=0$의 해이다.

☞ 한번 더!

2-1 이차함수 $y=-2x^2+3x+2$의 그래프가 x축과 만나는 점의 좌표를 구하시오.

• 예제 3 이차함수 $y=ax^2+bx+c$의 그래프의 성질

다음 중 이차함수 $y=4x^2-8x+2$의 그래프에 대한 설명으로 옳은 것은?

① 위로 볼록하다.
② 꼭짓점의 좌표는 $(1, 2)$이다.
③ 직선 $x=1$에 대하여 대칭이다.
④ 이차함수 $y=-4x^2$의 그래프를 평행이동한 그래프이다.
⑤ $x>1$일 때, x의 값이 증가하면 y의 값은 감소한다.

[해결 포인트]

그래프의 증가, 감소의 범위는 축을 기준으로 그래프의 모양에 따라 판단한다.

☞ 한번 더!

3-1 다음 중 이차함수 $y=-x^2+4x+5$의 그래프에 대한 설명으로 옳지 <u>않은</u> 것을 모두 고르면? (정답 2개)

① y축과의 교점의 좌표는 $(0, 5)$이다.
② 점 $(-1, 0)$을 지난다.
③ 축의 방정식은 $x=-2$이다.
④ 꼭짓점의 좌표는 $(2, 9)$이다.
⑤ $x>2$일 때, x의 값이 증가하면 y의 값도 감소한다.

이차함수 $y=ax^2+bx+c$의 그래프 (2)

(1) 이차함수 $y=ax^2+bx+c$의 그래프에서 a, b, c의 부호

① a의 부호: 그래프의 모양으로 결정된다.

   (i) 아래로 볼록($\bigvee$) ➡ $a>0$

   (ii) 위로 볼록($\bigwedge$) ➡ $a<0$

② b의 부호: 축의 위치로 결정된다.

   (i) 축이 y축의 왼쪽 ➡ a, b는 같은 부호 ($ab>0$)

   (ii) 축이 y축과 일치 ➡ $b=0$

   (iii) 축이 y축의 오른쪽 ➡ a, b는 다른 부호 ($ab<0$)

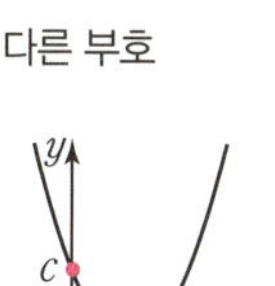

   참고 이차함수 $y=ax^2+bx+c$의 그래프의 축의 방정식이 $x=-\dfrac{b}{2a}$이므로

     • 축이 y축의 왼쪽에 있으면 $-\dfrac{b}{2a}<0$, 즉 $ab>0$ ➡ a, b는 같은 부호

     • 축이 y축의 오른쪽에 있으면 $-\dfrac{b}{2a}>0$, 즉 $ab<0$ ➡ a, b는 다른 부호

③ c의 부호: y축과의 교점의 위치로 결정된다.

   (i) y축과의 교점이 x축보다 위쪽 ➡ $c>0$

   (ii) y축과의 교점이 원점과 일치 ➡ $c=0$

   (iii) y축과의 교점이 x축보다 아래쪽 ➡ $c<0$

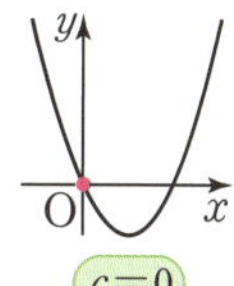
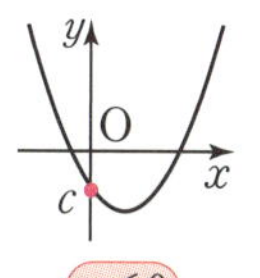

예 이차함수 $y=ax^2+bx+c$의 그래프가 오른쪽 그림과 같을 때

   ① 그래프의 모양: 아래로 볼록하므로 $a>0$

   ② 축의 위치: y축의 오른쪽에 있으므로 a와 b의 부호는 다르다.

      즉, $b<0$

   ③ y축과의 교점의 위치: x축보다 위쪽에 있으므로 $c>0$

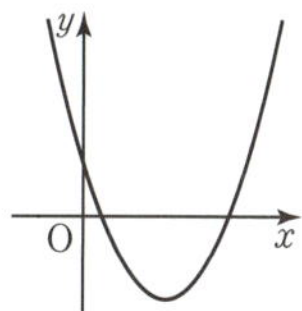

(2) 이차함수 $y=ax^2+bx+c$의 식 구하기

① 꼭짓점의 좌표 (p, q)와 그래프 위의 다른 한 점의 좌표를 알 때

   ❶ 이차함수의 식을 $y=a(x-p)^2+q$로 놓는다.

   ❷ ❶의 식에 다른 한 점의 좌표를 대입하여 a의 값을 구한다.

② 축의 방정식 $x=p$와 그래프 위의 두 점의 좌표를 알 때

   ❶ 이차함수의 식을 $y=a(x-p)^2+q$로 놓는다.

   ❷ ❶의 식에 두 점의 좌표를 각각 대입하여 a, q의 값을 구한다.

③ 그래프 위의 서로 다른 세 점의 좌표를 알 때

   ❶ 이차함수의 식을 $y=ax^2+bx+c$로 놓는다.

   ❷ ❶의 식에 세 점의 좌표를 각각 대입하여 a, b, c의 값을 구한다.

④ x축과의 두 교점의 좌표 $(\alpha, 0)$, $(\beta, 0)$과 그래프 위의 다른 한 점의 좌표를 알 때

   ❶ 이차함수의 식을 $y=a(x-\alpha)(x-\beta)$로 놓는다.

   ❷ ❶의 식에 다른 한 점의 좌표를 대입하여 a의 값을 구한다.

   참고 x축과 만나는 두 점의 좌표와 다른 한 점의 좌표를 알 때, ③과 같은 방법으로 이차함수의 식을 구할 수도 있다.

1 다음 이차함수 $y=ax^2+bx+c$의 그래프를 보고 ◯ 안에 부등호 $>$, $<$ 중 알맞은 것을 쓰고, 표를 완성하시오. (단, a, b, c는 상수)

$y=ax^2+bx+c$의 그래프	a의 부호	b의 부호	c의 부호
(1)	그래프가 아래로 볼록 $\Rightarrow a \bigcirc 0$	축이 y축의 오른쪽 $\Rightarrow ab \bigcirc 0$ $\Rightarrow b \bigcirc 0$	y축과의 교점이 x축보다 위쪽 $\Rightarrow c \bigcirc 0$
(2)			
(3)			
(4)			

2 다음은 세 점 $(2, 3)$, $(0, 5)$, $(-1, 9)$를 지나는 포물선을 그래프로 하는 이차함수의 식을 구하는 과정이다. ☐ 안에 알맞은 것을 쓰시오.

> ❶ 구하는 이차함수의 식을 $y=ax^2+bx+c$로 놓자.
>
> ❷ 이 그래프가 점 $(0, 5)$를 지나므로 $c=$☐
>
> 즉, 이차함수 $y=ax^2+bx+$☐의 그래프가 두 점 $(2, 3)$, $(-1, 9)$를 지나므로
>
> $3=4a+2b+$☐, $9=a-b+$☐
>
> 이 두 식을 연립하여 풀면 $a=$☐, $b=$☐
>
> 따라서 구하는 이차함수의 식은 $y=$☐ 이다.

3 다음은 x축과 두 점 $(1, 0)$, $(4, 0)$에서 만나고, 점 $(3, -4)$를 지나는 포물선을 그래프로 하는 이차함수의 식을 구하는 과정이다. ☐ 안에 알맞은 것을 쓰시오.

> ❶ x축과 두 점 $(1, 0)$, $(4, 0)$에서 만나므로
>
> 구하는 이차함수의 식을 $y=a(x-1)(x-$☐$)$로 놓자.
>
> ❷ 이 그래프가 점 $(3, -4)$를 지나므로
>
> $-4=a(3-1)(3-$☐$)$ $\therefore a=$☐
>
> 따라서 구하는 이차함수의 식은 $y=$☐$(x-1)(x-$☐$)=$☐

• 예제 **1**　$y=ax^2+bx+c$의 그래프에서 a, b, c의 부호

이차함수 $y=ax^2+bx+c$의 그래프가 오른쪽 그림과 같을 때, 다음 중 옳지 않은 것은?

(단, a, b, c는 상수)

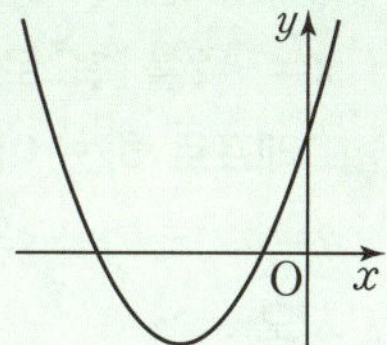

① $a>0$　　② $b>0$

③ $ac<0$　　④ $bc>0$

⑤ $abc>0$

[해결 포인트]

• 그래프가 아래로 볼록 ➡ $a>0$

　그래프가 위로 볼록 ➡ $a<0$

• 축이 y축의 왼쪽에 위치 ➡ $ab>0$　　⎯→ a, b는 같은 부호

　축이 y축과 일치 ➡ $b=0$

　축이 y축의 오른쪽에 위치 ➡ $ab<0$　　⎯→ a, b는 다른 부호

• y축과의 교점이 x축보다 위쪽에 위치 ➡ $c>0$

　y축과의 교점이 원점과 일치 ➡ $c=0$

　y축과의 교점이 x축보다 아래쪽에 위치 ➡ $c<0$

👆 한번 더!

1-1 이차함수 $y=ax^2+bx+c$의 그래프가 다음과 같을 때, 상수 a, b, c의 부호를 각각 정하시오.

(1) 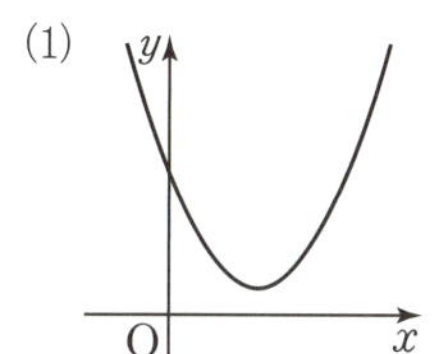　　(2) 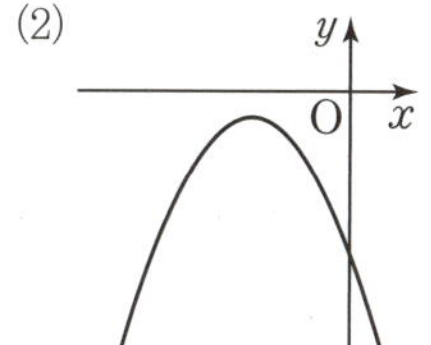

1-2 이차함수 $y=ax^2+bx+c$의 그래프가 오른쪽 그림과 같을 때, 다음 | 보기 | 중 옳은 것을 모두 고르시오. (단, a, b, c는 상수)

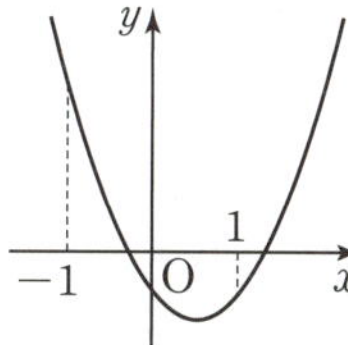

| 보기 |

ㄱ. $a>0$　　　　ㄴ. $b>0$

ㄷ. $c>0$　　　　ㄹ. $a-b+c>0$

ㅁ. $a+b+c>0$

• 예제 **2**　이차함수의 식 구하기①

꼭짓점의 좌표가 $(3, 1)$이고 점 $(2, -3)$을 지나는 포물선을 그래프로 하는 이차함수의 식을 $y=ax^2+bx+c$의 꼴로 나타내시오.

[해결 포인트]

❶ 꼭짓점의 좌표가 (p, q)이면 이차함수의 식을 $y=a(x-p)^2+q$로 놓는다.

❷ ❶의 식에 다른 한 점의 좌표를 대입하여 a의 값을 구한다.

👆 한번 더!

2-1 이차함수 $y=ax^2+bx+c$의 그래프가 오른쪽 그림과 같을 때, 상수 a, b, c에 대하여 $a+b+c$의 값을 구하시오.

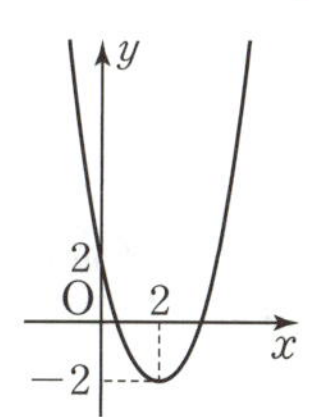

2-2 꼭짓점의 좌표가 $(-1, 2)$이고 점 $(-3, -6)$을 지나는 포물선이 y축과 만나는 점의 좌표를 구하시오.

• 예제 3 이차함수의 식 구하기②

축의 방정식이 $x=2$이고 두 점 $(3, 2)$, $(5, 26)$을 지나는 포물선을 그래프로 하는 이차함수의 식을 $y=ax^2+bx+c$라 할 때, 상수 a, b, c의 값을 각각 구하시오.

[해결 포인트]
❶ 축의 방정식이 $x=p$이면 이차함수의 식을
$y=a(x-p)^2+q$로 놓는다.
❷ ❶의 식에 두 점의 좌표를 각각 대입하여 a, q의 값을 구한다.

한번 더!

3-1 오른쪽 그림과 같이 직선 $x=-2$를 축으로 하는 포물선을 그래프로 하는 이차함수의 식을 $y=ax^2+bx+c$의 꼴로 나타내시오.

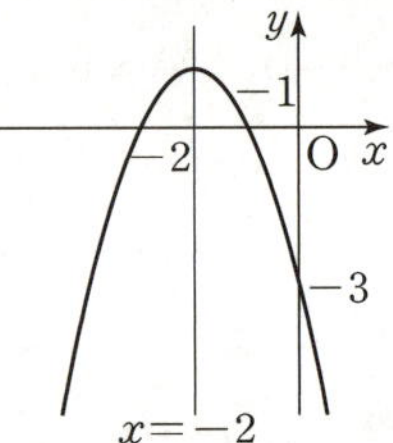

• 예제 4 이차함수의 식 구하기③

오른쪽 그림과 같은 포물선을 그래프로 하는 이차함수의 식을 구하시오.

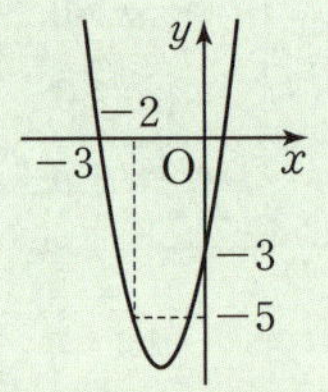

[해결 포인트]
❶ 이차함수의 식을 $y=ax^2+bx+c$로 놓는다.
❷ ❶의 식에 세 점의 좌표를 각각 대입하여 a, b, c의 값을 구한다.

한번 더!

4-1 이차함수 $y=ax^2+bx+c$의 그래프가 세 점 $(0, -2)$, $(1, 4)$, $(-2, -8)$을 지날 때, 상수 a, b, c에 대하여 $a+b+c$의 값을 구하시오.

• 예제 5 이차함수의 식 구하기④

세 점 $(-4, 0)$, $(2, 0)$, $(1, 10)$을 지나는 이차함수의 그래프가 점 $(-1, k)$를 지날 때, k의 값을 구하시오.

[해결 포인트]
❶ x축과 두 점 $(\alpha, 0)$, $(\beta, 0)$에서 만나면 이차함수의 식을
$y=a(x-\alpha)(x-\beta)$로 놓는다.
❷ ❶의 식에 남은 다른 한 점의 좌표를 대입하여 a의 값을 구한다.

한번 더!

5-1 오른쪽 그림과 같이 x축과 두 점 $(1, 0)$, $(5, 0)$에서 만나고, 점 $(4, 3)$을 지나는 이차함수의 그래프의 꼭짓점의 좌표를 구하시오.

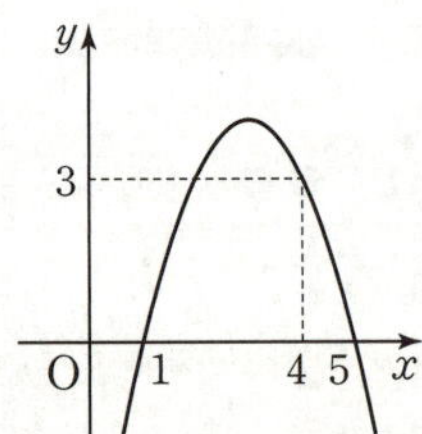

이차함수의 최댓값과 최솟값

(1) 함수의 함숫값 중에서 가장 큰 값을 그 함수의 최댓값, 가장 작은 값을 그 함수의 최솟값이라 한다.

(2) **이차함수 $y=ax^2+bx+c$의 최댓값과 최솟값**

$y=ax^2+bx+c$를 $y=a(x-p)^2+q$의 꼴로 고쳤을 때
① $a>0$이면 $x=p$에서 최솟값은 q이고 최댓값은 없다.
② $a<0$이면 $x=p$에서 최댓값은 q이고 최솟값은 없다.

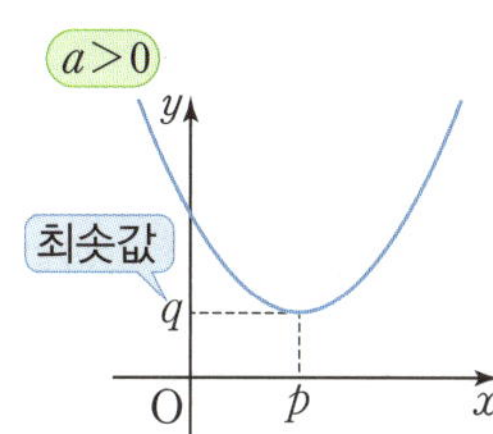

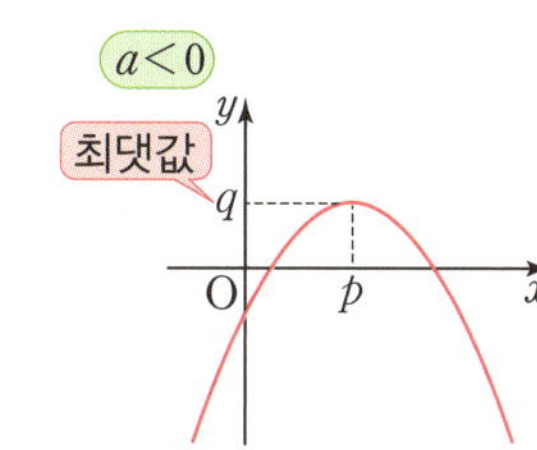

>> **최댓값 또는 최솟값이 주어진 이차함수의 식 구하기**
> (1) $x=p$에서 최댓값(또는 최솟값)이 q이고, x^2의 계수가 a인 경우
> ➡ $y=a(x-p)^2+q$로 놓고 전개한다.
> (2) $x=p$에서 최댓값(또는 최솟값)이 q이고, 그래프가 지나는 한 점의 좌표가 주어진 경우
> ➡ $y=a(x-p)^2+q$로 놓고 한 점의 좌표를 대입하여 상수 a의 값을 구한다.

•개념 확인하기

•정답 및 해설 73쪽

1 다음 그림과 같은 포물선을 그래프로 하는 이차함수의 최댓값과 최솟값을 구하시오.

(1)
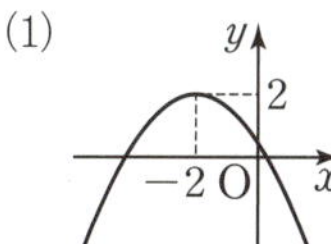

(2)
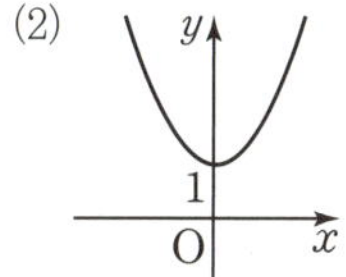

(3)
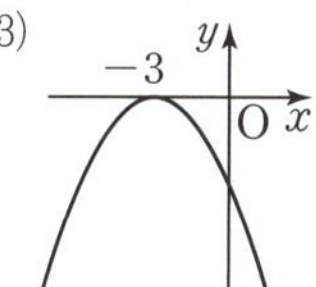

2 다음 이차함수의 최댓값과 최솟값을 구하고, 그때의 x의 값을 구하시오.

(1) $y=-\dfrac{1}{2}x^2$

(2) $y=3(x-2)^2$

(3) $y=4(x+1)^2+5$

(4) $y=-\dfrac{2}{3}(x+2)^2-\dfrac{4}{3}$

3 다음 이차함수의 최댓값과 최솟값을 구하시오.

(1) $y=\dfrac{1}{2}x^2-4x-1$

  ⇨ $y=\dfrac{1}{2}(x-\square)^2-\square$

  ⇨ 최댓값: __________
    최솟값: __________

(2) $y=-2x^2+8x-3$

  ⇨

  ⇨ 최댓값: __________
    최솟값: __________

(3) $y=-3x^2-6x+3$

  ⇨ 최댓값: __________
    최솟값: __________

(4) $y=4x^2+4x+5$

  ⇨ 최댓값: __________
    최솟값: __________

예제 1 이차함수의 최댓값과 최솟값

다음 이차함수의 최댓값과 최솟값을 구하고, 그때의 x의 값을 구하시오.

(1) $y=3x^2-6x+1$

(2) $y=-\dfrac{1}{2}x^2-x$

[해결 포인트]

이차함수의 최댓값과 최솟값은 다음의 순서로 구한다.

❶ $y=ax^2+bx+c$(일반형)를 $y=a(x-p)^2+q$(표준형)의 꼴로 고친다.

❷ 최댓값과 최솟값을 구한다.

└→ 그때의 x의 값을 확인한다.

한번 더!

1-1 다음 이차함수의 최댓값과 최솟값을 구하고, 그때의 x의 값을 구하시오.

(1) $y=2x^2-6x$

(2) $y=-\dfrac{1}{4}x^2-2x+1$

1-2 이차함수 $y=x^2-5$의 그래프를 x축의 방향으로 2만큼, y축의 방향으로 -3만큼 평행이동한 포물선을 그래프로 하는 이차함수의 최솟값을 구하시오.

예제 2 이차함수의 최댓값(최솟값)이 주어질 때, 상수 구하기

이차함수 $y=x^2+4x-m$의 최솟값이 -3일 때, 상수 m의 값을 구하시오.

[해결 포인트]

이차함수의 식을 $y=a(x-p)^2+q$의 꼴로 고쳤을 때, 최댓값(최솟값)이 q임을 이용하여 상수의 값을 구한다.

한번 더!

2-1 이차함수 $y=-3x^2+18x+a$의 최댓값이 25일 때, 상수 a의 값은?

① -5 ② -2 ③ 3

④ 5 ⑤ 7

• 예제 **3** 최댓값(최솟값)이 주어진 이차함수의 식

이차함수 $y=\dfrac{1}{2}x^2+mx+n$ 는 $x=2$ 에서 최솟값이 -3 이다. 이때 상수 m, n 에 대하여 mn 의 값을 구하시오.

[해결 포인트]

이차함수 $y=ax^2+bx+c$ 가 $x=p$ 에서 최댓값(최솟값)이 q 이면

❶ 꼭짓점의 좌표가 (p, q) 이므로 이차함수의 식을
 $y=a(x-p)^2+q$ 로 놓는다.
❷ ❶의 식을 전개하여 주어진 이차함수의 식 $y=ax^2+bx+c$ 와
 비교한다.

한번 더!

3-1 이차함수 $y=-x^2+8ax-b$ 는 $x=1$ 에서 최댓값이 9이다. 이때 ab 의 값은? (단, a, b 는 상수)

① -4 ② -2 ③ 0
④ 2 ⑤ 4

• 예제 **4** 이차함수의 활용

높이가 $7\,\mathrm{m}$ 인 곳에서 지면과 수직인 방향으로 초속 $10\,\mathrm{m}$ 로 던진 공의 x 초 후의 지면으로부터의 높이 $y\,\mathrm{m}$ 는 $y=-5x^2+10x+7$ 이라 한다. 이 공이 가장 높이 올라갔을 때, 지면으로부터의 높이를 구하시오.

[해결 포인트]

이차함수의 활용 문제는 대부분이 최댓값, 최솟값을 구하는 문제이므로 주어진 식 또는 새로 세운 식을 $y=a(x-p)^2+q$ 의 꼴로 고친다.

한번 더!

4-1 합이 16인 두 수의 곱의 최댓값은?

① 48 ② 54 ③ 60
④ 64 ⑤ 72

4-2 둘레의 길이가 $48\,\mathrm{cm}$ 인 직사각형의 넓이의 최댓값은?

① $80\,\mathrm{cm}^2$ ② $100\,\mathrm{cm}^2$ ③ $121\,\mathrm{cm}^2$
④ $144\,\mathrm{cm}^2$ ⑤ $169\,\mathrm{cm}^2$

1

다음 |보기| 중 이차함수의 식을 $y=a(x-p)^2+q$의 꼴로 바르게 나타낸 것을 모두 고르시오.

> **| 보기 |**
>
> ㄱ. $y=2x^2-4x$ ⇨ $y=2(x-1)^2$
>
> ㄴ. $y=x^2+6x+7$ ⇨ $y=(x+3)^2-2$
>
> ㄷ. $y=3x^2-6x+4$ ⇨ $y=3(x-1)^2+1$
>
> ㄹ. $y=\dfrac{1}{4}x^2+x-2$ ⇨ $y=\dfrac{1}{4}(x+2)^2-1$

2 중요

이차함수 $y=x^2-4x+c$의 그래프가 점 $(-1, 8)$을 지날 때, 이 그래프의 꼭짓점의 좌표는? (단, c는 상수)

① $(-2, -3)$ ② $(-2, -1)$ ③ $(2, -1)$

④ $(2, 1)$ ⑤ $(2, 3)$

3

이차함수 $y=-x^2+2px+1$의 그래프의 축의 방정식이 $x=-2$일 때, 상수 p의 값은?

① -2 ② -1 ③ $-\dfrac{1}{2}$

④ 1 ⑤ 2

4

두 이차함수 $y=x^2-6x+a$와 $y=-x^2+bx-4$의 그래프의 꼭짓점이 일치할 때, 상수 a, b에 대하여 $a-b$의 값을 구하시오.

5 중요

다음 중 이차함수 $y=3x^2+6x$의 그래프가 지나는 사분면을 모두 나열한 것은?

① 제1, 2사분면 ② 제1, 3사분면

③ 제1, 2, 3사분면 ④ 제2, 3, 4사분면

⑤ 모든 사분면을 지난다.

6 창의력 UP

오른쪽 그림과 같이 두 이차함수

$$y=-x^2+4x-2,$$
$$y=-x^2+8x-14$$

의 그래프의 꼭짓점을 각각 A, B라 할 때, 색칠한 부분의 넓이를 구하시오.

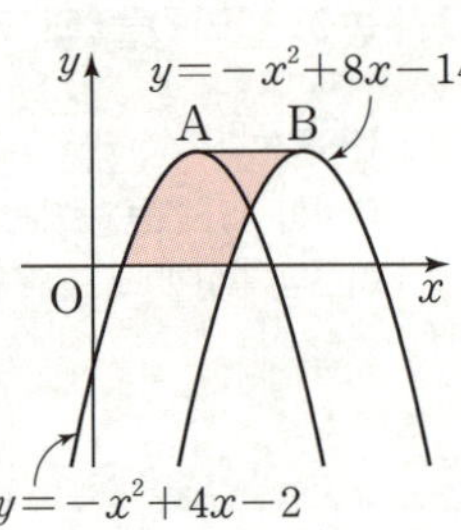

7 중요

이차함수 $y=x^2+kx-5$의 그래프가 오른쪽 그림과 같을 때, a의 값을 구하시오. (단, k는 상수)

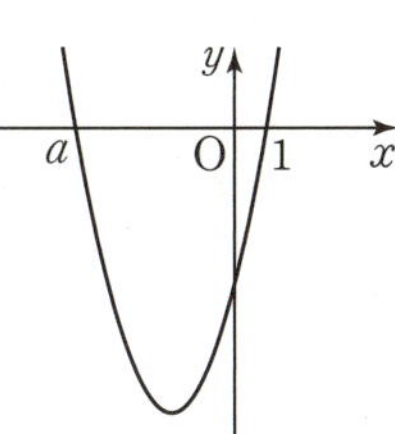

8

다음 중 이차함수 $y=\dfrac{1}{2}x^2+4x+3$의 그래프에 대한 설명으로 옳지 <u>않은</u> 것을 모두 고르면? (정답 2개)

① 아래로 볼록한 포물선이다.
② 축의 방정식은 $x=-4$이다.
③ $x<-4$일 때, x의 값이 증가하면 y의 값은 감소한다.
④ y축과 만나는 점의 좌표는 $(0,\ -3)$이다.
⑤ 이차함수 $y=-\dfrac{1}{2}x^2$의 그래프를 x축의 방향으로 4만큼, y축의 방향으로 5만큼 평행이동하면 완전히 포개어진다.

9

다음 이차함수 중 그 그래프가 위로 볼록하면서 폭이 가장 넓은 것은?

① $y=-4x^2+3x-5$　　② $y=-3x^2+2$
③ $y=-\dfrac{2}{3}x^2+x-2$　　④ $y=\dfrac{3}{2}x^2-6x+4$
⑤ $y=2x^2-x+1$

10

오른쪽 그림과 같이 이차함수 $y=-x^2+2x+8$의 그래프가 x축과 만나는 두 점을 각각 A, B라 하고, y축과 만나는 점을 C, 꼭짓점을 D라 하자. 이때 $\triangle ABC$의 넓이와 $\triangle ABD$의 넓이의 차를 구하시오.

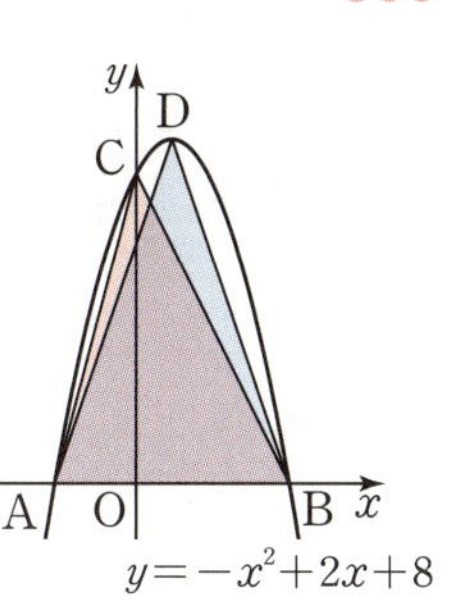

11

$a<0$, $b<0$, $c>0$일 때, 이차함수 $y=ax^2+bx+c$의 그래프의 꼭짓점은 제몇 사분면 위에 있는지 말하시오.

12 중요

일차함수 $y=ax+b$의 그래프가 오른쪽 그림과 같을 때, 다음 중 이차함수 $y=x^2+ax+b$의 그래프로 알맞은 것은?

(단, a, b는 상수)

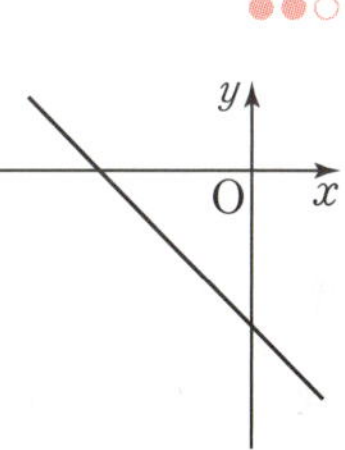

① 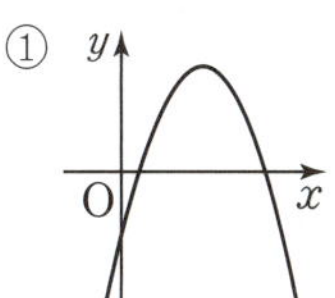　　② 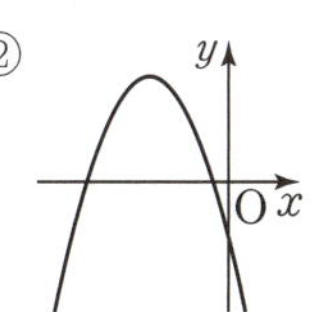

③ 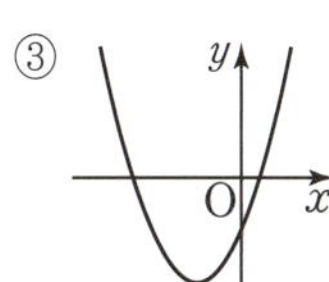　　④ 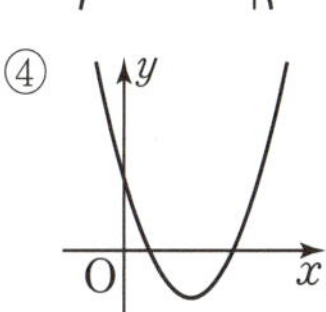

⑤ 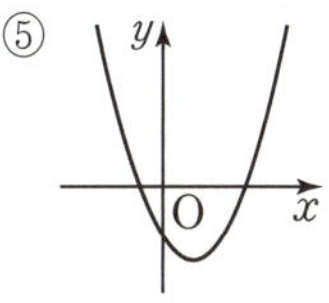

13

오른쪽 그림과 같은 이차함수의 그래프가 점 $(5, k)$를 지날 때, k의 값을 구하시오.

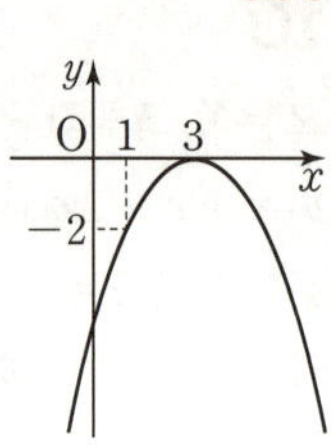

14

축의 방정식이 $x=-2$이고, 두 점 $(-3, 3)$, $(1, -21)$을 지나는 이차함수의 그래프가 y축과 만나는 점의 좌표를 구하시오.

15

세 점 $(0, 3)$, $(-1, 9)$, $(2, 3)$을 지나는 이차함수의 그래프가 점 $(k, 19)$를 지날 때, 양수 k의 값은?

① 4　　　② 5　　　③ 6
④ 7　　　⑤ 8

16

이차함수 $y=-2(x-4)^2+5$의 최댓값을 M, 이차함수 $y=5x^2-4x+4$의 최솟값을 m이라 할 때, Mm의 값은?

① 4　　　② 8　　　③ 12
④ 16　　　⑤ 20

17

이차함수 $y=x^2+2kx+k$의 최솟값이 m일 때, m의 최댓값은? (단, k는 상수)

① $\dfrac{1}{6}$　　　② $\dfrac{1}{4}$　　　③ 1
④ $\dfrac{3}{2}$　　　⑤ 3

18

차가 6인 두 수의 제곱의 합이 최소가 될 때, 이 두 수를 구하시오.

서술형

19 ●●○

이차함수 $y=2x^2-8x+5$의 그래프의 꼭짓점이 직선 $y=x-m$ 위에 있을 때, 상수 m의 값을 구하시오.

(단, 풀이 과정을 자세히 쓰시오.)

풀이

답

20 ●●○

이차함수 $y=-2x^2+5x-3$의 그래프를 평행이동하면 완전히 포갤 수 있고, x축과 두 점 $(-5, 0)$, $(1, 0)$에서 만나는 포물선을 그래프로 하는 이차함수의 식이 $y=ax^2+bx+c$일 때, 상수 a, b, c에 대하여 $a+b+c$의 값을 구하시오. (단, 풀이 과정을 자세히 쓰시오.)

풀이

답

21 ●●○

이차함수 $y=ax^2+bx+c$는 $x=2$에서 최댓값이 3이다. 이 이차함수의 그래프가 점 $(0, -1)$을 지날 때, 상수 a, b, c에 대하여 abc의 값을 구하시오.

(단, 풀이 과정을 자세히 쓰시오.)

풀이

답

22 ●●●

가로와 세로의 길이가 각각 $10\,\text{cm}$, $6\,\text{cm}$인 직사각형을 가로의 길이는 $x\,\text{cm}$만큼 줄이고, 세로의 길이는 $x\,\text{cm}$만큼 늘여서 새로운 직사각형을 만들려고 한다. 이때 새로운 직사각형의 넓이 $y\,\text{cm}^2$가 최대가 되도록 하는 x의 값을 구하시오. (단, 풀이 과정을 자세히 쓰시오.)

풀이

답

1 마인드맵으로 개념 구조화!

2 OX 문제로 개념 점검!

옳은 것은 ○, 옳지 않은 것은 ×를 택하시오. · 정답 및 해설 78쪽

❶ 이차함수 $y=2x^2-4x+1$을 $y=a(x-p)^2+q$의 꼴로 나타내면 $y=2(x-1)^2+3$이다. ○ | ×

❷ 이차함수 $y=x^2+6x+7$의 그래프의 꼭짓점의 좌표는 $(-3,\,-2)$이다. ○ | ×

❸ 이차함수 $y=x^2-2x+3$의 그래프의 축의 방정식은 $x=2$이다. ○ | ×

❹ 이차함수 $y=3x^2-2x-5$의 그래프와 y축의 교점의 좌표는 $(0,\,-5)$이다. ○ | ×

❺ 이차함수 $y=x^2-7x+12$의 그래프와 x축의 교점의 좌표는 $(3,\,0)$, $(4,\,0)$이다. ○ | ×

❻ 세 점 $(0,5)$, $(1,1)$, $(-2,7)$을 지나는 이차함수의 그래프의 식은 $y=-x^2-3x+5$이다. ○ | ×

수	0	1	2	3	4	5	6	7	8	9
1.0	1.000	1.005	1.010	1.015	1.020	1.025	1.030	1.034	1.039	1.044
1.1	1.049	1.054	1.058	1.063	1.068	1.072	1.077	1.082	1.086	1.091
1.2	1.095	1.100	1.105	1.109	1.114	1.118	1.122	1.127	1.131	1.136
1.3	1.140	1.145	1.149	1.153	1.158	1.162	1.166	1.170	1.175	1.179
1.4	1.183	1.187	1.192	1.196	1.200	1.204	1.208	1.212	1.217	1.221
1.5	1.225	1.229	1.233	1.237	1.241	1.245	1.249	1.253	1.257	1.261
1.6	1.265	1.269	1.273	1.277	1.281	1.285	1.288	1.292	1.296	1.300
1.7	1.304	1.308	1.311	1.315	1.319	1.323	1.327	1.330	1.334	1.338
1.8	1.342	1.345	1.349	1.353	1.356	1.360	1.364	1.367	1.371	1.375
1.9	1.378	1.382	1.386	1.389	1.393	1.396	1.400	1.404	1.407	1.411
2.0	1.414	1.418	1.421	1.425	1.428	1.432	1.435	1.439	1.442	1.446
2.1	1.449	1.453	1.456	1.459	1.463	1.466	1.470	1.473	1.476	1.480
2.2	1.483	1.487	1.490	1.493	1.497	1.500	1.503	1.507	1.510	1.513
2.3	1.517	1.520	1.523	1.526	1.530	1.533	1.536	1.539	1.543	1.546
2.4	1.549	1.552	1.556	1.559	1.562	1.565	1.568	1.572	1.575	1.578
2.5	1.581	1.584	1.587	1.591	1.594	1.597	1.600	1.603	1.606	1.609
2.6	1.612	1.616	1.619	1.622	1.625	1.628	1.631	1.634	1.637	1.640
2.7	1.643	1.646	1.649	1.652	1.655	1.658	1.661	1.664	1.667	1.670
2.8	1.673	1.676	1.679	1.682	1.685	1.688	1.691	1.694	1.697	1.700
2.9	1.703	1.706	1.709	1.712	1.715	1.718	1.720	1.723	1.726	1.729
3.0	1.732	1.735	1.738	1.741	1.744	1.746	1.749	1.752	1.755	1.758
3.1	1.761	1.764	1.766	1.769	1.772	1.775	1.778	1.780	1.783	1.786
3.2	1.789	1.792	1.794	1.797	1.800	1.803	1.806	1.808	1.811	1.814
3.3	1.817	1.819	1.822	1.825	1.828	1.830	1.833	1.836	1.838	1.841
3.4	1.844	1.847	1.849	1.852	1.855	1.857	1.860	1.863	1.865	1.868
3.5	1.871	1.873	1.876	1.879	1.881	1.884	1.887	1.889	1.892	1.895
3.6	1.897	1.900	1.903	1.905	1.908	1.910	1.913	1.916	1.918	1.921
3.7	1.924	1.926	1.929	1.931	1.934	1.936	1.939	1.942	1.944	1.947
3.8	1.949	1.952	1.954	1.957	1.960	1.962	1.965	1.967	1.970	1.972
3.9	1.975	1.977	1.980	1.982	1.985	1.987	1.990	1.992	1.995	1.997
4.0	2.000	2.002	2.005	2.007	2.010	2.012	2.015	2.017	2.020	2.022
4.1	2.025	2.027	2.030	2.032	2.035	2.037	2.040	2.042	2.045	2.047
4.2	2.049	2.052	2.054	2.057	2.059	2.062	2.064	2.066	2.069	2.071
4.3	2.074	2.076	2.078	2.081	2.083	2.086	2.088	2.090	2.093	2.095
4.4	2.098	2.100	2.102	2.105	2.107	2.110	2.112	2.114	2.117	2.119
4.5	2.121	2.124	2.126	2.128	2.131	2.133	2.135	2.138	2.140	2.142
4.6	2.145	2.147	2.149	2.152	2.154	2.156	2.159	2.161	2.163	2.166
4.7	2.168	2.170	2.173	2.175	2.177	2.179	2.182	2.184	2.186	2.189
4.8	2.191	2.193	2.195	2.198	2.200	2.202	2.205	2.207	2.209	2.211
4.9	2.214	2.216	2.218	2.220	2.223	2.225	2.227	2.229	2.232	2.234
5.0	2.236	2.238	2.241	2.243	2.245	2.247	2.249	2.252	2.254	2.256
5.1	2.258	2.261	2.263	2.265	2.267	2.269	2.272	2.274	2.276	2.278
5.2	2.280	2.283	2.285	2.287	2.289	2.291	2.293	2.296	2.298	2.300
5.3	2.302	2.304	2.307	2.309	2.311	2.313	2.315	2.317	2.319	2.322
5.4	2.324	2.326	2.328	2.330	2.332	2.335	2.337	2.339	2.341	2.343

수	0	1	2	3	4	5	6	7	8	9
5.5	2.345	2.347	2.349	2.352	2.354	2.356	2.358	2.360	2.362	2.364
5.6	2.366	2.369	2.371	2.373	2.375	2.377	2.379	2.381	2.383	2.385
5.7	2.387	2.390	2.392	2.394	2.396	2.398	2.400	2.402	2.404	2.406
5.8	2.408	2.410	2.412	2.415	2.417	2.419	2.421	2.423	2.425	2.427
5.9	2.429	2.431	2.433	2.435	2.437	2.439	2.441	2.443	2.445	2.447
6.0	2.449	2.452	2.454	2.456	2.458	2.460	2.462	2.464	2.466	2.468
6.1	2.470	2.472	2.474	2.476	2.478	2.480	2.482	2.484	2.486	2.488
6.2	2.490	2.492	2.494	2.496	2.498	2.500	2.502	2.504	2.506	2.508
6.3	2.510	2.512	2.514	2.516	2.518	2.520	2.522	2.524	2.526	2.528
6.4	2.530	2.532	2.534	2.536	2.538	2.540	2.542	2.544	2.546	2.548
6.5	2.550	2.551	2.553	2.555	2.557	2.559	2.561	2.563	2.565	2.567
6.6	2.569	2.571	2.573	2.575	2.577	2.579	2.581	2.583	2.585	2.587
6.7	2.588	2.590	2.592	2.594	2.596	2.598	2.600	2.602	2.604	2.606
6.8	2.608	2.610	2.612	2.613	2.615	2.617	2.619	2.621	2.623	2.625
6.9	2.627	2.629	2.631	2.632	2.634	2.636	2.638	2.640	2.642	2.644
7.0	2.646	2.648	2.650	2.651	2.653	2.655	2.657	2.659	2.661	2.663
7.1	2.665	2.666	2.668	2.670	2.672	2.674	2.676	2.678	2.680	2.681
7.2	2.683	2.685	2.687	2.689	2.691	2.693	2.694	2.696	2.698	2.700
7.3	2.702	2.704	2.706	2.707	2.709	2.711	2.713	2.715	2.717	2.718
7.4	2.720	2.722	2.724	2.726	2.728	2.729	2.731	2.733	2.735	2.737
7.5	2.739	2.740	2.742	2.744	2.746	2.748	2.750	2.751	2.753	2.755
7.6	2.757	2.759	2.760	2.762	2.764	2.766	2.768	2.769	2.771	2.773
7.7	2.775	2.777	2.778	2.780	2.782	2.784	2.786	2.787	2.789	2.791
7.8	2.793	2.795	2.796	2.798	2.800	2.802	2.804	2.805	2.807	2.809
7.9	2.811	2.812	2.814	2.816	2.818	2.820	2.821	2.823	2.825	2.827
8.0	2.828	2.830	2.832	2.834	2.835	2.837	2.839	2.841	2.843	2.844
8.1	2.846	2.848	2.850	2.851	2.853	2.855	2.857	2.858	2.860	2.862
8.2	2.864	2.865	2.867	2.869	2.871	2.872	2.874	2.876	2.877	2.879
8.3	2.881	2.883	2.884	2.886	2.888	2.890	2.891	2.893	2.895	2.897
8.4	2.898	2.900	2.902	2.903	2.905	2.907	2.909	2.910	2.912	2.914
8.5	2.915	2.917	2.919	2.921	2.922	2.924	2.926	2.927	2.929	2.931
8.6	2.933	2.934	2.936	2.938	2.939	2.941	2.943	2.944	2.946	2.948
8.7	2.950	2.951	2.953	2.955	2.956	2.958	2.960	2.961	2.963	2.965
8.8	2.966	2.968	2.970	2.972	2.973	2.975	2.977	2.978	2.980	2.982
8.9	2.983	2.985	2.987	2.988	2.990	2.992	2.993	2.995	2.997	2.998
9.0	3.000	3.002	3.003	3.005	3.007	3.008	3.010	3.012	3.013	3.015
9.1	3.017	3.018	3.020	3.022	3.023	3.025	3.027	3.028	3.030	3.032
9.2	3.033	3.035	3.036	3.038	3.040	3.041	3.043	3.045	3.046	3.048
9.3	3.050	3.051	3.053	3.055	3.056	3.058	3.059	3.061	3.063	3.064
9.4	3.066	3.068	3.069	3.071	3.072	3.074	3.076	3.077	3.079	3.081
9.5	3.082	3.084	3.085	3.087	3.089	3.090	3.092	3.094	3.095	3.097
9.6	3.098	3.100	3.102	3.103	3.105	3.106	3.108	3.110	3.111	3.113
9.7	3.114	3.116	3.118	3.119	3.121	3.122	3.124	3.126	3.127	3.129
9.8	3.130	3.132	3.134	3.135	3.137	3.138	3.140	3.142	3.143	3.145
9.9	3.146	3.148	3.150	3.151	3.153	3.154	3.156	3.158	3.159	3.161

수	0	1	2	3	4	5	6	7	8	9
10	3.162	3.178	3.194	3.209	3.225	3.240	3.256	3.271	3.286	3.302
11	3.317	3.332	3.347	3.362	3.376	3.391	3.406	3.421	3.435	3.450
12	3.464	3.479	3.493	3.507	3.521	3.536	3.550	3.564	3.578	3.592
13	3.606	3.619	3.633	3.647	3.661	3.674	3.688	3.701	3.715	3.728
14	3.742	3.755	3.768	3.782	3.795	3.808	3.821	3.834	3.847	3.860
15	3.873	3.886	3.899	3.912	3.924	3.937	3.950	3.962	3.975	3.987
16	4.000	4.012	4.025	4.037	4.050	4.062	4.074	4.087	4.099	4.111
17	4.123	4.135	4.147	4.159	4.171	4.183	4.195	4.207	4.219	4.231
18	4.243	4.254	4.266	4.278	4.290	4.301	4.313	4.324	4.336	4.347
19	4.359	4.370	4.382	4.393	4.405	4.416	4.427	4.438	4.450	4.461
20	4.472	4.483	4.494	4.506	4.517	4.528	4.539	4.550	4.561	4.572
21	4.583	4.593	4.604	4.615	4.626	4.637	4.648	4.658	4.669	4.680
22	4.690	4.701	4.712	4.722	4.733	4.743	4.754	4.764	4.775	4.785
23	4.796	4.806	4.817	4.827	4.837	4.848	4.858	4.868	4.879	4.889
24	4.899	4.909	4.919	4.930	4.940	4.950	4.960	4.970	4.980	4.990
25	5.000	5.010	5.020	5.030	5.040	5.050	5.060	5.070	5.079	5.089
26	5.099	5.109	5.119	5.128	5.138	5.148	5.158	5.167	5.177	5.187
27	5.196	5.206	5.215	5.225	5.235	5.244	5.254	5.263	5.273	5.282
28	5.292	5.301	5.310	5.320	5.329	5.339	5.348	5.357	5.367	5.376
29	5.385	5.394	5.404	5.413	5.422	5.431	5.441	5.450	5.459	5.468
30	5.477	5.486	5.495	5.505	5.514	5.523	5.532	5.541	5.550	5.559
31	5.568	5.577	5.586	5.595	5.604	5.612	5.621	5.630	5.639	5.648
32	5.657	5.666	5.675	5.683	5.692	5.701	5.710	5.718	5.727	5.736
33	5.745	5.753	5.762	5.771	5.779	5.788	5.797	5.805	5.814	5.822
34	5.831	5.840	5.848	5.857	5.865	5.874	5.882	5.891	5.899	5.908
35	5.916	5.925	5.933	5.941	5.950	5.958	5.967	5.975	5.983	5.992
36	6.000	6.008	6.017	6.025	6.033	6.042	6.050	6.058	6.066	6.075
37	6.083	6.091	6.099	6.107	6.116	6.124	6.132	6.140	6.148	6.156
38	6.164	6.173	6.181	6.189	6.197	6.205	6.213	6.221	6.229	6.237
39	6.245	6.253	6.261	6.269	6.277	6.285	6.293	6.301	6.309	6.317
40	6.325	6.332	6.340	6.348	6.356	6.364	6.372	6.380	6.387	6.395
41	6.403	6.411	6.419	6.427	6.434	6.442	6.450	6.458	6.465	6.473
42	6.481	6.488	6.496	6.504	6.512	6.519	6.527	6.535	6.542	6.550
43	6.557	6.565	6.573	6.580	6.588	6.595	6.603	6.611	6.618	6.626
44	6.633	6.641	6.648	6.656	6.663	6.671	6.678	6.686	6.693	6.701
45	6.708	6.716	6.723	6.731	6.738	6.745	6.753	6.760	6.768	6.775
46	6.782	6.790	6.797	6.804	6.812	6.819	6.826	6.834	6.841	6.848
47	6.856	6.863	6.870	6.877	6.885	6.892	6.899	6.907	6.914	6.921
48	6.928	6.935	6.943	6.950	6.957	6.964	6.971	6.979	6.986	6.993
49	7.000	7.007	7.014	7.021	7.029	7.036	7.043	7.050	7.057	7.064
50	7.071	7.078	7.085	7.092	7.099	7.106	7.113	7.120	7.127	7.134
51	7.141	7.148	7.155	7.162	7.169	7.176	7.183	7.190	7.197	7.204
52	7.211	7.218	7.225	7.232	7.239	7.246	7.253	7.259	7.266	7.273
53	7.280	7.287	7.294	7.301	7.308	7.314	7.321	7.328	7.335	7.342
54	7.348	7.355	7.362	7.369	7.376	7.382	7.389	7.396	7.403	7.409

수	0	1	2	3	4	5	6	7	8	9
55	7.416	7.423	7.430	7.436	7.443	7.450	7.457	7.463	7.470	7.477
56	7.483	7.490	7.497	7.503	7.510	7.517	7.523	7.530	7.537	7.543
57	7.550	7.556	7.563	7.570	7.576	7.583	7.589	7.596	7.603	7.609
58	7.616	7.622	7.629	7.635	7.642	7.649	7.655	7.662	7.668	7.675
59	7.681	7.688	7.694	7.701	7.707	7.714	7.720	7.727	7.733	7.740
60	7.746	7.752	7.759	7.765	7.772	7.778	7.785	7.791	7.797	7.804
61	7.810	7.817	7.823	7.829	7.836	7.842	7.849	7.855	7.861	7.868
62	7.874	7.880	7.887	7.893	7.899	7.906	7.912	7.918	7.925	7.931
63	7.937	7.944	7.950	7.956	7.962	7.969	7.975	7.981	7.987	7.994
64	8.000	8.006	8.012	8.019	8.025	8.031	8.037	8.044	8.050	8.056
65	8.062	8.068	8.075	8.081	8.087	8.093	8.099	8.106	8.112	8.118
66	8.124	8.130	8.136	8.142	8.149	8.155	8.161	8.167	8.173	8.179
67	8.185	8.191	8.198	8.204	8.210	8.216	8.222	8.228	8.234	8.240
68	8.246	8.252	8.258	8.264	8.270	8.276	8.283	8.289	8.295	8.301
69	8.307	8.313	8.319	8.325	8.331	8.337	8.343	8.349	8.355	8.361
70	8.367	8.373	8.379	8.385	8.390	8.396	8.402	8.408	8.414	8.420
71	8.426	8.432	8.438	8.444	8.450	8.456	8.462	8.468	8.473	8.479
72	8.485	8.491	8.497	8.503	8.509	8.515	8.521	8.526	8.532	8.538
73	8.544	8.550	8.556	8.562	8.567	8.573	8.579	8.585	8.591	8.597
74	8.602	8.608	8.614	8.620	8.626	8.631	8.637	8.643	8.649	8.654
75	8.660	8.666	8.672	8.678	8.683	8.689	8.695	8.701	8.706	8.712
76	8.718	8.724	8.729	8.735	8.741	8.746	8.752	8.758	8.764	8.769
77	8.775	8.781	8.786	8.792	8.798	8.803	8.809	8.815	8.820	8.826
78	8.832	8.837	8.843	8.849	8.854	8.860	8.866	8.871	8.877	8.883
79	8.888	8.894	8.899	8.905	8.911	8.916	8.922	8.927	8.933	8.939
80	8.944	8.950	8.955	8.961	8.967	8.972	8.978	8.983	8.989	8.994
81	9.000	9.006	9.011	9.017	9.022	9.028	9.033	9.039	9.044	9.050
82	9.055	9.061	9.066	9.072	9.077	9.083	9.088	9.094	9.099	9.105
83	9.110	9.116	9.121	9.127	9.132	9.138	9.143	9.149	9.154	9.160
84	9.165	9.171	9.176	9.182	9.187	9.192	9.198	9.203	9.209	9.214
85	9.220	9.225	9.230	9.236	9.241	9.247	9.252	9.257	9.263	9.268
86	9.274	9.279	9.284	9.290	9.295	9.301	9.306	9.311	9.317	9.322
87	9.327	9.333	9.338	9.343	9.349	9.354	9.359	9.365	9.370	9.375
88	9.381	9.386	9.391	9.397	9.402	9.407	9.413	9.418	9.423	9.429
89	9.434	9.439	9.445	9.450	9.455	9.460	9.466	9.471	9.476	9.482
90	9.487	9.492	9.497	9.503	9.508	9.513	9.518	9.524	9.529	9.534
91	9.539	9.545	9.550	9.555	9.560	9.566	9.571	9.576	9.581	9.586
92	9.592	9.597	9.602	9.607	9.612	9.618	9.623	9.628	9.633	9.638
93	9.644	9.649	9.654	9.659	9.664	9.670	9.675	9.680	9.685	9.690
94	9.695	9.701	9.706	9.711	9.716	9.721	9.726	9.731	9.737	9.742
95	9.747	9.752	9.757	9.762	9.767	9.772	9.778	9.783	9.788	9.793
96	9.798	9.803	9.808	9.813	9.818	9.823	9.829	9.834	9.839	9.844
97	9.849	9.854	9.859	9.864	9.869	9.874	9.879	9.884	9.889	9.894
98	9.899	9.905	9.910	9.915	9.920	9.925	9.930	9.935	9.940	9.945
99	9.950	9.955	9.960	9.965	9.970	9.975	9.980	9.985	9.990	9.995

수학이 쉬워지는 완벽한 솔루션

완쏠 개념

중등수학

3-1

워크북

메가스터디BOOKS

이 책의 **짜임새**

반복하여 연습하면 자신감이 UP!

완쏠 개념 중등수학3-1 본책의 필수 개념 각각에 대하여 그 개념에 해당하는 워크북을 바로 반복 연습합니다.

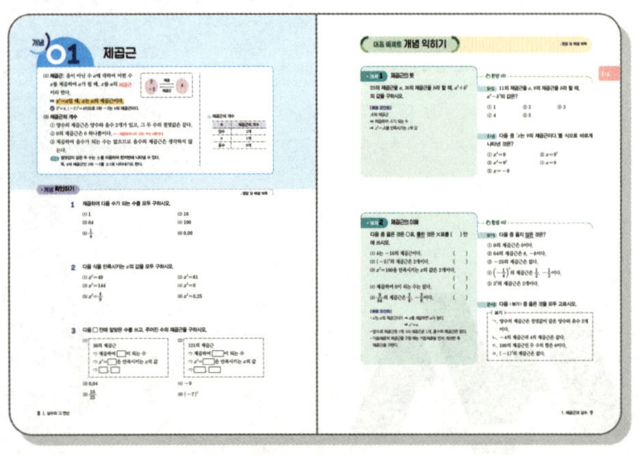

완쏠 "본책"으로
첫 번째 학습

+

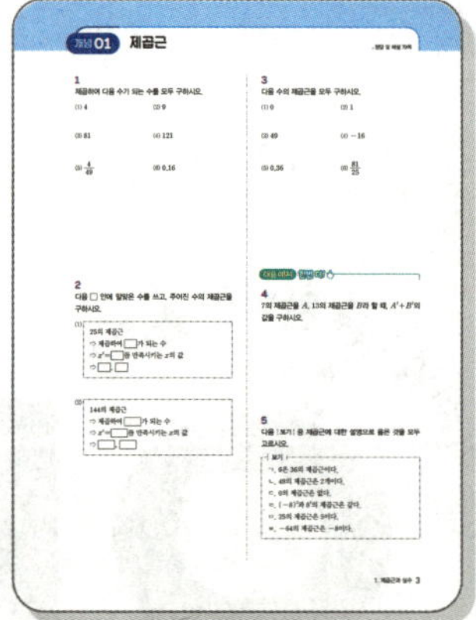

완쏠 "워크북"으로
반복 학습

→

**더욱
완벽한
개념 학습**

이런 학생들은 워크북을 꼭 풀어 보세요!

✓ 완쏠 본책을 공부한 후, 개념 이해력을 더욱 강화하고 싶다!

✓ 완쏠 본책을 공부한 후, 추가 공부할 과제가 필요하다!

이 책의 **차례**

• 정답 및 해설 79쪽

1

제곱하여 다음 수가 되는 수를 모두 구하시오.

(1) 4

(2) 9

(3) 81

(4) 121

(5) $\dfrac{4}{49}$

(6) 0.16

2

다음 □ 안에 알맞은 수를 쓰고, 주어진 수의 제곱근을 구하시오.

(1)
> 25의 제곱근
> ⇨ 제곱하여 □가 되는 수
> ⇨ $x^2=$□를 만족시키는 x의 값
> ⇨ □, □

(2)
> 144의 제곱근
> ⇨ 제곱하여 □가 되는 수
> ⇨ $x^2=$□를 만족시키는 x의 값
> ⇨ □, □

3

다음 수의 제곱근을 모두 구하시오.

(1) 0

(2) 1

(3) 49

(4) -16

(5) 0.36

(6) $\dfrac{81}{25}$

대표 예제 **한번 더!**

4

7의 제곱근을 A, 13의 제곱근을 B라 할 때, A^2+B^2의 값을 구하시오.

5

다음 |보기| 중 제곱근에 대한 설명으로 옳은 것을 모두 고르시오.

> ┤ 보기 ├
> ㄱ. 6은 36의 제곱근이다.
> ㄴ. 49의 제곱근은 2개이다.
> ㄷ. 0의 제곱근은 없다.
> ㄹ. $(-8)^2$과 8^2의 제곱근은 같다.
> ㅁ. 25의 제곱근은 5이다.
> ㅂ. -64의 제곱근은 -8이다.

1

다음 표를 완성하시오.

a	a의 양의 제곱근	a의 음의 제곱근	a의 제곱근
7			
$\dfrac{1}{10}$			
5^2			
$(-2)^2$			
$\left(\dfrac{2}{3}\right)^2$			
0.09			
169			

2

다음을 근호를 사용하여 나타내시오.

(1) 15의 양의 제곱근

(2) 15의 음의 제곱근

(3) 15의 제곱근

(4) 제곱근 15

3

다음을 근호를 사용하지 않고 나타내시오.

(1) $\sqrt{4}$

(2) $-\sqrt{36}$

(3) $\pm\sqrt{144}$

(4) $\sqrt{0.25}$

(5) $-\sqrt{0.01}$

(6) $\pm\sqrt{\dfrac{25}{121}}$

대표 예제 한번 더!

4

다음 중 옳은 것은?

① 제곱근 36은 ±6이다.

② -7은 -49의 음의 제곱근이다.

③ $\sqrt{225}$의 제곱근은 ±15이다.

④ 64의 제곱근인 두 수의 합은 0이다.

⑤ 제곱근 2와 2의 제곱근은 서로 같다.

5

다음 수의 제곱근 중 근호를 사용하지 않고 나타낼 수 있는 것은?

① 6
② $0.\dot{5}$
③ 14.4

④ $\dfrac{7}{25}$
⑤ $\dfrac{9}{49}$

1

다음 수를 근호를 사용하지 않고 나타내시오.

(1) $(\sqrt{3})^2$

(2) $\left(-\sqrt{\dfrac{5}{4}}\right)^2$

(3) $-(\sqrt{11})^2$

(4) $-(-\sqrt{1.5})^2$

(5) $\sqrt{6^2}$

(6) $\sqrt{(-17)^2}$

(7) $-\sqrt{\left(\dfrac{2}{5}\right)^2}$

(8) $-\sqrt{(-0.3)^2}$

2

다음은 제곱근의 성질을 이용하여 식을 계산하는 과정이다. □ 안에 알맞은 수를 쓰시오.

(1) $\sqrt{6^2}+(-\sqrt{3})^2$

> $\sqrt{6^2}=\Box$, $(-\sqrt{3})^2=\Box$ 이므로
> $\sqrt{6^2}+(-\sqrt{3})^2=\Box$

(2) $\sqrt{(-10)^2}-(\sqrt{7})^2$

> $\sqrt{(-10)^2}=\Box$, $(\sqrt{7})^2=\Box$ 이므로
> $\sqrt{(-10)^2}-(\sqrt{7})^2=\Box$

3

다음을 계산하시오.

(1) $(\sqrt{5})^2+(-\sqrt{6})^2$

(2) $\sqrt{13^2}-\sqrt{(-4)^2}$

(3) $(\sqrt{3})^2\times\sqrt{(-7)^2}$

(4) $\sqrt{12^2}\div(\sqrt{3})^2$

4

다음 □ 안에 알맞은 것을 쓰시오.

(1) $\sqrt{A^2}=\begin{cases} A\geq 0일\ 때,\ \Box \\ A<0일\ 때,\ \Box \end{cases}$

(2) $\sqrt{(-A)^2}=\begin{cases} A\geq 0일\ 때,\ -A\leq 0이므로\ \Box \\ A<0일\ 때,\ -A>0이므로\ \Box \end{cases}$

5

다음 □ 안에 알맞은 식을 쓰시오.

(1) $a>0$일 때, $\sqrt{(3a)^2}=\Box$

(2) $a<0$일 때, $\sqrt{(3a)^2}=\Box$

(3) $a>0$일 때, $\sqrt{(-3a)^2}=-(\Box)=\Box$

(4) $a<0$일 때, $\sqrt{(-3a)^2}=\Box$

6

다음 □ 안에 알맞은 식을 쓰시오.

(1) $a>0$일 때, $\sqrt{\left(\dfrac{2}{5}a\right)^2}=\Box$

(2) $a<0$일 때, $\sqrt{\left(\dfrac{2}{5}a\right)^2}=\Box$

(3) $a>0$일 때, $\sqrt{(-6a)^2}=-(\Box)=\Box$

(4) $a<0$일 때, $\sqrt{(-6a)^2}=\Box$

7

다음 ○ 안에는 부등호 $>$, $<$ 중 알맞은 것을 쓰고, □ 안에는 알맞은 식을 쓰시오.

(1) $a>1$일 때, $a-1 \bigcirc 0$이므로

$\sqrt{(a-1)^2}=\boxed{}$

(2) $a<1$일 때, $a-1 \bigcirc 0$이므로

$\sqrt{(a-1)^2}=-(\boxed{})=\boxed{}$

(3) $a>1$일 때, $a-1 \bigcirc 0$이므로

$-\sqrt{(a-1)^2}=-(\boxed{})=\boxed{}$

(4) $a<1$일 때, $a-1 \bigcirc 0$이므로

$-\sqrt{(a-1)^2}=-\{\boxed{}\}=\boxed{}$

8

다음 표를 완성하시오.

$\sqrt{(\text{제곱인 수})}$	$\sqrt{(\text{자연수})^2}$	자연수
$\sqrt{9}$		
$\sqrt{36}$		
$\sqrt{144}$		
$\sqrt{169}$		
$\sqrt{900}$		

9

다음은 주어진 식이 자연수가 되도록 하는 가장 작은 자연수 x의 값을 구하는 과정이다. □ 안에 알맞은 수를 쓰시오.

(1) $\sqrt{50x}$

> ❶ 50을 소인수분해하면 $50=\boxed{}\times\boxed{}^2$
> ❷ 50의 소인수 중에서 지수가 홀수인 소인수는 $\boxed{}$이다.
> ❸ $\sqrt{50x}=\sqrt{\boxed{}\times\boxed{}^2\times x}$가 자연수가 되려면 $x=\boxed{}\times(\text{자연수})^2$ 꼴이어야 하므로 가장 작은 자연수 x의 값은 $\boxed{}$이다.

(2) $\sqrt{63x}$

> ❶ 63을 소인수분해하면 $63=\boxed{}^2\times\boxed{}$
> ❷ 63의 소인수 중에서 지수가 홀수인 소인수는 $\boxed{}$이다.
> ❸ $\sqrt{63x}=\sqrt{\boxed{}^2\times\boxed{}\times x}$가 자연수가 되려면 $x=\boxed{}\times(\text{자연수})^2$ 꼴이어야 하므로 가장 작은 자연수 x의 값은 $\boxed{}$이다.

(3) $\sqrt{7+x}$

> ❶ x는 자연수이므로 $\sqrt{7+x}$가 자연수가 되려면 $7+x$는 7보다 큰 제곱수이어야 한다.
> ❷ 7보다 큰 제곱수는 $\boxed{}$, $\boxed{}$, $\boxed{}$, …이므로 $7+x=\boxed{}$, $\boxed{}$, $\boxed{}$, …
> $\therefore x=\boxed{}$, $\boxed{}$, $\boxed{}$, …
> ❸ $\sqrt{7+x}$가 자연수가 되도록 하는 가장 작은 자연수 x의 값은 $\boxed{}$이다.

(4) $\sqrt{15-x}$

> ❶ x는 자연수이므로 $\sqrt{15-x}$가 자연수가 되려면 $15-x$는 15보다 작은 제곱수이어야 한다.
> ❷ 15보다 작은 제곱수는 $\boxed{}$, $\boxed{}$, $\boxed{}$이므로 $15-x=\boxed{}$, $\boxed{}$, $\boxed{}$
> $\therefore x=\boxed{}$, $\boxed{}$, $\boxed{}$
> ❸ $\sqrt{15-x}$가 자연수가 되도록 하는 가장 작은 자연수 x의 값은 $\boxed{}$이다.

10

다음 중 그 값이 나머지 넷과 <u>다른</u> 하나는?

① $(\sqrt{2})^2$　　② $\sqrt{2^2}$　　③ $\sqrt{(-2)^2}$
④ $(-\sqrt{2})^2$　　⑤ $-\sqrt{(-2)^2}$

11

$\sqrt{11^2}-(-\sqrt{12})^2 \div \sqrt{\left(-\dfrac{3}{5}\right)^2}+\sqrt{169}$ 를 계산하면?

① 2　　　　② 4　　　　③ 6
④ 8　　　　⑤ 10

12

$a<0$일 때, 다음 중 옳지 <u>않은</u> 것은?

① $\sqrt{a^2}=-a$　　　② $\sqrt{(-a)^2}=a$
③ $(\sqrt{-a})^2=-a$　　④ $(-\sqrt{-a})^2=-a$
⑤ $-(\sqrt{-a})^2=a$

13

$a<0$일 때, $\sqrt{(-a)^2}-\sqrt{(5a)^2}$을 간단히 하면?

① $4a$　　　　② $2a$　　　　③ 0
④ $-2a$　　　⑤ $-4a$

14

$1<x<3$일 때, $\sqrt{(x-1)^2}+\sqrt{(x-3)^2}$을 간단히 하시오.

15

$\sqrt{252a}$가 자연수가 되도록 하는 가장 작은 자연수 a의 값은?

① 1　　　　② 3　　　　③ 5
④ 7　　　　⑤ 9

16

$\sqrt{28-x}$가 정수가 되도록 하는 자연수 x의 개수는?

① 4개　　　② 5개　　　③ 6개
④ 7개　　　⑤ 8개

1

다음 두 수의 대소를 비교하여 ○ 안에 부등호 $>$, $<$ 중 알맞은 것을 쓰시오.

(1) $\sqrt{3}$, $\sqrt{5}$

$\Rightarrow$ 3 ○ 5이므로 $\sqrt{3}$ ○ $\sqrt{5}$

(2) $\sqrt{\dfrac{5}{2}}$, $\sqrt{\dfrac{3}{2}}$

$\Rightarrow$ $\dfrac{5}{2}$ ○ $\dfrac{3}{2}$이므로 $\sqrt{\dfrac{5}{2}}$ ○ $\sqrt{\dfrac{3}{2}}$

(3) $-\sqrt{4}$, $-\sqrt{10}$

$\Rightarrow$ $\sqrt{4}$ ○ $\sqrt{10}$이므로 $-\sqrt{4}$ ○ $-\sqrt{10}$

(4) $-\sqrt{\dfrac{1}{7}}$, $-\sqrt{\dfrac{1}{9}}$

$\Rightarrow$ $\sqrt{\dfrac{1}{7}}$ ○ $\sqrt{\dfrac{1}{9}}$ 이므로 $-\sqrt{\dfrac{1}{7}}$ ○ $-\sqrt{\dfrac{1}{9}}$

2

다음은 5와 $\sqrt{24}$의 대소를 비교하는 과정이다. (개)~(래)에 알맞은 것을 각각 구하시오.

> **방법 ❶** $5=\sqrt{\boxed{\text{(개)}}}$ 이고 $\boxed{\text{(개)}}>24$이므로
> $5 \boxed{\text{(내)}} \sqrt{24}$
>
> **방법 ❷** $5^2=25$이고 $(\sqrt{24})^2=\boxed{\text{(대)}}$ 이므로
> $5 \boxed{\text{(래)}} \sqrt{24}$

3

다음 두 수의 대소를 비교하여 ○ 안에 부등호 $>$, $<$ 중 알맞은 것을 쓰시오.

(1) 3 ○ $\sqrt{6}$

(2) $\sqrt{0.2}$ ○ 0.2

(3) $-\sqrt{10}$ ○ -2

(4) -5 ○ $-\sqrt{20}$

4

다음 중 두 수의 대소 관계가 옳은 것은?

① $\sqrt{8}>4$

② $\sqrt{17}>\sqrt{18}$

③ $-\sqrt{13}<-\sqrt{15}$

④ $\sqrt{\dfrac{1}{6}}>\dfrac{1}{5}$

⑤ $\sqrt{0.6}>\sqrt{0.7}$

5

$6<\sqrt{3n}<7$을 만족시키는 자연수 n의 개수는?

① 2개

② 3개

③ 4개

④ 5개

⑤ 6개

1

다음 수가 유리수인 것은 '유', 무리수인 것은 '무'를
( ) 안에 쓰시오.

(1) $-\dfrac{1}{2}$　　( )　　(2) π　　( )

(3) $2.0\dot{8}$　　( )　　(4) $\sqrt{7}$　　( )

(5) $\sqrt{0.36}$　　( )　　(6) $-\sqrt{10}$　　( )

(7) $0.\dot{6}$　　( )　　(8) $\sqrt{(-11)^2}$　　( )

(9) $\sqrt{29}$　　( )　　(10) $-\sqrt{\dfrac{7}{25}}$　　( )

2

무리수와 실수에 대한 다음 설명 중 옳은 것은 ○표, 옳
지 <u>않은</u> 것은 ×표를 ( ) 안에 쓰시오.

(1) 유한소수는 모두 유리수이다.　　　　( )

(2) 무한소수는 모두 무리수이다.　　　　( )

(3) $\sqrt{3}$은 순환소수가 아닌 무한소수이다.　　( )

(4) 무리수는 모두 무한소수로 나타내어진다.　( )

(5) 근호를 사용하여 나타낸 수 중에는 유리수인 것도 있
　　다.　　　　　　　　　　　　　　( )

(6) 유리수나 무리수가 아닌 실수가 있다.　　( )

대표 예제 **한번 더!**

3

다음 | 보기 | 중 무리수의 개수는?

| 보기 |

$$\sqrt{0.\dot{4}}, \quad -\sqrt{1.21}, \quad \sqrt{13},$$
$$0.1121231234\cdots, \quad \sqrt{(-2)^2}, \quad \pi$$

① 1개　　　　② 2개　　　　③ 3개
④ 4개　　　　⑤ 5개

4

다음 중 옳지 <u>않은</u> 것을 모두 고르면? (정답 2개)

① 실수는 유리수와 무리수로 이루어져 있다.
② 모든 정수는 유리수이다.
③ 정수가 아니면서 유리수인 수는 없다.
④ 유리수이면서 무리수인 수는 없다.
⑤ 모든 실수는 순환소수로 나타낼 수 있다.

1

다음은 두 무리수 $\sqrt{10}$, $-\sqrt{10}$에 대응하는 점을 각각 수직선 위에 나타내는 과정이다. □ 안에 알맞은 수를 쓰시오.

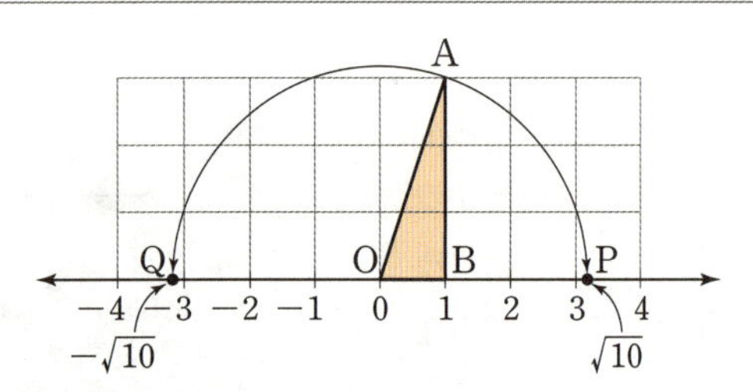

❶ 위의 그림과 같이 한 눈금의 길이가 1인 모눈종이 위에 수직선과 직각삼각형 AOB를 그린다.

❷ 직각삼각형 AOB의 빗변의 길이를 구하면
$$\overline{OA}=\sqrt{\square^2+\square^2}=\sqrt{\square}$$

❸ 원점 O를 중심으로 하고 $\overline{OA}$를 반지름으로 하는 원을 그려 원이 수직선과 만나는 두 점을 각각 P, Q라 하면 두 점 P, Q에 대응하는 수는 각각 □, □이다.

2

다음은 두 무리수 $3+\sqrt{2}$, $3-\sqrt{2}$에 대응하는 점을 각각 수직선 위에 나타내는 과정이다. □ 안에 알맞은 수를 쓰시오.

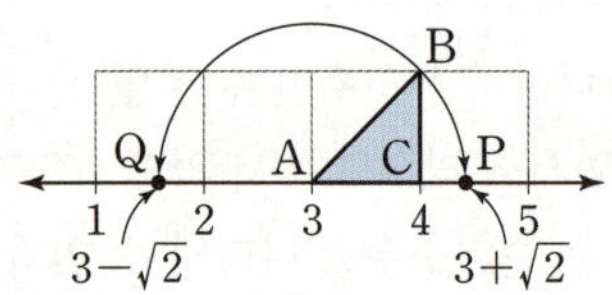

❶ 위의 그림과 같이 한 눈금의 길이가 1인 모눈종이 위에 수직선과 직각삼각형 ACB를 그린다.

❷ 직각삼각형 ACB의 빗변의 길이를 구하면
$$\overline{AB}=\sqrt{\square^2+\square^2}=\sqrt{\square}$$

❸ 점 A를 중심으로 하고 $\overline{AB}$를 반지름으로 하는 원을 그려 원이 수직선과 만나는 두 점을 각각 P, Q라 하자.
점 P는 점 A에서 오른쪽으로 $\overline{AP}=\overline{AB}=\square$만큼 떨어진 점이고, 점 Q는 점 A에서 왼쪽으로 $\overline{AQ}=\overline{AB}=\square$만큼 떨어진 점이므로 두 점 P, Q에 대응하는 수는 각각 □, □이다.

3

실수와 수직선에 대한 다음 설명 중 옳은 것은 ○표, 옳지 않은 것은 ×표를 (   ) 안에 쓰시오.

⑴ $\sqrt{3}$에 대응하는 점은 수직선 위에 나타낼 수 없다.
(   )

⑵ 두 유리수 0과 2 사이에 있는 유리수는 한 개이다.
(   )

⑶ 두 무리수 $\sqrt{3}$과 $\sqrt{5}$ 사이에는 한 개의 자연수가 있다.
(   )

⑷ 수직선 위의 점은 유리수에 대응한다.   (   )

⑸ 서로 다른 두 실수 사이에는 무수히 많은 실수가 있다.
(   )

⑹ 실수 중에서 수직선 위의 점으로 나타낼 수 없는 수가 있다.
(   )

4

오른쪽 그림과 같이 한 눈금의 길이가 1인 모눈종이 위에 수직선과 정사각형 ABCD를 그렸다. $\overline{AB}=\overline{AP}$, $\overline{AD}=\overline{AQ}$일 때, 두 점 P, Q에 대응하는 수를 각각 구하시오.

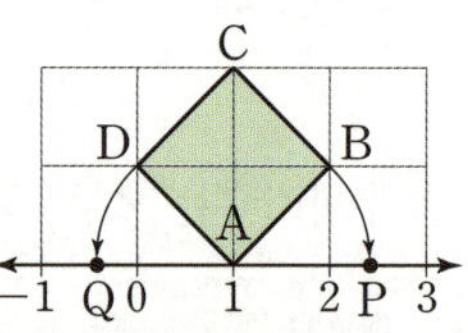

5

다음 |보기| 중 옳은 것을 모두 고르시오.

|보기|

ㄱ. 서로 다른 두 무리수 사이에는 무리수만 있다.
ㄴ. 실수 중에서 유리수이면서 동시에 무리수인 수는 없다.
ㄷ. 무리수에 대응하는 점으로 수직선을 완전히 메울 수 있다.

1

다음은 두 실수의 대소를 비교하는 과정이다. □ 안에는 알맞은 수를, ○ 안에는 부등호 $>$, $<$ 중 알맞은 것을 쓰시오.

⑴ $\sqrt{5}+1$, 3

$(\sqrt{5}+1)-3=\sqrt{5}-2$
이때 $\sqrt{5}$ ○ 2에서 $\sqrt{5}-2$ ○ 0이므로
$(\sqrt{5}+1)-3$ ○ 0   ∴ $\sqrt{5}+1$ ○ 3

⑵ $\sqrt{3}+1$, $\sqrt{2}+1$

$\sqrt{3}$ ○ $\sqrt{2}$이므로 양변에 1을 더하면
$\sqrt{3}+1$ ○ $\sqrt{2}+1$

⑶ $\sqrt{10}-1$, 2

$\sqrt{9}<\sqrt{10}<\sqrt{16}$, 즉 $3<\sqrt{10}<4$에서
$\sqrt{10}=$□$.\times\times\times$이므로
$\sqrt{10}-1=$□$.\times\times\times$ ∴ $\sqrt{10}-1$ ○ 2

2

다음 ○ 안에 부등호 $>$, $<$ 중 알맞은 것을 쓰시오.

⑴ $2+\sqrt{10}$ ○ 5

⑵ $4+\sqrt{11}$ ○ 8

⑶ $2+\sqrt{5}$ ○ $2+\sqrt{6}$

⑷ $\sqrt{2}-\sqrt{7}$ ○ $1-\sqrt{7}$

3

다음은 세 수 $a=\sqrt{6}+1$, $b=\sqrt{5}+1$, $c=3$의 대소를 비교하는 과정이다. ○ 안에 부등호 $>$, $<$ 중 알맞은 것을 쓰시오.

$a-b=(\sqrt{6}+1)-(\sqrt{5}+1)=\sqrt{6}-\sqrt{5}>0$
∴ $a>b$
$b-c=(\sqrt{5}+1)-3=\sqrt{5}-2$ ○ 0
∴ b ○ c
따라서 a ○ b, b ○ c이므로 c ○ b ○ a

대표 예제 **한번 더!**

4

다음 중 두 실수의 대소 관계가 옳은 것을 모두 고르면?

(정답 2개)

① $1>4-\sqrt{11}$　　　　② $\sqrt{6}-2>1$
③ $2-\sqrt{3}>\sqrt{5}-\sqrt{3}$　　④ $-\sqrt{7}-3>-\sqrt{10}-3$
⑤ $\sqrt{3}+\sqrt{5}>\sqrt{5}+\sqrt{7}$

5

다음 세 수 a, b, c의 대소 관계로 옳은 것은?

$$a=\sqrt{6}+4,\quad b=6,\quad c=6-\sqrt{2}$$

① $a<b<c$　　② $b<a<c$　　③ $b<c<a$
④ $c<a<b$　　⑤ $c<b<a$

1

다음을 간단히 하시오.

(1) $\sqrt{2} \times \sqrt{7}$

(2) $\sqrt{5}\sqrt{3}$

(3) $-\sqrt{6} \times \sqrt{7}$

(4) $3\sqrt{2} \times 5\sqrt{11}$

2

다음 □ 안에 알맞은 수를 쓰시오.

(1) $\sqrt{\dfrac{5}{3}} \times \sqrt{\dfrac{18}{5}} = \sqrt{\dfrac{5}{3} \times \boxed{}} = \sqrt{\boxed{}}$

(2) $\sqrt{3}\sqrt{5}\sqrt{7} = \sqrt{\boxed{} \times \boxed{} \times \boxed{}} = \sqrt{\boxed{}}$

3

다음을 간단히 하시오.

(1) $\sqrt{42} \div \sqrt{6}$

(2) $\dfrac{\sqrt{33}}{\sqrt{11}}$

(3) $\sqrt{56} \div (-\sqrt{8})$

(4) $4\sqrt{30} \div 2\sqrt{6}$

4

다음 □ 안에 알맞은 수를 쓰시오.

$$\sqrt{21} \div \dfrac{\sqrt{7}}{\sqrt{13}} = \sqrt{21} \times \dfrac{\sqrt{\boxed{}}}{\sqrt{7}} = \sqrt{21 \times \boxed{}} = \sqrt{\boxed{}}$$

대표 예제 **한번 더!**

5

다음 중 옳지 <u>않은</u> 것은?

① $\sqrt{5}\sqrt{6} = \sqrt{30}$ ② $-\sqrt{3}\sqrt{27} = -9$

③ $2\sqrt{2}\sqrt{3} = 2\sqrt{6}$ ④ $\sqrt{\dfrac{3}{7}} \times \sqrt{\dfrac{14}{3}} = 2$

⑤ $\sqrt{\dfrac{2}{3}} \times 7\sqrt{\dfrac{11}{10}} = 7\sqrt{\dfrac{11}{15}}$

6

$\sqrt{27} \div \dfrac{\sqrt{3}}{\sqrt{2}} \div (-3\sqrt{2}) = a$일 때, 유리수 a의 값은?

① -4 ② -2 ③ -1

④ 2 ⑤ 4

1

$a>0$, $b>0$일 때, $\sqrt{a^2 b}=a\sqrt{b}$임을 이용하여 다음 □ 안에 알맞은 수를 쓰시오.

$$\sqrt{24}=\sqrt{2^3\times 3}=\sqrt{\boxed{}\times 2\times 3}$$
$$=\sqrt{\boxed{}}\sqrt{6}=\boxed{}\sqrt{6}$$

2

다음 □ 안에 알맞은 수를 쓰시오.

(1) $\sqrt{28}=\sqrt{\boxed{}^2\times 7}=\boxed{}\sqrt{7}$

(2) $-\sqrt{75}=-\sqrt{\boxed{}^2\times 3}=-\boxed{}\sqrt{3}$

(3) $\sqrt{200}=\sqrt{\boxed{}^2\times 2}=\boxed{}\sqrt{2}$

(4) $\sqrt{288}=\sqrt{\boxed{}^2\times 2}=\boxed{}\sqrt{2}$

(5) $-\sqrt{1000}=-\sqrt{\boxed{}^2\times 10}=-\boxed{}\sqrt{10}$

(6) $\sqrt{\dfrac{11}{49}}=\sqrt{\dfrac{11}{\boxed{}^2}}=\dfrac{\sqrt{11}}{\boxed{}}$

(7) $\sqrt{0.18}=\sqrt{\dfrac{\boxed{}}{100}}=\sqrt{\dfrac{\boxed{}^2\times 2}{10^2}}=\dfrac{\boxed{}\sqrt{2}}{10}$

3

다음 □ 안에 알맞은 수를 쓰시오.

(1) $5\sqrt{5}=\sqrt{\boxed{}^2\times 5}=\sqrt{\boxed{}}$

(2) $\dfrac{\sqrt{35}}{12}=\sqrt{\dfrac{35}{\boxed{}^2}}=\sqrt{\boxed{}}$

(3) $-\dfrac{\sqrt{7}}{5}=-\sqrt{\dfrac{7}{\boxed{}^2}}=-\sqrt{\boxed{}}$

대표 예제 한번 더! 👆

4

다음 |보기| 중 옳은 것을 모두 고르시오.

| 보기 |

ㄱ. $\sqrt{\dfrac{10}{9}}=\dfrac{\sqrt{10}}{3}$ ㄴ. $\sqrt{\dfrac{20}{25}}=\dfrac{\sqrt{2}}{5}$

ㄷ. $\sqrt{\dfrac{21}{27}}=\dfrac{\sqrt{7}}{3}$ ㄹ. $\sqrt{0.12}=\dfrac{\sqrt{3}}{10}$

ㅁ. $-\sqrt{\dfrac{24}{49}}=-\dfrac{2\sqrt{3}}{7}$

5

$\sqrt{3}=a$, $\sqrt{5}=b$일 때, $\sqrt{45}$를 a, b를 사용하여 나타내면?

① $3ab$ ② $3ab^2$ ③ $a^2 b$

④ $3a^2 b$ ⑤ $a^2 b^2$

•정답 및 해설 83쪽

1

다음은 $\dfrac{\sqrt{3}}{\sqrt{5}}$ 의 분모를 유리화하는 과정이다. (가)~(라)에 알맞은 수를 각각 구하시오.

$$\frac{\sqrt{3}}{\sqrt{5}}=\frac{\sqrt{3}\times\boxed{\text{(가)}}}{\sqrt{5}\times\boxed{\text{(나)}}}=\frac{\sqrt{\boxed{\text{(다)}}}}{(\sqrt{5})^2}=\frac{\sqrt{\boxed{\text{(라)}}}}{5}$$

2

다음은 수의 분모를 유리화하는 과정이다. □ 안에 알맞은 수를 쓰시오.

(1) $\dfrac{1}{\sqrt{5}}=\dfrac{1\times\boxed{}}{\sqrt{5}\times\boxed{}}=\boxed{}$

(2) $\dfrac{7}{\sqrt{13}}=\dfrac{7\times\boxed{}}{\sqrt{13}\times\boxed{}}=\boxed{}$

(3) $\dfrac{1}{2\sqrt{3}}=\dfrac{1\times\boxed{}}{2\sqrt{3}\times\boxed{}}=\boxed{}$

(4) $\dfrac{11}{4\sqrt{3}}=\dfrac{11\times\boxed{}}{4\sqrt{3}\times\boxed{}}=\boxed{}$

(5) $\dfrac{\sqrt{5}}{\sqrt{28}}=\dfrac{\sqrt{5}}{2\sqrt{7}}=\dfrac{\sqrt{5}\times\boxed{}}{2\sqrt{7}\times\boxed{}}=\boxed{}$

(6) $\dfrac{\sqrt{2}}{\sqrt{63}}=\dfrac{\sqrt{2}}{3\sqrt{7}}=\dfrac{\sqrt{2}\times\boxed{}}{3\sqrt{7}\times\boxed{}}=\boxed{}$

3

다음 수의 분모를 유리화하시오.

(1) $\dfrac{1}{\sqrt{7}}$　　　　(2) $\dfrac{3}{\sqrt{5}}$

(3) $-\dfrac{\sqrt{17}}{\sqrt{3}}$　　　　(4) $\dfrac{3\sqrt{3}}{4\sqrt{15}}$

(5) $\dfrac{2}{\sqrt{14}}$　　　　(6) $\dfrac{7}{2\sqrt{27}}$

대표 예제 **한번 더!**

4

다음 중 분모를 유리화한 것으로 옳지 **않은** 것은?

① $\dfrac{1}{\sqrt{11}}=\dfrac{\sqrt{11}}{11}$　　② $\dfrac{\sqrt{2}}{\sqrt{5}}=\dfrac{\sqrt{10}}{5}$

③ $\dfrac{\sqrt{6}}{\sqrt{20}}=\dfrac{3\sqrt{10}}{10}$　　④ $\dfrac{2}{3\sqrt{6}}=\dfrac{\sqrt{6}}{9}$

⑤ $\dfrac{4\sqrt{3}}{5\sqrt{2}}=\dfrac{2\sqrt{6}}{5}$

5

$\dfrac{3\sqrt{3}}{\sqrt{2}}\times\dfrac{5}{\sqrt{6}}\div\dfrac{\sqrt{18}}{8}$ 을 간단히 하면?

① $\dfrac{\sqrt{2}}{2}$　　　② $\dfrac{\sqrt{6}}{2}$　　　③ $4\sqrt{2}$

④ $10\sqrt{2}$　　　⑤ $10\sqrt{6}$

1

다음 제곱근표를 이용하여 ☐ 안에 알맞은 수를 쓰시오.

수	0	1	2	3	4
4.5	2.121	2.124	2.126	2.128	2.131
4.6	2.145	2.147	2.149	2.152	2.154
4.7	2.168	2.170	2.173	2.175	2.177
4.8	2.191	2.193	2.195	2.198	2.200
4.9	2.214	2.216	2.218	2.220	2.223

(1) $\sqrt{4.52} = $ ☐

(2) $\sqrt{4.74} = $ ☐

(3) $\sqrt{4.6} = $ ☐

(4) $\sqrt{4.91} = $ ☐

2

다음 제곱근표를 이용하여 ☐ 안에 알맞은 수를 쓰시오.

수	4	5	6	7	8
10	3.225	3.240	3.256	3.271	3.286
11	3.376	3.391	3.406	3.421	3.435
12	3.521	3.536	3.550	3.564	3.578
13	3.661	3.674	3.688	3.701	3.715
14	3.795	3.808	3.821	3.834	3.847
15	3.924	3.937	3.950	3.962	3.975

(1) $\sqrt{10.4} = $ ☐

(2) $\sqrt{12.7} = $ ☐

(3) $\sqrt{14.5} = $ ☐

(4) $\sqrt{15.8} = $ ☐

3

다음 제곱근표를 이용하여 ☐ 안에 알맞은 수를 쓰시오.

수	0	1	2	3	4	5
2.4	1.549	1.552	1.556	1.559	1.562	1.565
2.5	1.581	1.584	1.587	1.591	1.594	1.597
2.6	1.612	1.616	1.619	1.622	1.625	1.628
2.7	1.643	1.646	1.649	1.652	1.655	1.658

(1) $\sqrt{2.42} = $ ☐

(2) $\sqrt{} = 1.591$

(3) $\sqrt{} = 1.616$

(4) $\sqrt{2.74} = $ ☐

4

$\sqrt{7} = 2.646$, $\sqrt{70} = 8.367$일 때, 다음 ☐ 안에 알맞은 수를 쓰시오.

(1) $\sqrt{700} = \sqrt{7 \times \boxed{}} = \boxed{}\sqrt{7}$
$= \boxed{} \times 2.646 = \boxed{}$

(2) $\sqrt{7000} = \sqrt{70 \times \boxed{}} = \boxed{}\sqrt{70}$
$= \boxed{} \times 8.367 = \boxed{}$

(3) $\sqrt{0.07} = \sqrt{\dfrac{7}{\boxed{}}} = \dfrac{\sqrt{7}}{\boxed{}}$
$= \dfrac{2.646}{\boxed{}} = \boxed{}$

(4) $\sqrt{0.007} = \sqrt{\dfrac{70}{\boxed{}}} = \dfrac{\sqrt{70}}{\boxed{}}$
$= \dfrac{8.367}{\boxed{}} = \boxed{}$

5

$\sqrt{5.12}=2.263$, $\sqrt{51.2}=7.155$일 때, 다음 제곱근의 값을 소수로 나타내시오.

(1) $\sqrt{512}$

(2) $\sqrt{5120}$

(3) $\sqrt{0.512}$

(4) $\sqrt{0.0512}$

6

$\sqrt{3}=1.732$일 때, 다음 □ 안에 알맞은 수를 쓰시오.

(1) $\sqrt{12}=2\sqrt{}=2\times\boxed{}=\boxed{}$

(2) $\sqrt{\dfrac{3}{4}}=\dfrac{\sqrt{3}}{\Box}=\dfrac{1.732}{\Box}=\boxed{}$

7

$\sqrt{5}=2.236$일 때, 다음 제곱근의 값을 소수로 나타내시오.

(1) $\sqrt{20}$

(2) $\sqrt{\dfrac{5}{16}}$

(3) $\sqrt{1.25}$

8

$\sqrt{3.8}=1.949$, $\sqrt{38}=6.164$일 때, 다음 중 옳지 <u>않은</u> 것은?

① $\sqrt{3800}=61.64$
② $\sqrt{380}=19.49$
③ $\sqrt{0.38}=0.6164$
④ $\sqrt{0.038}=0.1949$
⑤ $\sqrt{0.0038}=0.006164$

9

$\sqrt{7}=2.646$, $\sqrt{70}=8.367$일 때, $\sqrt{0.28}$의 값을 소수로 나타내시오.

•정답 및 해설 84쪽

1

다음을 계산하시오.

(1) $2\sqrt{3}+3\sqrt{3}$

(2) $\sqrt{2}+10\sqrt{2}$

(3) $12\sqrt{7}+2\sqrt{7}$

(4) $\sqrt{3}-6\sqrt{3}$

(5) $7\sqrt{6}-10\sqrt{6}$

(6) $-3\sqrt{5}-8\sqrt{5}$

2

다음을 계산하시오.

(1) $4\sqrt{3}+5\sqrt{3}-6\sqrt{3}$

(2) $6\sqrt{7}-15\sqrt{7}+7\sqrt{7}$

(3) $-2\sqrt{17}+4\sqrt{17}-6\sqrt{17}$

(4) $-2\sqrt{3}-7\sqrt{3}-5\sqrt{3}$

(5) $\dfrac{\sqrt{5}}{3}-\dfrac{\sqrt{5}}{2}-\dfrac{\sqrt{5}}{6}$

(6) $-\sqrt{2}+\dfrac{\sqrt{2}}{3}-\dfrac{\sqrt{2}}{4}$

3

다음을 계산하시오.

(1) $2\sqrt{3}-9\sqrt{2}+4\sqrt{3}+\sqrt{2}$

(2) $-2\sqrt{6}+5\sqrt{7}+9\sqrt{6}-3\sqrt{7}$

(3) $\dfrac{7\sqrt{2}}{4}+\sqrt{5}-\dfrac{3\sqrt{2}}{2}-6\sqrt{5}$

(4) $-3\sqrt{3}+\dfrac{4\sqrt{11}}{3}+\dfrac{5\sqrt{3}}{2}-\dfrac{\sqrt{11}}{6}$

4

다음을 계산하시오.

(1) $\sqrt{45}+\sqrt{20}$

(2) $\sqrt{27}-\sqrt{75}$

(3) $\sqrt{75}+\sqrt{12}$

(4) $\sqrt{24}+\sqrt{96}$

(5) $\sqrt{18}-\sqrt{50}$

(6) $\sqrt{72}-\sqrt{32}$

5

다음을 계산하시오.

(1) $4\sqrt{2}-\dfrac{2}{\sqrt{2}}$

(2) $\dfrac{3}{\sqrt{2}}+\dfrac{\sqrt{6}}{\sqrt{3}}$

(3) $\dfrac{4}{\sqrt{5}}+\dfrac{\sqrt{2}}{\sqrt{10}}$

(4) $\dfrac{3}{\sqrt{3}}-\sqrt{48}$

(5) $\sqrt{32}-\dfrac{4}{\sqrt{8}}$

(6) $\dfrac{30}{\sqrt{45}}-\sqrt{125}$

6

다음을 계산하시오.

(1) $4\sqrt{2}-\sqrt{50}-\sqrt{18}$

(2) $-\sqrt{5}+2\sqrt{45}-3\sqrt{20}$

(3) $\dfrac{6}{\sqrt{3}}+7\sqrt{5}-\sqrt{27}+\sqrt{125}$

(4) $-\sqrt{18}-\dfrac{10}{\sqrt{5}}-\dfrac{14}{\sqrt{2}}+\sqrt{80}$

대표 예제 한번 더!

7

$2\sqrt{5}+\sqrt{7}-7\sqrt{5}+4\sqrt{7}$을 계산하면?

① $-7\sqrt{5}-5\sqrt{7}$ ② $-5\sqrt{5}-5\sqrt{7}$

③ $-5\sqrt{5}+5\sqrt{7}$ ④ $5\sqrt{5}-5\sqrt{7}$

⑤ $5\sqrt{5}+5\sqrt{7}$

8

$3\sqrt{24}-\dfrac{\sqrt{32}}{4}+\sqrt{96}+\dfrac{12}{\sqrt{8}}=a\sqrt{2}+b\sqrt{6}$일 때, 유리수 a, b에 대하여 $b-a$의 값은?

① 6   ② 8   ③ 10

④ 12   ⑤ 14

1

다음을 계산하시오.

(1) $\sqrt{2}(\sqrt{2}+\sqrt{6})$

(2) $2\sqrt{6}(\sqrt{5}+\sqrt{8})$

(3) $\sqrt{2}(\sqrt{11}-2\sqrt{3})$

(4) $\sqrt{5}(3\sqrt{7}-4\sqrt{3})$

(5) $(\sqrt{2}+\sqrt{6})\times 2\sqrt{7}$

(6) $(5\sqrt{3}-\sqrt{10})\times\sqrt{2}$

2

다음을 계산하시오.

(1) $(\sqrt{15}+5\sqrt{5})\div\sqrt{5}$

(2) $(\sqrt{48}-\sqrt{30})\div\sqrt{6}$

(3) $(3\sqrt{2}+4\sqrt{6})\div\sqrt{3}$

(4) $(2\sqrt{3}-\sqrt{8})\div\dfrac{1}{\sqrt{2}}$

(5) $(3\sqrt{3}+\sqrt{24})\div\sqrt{3}$

(6) $(\sqrt{20}-3\sqrt{5})\div\sqrt{5}$

3

다음은 수의 분모를 유리화하는 과정이다. ☐ 안에 알맞은 수를 쓰시오.

(1) $\dfrac{\sqrt{5}+\sqrt{3}}{\sqrt{7}}=\dfrac{(\sqrt{5}+\sqrt{3})\times\boxed{}}{\sqrt{7}\times\boxed{}}=\boxed{}$

(2) $\dfrac{\sqrt{6}-2}{\sqrt{3}}=\dfrac{(\sqrt{6}-2)\times\boxed{}}{\sqrt{3}\times\boxed{}}=\boxed{}$

(3) $\dfrac{\sqrt{11}+3\sqrt{2}}{\sqrt{2}}=\dfrac{(\sqrt{11}+3\sqrt{2})\times\boxed{}}{\sqrt{2}\times\boxed{}}=\boxed{}$

(4) $\dfrac{2\sqrt{5}-\sqrt{10}}{\sqrt{5}}=\dfrac{(2\sqrt{5}-\sqrt{10})\times\boxed{}}{\sqrt{5}\times\boxed{}}=\boxed{}$

(5) $\dfrac{2\sqrt{3}+3\sqrt{2}}{\sqrt{6}}=\dfrac{(2\sqrt{3}+3\sqrt{2})\times\boxed{}}{\sqrt{6}\times\boxed{}}=\boxed{}$

4

다음 수의 분모를 유리화하시오.

(1) $\dfrac{\sqrt{5}+\sqrt{2}}{\sqrt{3}}$

(2) $\dfrac{\sqrt{3}-\sqrt{5}}{\sqrt{2}}$

(3) $\dfrac{\sqrt{3}-2}{2\sqrt{3}}$

(4) $\dfrac{6+\sqrt{5}}{3\sqrt{5}}$

5

다음을 계산하시오.

(1) $\sqrt{10} \times \sqrt{5} + \sqrt{2}$

(2) $2\sqrt{6} \div \sqrt{3} - 3\sqrt{2}$

(3) $5\sqrt{10} - \sqrt{18} \times \sqrt{5}$

(4) $\sqrt{15} + 4\sqrt{3} \div 2\sqrt{5}$

(5) $\sqrt{5} \times \sqrt{15} - \sqrt{24} \times \dfrac{1}{\sqrt{8}}$

(6) $\sqrt{2}(3 - \sqrt{6}) - 8 \div \sqrt{2}$

(7) $\dfrac{3}{\sqrt{3}}(5 - \sqrt{60}) - \dfrac{10}{\sqrt{5}}$

(8) $\sqrt{3}(\sqrt{2} - \sqrt{3}) - \dfrac{\sqrt{3} - \sqrt{8}}{\sqrt{2}}$

(9) $\dfrac{\sqrt{6} - \sqrt{3}}{\sqrt{3}} + \dfrac{3 - \sqrt{2}}{\sqrt{2}}$

(10) $-\sqrt{12}\left(\dfrac{1}{\sqrt{2}} + \dfrac{1}{\sqrt{3}}\right) + \sqrt{3}\left(\dfrac{2\sqrt{2}}{3} - \dfrac{1}{\sqrt{3}}\right)$

대표 예제 **한번 더!**

6

$\sqrt{3}(\sqrt{18} - \sqrt{12}) - \sqrt{2}(\sqrt{8} + \sqrt{12}) = a + b\sqrt{6}$을 만족시키는 유리수 a, b에 대하여 $a + b$의 값은?

① -10 ② -9 ③ -8

④ -6 ⑤ -5

7

$\dfrac{\sqrt{3} - 2\sqrt{2}}{\sqrt{2}} - \dfrac{3\sqrt{2} - 2\sqrt{3}}{\sqrt{3}}$을 계산하시오.

1

다음은 분배법칙을 이용하여 식을 전개하는 과정이다.
□ 안에 알맞은 것을 쓰시오.

(1) $(a+3)(b+4)=ab+\boxed{}+3b+\boxed{}$

(2) $(x-1)(y+4)=xy+\boxed{}-y-\boxed{}$

(3) $(a+4)(a+5)=a^2+5a+\boxed{}a+\boxed{}$
$=a^2+\boxed{}a+\boxed{}$

(4) $(y+1)(y-5)=y^2-\boxed{}y+y-\boxed{}$
$=y^2-\boxed{}y-\boxed{}$

(5) $(x+y)(x+3y)=x^2+3\boxed{}+xy+\boxed{}y^2$
$=x^2+\boxed{}xy+\boxed{}$

(6) $(x-2y)(3x+y)=3x^2+xy-\boxed{}-\boxed{}y^2$
$=3x^2-\boxed{}xy-\boxed{}$

2

다음 □ 안에 알맞은 수를 쓰고, 주어진 식을 전개하시오.

(1) $(x+1)^2=x^2+2\times x\times\boxed{}+1^2$
$=x^2+\boxed{}x+\boxed{}$

(2) $(a+3)^2=a^2+2\times a\times\boxed{}+\boxed{}^2$
$=a^2+\boxed{}a+\boxed{}$

(3) $(x+5)^2$

(4) $(y+7)^2$

3

다음 □ 안에 알맞은 수를 쓰고, 주어진 식을 전개하시오.

(1) $(x-2)^2=x^2-2\times x\times\boxed{}+2^2$
$=x^2-\boxed{}x+\boxed{}$

(2) $(y-3)^2=y^2-2\times y\times\boxed{}+\boxed{}^2$
$=y^2-\boxed{}y+\boxed{}$

(3) $(a-7)^2$

(4) $(x-9)^2$

4

다음 □ 안에 알맞은 수를 쓰고, 주어진 식을 전개하시오.

(1) $(x+1)(x-1)=x^2-\boxed{}^2=x^2-\boxed{}$

(2) $(y+2)(y-2)=y^2-\boxed{}^2=y^2-\boxed{}$

(3) $\left(a+\dfrac{1}{3}\right)\left(a-\dfrac{1}{3}\right)=a^2-\left(\boxed{}\right)^2=a^2-\boxed{}$

(4) $(3a+2)(3a-2)$

(5) $\left(\dfrac{1}{4}x+5\right)\left(\dfrac{1}{4}x-5\right)$

(6) $(x+2y)(x-2y)$

(7) $(5a+3b)(5a-3b)$

5

다음 □ 안에 알맞은 것을 쓰고, 주어진 식을 전개하시오.

(1) $(a+7)(-a+7)=(7+a)(7-a)=7^2-\square^2$
$$=49-\square$$

(2) $(-a+5)(a+5)=(5-a)(5+a)=5^2-\square^2$
$$=25-\square$$

(3) $(-6+x)(6+x)$

(4) $(x+2y)(-x+2y)$

(5) $(-x+3)(-x-3)=(\square)^2-3^2=\square^2-\square$

(6) $(-7x+y)(-7x-y)$

(7) $(8-a)(-8-a)$

6

다음 □ 안에 알맞은 것을 쓰고, 주어진 식을 전개하시오.

(1) $(x+4)(x+6)=x^2+(\square+\square)x+\square\times\square$
$$=\boxed{}$$

(2) $(x+1)(x+5)$

(3) $(x-1)(x-7)$
$$=x^2+\{\square+(\square)\}x+(\square)\times(\square)$$
$$=\boxed{}$$

(4) $(x-6)(x-3)$

(5) $(x-3)(x+7)$

(6) $(x+8)(x-3)$

(7) $(x-6y)(x-3y)$

(8) $(x-7y)(x+4y)$

7

다음 □ 안에 알맞은 것을 쓰고, 주어진 식을 전개하시오.

(1) $(3x+1)(4x+3)$
$$=(3\times4)x^2+(3\times\square+1\times\square)x+1\times3$$
$$=\boxed{}$$

(2) $(4x+3)(2x+5)$

(3) $(3x-1)(4x-2)$

(4) $(2x-9)(3x-5)$

(5) $(2x-5)(3x+1)$

(6) $(4x+7)(2x-5)$

(7) $(2x-3y)(4x-5y)$

(8) $(5x-9y)(3x+4y)$

대표 예제 한번 더!

8

다음 중 옳지 <u>않은</u> 것은?

① $(x+6)^2=x^2+12x+36$

② $(-a+3)^2=a^2-6a+9$

③ $(3x-5)^2=9x^2-25$

④ $\left(\dfrac{1}{4}x+1\right)^2=\dfrac{1}{16}x^2+\dfrac{1}{2}x+1$

⑤ $(3a-b)^2=9a^2-6ab+b^2$

10

$\left(x-\dfrac{1}{3}y\right)\left(x+\dfrac{1}{2}y\right)=x^2+axy+by^2$일 때, 상수 a, b

에 대하여 $a+b$의 값은?

① -1 ② $-\dfrac{1}{2}$ ③ 0

④ $\dfrac{1}{6}$ ⑤ 1

9

$3(x-5)(x+5)-(2x-1)(2x+1)$을 계산하면
ax^2+b일 때, 상수 a, b에 대하여 $a-b$의 값을 구하시오.

11

$(3x+a)(bx-1)=12x^2+cx-5$일 때, 상수 a, b, c
에 대하여 $a+b+c$의 값을 구하시오.

1

다음을 계산하시오.

(1) $(\sqrt{3}-\sqrt{7})^2$

(2) $(2\sqrt{3}-\sqrt{2})^2$

(3) $(\sqrt{5}+\sqrt{3})(\sqrt{5}-\sqrt{3})$

(4) $(\sqrt{3}-2\sqrt{7})(\sqrt{3}+2\sqrt{7})$

(5) $(\sqrt{10}+\sqrt{5})(\sqrt{5}-\sqrt{10})$

(6) $(\sqrt{3}-1)(\sqrt{3}-2)$

(7) $(\sqrt{5}+3\sqrt{2})(\sqrt{5}-2\sqrt{2})$

(5) $\dfrac{3}{\sqrt{7}-\sqrt{5}}=\dfrac{3\times(\boxed{})}{(\sqrt{7}-\sqrt{5})\times(\boxed{})}$

$\phantom{(5)\ \dfrac{3}{\sqrt{7}-\sqrt{5}}}=\boxed{}$

(6) $\dfrac{1}{2\sqrt{2}-\sqrt{7}}=\dfrac{1\times(\boxed{})}{(2\sqrt{2}-\sqrt{7})\times(\boxed{})}$

$\phantom{(6)\ \dfrac{1}{2\sqrt{2}-\sqrt{7}}}=\boxed{}$

(7) $\dfrac{2}{2\sqrt{3}+\sqrt{10}}=\dfrac{2\times(\boxed{})}{(2\sqrt{3}+\sqrt{10})\times(\boxed{})}$

$\phantom{(7)\ \dfrac{2}{2\sqrt{3}+\sqrt{10}}}=\boxed{}$

(8) $\dfrac{\sqrt{6}+\sqrt{5}}{\sqrt{6}-\sqrt{5}}=\dfrac{(\sqrt{6}+\sqrt{5})\times(\boxed{})}{(\sqrt{6}-\sqrt{5})\times(\boxed{})}$

$\phantom{(8)\ \dfrac{\sqrt{6}+\sqrt{5}}{\sqrt{6}-\sqrt{5}}}=\boxed{}$

2

다음은 수의 분모를 유리화하는 과정이다. □ 안에 알맞은 수를 쓰시오.

(1) $\dfrac{\sqrt{3}}{\sqrt{2}+1}=\dfrac{\sqrt{3}\times(\boxed{})}{(\sqrt{2}+1)\times(\boxed{})}=\boxed{}$

(2) $\dfrac{2}{2+\sqrt{3}}=\dfrac{2\times(\boxed{})}{(2+\sqrt{3})\times(\boxed{})}=\boxed{}$

(3) $\dfrac{1}{\sqrt{2}+\sqrt{5}}=\dfrac{1\times(\boxed{})}{(\sqrt{2}+\sqrt{5})\times(\boxed{})}$

$\phantom{(3)\ \dfrac{1}{\sqrt{2}+\sqrt{5}}}=\boxed{}$

(4) $\dfrac{\sqrt{5}}{\sqrt{3}+\sqrt{2}}=\dfrac{\sqrt{5}\times(\boxed{})}{(\sqrt{3}+\sqrt{2})\times(\boxed{})}$

$\phantom{(4)\ \dfrac{\sqrt{5}}{\sqrt{3}+\sqrt{2}}}=\boxed{}$

대표 예제 한번 더!

3

$(\sqrt{3}+1)^2-(2-\sqrt{5})(2+\sqrt{5})$ 를 계산하면?

① $3+2\sqrt{3}$ ② $5-\sqrt{3}$

③ $5+\sqrt{3}$ ④ $5-2\sqrt{3}$

⑤ $5+2\sqrt{3}$

4

$\dfrac{2}{\sqrt{7}+\sqrt{3}}$ 의 분모를 유리화하면 $a\sqrt{3}+b\sqrt{7}$ 일 때, 유리수 a, b에 대하여 $2a+4b$의 값을 구하시오.

1

다음 수를 계산할 때 이용하면 가장 편리한 곱셈 공식을 | 보기 |에서 고르시오.

| 보기 |

ㄱ. $(a-b)^2=a^2-2ab+b^2$ (단, $b>0$)

ㄴ. $(a+b)(a-b)=a^2-b^2$

ㄷ. $(x+a)(x+b)=x^2+(a+b)x+ab$

ㄹ. $(a+b)^2=a^2+2ab+b^2$ (단, $b>0$)

---

(1) 21^2 (2) 59^2

(3) 41×39 (4) 81×83

2

곱셈 공식을 이용하여 다음을 계산하시오.

(단, ①~③의 과정을 모두 쓰시오.)

(1) $51^2=(50+1)^2$

$\quad=50^2+2\times50\times1+1^2$ … ①

$\quad=2500+100+1$ … ②

$\quad=$ _______________   … ③

(2) $62^2=(60+2)^2$

$\quad=$ _______________   … ①

$\quad=$ _______________   … ②

$\quad=$ _______________   … ③

(3) $88^2=(90-2)^2$

$\quad=$ _______________   … ①

$\quad=$ _______________   … ②

$\quad=$ _______________   … ③

(4) $399^2=(400-1)^2$

$\quad=$ _______________   … ①

$\quad=$ _______________   … ②

$\quad=$ _______________   … ③

(5) $31\times29=(30+1)(30-1)$

$\quad=$ _______________   … ①

$\quad=$ _______________   … ②

$\quad=$ _______________   … ③

(6) $101\times99=(100+1)(100-1)$

$\quad=$ _______________   … ①

$\quad=$ _______________   … ②

$\quad=$ _______________   … ③

(7) $62\times64=(60+2)(60+4)$

$\quad=$ _______________   … ①

$\quad=$ _______________   … ②

$\quad=$ _______________   … ③

(8) $38\times39=(40-2)(40-1)$

$\quad=$ _______________   … ①

$\quad=$ _______________   … ②

$\quad=$ _______________   … ③

대표 예제 **한번 더!**

3

$10.2^2+9.8^2$을 곱셈 공식을 이용하여 계산하시오.

4

다음 중 곱셈 공식 $(a+b)(a-b)=a^2-b^2$을 이용하면 편리한 수의 계산을 모두 고르면? (정답 2개)

① 98^2 ② 103×104

③ 3.03×2.97 ④ 86×94

⑤ 43×33

1

$a+b=4$, $ab=3$일 때, $\square$ 안에 알맞은 수를 쓰시오.

(1) $a^2+b^2=(a+b)^2-\square ab$

$\qquad =4^2-\square\times 3=\square$

(2) $(a-b)^2=(a+b)^2-\square ab$

$\qquad =4^2-\square\times 3=\square$

2

$a-b=2$, $ab=3$일 때, $\square$ 안에 알맞은 수를 쓰시오.

(1) $a^2+b^2=(a-b)^2+\square ab$

$\qquad =2^2+\square\times 3=\square$

(2) $(a+b)^2=(a-b)^2+\square ab$

$\qquad =2^2+\square\times 3=\square$

3

$x+\dfrac{1}{x}=5$일 때, $\square$ 안에 알맞은 수를 쓰시오.

(1) $x^2+\dfrac{1}{x^2}=\left(x+\dfrac{1}{x}\right)^2-\square$

$\qquad =5^2-\square=\square$

(2) $\left(x-\dfrac{1}{x}\right)^2=\left(x+\dfrac{1}{x}\right)^2-\square$

$\qquad =5^2-\square=\square$

4

$x-\dfrac{1}{x}=4$일 때, $\square$ 안에 알맞은 수를 쓰시오.

(1) $x^2+\dfrac{1}{x^2}=\left(x-\dfrac{1}{x}\right)^2+\square$

$\qquad =4^2+\square=\square$

(2) $\left(x+\dfrac{1}{x}\right)^2=\left(x-\dfrac{1}{x}\right)^2+\square$

$\qquad =4^2+\square=\square$

5

다음은 곱셈 공식을 이용하여 식의 값을 구하는 과정이다. $\square$ 안에 알맞은 수를 쓰시오.

(1) $x=\sqrt{3}+2$일 때, x^2-4x의 값

$x=\sqrt{3}+2$에서 $x-\square=\sqrt{3}$이므로

이 식의 양변을 제곱하면

$(x-\square)^2=(\sqrt{3})^2$

$x^2-4x+\square=3$

$\therefore x^2-4x=\square$

(2) $x=\sqrt{7}-5$일 때, $x^2+10x-7$의 값

$x=\sqrt{7}-5$에서 $x+\square=\sqrt{7}$이므로

이 식의 양변을 제곱하면

$(x+\square)^2=(\sqrt{7})^2$

$x^2+\square x+25=7$, $x^2+10x=\square$

$\therefore x^2+10x-7=\square$

(3) $x=\sqrt{5}-3$일 때, x^2+6x의 값

> $x=\sqrt{5}-3$에서 $x+\boxed{}=\sqrt{5}$이므로
> 이 식의 양변을 제곱하면
> $(x+\boxed{})^2=(\sqrt{5})^2$
> $x^2+6x+\boxed{}=5$
> $\therefore\ x^2+6x=\boxed{}$

(4) $x=5+\sqrt{6}$일 때, $x^2-10x+10$의 값

> $x=5+\sqrt{6}$에서 $x-\boxed{}=\sqrt{6}$이므로
> 이 식의 양변을 제곱하면
> $(x-\boxed{})^2=(\sqrt{6})^2$
> $x^2-10x+\boxed{}=6,\ x^2-10x=\boxed{}$
> $\therefore\ x^2-10x+10=\boxed{}$

대표 예제 한번 더!

6

$x+y=1$, $xy=-6$일 때, 다음 식의 값을 구하시오.

(1) x^2+y^2

(2) $(x-y)^2$

(3) $\dfrac{y}{x}+\dfrac{x}{y}$

7

$x-\dfrac{1}{x}=2$일 때, $\left(x+\dfrac{1}{x}\right)^2$의 값은?

① 2　　　　② 4　　　　③ 6
④ 8　　　　⑤ 10

8

$x=3\sqrt{2}-3$일 때, x^2+6x-3의 값은?

① 5　　　　② 6　　　　③ 7
④ 8　　　　⑤ 9

1

다음 식은 어떤 다항식을 인수분해한 것인지 구하시오.

(1) $3x(x+2)$

(2) $(x+1)(x+2)$

(3) $(x+4)(x-3)$

(4) $(x-2)^2$

(5) $(3x+5)(2x-1)$

(6) $(x-y)(3x+2y)$

2

다음 다항식에서 각 항의 공통인 인수를 찾은 후, 인수분해하시오.

(1) $6a^2-a$
 ① 공통인 인수 :
 ② 인수분해한 식:

(2) $bx+bz$
 ① 공통인 인수 :
 ② 인수분해한 식:

(3) x^2y+2xy
 ① 공통인 인수 :
 ② 인수분해한 식:

(4) $mx-my+mz$
 ① 공통인 인수 :
 ② 인수분해한 식:

3

다음 식을 인수분해하시오.

(1) $4xy^2-8x^2y^3$

(2) $-x^3+7x^2$

(3) x^2y-xy^2

(4) $6xy+8yz$

대표 예제 한번 더!

4

다음 중 $x(x+2)(x-2)$의 인수가 <u>아닌</u> 것은?

① x ② $x+2$ ③ $x-2$
④ x^2+4 ⑤ x^2-4

5

다음 두 다항식의 일차 이상의 공통인 인수를 구하시오.

$$3xy^2+6x^2y, \qquad 3(2x+y)+y(2x+y)$$

1

다음 □ 안에 알맞은 수를 쓰고, 주어진 식을 인수분해 하시오.

(1) $x^2+10x+25=x^2+2\times x\times\boxed{}+\boxed{}^2$
$=(x+\boxed{})^2$

(2) $9a^2-24a+16=(\boxed{}a)^2-2\times\boxed{}a\times\boxed{}+\boxed{}^2$
$=(\boxed{}a-\boxed{})^2$

(3) $x^2+12x+36$

(4) $25x^2-20x+4$

(5) $8x^2+8x+2$

(6) $3x^2+30x+75$

2

다음 □ 안에 알맞은 수를 쓰고, 주어진 식이 완전제곱식 이 되도록 하는 상수 A의 값을 모두 구하시오.

(1) $x^2+22x+A=x^2+2\times x\times\boxed{}+A$
$\Rightarrow A=\boxed{}^2=\boxed{}$

(2) $x^2+Ax+49=x^2+Ax+(\pm7)^2$
$\Rightarrow A=2\times(\boxed{})=\boxed{}$

(3) $x^2-20x+A$

(4) $x^2+Ax+81$

3

다음 □ 안에 알맞은 수를 쓰고, 주어진 식이 완전제곱식 이 되도록 하는 상수 A의 값을 모두 구하시오.

(1) $25x^2+20x+A=(5x)^2+2\times5x\times2+A$
$\Rightarrow A=\boxed{}^2=\boxed{}$

(2) $9x^2+Ax+16=(3x)^2+Ax+(\pm4)^2$
$\Rightarrow A=2\times\boxed{}\times(\pm4)=\boxed{}$

(3) $4x^2-24x+A$

(4) $36x^2+Ax+25$

4

다음 □ 안에 알맞은 수를 쓰고, 주어진 식을 인수분해 하시오.

(1) $x^2-49=x^2-\boxed{}^2$
$=(x+\boxed{})(x-7)$

(2) a^2-36

(3) $9x^2-1=(\boxed{}x)^2-\boxed{}^2$
$=(\boxed{}x+1)(3x-\boxed{})$

(4) $16x^2-49$

(5) $-25x^2+y^2=y^2-25x^2$
$=y^2-(\boxed{}x)^2$
$=(y+\boxed{}x)(y-\boxed{}x)$

(6) $-4a^2+b^2$

5

다음 □ 안에 알맞은 수를 쓰고, 주어진 식을 인수분해하시오.

(1) $64x^2 - 81y^2 = (\square x)^2 - (\square y)^2$
$\qquad = (8x + \square y)(\square x - 9y)$

(2) $25x^2 - 36y^2$

(3) $81x^2 - \dfrac{1}{100}y^2$

(4) $4x^2 - 16y^2$

(5) $\dfrac{9}{25}x^2 - \dfrac{1}{36}y^2 = \left(\square x\right)^2 - \left(\square y\right)^2$
$\qquad = \left(\dfrac{3}{5}x + \square y\right)\left(\dfrac{3}{5}x - \square y\right)$

(6) $\dfrac{9}{4}x^2 - \dfrac{49}{64}y^2$

대표 예제 한번 더!

6

다음 중 옳지 <u>않은</u> 것을 모두 고르면? (정답 2개)

① $a^2 - 6a + 9 = (a-3)^2$

② $\dfrac{1}{4}x^2 + x + 1 = \left(\dfrac{1}{2}x + 1\right)^2$

③ $\dfrac{4}{9}x^2 - 2x + \dfrac{9}{4} = \left(\dfrac{2}{3}x - \dfrac{9}{4}\right)^2$

④ $4x^2 - 12xy + 9y^2 = (2x - 3y)^2$

⑤ $16x^2 + 16xy + 4y^2 = (4x + y)^2$

7

다음 |보기| 중 $x^2 + ax + 64$가 완전제곱식이 되도록 하는 상수 a의 값을 모두 고르시오.

| 보기 |
| ㄱ. -16 ㄴ. -8 ㄷ. 8 |
| ㄹ. 16 ㅁ. 18 |

8

$25x^2 - 4$가 x의 계수가 1이 아닌 자연수이고 상수항이 정수인 두 일차식의 곱으로 인수분해될 때, 두 일차식의 합을 구하시오.

9

$x^{16} - 1$을 인수분해하시오.

1

다음 조건을 만족시키는 두 정수를 구하시오.

(1) 합이 6, 곱이 5인 두 정수

(2) 합이 1, 곱이 -6인 두 정수

(3) 합이 -11, 곱이 -12인 두 정수

(4) 합이 -12, 곱이 35인 두 정수

(5) $x^2-15x+56$

⇨ 곱이 56이고 합이 -15인 두 정수는 ☐, ☐ 이다.

⇨ $x^2-15x+56=$ ___________

(6) $x^2-7x-18$

⇨ 곱이 -18이고 합이 -7인 두 정수는 ☐, ☐ 이다.

⇨ $x^2-7x-18=$ ___________

2

다음 ☐ 안에 알맞은 수를 쓰고, 주어진 식을 인수분해 하시오.

(1) x^2-x-6

⇨ 곱이 -6이고 합이 -1인 두 정수는 ☐, ☐ 이다.

⇨ $x^2-x-6=$ ___________

(2) x^2+6x+8

⇨ 곱이 8이고 합이 6인 두 정수는 ☐, ☐이다.

⇨ $x^2+6x+8=$ ___________

(3) $x^2+3x-10$

⇨ 곱이 -10이고 합이 3인 두 정수는 ☐, ☐ 이다.

⇨ $x^2+3x-10=$ ___________

(4) $x^2-4x-12$

⇨ 곱이 -12이고 합이 -4인 두 정수는 ☐, ☐ 이다.

⇨ $x^2-4x-12=$ ___________

3

다음 식을 인수분해하시오.

(1) $3x^2+8x+4=$ ___________

(2) $4x^2+x-3=$ ___________

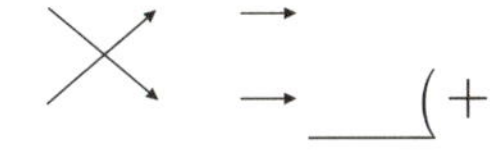

(3) $2x^2-9x+7=$ ___________

(4) $6x^2-5xy-6y^2=$ ___________

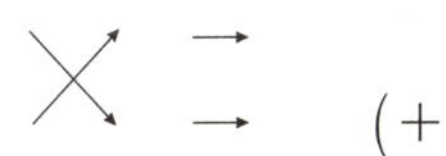

4

다음 식을 인수분해하시오.

(1) $3x^2-16x+5$

(2) $5x^2-2x-3$

(3) $7x^2+2x-5$

(4) $6x^2-x-1$

(5) $4x^2+7xy+3y^2$

(6) $9x^2-3xy-2y^2$

대표 예제 한번 더!

5

다음 중 옳지 <u>않은</u> 것을 모두 고르면? (정답 2개)

① $x^2-8x+7=(x-1)(x-7)$
② $x^2+9x-36=(x+3)(x-12)$
③ $x^2+3x-18=(x-3)(x+6)$
④ $x^2-4xy-12y^2=(x-2y)(x+6y)$
⑤ $x^2+9xy+14y^2=(x+2y)(x+7y)$

6

$x^2+ax-15=(x+3)(x-b)$일 때, 상수 a, b에 대하여 $a-b$의 값을 구하시오.

7

$8x^2-18xy-5y^2=(ax+by)(cx+y)$일 때, 상수 a, b, c에 대하여 $a+b+c$의 값은?

① 1   ② 2   ③ 3
④ 4   ⑤ 5

8

$6x^2+5xy-ay^2=(2x-y)(3x+by)$일 때, 상수 a, b에 대하여 ab의 값을 구하시오.

1

다음 수를 계산할 때 이용하면 가장 편리한 인수분해 공식을 |보기|에서 고르고, 수를 계산하시오.

| 보기 |

ㄱ. $a^2-2ab+b^2=(a-b)^2$ (단, $b>0$)
ㄴ. $a^2-b^2=(a+b)(a-b)$
ㄷ. $ma+mb=m(a+b)$
ㄹ. $a^2+2ab+b^2=(a+b)^2$ (단, $b>0$)

(1) $16\times48+16\times52$

(2) 98^2-2^2

(3) $49^2+2\times49\times1+1$

(4) $105\times55-105\times53$

(5) $103^2-2\times103\times3+9$

(6) $\sqrt{51^2-49^2}$

2

다음은 인수분해 공식을 이용하여 식의 값을 구하는 과정이다. □ 안에 알맞은 것을 쓰시오.

(1) $x=95$일 때, $x^2-10x+25$의 값

$$x^2-10x+25=(x-\boxed{})^2$$
$$=(95-\boxed{})^2$$
$$=\boxed{}^2$$
$$=\boxed{}$$

(2) $x=68$, $y=32$일 때, x^2-y^2의 값

$$x^2-y^2=(x+y)(x-y)$$
$$=(68+\boxed{})(\boxed{}-32)$$
$$=100\times\boxed{}$$
$$=\boxed{}$$

(3) $x=\sqrt{5}+\sqrt{2}$, $y=\sqrt{5}-\sqrt{2}$일 때, $x^2+2xy+y^2$의 값

$$x^2+2xy+y^2=(\boxed{})^2$$
$$=\{(\sqrt{5}+\sqrt{2})+(\boxed{})\}^2$$
$$=(\boxed{})^2$$
$$=\boxed{}$$

대표 예제 한번 더!

3

다음 |보기| 중 $6\times31^2-12\times31+6$을 계산할 때 이용하면 가장 편리한 인수분해 공식을 모두 고르시오.

| 보기 |

ㄱ. $ma+mb=m(a+b)$
ㄴ. $a^2-2ab+b^2=(a-b)^2$ (단, $b>0$)
ㄷ. $a^2+2ab+b^2=(a+b)^2$ (단, $b>0$)
ㄹ. $a^2-b^2=(a+b)(a-b)$
ㅁ. $x^2+(a+b)x+ab=(x+a)(x+b)$

4

$x+y=4$, $x-y=\sqrt{5}$일 때, x^2-y^2의 값을 구하시오.

1

다음 □ 안에 알맞은 것을 쓰고, 주어진 식을 인수분해하시오.

(1) $(x-2)^2-4(x-2)+4$
$\quad =A^2-4A+4$ ← $x-2$를 A로 놓는다.
$\quad =(A-\square)^2$
$\quad =(\square-2)^2$ ← A에 $x-2$를 대입한다.
$\quad =(x-\square)^2$

(2) $(x-2y)^2-14(x-2y)+48$
$\quad =A^2-14A+48$ ← $x-2y$를 A로 놓는다.
$\quad =(A-6)(A-\square)$
$\quad =(\square-6)(x-2y-\square)$ ← A에 $x-2y$를 대입한다.

(3) $(x+6)^2-25$
$\quad =A^2-\square^2$ ← $x+6$을 A로 놓는다.
$\quad =(A+\square)(A-5)$
$\quad =(x+6+\square)(\square-5)$ ← A에 $x+6$을 대입한다.
$\quad =(x+\square)(x+1)$

2

다음 □ 안에 알맞은 것을 쓰고, 주어진 식을 인수분해하시오.

(1) $x^2-xy+y-x$
$\quad =(x^2-xy)-(x-y)$
$\quad =x(x-\square)-(x-\square)$
$\quad =(x-\square)(x-1)$

(2) $2xy+y-2x-1$
$\quad =(2xy+y)-(2x+1)$
$\quad =y(\square)-(\square)$
$\quad =(\square)(y-1)$

3

다음 □ 안에 알맞은 것을 쓰고, 주어진 식을 인수분해하시오.

(1) $x^2-y^2+10y-25$
$\quad =x^2-(y^2-10y+25)$
$\quad =x^2-(\square)^2$
$\quad =(x+\square)(\square)$

(2) $x^2+y^2-9-2xy$
$\quad =(x^2-2xy+y^2)-9$
$\quad =(x-y)^2-\square^2$
$\quad =(x-y+\square)(\square)$

대표 예제 한번 더!

4

$(x+5)^2-9(x+5)+14=(x+a)(x+b)$일 때, 상수 a, b에 대하여 ab의 값을 구하시오.

5

$a^2-b^2+ac-bc$를 인수분해하면?

① $(a+b)(a-b)$ ② $(a-b)(a+b+c)$
③ $(a-b)(a+b-c)$ ④ $(a+b)(a-b+c)$
⑤ $(a+b)(a-b-c)$

이차방정식과 그 해

• 정답 및 해설 92쪽

1

다음 중 이차방정식인 것은 ○표, 이차방정식이 <u>아닌</u> 것은 ×표를 (　) 안에 쓰시오.

(1) $x^2+x-1=0$　　　　　　　　（　　）

(2) $2x^2+3x-1$　　　　　　　　（　　）

(3) $4x^2=0$　　　　　　　　　　（　　）

(4) $x^2=(x+5)^2$　　　　　　　（　　）

(5) $x^2-3=5x-4$　　　　　　　（　　）

(6) $x^3-1=x^2(x+2)$　　　　　（　　）

2

다음 이차방정식 중 [　] 안의 수가 해인 것은 ○표, 해가 <u>아닌</u> 것은 ×표를 (　) 안에 쓰시오.

(1) $x^2=0$　[1]　　　　　　　　（　　）

(2) $x^2-3x=0$　[3]　　　　　　（　　）

(3) $x^2+2x+1=0$　[-2]　　　（　　）

(4) $x^2-2x=0$　[0]　　　　　　（　　）

(5) $2x^2-3x+1=0$　[-1]　　（　　）

(6) $(x-1)(x+1)=2$　[1]　　（　　）

3

다음은 [　] 안의 수가 주어진 이차방정식의 한 근일 때, 상수 a의 값을 구하는 과정이다. □ 안에 알맞은 수를 쓰고, 상수 a의 값을 구하시오.

(1) $x^2+ax+18=0$　[-3]

> $x^2+ax+18=0$에 $x=-3$을 대입하면
> $(\boxed{})^2+a\times(\boxed{})+18=0$
> $\therefore a=\boxed{}$

(2) $ax^2+7x-10=0$　[1]

(3) $2x^2-7x+a=0$　[2]

4

다음 |보기| 중 이차방정식이 <u>아닌</u> 것을 모두 고르시오.

> | 보기 |
> ㄱ. $3x^2-7x$
> ㄴ. $2x^2+1=2x^2-2x$
> ㄷ. $x^2+5x=9$
> ㄹ. $2x(x-1)=(3x+1)(x-1)$

5

이차방정식 $x^2+ax-a-1=0$의 한 근이 $x=6$일 때, 상수 a의 값은?

① -7　　　　② -6　　　　③ -5

④ 6　　　　　⑤ 7

1

다음 □ 안에 알맞은 수를 쓰고, 주어진 이차방정식을 푸시오.

(1) $x(x-3)=0$

$\Rightarrow x=0$ 또는 $x-3=0$

$\therefore x=\square$ 또는 $x=\square$

(2) $(x+1)(x-2)=0$

(3) $(x-2)(x-5)=0$

(4) $(x-9)(x+10)=0$

(5) $(2x-1)(3x-5)=0$

(6) $(5x+1)(5x-3)=0$

2

다음 이차방정식을 인수분해를 이용하여 푸시오.

(1) $x^2+7x+12=0$

(2) $x^2+3x-28=0$

(3) $x^2-5x-24=0$

(4) $x^2-4x-45=0$

(5) $3x^2-16x+5=0$

(6) $5x^2+7x-6=0$

대표 예제 한번 더!

3

다음 이차방정식 중 해가 $x=3$ 또는 $x=\dfrac{9}{4}$인 것은?

① $(x+3)(x-9)=0$

② $(3x+1)(4x-9)=0$

③ $(x+3)(4x+9)=0$

④ $2\left(x-\dfrac{1}{3}\right)\left(x-\dfrac{4}{9}\right)=0$

⑤ $5(x-3)(4x-9)=0$

4

이차방정식 $2x^2-7x-11=x^2+3x$를 풀면?

① $x=-1$ 또는 $x=-10$

② $x=-1$ 또는 $x=11$

③ $x=1$ 또는 $x=-11$

④ $x=2$ 또는 $x=5$

⑤ $x=10$ 또는 $x=11$

1

다음 이차방정식을 푸시오.

(1) $(x-2)^2=0$

(2) $(x+9)^2=0$

(3) $(3x-1)^2=0$

(4) $(6x+7)^2=0$

2

다음 이차방정식을 푸시오.

(1) $x^2+12x+36=0$

(2) $x^2-20x+100=0$

(3) $16x^2-40x+25=0$

(4) $25x^2+80x+64=0$

3

다음 이차방정식이 중근을 가질 때, ☐ 안에 알맞은 수를 쓰고, 상수 k의 값을 구하시오.

(1) $x^2+8x+k=0$

$\Rightarrow k=\left(\dfrac{\boxed{}}{2}\right)^2=\boxed{}$

(2) $x^2+30x+k=0$

(3) $x^2+kx+36=0$

$\Rightarrow 36=\left(\dfrac{k}{2}\right)^2$에서 $k^2=\boxed{}$　　$\therefore k=\pm\boxed{}$

(4) $x^2+kx+25=0$

대표 예제 **한번 더!**

4

다음 이차방정식 중 중근을 갖지 <u>않는</u> 것은?

① $x^2=0$
② $x^2+10x+25=0$
③ $4x^2+x+4=5x+3$
④ $12x^2+3=3x^2-12x-1$
⑤ $(x+5)^2=4$

5

이차방정식 $x^2+6x+5k+1=0$이 중근을 갖도록 하는 상수 k의 값을 구하시오.

제곱근 또는 완전제곱식을 이용한 이차방정식의 풀이

1

다음 이차방정식을 제곱근을 이용하여 푸시오.

(1) $x^2=10$

(2) $x^2=24$

(3) $(x-1)^2=3$

(4) $(x+2)^2=5$

(5) $3(x-2)^2=30$

(6) $2(x+7)^2=24$

(7) $4(x+5)^2=32$

(8) $5(x-6)^2=90$

2

다음은 이차방정식을 $(x-p)^2=q$의 꼴로 나타내는 과정이다. $\square$ 안에 알맞은 수를 쓰시오. (단, p, q는 상수)

(1) $x^2+4x+1=0$

$\Rightarrow x^2+4x=\square$

$\quad x^2+4x+\square=-1+\square$

$\quad (x+\square)^2=\square$

(2) $4x^2-8x-16=0$

$\Rightarrow x^2-2x-4=0,\ x^2-2x=\square$

$\quad x^2-2x+\square=4+\square$

$\quad (x-\square)^2=\square$

3

다음은 완전제곱식을 이용하여 이차방정식의 해를 구하는 과정이다. $\square$ 안에 알맞은 수를 쓰시오.

(1) $x^2-8x+6=0$

$\Rightarrow x^2-8x=-6$

$\quad x^2-8x+\square=-6+\square$

$\quad (x-\square)^2=\square$

$\quad \therefore x=\square$

(2) $x^2+12x-4=0$

$\Rightarrow x^2+12x=4$

$\quad x^2+12x+\square=4+\square$

$\quad (x+\square)^2=\square$

$\quad \therefore x=\square$

(3) $4x^2+16x-24=0$

$\Rightarrow x^2+4x-6=0$

$\quad x^2+4x=6$

$\quad x^2+4x+\square=6+\square$

$\quad (x+\square)^2=\square$

$\quad \therefore x=\square$

(4) $-2x^2+4x+22=0$

$\Rightarrow x^2-2x-11=0$

$\quad x^2-2x=11$

$\quad x^2-2x+\square=11+\square$

$\quad (x-\square)^2=\square$

$\quad \therefore x=\square$

4

이차방정식 $7(x+4)^2=21$의 해가 $x=a\pm\sqrt{b}$일 때, 유리수 a, b에 대하여 $a+b$의 값을 구하시오.

5

다음 중 이차방정식 $\left(x+\dfrac{4}{3}\right)^2-k+4=0$이 해를 갖기 위한 상수 k의 값으로 옳지 <u>않은</u> 것은?

① 2　　　　② 5　　　　③ 8
④ 11　　　⑤ 14

6

이차방정식 $\dfrac{1}{3}x^2-2x-1=0$을 $(x+a)^2=b$의 꼴로 나타낼 때, $a+b$의 값은? (단, a, b는 상수)

① 1　　　　② 3　　　　③ 5
④ 7　　　　⑤ 9

7

이차방정식 $12x-10=-3x^2+8$의 해를 완전제곱식을 이용하여 구하시오.

1

다음은 근의 공식을 이용하여 이차방정식의 해를 구하는
과정이다. □ 안에 알맞은 수를 쓰시오.

(1) $x^2+7x+4=0$

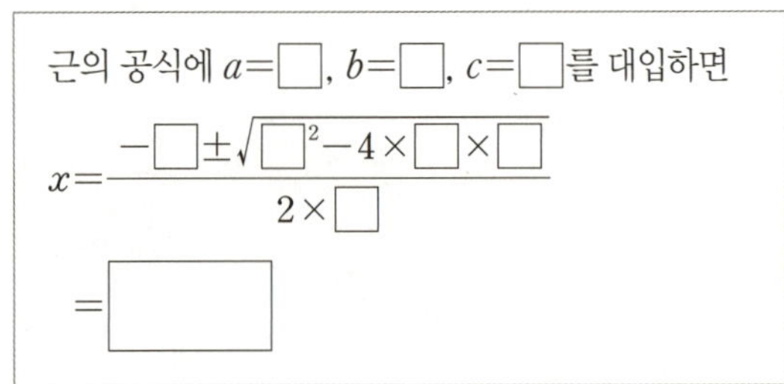

(2) $x^2-9x-7=0$

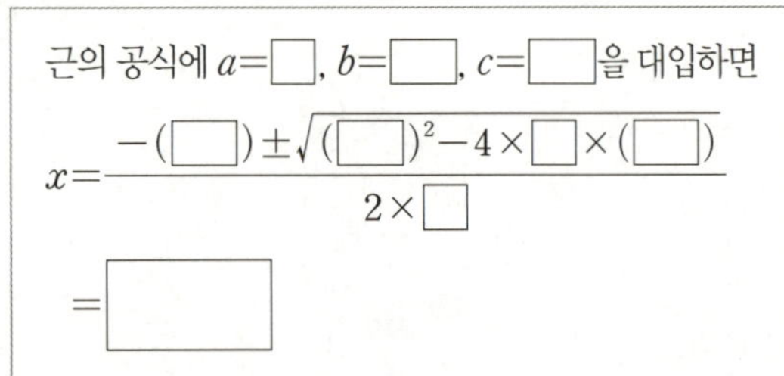

(3) $3x^2-11x+7=0$

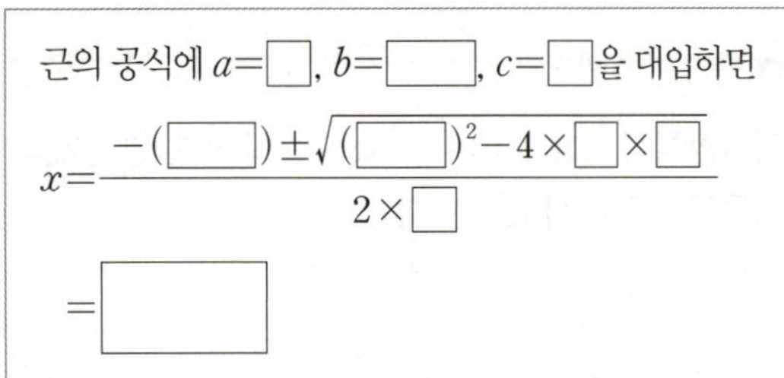

2

다음은 짝수 근의 공식을 이용하여 이차방정식의 해를
구하는 과정이다. □ 안에 알맞은 수를 쓰시오.

(1) $x^2+4x+2=0$

짝수 근의 공식에 $a=\square$, $b'=\square$, $c=\square$를
대입하면

$$x=\dfrac{-\square\pm\sqrt{\square^2-\square\times\square}}{\square}=\square$$

(2) $x^2-6x+7=0$

짝수 근의 공식에 $a=\square$, $b'=\square$, $c=\square$을
대입하면

$$x=\dfrac{-(\square)\pm\sqrt{(\square)^2-\square\times\square}}{\square}$$

$$=\square$$

(3) $5x^2+2x-1=0$

짝수 근의 공식에 $a=\square$, $b'=\square$, $c=\square$을
대입하면

$$x=\dfrac{-\square\pm\sqrt{\square^2-\square\times(\square)}}{\square}$$

$$=\square$$

대표 예제 한번 더!

3

이차방정식 $x^2+3x-6=0$의 해가 $x=\dfrac{a\pm\sqrt{b}}{2}$일 때,
유리수 a, b에 대하여 $a+b$의 값을 구하시오.

4

이차방정식 $2x^2-10x+k=0$의 근이 $x=\dfrac{5\pm\sqrt{11}}{2}$일

때, 상수 k의 값은?

① 1 ② 3 ③ 5
④ 7 ⑤ 9

1

다음은 복잡한 이차방정식의 해를 구하는 과정이다. □ 안에 알맞은 것을 쓰시오.

(1) $(x+3)(x-5)=3x-1$

> 주어진 이차방정식의 좌변을 전개하여 정리하면
> $x^2-\boxed{}x-\boxed{}=0,\ (x+2)(x-\boxed{})=0$
> $\therefore x=-2$ 또는 $x=\boxed{}$

(2) $(x-4)(x+5)=2x-8$

> 주어진 이차방정식의 좌변을 전개하여 정리하면
> $x^2-x-\boxed{}=0,\ (x+3)(x-\boxed{})=0$
> $\therefore x=-3$ 또는 $x=\boxed{}$

(3) $\dfrac{3}{2}x^2-\dfrac{1}{4}x-\dfrac{1}{4}=0$

> 주어진 이차방정식의 양변에 분모의 최소공배수인
> $\boxed{}$를 곱하면
> $\boxed{}x^2-x-\boxed{}=0,\ (\boxed{}x+1)(2x-1)=0$
> $\therefore x=\boxed{}$ 또는 $x=\dfrac{1}{2}$

(4) $\dfrac{4}{3}x^2+\dfrac{1}{2}x-\dfrac{1}{12}=0$

> 주어진 이차방정식의 양변에 분모의 최소공배수인
> $\boxed{}$를 곱하면
> $\boxed{}x^2+6x-\boxed{}=0,\ (2x+1)(\boxed{})=0$
> $\therefore x=-\dfrac{1}{2}$ 또는 $x=\boxed{}$

(5) $0.5x^2-0.7x+0.2=0$

> 주어진 이차방정식의 양변에 $\boxed{}$을 곱하면
> $\boxed{}x^2-7x+\boxed{}=0,\ (\boxed{}x-2)(x-\boxed{})=0$
> $\therefore x=\boxed{}$ 또는 $x=1$

(6) $0.4x^2-x+0.4=0$

> 주어진 이차방정식의 양변에 $\boxed{}$을 곱하면
> $4x^2-\boxed{}x+\boxed{}=0,\ 2x^2-\boxed{}x+\boxed{}=0$
> $(2x-\boxed{})(x-2)=0$
> $\therefore x=\boxed{}$ 또는 $x=2$

(7) $(3x+2)^2-2(3x+2)-8=0$

> $3x+2=A$로 놓으면 $A^2-\boxed{}A-\boxed{}=0$
> $(A+2)(A-\boxed{})=0$
> $\therefore A=-2$ 또는 $A=\boxed{}$
> (i) $A=-2$일 때, $x=\boxed{}$
> (ii) $A=\boxed{}$일 때, $x=\boxed{}$
> 따라서 (i), (ii)에서 $x=\boxed{}$ 또는 $x=\boxed{}$

대표 예제 한번 더!

2

이차방정식 $1.4x^2-0.3x-0.5=0$의 두 근의 합을 구하시오.

3

이차방정식 $2\left(x-\dfrac{1}{2}\right)^2-3=4\left(x-\dfrac{1}{2}\right)$의 해를 구하시오.

1

다음 $ax^2+bx+c=0$의 꼴의 이차방정식에서 b^2-4ac의 값을 구한 후, 근의 개수를 구하시오.

(1) $x^2+x-2=0$

  ① b^2-4ac의 값:

  ② 근의 개수　:

(2) $5x^2+x+2=0$

  ① b^2-4ac의 값:

  ② 근의 개수　:

(3) $2x^2-3x-4=0$

  ① b^2-4ac의 값:

  ② 근의 개수　:

(4) $4x^2+12x+9=0$

  ① b^2-4ac의 값:

  ② 근의 개수　:

(5) $7x^2-5x+4=0$

  ① b^2-4ac의 값:

  ② 근의 개수　:

(6) $\dfrac{1}{2}x^2+3x+\dfrac{9}{2}=0$

  ① b^2-4ac의 값:

  ② 근의 개수　:

2

이차방정식의 근이 다음과 같을 때, 상수 k의 값 또는 범위를 구하시오.

(1) $x^2-3x+k=0$

  ① 서로 다른 두 근:

  ② 중근　　　　:

  ③ 근이 없다.　:

(2) $x^2-4x-k=0$

  ① 서로 다른 두 근:

  ② 중근　　　　:

  ③ 근이 없다.　:

(3) $3x^2-6x+k=0$

  ① 서로 다른 두 근:

  ② 중근　　　　:

  ③ 근이 없다.　:

(4) $7x^2-3x-k=0$

  ① 서로 다른 두 근:

  ② 중근　　　　:

  ③ 근이 없다.　:

3

다음 조건을 만족시키는 x에 대한 이차방정식을 $ax^2+bx+c=0$의 꼴로 나타내시오. (단, a, b, c는 상수)

(1) 두 근이 -2, 4이고 x^2의 계수가 1인 이차방정식

(2) 두 근이 3, 5이고 x^2의 계수가 1인 이차방정식

(3) 두 근이 -1, -6이고 x^2의 계수가 -1인 이차방정식

(4) 두 근이 1, 2이고 x^2의 계수가 2인 이차방정식

(5) 두 근이 -6, 8이고 x^2의 계수가 -2인 이차방정식

(6) 두 근이 $\dfrac{1}{3}$, $\dfrac{1}{4}$이고 x^2의 계수가 12인 이차방정식

4

다음 조건을 만족시키는 x에 대한 이차방정식을 $ax^2+bx+c=0$의 꼴로 나타내시오. (단, a, b, c는 상수)

(1) 중근이 -4이고 x^2의 계수가 1인 이차방정식

(2) 중근이 5이고 x^2의 계수가 -1인 이차방정식

(3) 중근이 -6이고 x^2의 계수가 -1인 이차방정식

(4) 중근이 -8이고 x^2의 계수가 3인 이차방정식

(5) 중근이 $\dfrac{1}{2}$이고 x^2의 계수가 -4인 이차방정식

(6) 중근이 4이고 x^2의 계수가 $\dfrac{1}{4}$인 이차방정식

5

다음 |보기| 중 서로 다른 두 근을 갖는 이차방정식을 모두 고르시오.

| 보기 |

ㄱ. $x^2-3x=0$　　ㄴ. $4x^2+4x+1=0$

ㄷ. $7x^2+2x-5=0$　　ㄹ. $x^2+5x=-11$

6

이차방정식 $x^2+6x+k-5=0$이 해를 갖기 위한 상수 k의 값의 범위를 구하시오.

7

이차방정식 $6x^2+ax+b=0$의 두 근이 $-\dfrac{1}{3}$, $\dfrac{5}{2}$일 때, 상수 a, b에 대하여 $a-b$의 값은?

① -13　　② -8　　③ -5

④ 8　　⑤ 13

8

이차방정식 $2x^2+Ax+5B=0$이 중근 -5를 가질 때, 상수 A, B에 대하여 $A-B$의 값을 구하시오.

1

다음은 어떤 자연수의 제곱이 이 자연수를 4배한 것보다 12만큼 클 때, 어떤 자연수를 구하는 과정이다. ☐ 안에 알맞은 것을 쓰시오.

> ❶ 어떤 자연수를 x라 하면
>   어떤 자연수를 제곱한 수는 x^2,
>   어떤 자연수를 4배한 것보다 12만큼 큰 수는
>   ☐
> ❷ 이차방정식을 세우면
> $x^2=$ ☐
> ❸ 이 이차방정식을 풀면
> $(x+$☐$)(x-$☐$)=0$
> $\therefore$ $x=-2$ 또는 $x=$ ☐
>   그런데 x는 자연수이므로 $x=$ ☐
>   따라서 구하는 자연수는 ☐ 이다.
> ❹ ☐$^2=4\times$ ☐ $+12$이므로 문제의 뜻에 맞는다.

2

다음은 연속하는 두 자연수의 곱이 156일 때, 두 수를 구하는 과정이다. ☐ 안에 알맞은 것을 쓰시오.

> ❶ 연속하는 두 자연수 중 작은 수를 x라 하면
>   큰 수는 ☐ 이다.
> ❷ 연속하는 두 자연수의 곱이 156이므로
>   이차방정식을 세우면
> $x($☐$)=156$
> ❸ 이 이차방정식을 풀면
> $(x+$☐$)(x-$☐$)=0$
> $\therefore$ $x=-13$ 또는 $x=$ ☐
>   그런데 x는 자연수이므로 $x=$ ☐
>   따라서 구하는 두 자연수는 ☐ , ☐ 이다.
> ❹ ☐ $\times$ ☐ $=156$이므로 문제의 뜻에 맞는다.

3

다음은 민주와 동생의 나이 차는 3세이고, 민주와 동생의 나이의 제곱의 합이 425일 때, 민주의 나이를 구하는 과정이다. ☐ 안에 알맞은 것을 쓰시오.

> ❶ 민주의 나이를 x세라 하면 동생은 민주보다
>   3세가 적으므로 동생의 나이는 ($\boxed{}$)세이다.
> ❷ 민주와 동생의 나이의 제곱의 합이 425이므로
>   이차방정식을 세우면
> $x^2+($☐$)^2=425$
> ❸ 이 이차방정식을 풀면
> $x=-13$ 또는 $x=$ ☐
>   그런데 $x>0$이므로 $x=$ ☐
>   따라서 민주의 나이는 ☐ 세이다.
> ❹ $16^2+($☐$-3)^2=425$이므로 문제의 뜻에 맞는다.

4

다음은 지면에서 지면에 수직인 방향으로 초속 60 m로 쏘아 올린 물체의 t초 후의 높이를 $(60t-5t^2)$ m라 할 때, 이 물체의 높이가 160 m가 되는 것은 쏘아 올린 지 몇 초 후인지 구하는 과정이다. ☐ 안에 알맞은 수를 쓰시오.

> ❶ 주어진 식을 이용하여 이차방정식을 세우면
> $60t-5t^2=$ ☐
> ❷ 이 이차방정식을 풀면
> $t=$☐ 또는 $t=$☐
>   따라서 이 물체의 높이가 160m가 되는 것은 쏘아
>   올린 지 ☐ 초 후 또는 ☐ 초 후이다.
> ❸ $60\times4-5\times$☐$^2=160$, $60\times$☐$-5\times$☐$^2=160$
>   이므로 문제의 뜻에 맞는다.

5

다음은 키가 2 m인 농구 선수가 키와 같은 높이에서 초속 3 m로 똑바로 위로 던진 공의 t초 후의 지면으로부터의 높이를 $(2+3t-5t^2)$ m라 할 때, 이 공이 지면에 떨어지는 것은 던진 지 몇 초 후인지 구하는 과정이다. ☐ 안에 알맞은 수를 쓰시오.

> ❶ 이 공이 지면에 떨어질 때의 높이는 0 m이므로 주어진 식을 이용하여 이차방정식을 세우면
> $$2+3t-5t^2=\boxed{}$$
> ❷ 이 이차방정식을 풀면
> $$t=-\frac{2}{5} \text{ 또는 } t=\boxed{}$$
> 그런데 $t>0$이므로 $t=\boxed{}$
> 따라서 공이 지면에 떨어지는 것은 던진 지 $\boxed{}$초 후이다.
> ❸ $2+3\times\boxed{}-5\times\boxed{}^2=0$이므로 문제의 뜻에 맞는다.

6

다음은 n각형의 대각선의 개수가 $\dfrac{n(n-3)}{2}$개임을 이용하여 대각선의 개수가 27개인 다각형은 몇 각형인지 구하는 과정이다. ☐ 안에 알맞은 수를 쓰시오.

> ❶ 주어진 식을 이용하여 이차방정식을 세우면
> $$\frac{n(n-3)}{2}=\boxed{}$$
> 즉, $n(n-3)=\boxed{}$
> ❷ 이 이차방정식을 풀면
> $$n=\boxed{} \text{ 또는 } n=\boxed{}$$
> 그런데 $n>3$이므로 $n=\boxed{}$
> 따라서 대각선의 개수가 27개인 다각형은 구각형이다.
> ❸ $\dfrac{\boxed{}\times(\boxed{}-3)}{2}=27$이므로 문제의 뜻에 맞는다.

7

다음은 가로의 길이가 세로의 길이보다 5 cm만큼 긴 직사각형의 넓이가 104 cm²일 때, 직사각형의 가로의 길이를 구하는 과정이다. ☐ 안에 알맞은 것을 쓰시오.

> ❶ 직사각형의 가로의 길이를 x cm라 하면 세로의 길이는 ($\boxed{}$) cm이다.
> ❷ 직사각형의 넓이가 104 cm²이므로 이차방정식을 세우면 $x(\boxed{})=104$
> ❸ 이 이차방정식을 풀면 $x=-8$ 또는 $x=\boxed{}$
> 그런데 $x>0$이므로 $x=\boxed{}$
> 따라서 직사각형의 가로의 길이는 $\boxed{}$ cm이다.
> ❹ $\boxed{}\times(\boxed{}-5)=104$이므로 문제의 뜻에 맞는다.

8

다음은 오른쪽 그림과 같이 정사각형의 가로의 길이를 3 cm만큼 늘이고, 세로의 길이를 4 cm만큼 줄여서 만든 직사각형의 넓이가 60 cm²일 때, 처음 정사각형의 한 변의 길이를 구하는 과정이다. ☐ 안에 알맞은 것을 쓰시오.

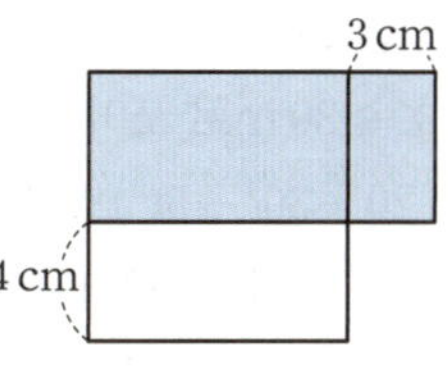

> ❶ 처음 정사각형의 한 변의 길이를 x cm라 하면 새로 만든 직사각형의 가로의 길이는 ($\boxed{}$) cm, 세로의 길이는 ($\boxed{}$) cm이다.
> ❷ 직사각형의 넓이가 60 cm²이므로 이차방정식을 세우면 $(x+\boxed{})(x-\boxed{})=60$
> ❸ 이 이차방정식을 풀면 $x=-8$ 또는 $x=\boxed{}$
> 그런데 $x>4$이므로 $x=\boxed{}$
> 따라서 처음 정사각형의 한 변의 길이는 $\boxed{}$ cm이다.
> ❹ $(\boxed{}+3)\times(\boxed{}-4)=60$이므로 문제의 뜻에 맞는다.

9

연속하는 두 짝수의 제곱의 합이 164일 때, 두 짝수를 구하시오.

10

지면으로부터 20 m 높이에서 지면에 수직인 방향으로 초속 30 m로 쏘아 올린 물체의 t초 후의 높이가 $(20+30t-5t^2)$ m라 한다. 이 물체의 지면으로부터의 높이가 처음으로 45 m가 되는 것은 쏘아 올린 지 몇 초 후인지 구하시오.

11

둘레의 길이가 46 cm이고, 넓이가 120 cm²인 직사각형이 있다. 이 직사각형의 가로의 길이가 세로의 길이보다 더 길 때, 가로의 길이를 구하시오.

12

가로와 세로의 길이가 각각 40 m, 25 m인 직사각형 모양의 땅에 [그림 1]과 같이 폭이 일정한 도로를 만들려고 한다. 다음 물음에 답하시오.

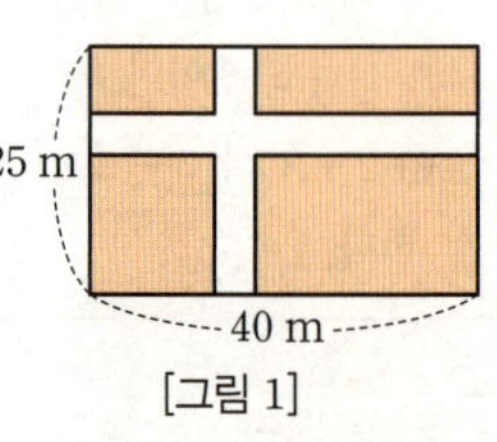

⑴ 도로의 위치를 [그림 2]와 같이 옮겼을 때, [그림 1], [그림 2] 각각에서 도로를 제외한 땅의 넓이의 대소를 비교하시오.

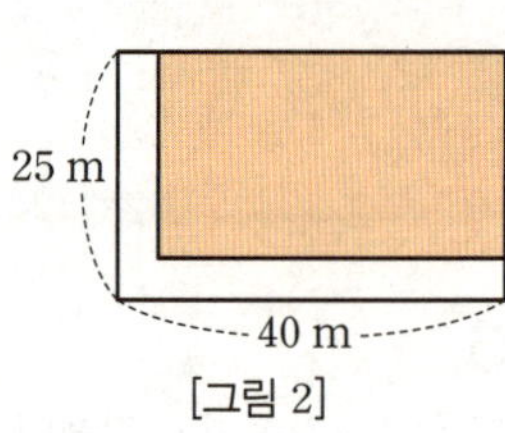

⑵ 도로의 폭을 x m라 할 때, [그림 2]에서 도로를 제외한 직사각형 모양의 땅의 가로와 세로의 길이를 각각 구하시오.

⑶ 도로를 제외한 땅의 넓이가 700 m²일 때, 도로의 폭을 구하시오.

개념 31 이차함수

1

다음 중 이차함수인 것은 ○표, 이차함수가 <u>아닌</u> 것은 ×표를 (   ) 안에 쓰시오.

(1) $y=-2x+3$　　　　　　　　　　　　(　　)

(2) $y=\dfrac{1}{2}x-3x^2$　　　　　　　　　　(　　)

(3) $y=\dfrac{1}{x^2}+1$　　　　　　　　　　　(　　)

(4) $y=x^2-x(x+1)$　　　　　　　　　(　　)

(5) $y=x^2-2x+\dfrac{1}{3}$　　　　　　　　(　　)

(6) $y=(x+3)^2+9x$　　　　　　　　　(　　)

2

다음에서 y를 x에 대한 식으로 나타내고, y가 x에 대한 이차함수인 것을 모두 고르시오.

(1) 한 변의 길이가 x cm인 정삼각형의 둘레의 길이 y cm

(2) 가로의 길이가 $2x$ cm, 세로의 길이가 $(x+1)$ cm인 직사각형의 넓이 y cm^2

(3) 밑변의 길이가 x cm, 높이가 $(2x+3)$ cm인 삼각형의 넓이 y cm^2

(4) 자동차가 시속 80 km로 x시간 동안 달린 거리 y km

⇨ 이차함수인 것:

3

이차함수 $f(x)=x^2-2x+4$에 대하여 다음을 구하시오.

(1) $f(-1)$

(2) $f(0)$

(3) $f(1)$

(4) $f(-2)+f(2)$

4

다음 중 y가 x에 대한 이차함수가 <u>아닌</u> 것은?

① 한 변의 길이가 $2x$ cm인 정사각형의 넓이 y cm^2
② 한 모서리의 길이가 x cm인 정육면체의 부피 y cm^3
③ 밑변의 길이와 높이가 각각 x cm인 평행사변형의 넓이 y cm^2
④ 세로의 길이가 x cm, 둘레의 길이가 10 cm인 직사각형의 넓이 y cm^2
⑤ 밑면의 반지름의 길이가 x cm, 높이가 15 cm인 원기둥의 부피 y cm^3

5

이차함수 $f(x)=x^2-7x-3$에 대하여 $f(-2)-f(3)$의 값을 구하시오.

1

이차함수 $y=x^2$의 그래프에 대하여 다음을 구하시오.

(1) 꼭짓점의 좌표

(2) 축의 방정식

(3) 그래프가 지나는 사분면

(4) x축에 서로 대칭인 그래프를 나타내는 이차함수의 식

2

이차함수 $y=-x^2$의 그래프에 대하여 다음을 구하시오.

(1) 꼭짓점의 좌표

(2) 축의 방정식

(3) 그래프가 지나는 사분면

(4) x축에 서로 대칭인 그래프를 나타내는 이차함수의 식

3

이차함수 $y=-x^2$의 그래프에 대하여 다음 중 옳은 것은 ○표, 옳지 <u>않은</u> 것은 ×표를 (   ) 안에 쓰시오.

(1) 위로 볼록한 그래프이다. (   )

(2) x축에 대칭이다. (   )

(3) $x>0$일 때, x의 값이 증가하면 y의 값은 감소한다. (   )

(4) 점 $(-1,\ 1)$을 지난다. (   )

(5) 이차함수 $y=x^2$의 그래프와 x축에 서로 대칭이다. (   )

(6) 모든 사분면을 지난다. (   )

대표 예제 **한번 더!**

4

다음 중 이차함수 $y=x^2$의 그래프에 대한 설명으로 옳지 <u>않은</u> 것을 모두 고르면? (정답 2개)

① 점 $(0,\ 1)$을 지나며 아래로 볼록한 포물선이다.
② $x<0$일 때, x의 값이 증가하면 y의 값은 감소한다.
③ $x=2$일 때, $y=4$이다.
④ 제3, 4사분면을 지난다.
⑤ 이차함수 $y=-x^2$의 그래프와 x축에 서로 대칭이다.

5

다음 중 이차함수 $y=-x^2$의 그래프 위의 점이 <u>아닌</u> 것은?

① $(-3,\ -9)$ ② $\left(-\dfrac{3}{2},\ \dfrac{9}{4}\right)$ ③ $(1,\ -1)$

④ $\left(\dfrac{1}{3},\ -\dfrac{1}{9}\right)$ ⑤ $(2,\ -4)$

1

다음 물음에 답하시오.

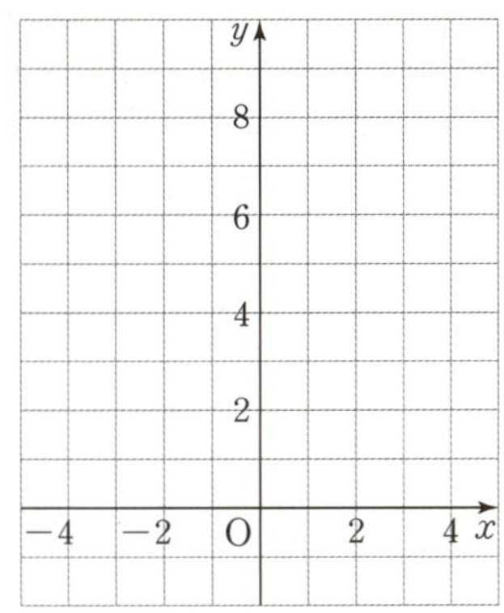

⑴ x의 값의 범위가 실수 전체일 때, 이차함수 $y=3x^2$의 그래프를 위의 좌표평면 위에 그리시오.

⑵ 이차함수 $y=3x^2$의 그래프의 꼭짓점의 좌표를 구하시오.

⑶ 이차함수 $y=3x^2$의 그래프와 x축에 서로 대칭인 그래프를 나타내는 이차함수의 식을 구하시오.

2

다음 물음에 답하시오.

⑴ x의 값의 범위가 실수 전체일 때, 이차함수 $y=-\dfrac{1}{2}x^2$의 그래프를 위의 좌표평면 위에 그리시오.

⑵ 이차함수 $y=-\dfrac{1}{2}x^2$의 그래프의 꼭짓점의 좌표를 구하시오.

⑶ 이차함수 $y=-\dfrac{1}{2}x^2$의 그래프와 x축에 서로 대칭인 그래프를 나타내는 이차함수의 식을 구하시오.

3

다음은 이차함수 $y=2x^2$의 그래프에 대한 설명이다. ☐ 안에 알맞은 것을 쓰시오.

⑴ 꼭짓점의 좌표는 (☐, ☐)이고, ☐축을 축으로 하는 포물선이다.

⑵ 그래프의 모양은 ☐로 볼록하다.

⑶ 이차함수 $y=$☐의 그래프와 x축에 서로 대칭이다.

⑷ 점 $(-3,$ ☐$)$을 지난다.

⑸ x☐0일 때, x의 값이 증가하면 y의 값도 증가한다.

대표 예제 한번 더!

4

다음 중 이차함수 $y=\dfrac{1}{3}x^2$의 그래프에 대한 설명으로 옳지 <u>않은</u> 것은?

① 아래로 볼록한 포물선이다.

② 꼭짓점의 좌표는 $(0, 0)$이다.

③ 축의 방정식은 $y=0$이다.

④ 이차함수 $y=-\dfrac{1}{3}x^2$의 그래프와 x축에 서로 대칭이다.

⑤ $x<0$일 때, x의 값이 증가하면 y의 값은 감소한다.

5

다음 이차함수 중 그래프의 폭이 가장 좁은 것은?

① $y=-2x^2$ ② $y=3x^2$ ③ $y=-\dfrac{5}{2}x^2$

④ $y=-6x^2$ ⑤ $y=\dfrac{1}{2}x^2$

6

다음 중 이차함수 $y=-2x^2$의 그래프 위의 점이 <u>아닌</u> 것은?

① $(-1, -2)$ ② $\left(-\dfrac{1}{2}, -\dfrac{1}{2}\right)$

③ $\left(\dfrac{3}{2}, -\dfrac{9}{2}\right)$ ④ $(2, 8)$

⑤ $\left(\dfrac{5}{2}, -\dfrac{25}{2}\right)$

7

원점을 꼭짓점으로 하고 y축을 축으로 하며 점 $(-3, 4)$를 지나는 포물선을 그래프로 하는 이차함수의 식을 구하시오.

1

다음 물음에 답하시오.

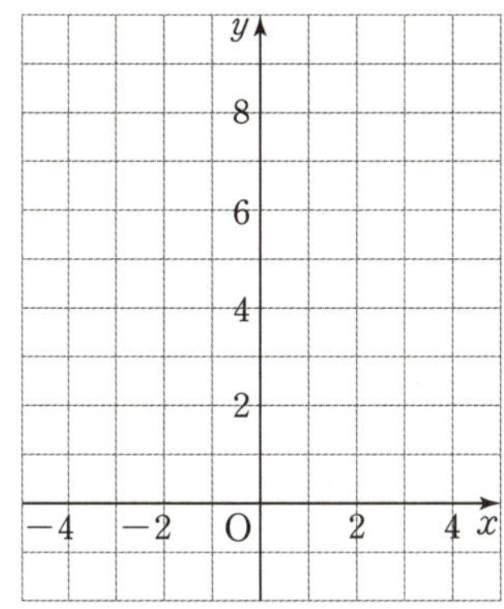

(1) x의 값의 범위가 실수 전체일 때, 이차함수 $y=x^2+5$의 그래프를 위의 좌표평면 위에 그리시오.

(2) 다음 □ 안에 알맞은 것을 쓰시오.

> 이차함수 $y=x^2+5$의 그래프는 이차함수 $y=x^2$의 그래프를 □축의 방향으로 □만큼 평행이동한 것이다.

(3) 이차함수 $y=x^2+5$의 그래프의 축의 방정식과 꼭짓점의 좌표를 각각 구하시오.

① 축의 방정식   :

② 꼭짓점의 좌표:

2

다음 이차함수의 그래프를 y축의 방향으로 [   ] 안의 수만큼 평행이동한 그래프를 나타내는 이차함수의 식을 구하고, 그 그래프의 축의 방정식과 꼭짓점의 좌표를 각각 구하시오.

(1) $y=-2x^2$ [3]

① 이차함수의 식:

② 축의 방정식   :

③ 꼭짓점의 좌표:

(2) $y=\dfrac{2}{5}x^2$ $\left[-\dfrac{1}{2}\right]$

① 이차함수의 식:

② 축의 방정식   :

③ 꼭짓점의 좌표:

대표 예제 **한번 더!**

3

다음 중 이차함수 $y=\dfrac{1}{4}x^2-1$의 그래프로 알맞은 것은?

① 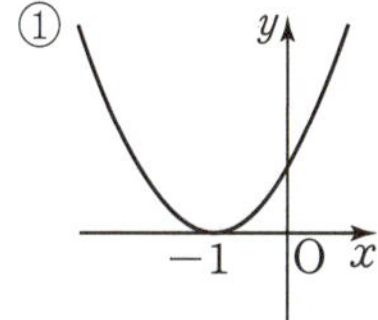   ② 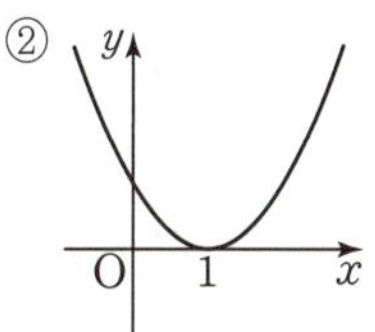

③ 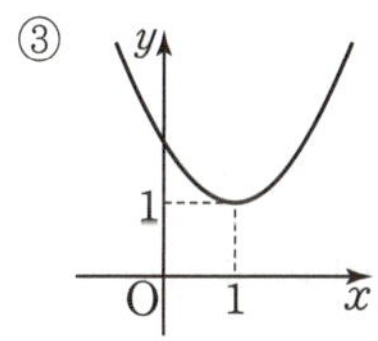   ④ 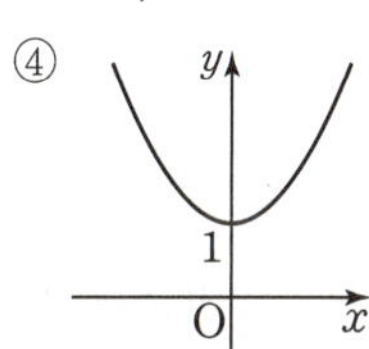

⑤ 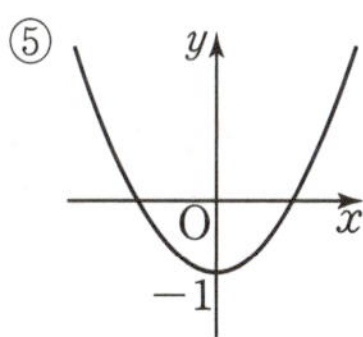

4

이차함수 $y=-2x^2$의 그래프를 y축의 방향으로 3만큼 평행이동하면 점 $(-3,\,a)$를 지날 때, a의 값을 구하시오.

1

다음 물음에 답하시오.

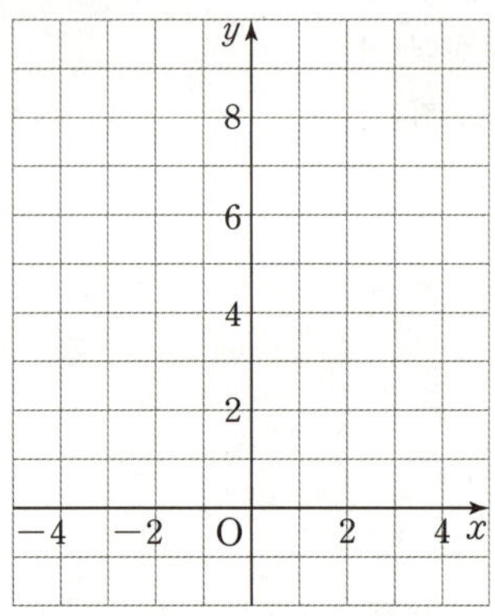

(1) x의 값의 범위가 실수 전체일 때, 이차함수
　$y=2(x-2)^2$의 그래프를 위의 좌표평면 위에 그리시
　오.

(2) 다음 □ 안에 알맞은 것을 쓰시오.

> 이차함수 $y=2(x-2)^2$의 그래프는 이차함수
> $y=2x^2$의 그래프를 □축의 방향으로 □만큼
> 평행이동한 것이다.

(3) 이차함수 $y=2(x-2)^2$의 그래프의 축의 방정식과
　꼭짓점의 좌표를 각각 구하시오.
　① 축의 방정식　:
　② 꼭짓점의 좌표:

2

다음 이차함수의 그래프를 x축의 방향으로 [　] 안의
수만큼 평행이동한 그래프를 나타내는 이차함수의 식을
구하고, 그 그래프의 축의 방정식과 꼭짓점의 좌표를 각
각 구하시오.

(1) $y=4x^2$　[5]
　① 이차함수의 식:
　② 축의 방정식　:
　③ 꼭짓점의 좌표:

(2) $y=\dfrac{1}{3}x^2$　[−2]
　① 이차함수의 식:
　② 축의 방정식　:
　③ 꼭짓점의 좌표:

(3) $y=-5x^2$　$\left[-\dfrac{1}{2}\right]$
　① 이차함수의 식:
　② 축의 방정식　:
　③ 꼭짓점의 좌표:

대표 예제 한번 더!

3

다음 |보기| 중 이차함수 $y=\dfrac{1}{2}(x-6)^2$의 그래프에 대
한 설명으로 옳은 것을 모두 고르시오.

> **보기**
> ㄱ. x축을 축으로 한다.
> ㄴ. 점 $(6,\,0)$을 꼭짓점으로 한다.
> ㄷ. 점 $(4,\,3)$을 지난다.
> ㄹ. 이차함수 $y=\dfrac{1}{2}x^2$의 그래프를 x축의 방향으로
> 　 6만큼 평행이동한 것이다.

4

이차함수 $y=5(x-2)^2$의 그래프가 점 $(k,\,5)$를 지날
때, k의 값을 모두 구하시오.

1

다음 ☐ 안에 알맞은 것을 쓰시오.

(1) 이차함수 $y=3(x+3)^2-1$의 그래프는 이차함수
$y=3x^2$의 그래프를 x축의 방향으로 ☐만큼,
y축의 방향으로 ☐만큼 평행이동한 것이다.

(2) 이차함수 $y=-2(x-1)^2+2$의 그래프는 이차함수
$y=-2x^2$의 그래프를 x축의 방향으로 ☐만큼,
y축의 방향으로 ☐만큼 평행이동한 것이다.

(3) 이차함수 $y=-5(x+3)^2-7$의 그래프는 이차함수
$y=$☐의 그래프를 x축의 방향으로 ☐만큼,
y축의 방향으로 ☐만큼 평행이동한 것이다.

(4) 이차함수 $y=\dfrac{1}{5}(x+8)^2+15$의 그래프는 이차함수
$y=$☐의 그래프를 x축의 방향으로 ☐만큼, y축
의 방향으로 ☐만큼 평행이동한 것이다.

(5) 이차함수 $y=-\dfrac{1}{3}(x+9)^2+6$의 그래프는 이차함수
$y=$☐의 그래프를 x축의 방향으로 ☐만큼,
y축의 방향으로 ☐만큼 평행이동한 것이다.

2

다음 이차함수의 그래프의 축의 방정식과 꼭짓점의 좌표
를 각각 구하시오.

(1) $y=2(x-3)^2-4$

　① 축의 방정식　:
　② 꼭짓점의 좌표:

(2) $y=-3(x-5)^2+11$

　① 축의 방정식　:
　② 꼭짓점의 좌표:

(3) $y=\dfrac{1}{2}(x+1)^2+6$

　① 축의 방정식　:
　② 꼭짓점의 좌표:

(4) $y=-\dfrac{1}{4}(x-2)^2-\dfrac{1}{2}$

　① 축의 방정식　:
　② 꼭짓점의 좌표:

대표 예제　한번 더!

3

이차함수 $y=-2x^2$의 그래프를 x축의 방향으로 a만큼,
y축의 방향으로 b만큼 평행이동하였더니 이차함수
$y=-2(x+3)^2-7$의 그래프와 일치하였다. 이때 $a+b$
의 값을 구하시오.

4

다음 중 이차함수 $y=(x-4)^2-3$의 그래프에 대한 설
명으로 옳은 것을 모두 고르면? (정답 2개)

① 꼭짓점의 좌표는 $(-4, -3)$이다.
② 이차함수 $y=x^2$의 그래프를 x축의 방향으로 -4만
큼, y축의 방향으로 3만큼 평행이동한 것이다.
③ y축과 만나는 점의 좌표는 $(0, 13)$이다.
④ 점 $(3, -2)$를 지나며 위로 볼록한 포물선이다.
⑤ $x>4$일 때, x의 값이 증가하면 y의 값도 증가한다.

1

다음은 주어진 조건을 만족시키는 포물선을 그래프로 하는 이차함수의 식을 구하는 과정이다. □ 안에 알맞은 것을 쓰시오.

⑴ 꼭짓점의 좌표가 $(1, -2)$이고, 점 $(2, -3)$을 지나는 포물선

> ❶ 꼭짓점의 좌표가 $(1, -2)$이므로 이차함수의 식을 $y=a(x-\Box)^2-\Box$로 놓자.
>
> ❷ 이 그래프가 점 $(2, -3)$을 지나므로 ❶의 식에 $x=\Box$, $y=\Box$을 대입하여 a의 값을 구하면 $a=\Box$
>
> 따라서 구하는 이차함수의 식은 $y=\boxed{}$

⑵ 꼭짓점의 좌표가 $(2, 4)$이고, 점 $(4, 5)$를 지나는 포물선

> ❶ 꼭짓점의 좌표가 $(2, 4)$이므로 이차함수의 식을 $y=a(\boxed{})^2+\Box$로 놓자.
>
> ❷ 이 그래프가 점 $(4, 5)$를 지나므로 ❶의 식에 $x=\Box$, $y=\Box$를 대입하여 a의 값을 구하면 $a=\boxed{}$
>
> 따라서 구하는 이차함수의 식은 $y=\boxed{}$

2

다음은 축의 방정식이 $x=1$이고, 두 점 $(2, 3)$, $(-1, 9)$를 지나는 포물선을 그래프로 하는 이차함수의 식을 구하는 과정이다. □ 안에 알맞은 것을 쓰시오.

> ❶ 축의 방정식이 $x=1$이므로 이차함수의 식을 $y=a(x-\Box)^2+q$로 놓자.
>
> ❷ 이 그래프가 두 점 $(2, 3)$, $(-1, 9)$를 지나므로
> ❶의 식에 $x=2$, $y=3$을 대입하면 $3=\boxed{}$ ⋯ ㉠
> ❶의 식에 $x=-1$, $y=9$를 대입하면 $9=\boxed{}$ ⋯ ㉡
> ㉠, ㉡을 연립하여 풀면 $a=\Box$, $q=\Box$
> 따라서 구하는 이차함수의 식은 $y=\boxed{}$

3

이차함수 $y=a(x-p)^2+q$의 그래프가 다음 그림과 같을 때, ◯ 안에 $>$, $=$, $<$ 중 알맞은 것을 쓰시오.

(단, a, p, q는 상수)

⑴ 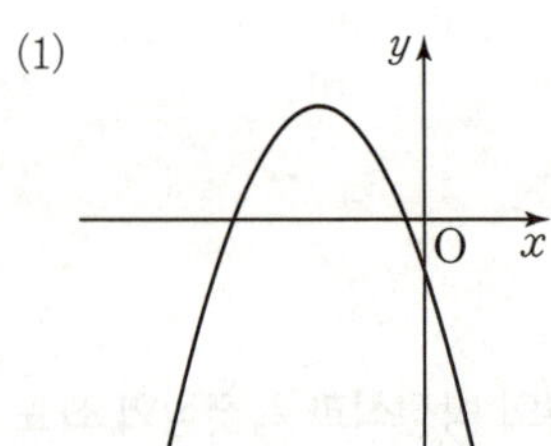 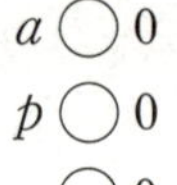

$a \bigcirc 0$
$p \bigcirc 0$
$q \bigcirc 0$

⑵ 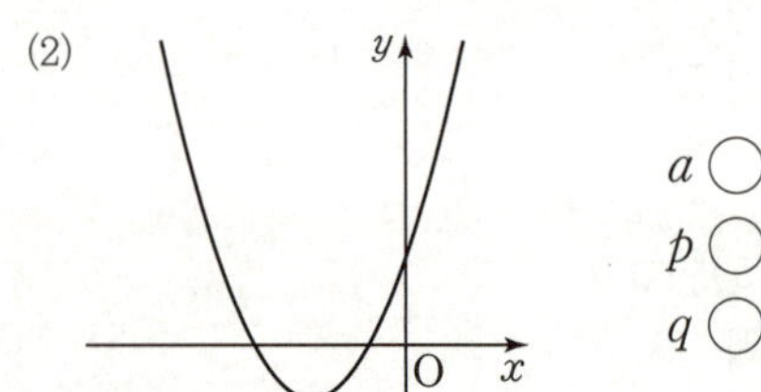

$a \bigcirc 0$
$p \bigcirc 0$
$q \bigcirc 0$

(3)
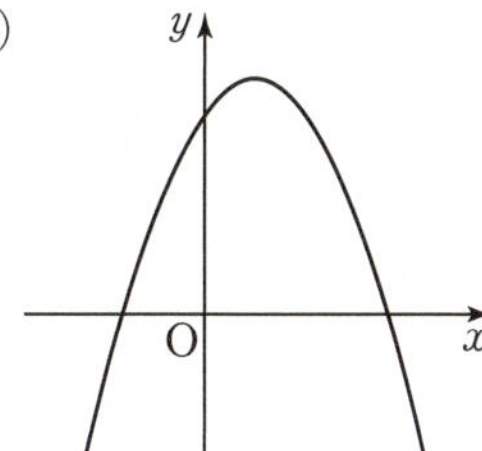

$a \bigcirc 0$

$p \bigcirc 0$

$q \bigcirc 0$

(4)
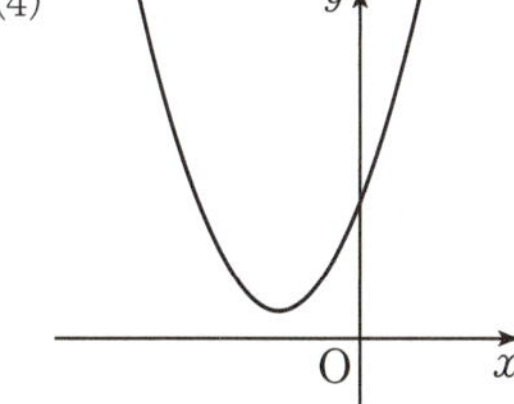

$a \bigcirc 0$

$p \bigcirc 0$

$q \bigcirc 0$

(5)
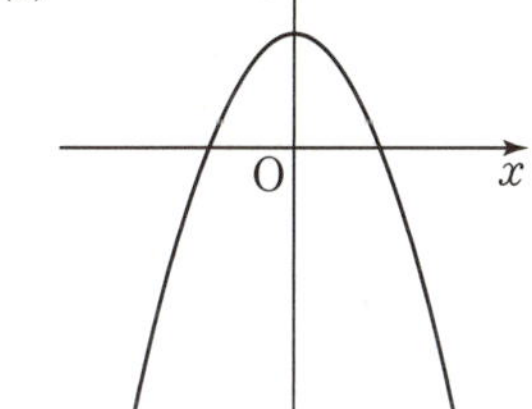

$a \bigcirc 0$

$p \bigcirc 0$

$q \bigcirc 0$

(6)
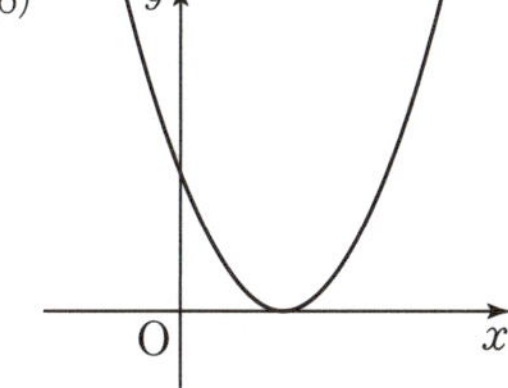

$a \bigcirc 0$

$p \bigcirc 0$

$q \bigcirc 0$

대표 예제 한번 더!

4

꼭짓점의 좌표가 $(3, 5)$이고, 점 $(1, -3)$을 지나는 포물선을 그래프로 하는 이차함수의 식을 구하시오.

5

$a>0$, $p>0$, $q<0$일 때, 다음 중 이차함수 $y=a(x-p)^2+q$의 그래프로 적당한 것은?

(단, a, p, q는 상수)

① 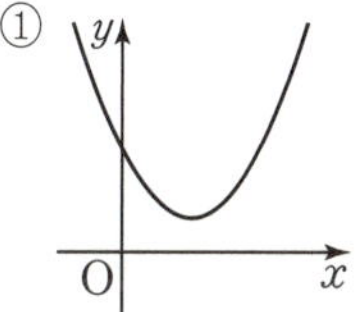　② 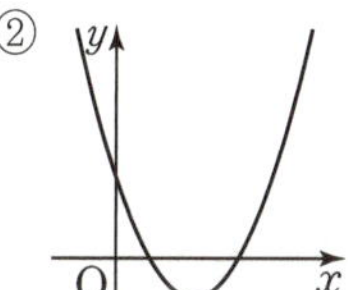

③ 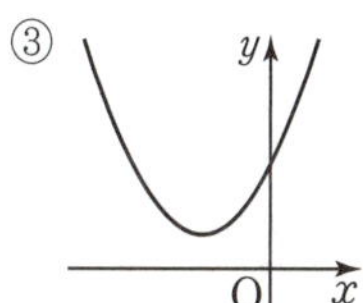　④ 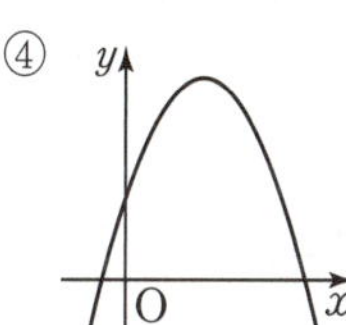

⑤ 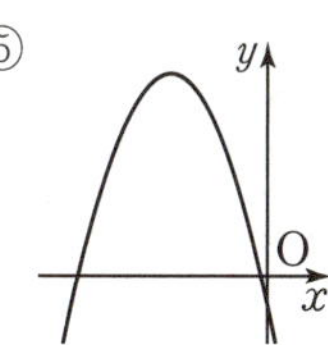

1

다음은 주어진 이차함수를 $y=a(x-p)^2+q$의 꼴로 나타내는 과정이다. ☐ 안에 알맞은 수를 쓰시오.

(1) $y=x^2+2x-7$
$\quad =(x^2+2x)-7$
$\quad =(x^2+2x+\Box-\Box)-7$
$\quad =(x^2+2x+\Box)-\Box-7$
$\quad =(x+1)^2-\Box$

(2) $y=x^2-6x-1$
$\quad =(x^2-6x)-1$
$\quad =(x^2-6x+\Box-\Box)-1$
$\quad =(x^2-6x+\Box)-\Box-1$
$\quad =(x-3)^2-\Box$

(3) $y=x^2+10x+12$
$\quad =(x^2+10x)+12$
$\quad =(x^2+10x+\Box-\Box)+12$
$\quad =(x^2+10x+\Box)-\Box+12$
$\quad =(x+\Box)^2-\Box$

(4) $y=x^2-12x+21$
$\quad =(x^2-12x)+21$
$\quad =(x^2-12x+\Box-\Box)+21$
$\quad =(x^2-12x+\Box)-\Box+21$
$\quad =(x-\Box)^2-\Box$

2

다음은 주어진 이차함수를 $y=a(x-p)^2+q$의 꼴로 나타내는 과정이다. ☐ 안에 알맞은 수를 쓰시오.

(1) $y=2x^2+12x-3$
$\quad =2(x^2+6x)-3$
$\quad =2(x^2+6x+\Box-\Box)-3$
$\quad =2(x^2+6x+\Box)-\Box-3$
$\quad =2(x+3)^2-\Box$

(2) $y=5x^2+20x-9$
$\quad =5(x^2+4x)-9$
$\quad =5(x^2+4x+\Box-\Box)-9$
$\quad =5(x^2+4x+\Box)-\Box-9$
$\quad =5(x+2)^2-\Box$

(3) $y=-3x^2-6x+5$
$\quad =-3(x^2+2x)+5$
$\quad =-3(x^2+2x+\Box-\Box)+5$
$\quad =-3(x^2+2x+\Box)+\Box+5$
$\quad =-3(x+1)^2+\Box$

(4) $y=-\dfrac{1}{2}x^2+5x-9$
$\quad =-\dfrac{1}{2}(x^2-10x)-9$
$\quad =-\dfrac{1}{2}(x^2-10x+\Box-\Box)-9$
$\quad =-\dfrac{1}{2}(x^2-10x+\Box)+\Box-9$
$\quad =-\dfrac{1}{2}(x-5)^2+\Box$

3

다음 이차함수의 그래프의 꼭짓점의 좌표, y축과의 교점의 좌표, 그래프의 모양을 차례로 구하고, 그 그래프를 그리시오.

(1) $y = x^2 - 6x + 1$

    ① 꼭짓점의 좌표　　　:

    ② y축과의 교점의 좌표:

    ③ 그래프의 모양　　　:

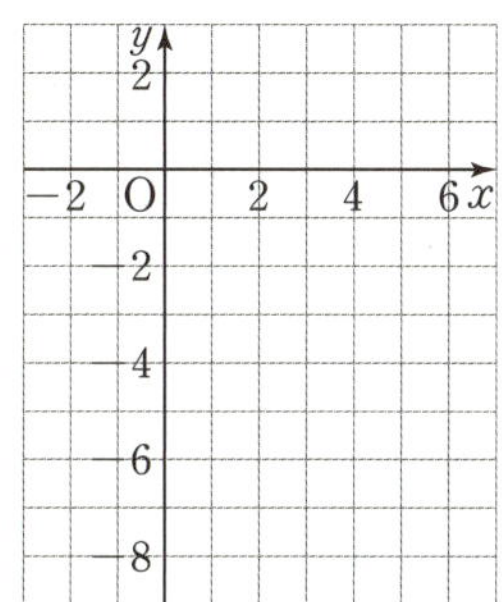

(2) $y = -5x^2 - 10x$

    ① 꼭짓점의 좌표　　　:

    ② y축과의 교점의 좌표:

    ③ 그래프의 모양　　　:

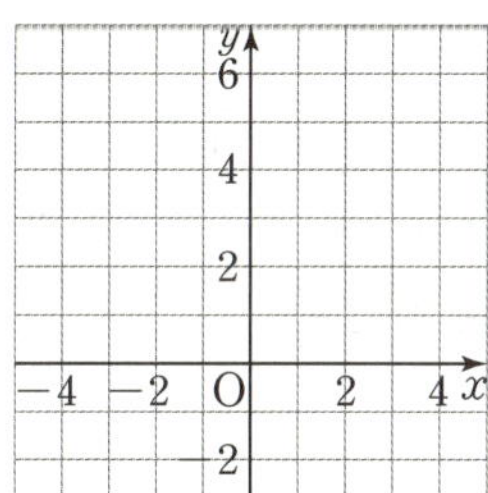

(3) $y = -\dfrac{2}{3}x^2 + 4x - 3$

    ① 꼭짓점의 좌표　　　:

    ② y축과의 교점의 좌표:

    ③ 그래프의 모양　　　:

4

다음은 이차함수의 그래프와 x축의 교점의 좌표를 구하는 과정이다. □ 안에 알맞은 수를 쓰시오.

(1) $y = x^2 - 2x - 3$

> $y = x^2 - 2x - 3$에 $y = \boxed{}$을 대입하면
>
> $\boxed{} = x^2 - 2x - 3$
>
> $(x+1)(x - \boxed{}) = 0$
>
> $\therefore x = -1$ 또는 $x = \boxed{}$
>
> 따라서 구하는 교점의 좌표는
>
> $(-1, \boxed{}), (\boxed{}, \boxed{})$

(2) $y = -x^2 - 4x + 12$

> $y = -x^2 - 4x + 12$에 $y = \boxed{}$을 대입하면
>
> $\boxed{} = -x^2 - 4x + 12$
>
> $(x+6)(x - \boxed{}) = 0$
>
> $\therefore x = -6$ 또는 $x = \boxed{}$
>
> 따라서 구하는 교점의 좌표는
>
> $(-6, \boxed{}), (\boxed{}, \boxed{})$

(3) $y = 3x^2 + 2x - 5$

> $y = 3x^2 + 2x - 5$에 $y = \boxed{}$을 대입하면
>
> $\boxed{} = 3x^2 + 2x - 5$
>
> $(3x+5)(x - \boxed{}) = 0$
>
> $\therefore x = -\dfrac{5}{3}$ 또는 $x = \boxed{}$
>
> 따라서 구하는 교점의 좌표는
>
> $\left(-\dfrac{5}{3}, \boxed{}\right), (\boxed{}, \boxed{})$

대표 예제 **한번 더!**

5

이차함수 $y=4x^2-16x+7$을 $y=4(x-p)^2+q$의 꼴로 나타낼 때, 상수 p, q에 대하여 $p-q$의 값을 구하시오.

6

이차함수 $y=3x^2+6x-1$의 그래프의 꼭짓점의 좌표와 축의 방정식을 차례로 구하시오.

7

이차함수 $y=x^2+ax+2$의 그래프가 점 $(2,\ -6)$을 지날 때, 이 그래프의 꼭짓점의 좌표를 구하시오.

(단, a는 상수)

8

이차함수 $y=2x^2-3x-2$의 그래프가 x축과 만나는 점의 좌표를 구하시오.

9

다음 중 이차함수 $y=-2x^2+8x-2$의 그래프에 대한 설명으로 옳지 <u>않은</u> 것은?

① 위로 볼록한 포물선이다.

② 이차함수 $y=-2x^2$의 그래프를 평행이동하면 일치한다.

③ 꼭짓점의 좌표는 $(2,\ 6)$이다.

④ $x<2$일 때, x의 값이 증가하면 y의 값도 증가한다.

⑤ 모든 사분면을 지난다.

1

이차함수 $y=ax^2+bx+c$의 그래프가 다음 그림과 같을 때, ◯ 안에 >, =, < 중 알맞은 것을 쓰시오.

(단, a, b, c는 상수)

(1) 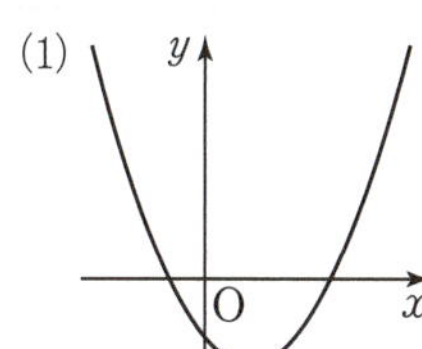 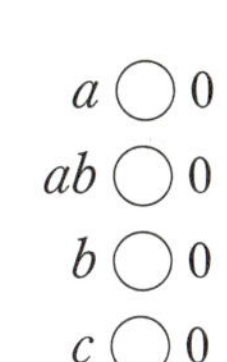

$a \bigcirc 0$
$ab \bigcirc 0$
$b \bigcirc 0$
$c \bigcirc 0$

(2) 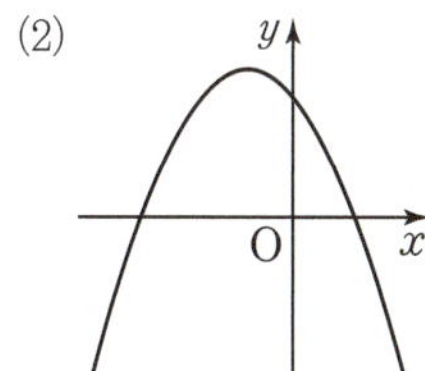 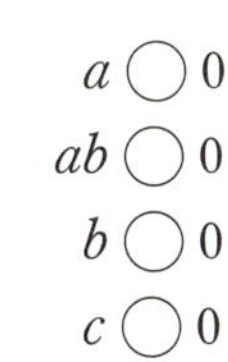

$a \bigcirc 0$
$ab \bigcirc 0$
$b \bigcirc 0$
$c \bigcirc 0$

(3) 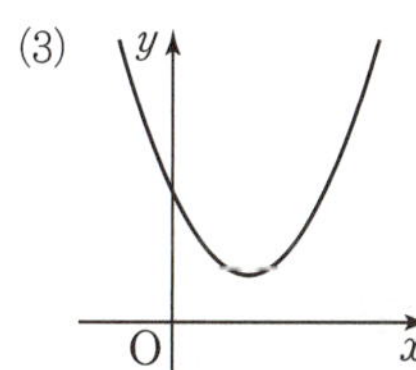 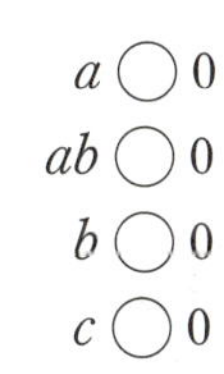

$a \bigcirc 0$
$ab \bigcirc 0$
$b \bigcirc 0$
$c \bigcirc 0$

(4) 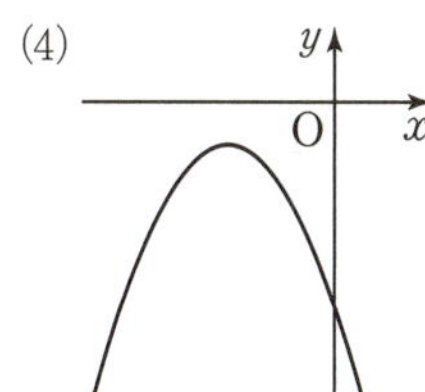 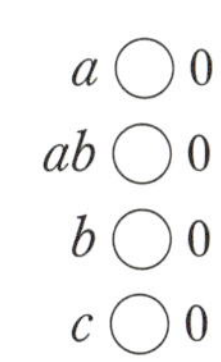

$a \bigcirc 0$
$ab \bigcirc 0$
$b \bigcirc 0$
$c \bigcirc 0$

(5) 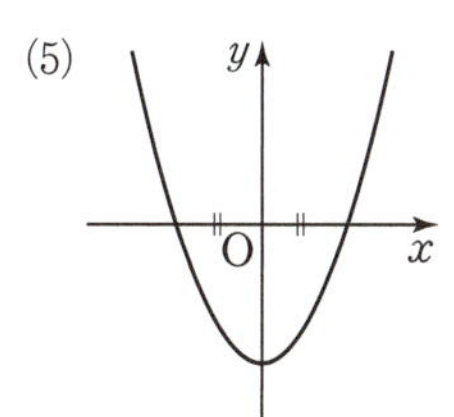 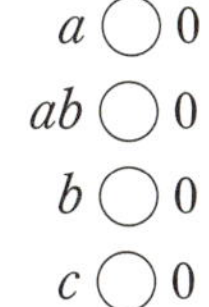

$a \bigcirc 0$
$ab \bigcirc 0$
$b \bigcirc 0$
$c \bigcirc 0$

(6) 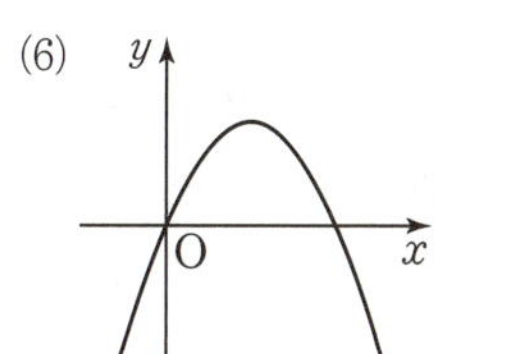 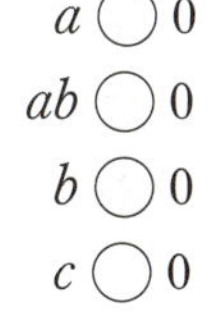

$a \bigcirc 0$
$ab \bigcirc 0$
$b \bigcirc 0$
$c \bigcirc 0$

2

다음은 꼭짓점의 좌표가 $(-3, 8)$이고, 점 $(1, 0)$을 지나는 포물선을 그래프로 하는 이차함수의 식을 구하는 과정이다. □ 안에 알맞은 것을 쓰시오.

❶ 구하는 이차함수의 식을 $y=a(x+3)^2+\square$로 놓는다.

❷ 이 그래프가 점 $(1, 0)$을 지나므로

$0=a(1+3)^2+\square$ ∴ $a=\boxed{}$

따라서 구하는 이차함수의 식은

$y=\boxed{}$

3

다음은 축의 방정식이 $x=-1$이고, 두 점 $(0, -2)$, $(1, -5)$를 지나는 포물선을 그래프로 하는 이차함수의 식을 구하는 과정이다. □ 안에 알맞은 것을 쓰시오.

❶ 구하는 이차함수의 식을 $y=a(x+\square)^2+q$로 놓는다.

❷ 이 그래프가 두 점 $(0, -2)$, $(1, -5)$를 지나므로

$-2=a(0+\square)^2+q$, $-5=a(1+\square)^2+q$

이 두 식을 연립하여 풀면 $a=\boxed{}$, $q=\boxed{}$

따라서 구하는 이차함수의 식은

$y=\boxed{}$

4

다음은 세 점 $(1, -1)$, $(0, -7)$, $(-1, -9)$를 지나는 포물선을 그래프로 하는 이차함수의 식을 구하는 과정이다. ☐ 안에 알맞은 것을 쓰시오.

❶ 구하는 이차함수의 식을 $y=ax^2+bx+c$로 놓자.

❷ 이 그래프가 점 $(0, -7)$을 지나므로

$c=$ ☐

즉, 이차함수 $y=ax^2+bx-$ ☐의 그래프가

두 점 $(1, -1)$, $(-1, -9)$를 지나므로

$-1=a+b-$ ☐, $-9=a-b-$ ☐

이 두 식을 연립하여 풀면

$a=$ ☐, $b=$ ☐

따라서 구하는 이차함수의 식은

$y=$ ☐

5

다음은 x축과 두 점 $(-5, 0)$, $(-1, 0)$에서 만나고, 점 $(-4, 3)$을 지나는 포물선을 그래프로 하는 이차함수의 식을 구하는 과정이다. ☐ 안에 알맞은 것을 쓰시오.

❶ x축과 두 점 $(-5, 0)$, $(-1, 0)$에서 만나므로 구하는 이차함수의 식을 $y=a(x+5)(x+$ ☐$)$로 놓자.

❷ 이 그래프가 점 $(-4, 3)$을 지나므로

☐$=a(-4+5)(-4+1)$

$\therefore a=$ ☐

따라서 구하는 이차함수의 식은

$y=-(x+5)(x+$ ☐$)=$ ☐

6

이차함수 $y=ax^2+bx+c$의 그래프가 오른쪽 그림과 같을 때, 상수 a, b, c의 부호는?

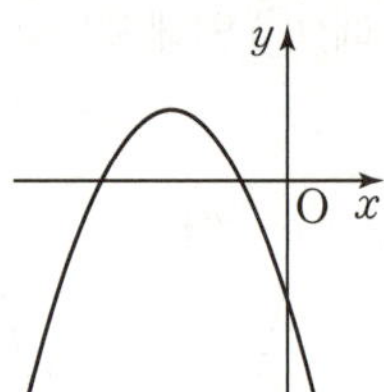

① $a<0$, $b<0$, $c<0$
② $a<0$, $b<0$, $c>0$
③ $a<0$, $b>0$, $c>0$
④ $a>0$, $b<0$, $c<0$
⑤ $a>0$, $b>0$, $c<0$

7

일차함수 $y=ax+b$의 그래프가 오른쪽 그림과 같을 때, 이차함수 $y=x^2+ax+b$의 그래프의 꼭짓점은 제몇 사분면 위의 점인가? (단, a, b는 상수)

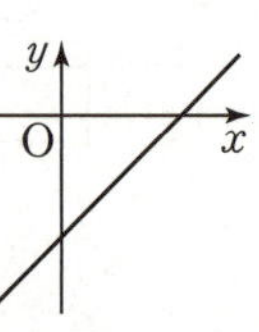

① 제1사분면   ② 제2사분면
③ 제3사분면   ④ 제4사분면
⑤ x축 위에 있다.

8

꼭짓점의 좌표가 $(-1, 2)$이고, 점 $(0, 5)$를 지나는 포물선을 그래프로 하는 이차함수의 식을 $y=ax^2+bx+c$의 꼴로 나타내시오.

9

직선 $x=1$을 축으로 하는 이차함수 $y=ax^2+bx+c$의 그래프가 오른쪽 그림과 같을 때, 상수 a, b, c에 대하여 $a+b+c$의 값을 구하시오.

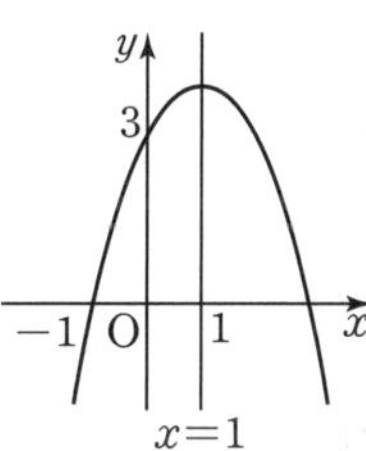

10

이차함수 $y=ax^2+bx+c$의 그래프가 세 점 $(-1, 7)$, $(0, 5)$, $(1, 9)$를 지날 때, 상수 a, b, c에 대하여 abc의 값을 구하시오.

11

세 점 $(-5, 0)$, $(2, -14)$, $(1, 0)$을 지나는 이차함수의 그래프가 점 $(k, 16)$을 지날 때, k의 값을 모두 구하시오.

1

다음 이차함수의 식에 대하여 |보기|와 같이 ①~④를 구하시오.

| 보기 |

$y=3x^2-2$

① 그래프의 모양: \\/ ② 꼭짓점의 좌표: $(0,\ -2)$

③ 최댓값: 없다. ④ 최솟값: -2

(1) $y=-2x^2-5$

① 그래프의 모양: ② 꼭짓점의 좌표:

③ 최댓값: ④ 최솟값:

(2) $y=4(x+1)^2+3$

① 그래프의 모양: ② 꼭짓점의 좌표:

③ 최댓값: ④ 최솟값:

(3) $y=-5\left(x-\dfrac{1}{2}\right)^2+2$

① 그래프의 모양: ② 꼭짓점의 좌표:

③ 최댓값: ④ 최솟값:

2

다음 이차함수의 최댓값과 최솟값을 구하고, 그때의 x의 값을 구하시오.

(1) $y=(x+2)^2+1$

(2) $y=2(x-5)^2+3$

(3) $y=-(x-3)^2+4$

(4) $y=-(x+5)^2-7$

3

다음 이차함수의 최댓값과 최솟값을 구하고, 그때의 x의 값을 구하시오.

(1) $y=x^2+2x+8$

(2) $y=x^2+10x+15$

(3) $y=\dfrac{1}{5}x^2+x+\dfrac{9}{4}$

(4) $y=-x^2-6x$

(5) $y=-x^2+14x-30$

(6) $y=-8x^2+24x-20$

4

다음은 이차함수 $y=x^2+6x+k$의 최솟값이 10일 때, 상수 k의 값을 구하는 과정이다. $\square$ 안에 알맞은 것을 쓰시오.

$y=x^2+6x+k=(x+\square)^2+(\boxed{})$

이때 최솟값이 10이므로

$\boxed{}=10 \qquad \therefore\ k=\boxed{}$

5

다음은 이차함수 $y=x^2+ax+b$가 $x=4$에서 최솟값이 7일 때, 상수 a, b의 값을 각각 구하는 과정이다. ☐ 안에 알맞은 것을 쓰시오.

> $x=4$에서 최솟값이 7이므로 꼭짓점의 좌표는
> $(\boxed{}, \boxed{})$이다.
> 이때 x^2의 계수가 1이므로
> $y=(x-\boxed{})^2+\boxed{}=\boxed{}$
> $\therefore a=\boxed{},\ b=\boxed{}$

6

지면에 수직인 방향으로 초속 20 m로 쏘아 올린 공의 x초 후의 높이를 y m라 하면 $y=-5x^2+20x$라 한다. 공이 최고 높이에 도달할 때까지 걸리는 시간과 그 높이를 구하려고 할 때, 다음 물음에 답하시오.

(1) 이차함수 $y=-5x^2+20x$를 $y=a(x-p)^2+q$의 꼴로 나타내시오. (단, a, p, q는 상수)

(2) 공이 최고 높이에 도달할 때까지 걸리는 시간을 구하시오.

(3) 공이 도달한 최고 높이를 구하시오.

7

이차함수 $y=2x^2-5x+1$은 $x=a$에서 최솟값이 b이다. 이때 $a+b$의 값을 구하시오.

8

이차함수 $y=-4x^2+20x+k$의 최댓값이 3일 때, 상수 k의 값을 구하시오.

9

이차함수 $y=-2x^2+mx+n$이 $x=1$에서 최댓값이 4일 때, 상수 m, n에 대하여 $m-n$의 값을 구하시오.

10

차가 4인 두 수의 곱의 최솟값을 구하시오.

메가스터디BOOKS

내용 문의 02-6984-6901 | 구입 문의 02-6984-6868,9 | www.megastudybooks.com

완쓸 개념

수학이 쉬워지는 완벽한 솔루션

중등수학

3-1

정답 및 해설

1 제곱근과 실수

개념 01 제곱근 ·8~9쪽

개념 확인하기

1 (1) $1, -1$ (2) $4, -4$ (3) $8, -8$ (4) $10, -10$
(5) $\dfrac{1}{2}, -\dfrac{1}{2}$ (6) $0.3, -0.3$

2 (1) $7, -7$ (2) $9, -9$ (3) $12, -12$ (4) 0
(5) $\dfrac{2}{3}, -\dfrac{2}{3}$ (6) $0.5, -0.5$

3 (1) $36, 36, 6, -6$ (2) $121, 121, 11, -11$
(3) $0.2, -0.2$ (4) 없다. (5) $\dfrac{4}{5}, -\dfrac{4}{5}$ (6) $7, -7$

대표 예제로 개념 익히기

예제1 61

1-1 ②   **1-2** ①
예제2 (1) × (2) ○ (3) ○ (4) × (5) ○
2-1 ④   **2-2** ㄱ, ㄷ

개념 02 제곱근의 표현 ·10~11쪽

개념 확인하기

1 풀이 참조

2 (1) $\pm\sqrt{7}$ (2) $\pm\sqrt{11}$ (3) $\pm\sqrt{0.2}$ (4) $\pm\sqrt{\dfrac{2}{5}}$

3 풀이 참조

4 (1) 5 (2) 0.7 (3) ± 12 (4) $-\dfrac{2}{3}$

대표 예제로 개념 익히기

예제1 ①, ⑤

1-1 ㄱ, ㄴ, ㄹ   **1-2** ⑤
예제2 ②, ⑤
2-1 ④   **2-2** $1, \dfrac{16}{9}, 0.\dot{4}$

개념 03 제곱근의 성질 ·13~16쪽

개념 확인하기

1 (1) 7 (2) 11 (3) -8 (4) $-\dfrac{1}{2}$ (5) 13 (6) -0.6

2 (1) 3 (2) 12 (3) -7 (4) $\dfrac{2}{5}$ (5) 17 (6) -21

3 (1) $2, 5, 7$ (2) $7, 6, 1$
4 풀이 참조
5 풀이 참조
6 $2, 2, 5, 5$

대표 예제로 개념 익히기

예제1 ⑤
1-1 ⑤
1-2 $-\sqrt{6^2}, (-\sqrt{2})^2, (-\sqrt{3})^2, \sqrt{(-5)^2}$
예제2 (1) 10 (2) -1 (3) 8 (4) 16
2-1 (1) 3 (2) 2 (3) -2 (4) -23
예제3 ㄴ, ㄹ   **3-1** ③
예제4 $6a-4b$ **4-1** (1) $7a$ (2) $-a+b$
예제5 (1) $-2a+2$ (2) $-2a-2$
5-1 $2a-2b$ **5-2** a
예제6 (1) $2^2 \times 7$ (2) 7 (3) 7
6-1 (1) 5 (2) 2 **6-2** (1) 3 (2) 2
예제7 (1) $1, 4, 9, 16$ (2) $4, 11, 16, 19$
7-1 9 **7-2** ①

개념 04 제곱근의 대소 관계 ·17~18쪽

개념 확인하기

1 (1) $2, 8$ (2) $\sqrt{2}, \sqrt{8}$ (3) $\sqrt{2}, \sqrt{8}$
2 (1) $<, <$ (2) $<$ (3) $>$ (4) $<, <, >$
(5) $>$ (6) $<$
3 (1) $9, 9, >, >$ (2) $<$ (3) $<$
(4) $16, 16, >, >, <$ (5) $>$ (6) $<$

대표 예제로 개념 익히기

예제1 ③
1-1 ③, ⑤   **1-2** ①
예제2 $4, 4, 5, 6, 7, 8$
2-1 (1) 7개 (2) 4개   **2-2** ⑤

개념 05 무리수와 실수 ·19~20쪽

개념 확인하기

1 (1) 유 (2) 유 (3) 무 (4) 유 (5) 무 (6) 무
2 (1) × (2) ○ (3) × (4) × (5) ○

대표 예제로 개념 익히기

예제1 ㄴ, ㅂ   **1-1** ②
예제2 ②
2-1 ㄱ, ㄴ   **2-2** 2

개념 06 실수와 수직선 ·21~22쪽

개념 확인하기

1 $1, \sqrt{5}, 2, \sqrt{5}, \sqrt{5}, \sqrt{5}, -\sqrt{5}, \sqrt{5}$
2 (1) × (2) × (3) ○ (4) ○ (5) ○ (6) ○

대표 예제로 개념 익히기

예제1 ④

1-1 (1) $\overline{AC}=\sqrt{8},\ \overline{DE}=\sqrt{13}$
  (2) P: $-1-\sqrt{8}$, Q: $\sqrt{13}$

1-2 P: $-2+\sqrt{2}$, Q: $-1-\sqrt{2}$

예제2 ①, ⑤

2-1 ①, ③

개념 07 실수의 대소 관계 ·23~24쪽

개념 확인하기

1 $\sqrt{8}-3,\ <,\ <,\ <$

2 $<,\ <$

3 2, 1, $<$

대표 예제로 개념 익히기

예제1 (1) $>$ (2) $<$ (3) $<$ (4) $<$ (5) $<$ (6) $>$

1-1 ③   **1-2** ④

예제2 (1) $a>b$ (2) $a<c$ (3) $b<a<c$

2-1 $c<b<a$ **2-2** A

실전 문제로 단원 마무리하기 ·25~28쪽

1 ③	**2** 2	**3** ②
4 $a=8,\ b=11,\ c=-5$	**5** ④	**6** ③
7 4	**8** ②	**9** 20	**10** 16	**11** 6개
12 ②	**13** 점 B	**14** $-5-\sqrt{5}$	**15** ②
16 ⑤	**17** F, B, D	**18** $4-\sqrt{3}$
19 10 cm	**20** $a-2b$	**21** 15
22 $2+\sqrt{3},\ -\sqrt{7}$		

OX 문제로 개념 점검! ·29쪽

❶ × ❷ ○ ❸ × ❹ ○ ❺ × ❻ × ❼ ○ ❽ ×

---

2 근호를 포함한 식의 계산

개념 08 제곱근의 곱셈과 나눗셈 ·32~33쪽

개념 확인하기

1 (1) $\sqrt{15}$ (2) $\sqrt{42}$ (3) $-\sqrt{14}$ (4) $\sqrt{21}$
  (5) $12\sqrt{10}$ (6) 2, 3, 5, 30

2 (1) $\sqrt{3}$ (2) $\sqrt{6}$ (3) $-\sqrt{7}$ (4) $2\sqrt{3}$
  (5) $\dfrac{1}{3}\sqrt{\dfrac{1}{5}}$ (6) $\dfrac{14}{3},\ \dfrac{14}{3},\ 10$

대표 예제로 개념 익히기

예제1 ④

1-1 7   **1-2** $10\sqrt{14}$

예제2 ②, ⑤

2-1 $\sqrt{2}$ **2-2** $\dfrac{1}{2}$

개념 09 근호가 있는 식의 변형 ·34~35쪽

개념 확인하기

1 $2^2,\ 2^2,\ 2$

2 (1) 2, 2 (2) 4, 4 (3) 3, 3
  (4) 3, 3 (5) 4, 4 (6) 100, 10, 10

3 (1) 3, 45 (2) 4, 48 (3) 6, 72
  (4) 5, 50 (5) 3, $\dfrac{10}{9}$ (6) 4, $\dfrac{3}{16}$

대표 예제로 개념 익히기

예제1 ㄴ, ㄹ, ㅂ

1-1 $a=20,\ b=4,\ c=\dfrac{3}{10}$

1-2 7

예제2 (1) ab^2 (2) a^3b (3) ab^3 (4) a^3b^2

2-1 ④   **2-2** 100

개념 10 분모의 유리화 ·36~37쪽

개념 확인하기

1 (1) $\sqrt{3},\ \sqrt{3},\ \dfrac{\sqrt{3}}{3}$ (2) $\sqrt{5},\ \sqrt{5},\ \dfrac{2\sqrt{5}}{5}$
  (3) $\sqrt{7},\ \sqrt{7},\ \dfrac{\sqrt{21}}{7}$ (4) $\sqrt{2},\ \sqrt{2},\ \dfrac{\sqrt{10}}{2}$
  (5) $\sqrt{2},\ \sqrt{2},\ \dfrac{5\sqrt{2}}{4}$ (6) $\sqrt{6},\ \sqrt{6},\ \dfrac{\sqrt{42}}{12}$

2 (1) $\dfrac{\sqrt{6}}{6}$ (2) $-\dfrac{7\sqrt{2}}{2}$ (3) $\dfrac{\sqrt{55}}{5}$
  (4) $\dfrac{4\sqrt{3}}{15}$ (5) $\dfrac{3\sqrt{5}}{10}$ (6) $\dfrac{2\sqrt{7}}{7}$

대표 예제로 개념 익히기

예제1 ④

1-1 (1) ○ (2) × (3) ○ (4) ×

1-2 6

예제2 (1) $\dfrac{\sqrt{30}}{5}$ (2) $2\sqrt{42}$

2-1 $\dfrac{\sqrt{10}}{4}$ **2-2** $\dfrac{7}{24}$

개념 확인하기

1 (1) 1.072 (2) 1.03 (3) 4 (4) 8.012

2 (1) 100, 10, 10, 22.36

(2) 100, 10, 10, 70.71

(3) 100, 10, 10, 0.2236

(4) 10000, 100, 100, 0.07071

대표 예제로 개념 익히기

예제1 (1) 14.14 (2) 44.72 (3) 0.4472 (4) 0.1414

1-1 ③   **1-2** ㄴ, ㄹ

예제2 (1) 4.242 (2) 0.3535

2-1 6.708   **2-2** 1.1312

개념 12 제곱근의 덧셈과 뺄셈 •40~41쪽

개념 확인하기

1 (1) $5\sqrt{5}$ (2) $4\sqrt{7}$ (3) $3\sqrt{3}$ (4) $-4\sqrt{6}$ (5) $-\sqrt{2}$

(6) $-\sqrt{5}$ (7) $6\sqrt{2}+2\sqrt{3}$ (8) $-4\sqrt{3}+5\sqrt{7}$

2 (1) $3\sqrt{3}$ (2) $4\sqrt{2}$ (3) $\sqrt{7}$ (4) $-\sqrt{6}$

(5) $5\sqrt{7}$ (6) $8\sqrt{3}$ (7) $\sqrt{3}$ (8) 0

대표 예제로 개념 익히기

예제1 ③, ⑤

1-1 $-\dfrac{1}{3}$ **1-2** $-4\sqrt{3}+\sqrt{5}$

예제2 ④

2-1 (1) $-\sqrt{7}$ (2) $2\sqrt{3}-\sqrt{6}$

2-2 ④

개념 13 근호를 포함한 복잡한 식의 계산 •42~43쪽

개념 확인하기

1 (1) $\sqrt{15}+\sqrt{35}$ (2) $\sqrt{6}-\sqrt{10}$ (3) $6+\sqrt{15}$ (4) $3+4\sqrt{3}$

2 (1) $\sqrt{3}$, $\sqrt{3}$, $\dfrac{3-2\sqrt{3}}{3}$ (2) $\sqrt{2}$, $\sqrt{2}$, $\dfrac{\sqrt{6}+2\sqrt{3}}{2}$

3 (1) $\dfrac{\sqrt{3}+\sqrt{6}}{3}$ (2) $\dfrac{\sqrt{6}-\sqrt{2}}{2}$

4 (1) $6\sqrt{2}$ (2) $-3\sqrt{6}$ (3) $-\sqrt{3}$

(4) $7\sqrt{2}$ (5) $3\sqrt{5}$ (6) $-\sqrt{7}$

대표 예제로 개념 익히기

예제1 (1) $5\sqrt{5}-2\sqrt{3}$ (2) $5\sqrt{2}-4$ (3) $8\sqrt{2}+4$

1-1 (1) $3-\sqrt{2}$ (2) $\sqrt{3}-2\sqrt{7}$

(3) $\sqrt{3}+3\sqrt{5}$ (4) $8\sqrt{3}-\sqrt{6}$

1-2 $5+2\sqrt{6}$

예제2 $2\sqrt{3}+3\sqrt{2}$

2-1 -4 **2-2** 6

실전 문제로 단원 마무리하기 •44~46쪽

1 ③   **2** $\sqrt{15}$ **3** ④   **4** ④   **5** $\dfrac{1}{4}$

6 $\sqrt{5}$ cm   **7** 2   **8** $\dfrac{\sqrt{2}}{\sqrt{5}}$ **9** ③

10 ③   **11** 37.42 cm   **12** $18\sqrt{6}$ **13** ②

14 2   **15** $-2\sqrt{5}$ **16** 4

17 $26\sqrt{6}$ m   **18** ④   **19** $12+4\sqrt{6}$

20 $\dfrac{6\sqrt{5}}{5}$

OX 문제로 개념 점검! •47쪽

❶○ ❷× ❸○ ❹× ❺× ❻○ ❼○ ❽○

---

3 다항식의 곱셈과 인수분해

개념 14 다항식의 곱셈 / 곱셈 공식 •51~53쪽

개념 확인하기

1 (1) $a^2+7a+10$ (2) a^2-2a-3 (3) $-3a^2-5a+2$

(4) $6a^2+13ab+3a-5b^2-b$

2 (1) $x^2+8x+16$ (2) $4a^2+4a+1$

(3) x^2-4x+4 (4) $x^2-12x+36$

(5) $9x^2-12x+4$ (6) $25x^2-30xy+9y^2$

3 (1) x^2-16 (2) a^2-9 (3) $4x^2-1$

(4) $9x^2-16$ (5) $25-a^2$ (6) $x^2-\dfrac{1}{4}$

4 (1) 3, 4, 3, 4, $x^2+7x+12$ (2) x^2-2x-8

(3) x^2-5x-6 (4) $x^2-8x+15$

(5) $x^2+6xy+5y^2$ (6) $a^2-ab-6b^2$

5 (1) 6, 4, $8x^2+24x+18$ (2) $6x^2+7x-5$

(3) $20x^2+7x-3$ (4) $15x^2-13x+2$

(5) $6x^2+23xy+20y^2$ (6) $6a^2+5ab-6b^2$

대표 예제로 개념 익히기

예제1 ③

1-1 ③   **1-2** ㄴ, ㄹ

예제2 ⑤

2-1 $7x^2+31$ **2-2** -10

예제3

3-1 ①, ④   **3-2** $a=3$, $b=4$

예제4 $\dfrac{35}{4}$

4-1 ①   **4-2** -4

개념 15 곱셈 공식의 응용 (1) – 식의 계산 ·54~55쪽

개념 확인하기

1 (1) $5+2\sqrt{6}$　(2) $11-2\sqrt{30}$　(3) 3
　(4) 6　(5) $11+6\sqrt{3}$　(6) $7+7\sqrt{2}$

2 풀이 참조

대표 예제로 개념 익히기

예제**1** ⑤

1-1 ④　　　　　　　　**1-2** $a=4,\ b=-2$

예제**2** 3

2-1 ③　　　　　　　　**2-2** ②

개념 16 곱셈 공식의 응용 (2) – 수의 계산 ·56~57쪽

개념 확인하기

1 (1) ㅡㄷ　(2) ㅡㄴ　(3) ㅡㄱ　(4) ㅡㄹ

2 풀이 참조

대표 예제로 개념 익히기

예제**1** (1) ㄱ　(2) ㄴ

1-1 ①　　　　　　　　**1-2** 97682

예제**2** (1) ㄹ　(2) ㄷ

2-1 ③　　　　　　　　**2-2** 1010

개념 17 곱셈 공식의 변형 ·58~59쪽

개념 확인하기

1 (1) $2,\ 2,\ 30$　(2) $4,\ 4,\ 24$

2 (1) $2,\ 2,\ 6$　(2) $4,\ 4,\ 8$

3 (1) $2,\ 2,\ 14$　(2) $4,\ 4,\ 12$

4 (1) $2,\ 2,\ 11$　(2) $4,\ 4,\ 13$

5 (1) $1,\ 1,\ 1,\ 2$　(2) $3,\ 3,\ 9,\ -7,\ 4$

대표 예제로 개념 익히기

예제**1** ③　　　　　　　**1-1** ④

예제**2** ③　　　　　　　**2-1** (1) 7　(2) 5

예제**3** 8　　　　　　　**3-1** -2

개념 18 인수분해 ·60~61쪽

개념 확인하기

1 (1) a^2+2a　(2) x^2-6x+9
　(3) x^2-1　(4) $6x^2-7xy+2y^2$

2 풀이 참조

3 (1) $x(x+2y)$　(2) $xy(3x-5)$
　(3) $4a(a-2)$　(4) $2z(x+3y)$

대표 예제로 개념 익히기

예제**1** ㄴ, ㄷ, ㅁ

1-1 ①, ④　　　　　　　**1-2** ⑤

예제**2** (1) $5y(x-2y)$　(2) $2xy(2x-4y+3)$
　(3) $(x+y)(a+b)$　(4) $(x-2)(x+5)$

2-1 ③　　　　　　　**2-2** $2x-1$

개념 19 인수분해 공식 ①, ② ·63~65쪽

개념 확인하기

1 (1) $4,\ 4,\ 4$　(2) $2,\ 2,\ 3,\ 3,\ 2,\ 3$　(3) $(x-7)^2$
　(4) $(3x+5)^2$　(5) $2(a+2)^2$　(6) $-3(x-1)^2$

2 (1) $3,\ 9$　(2) $\pm6,\ \pm12$　(3) 25　(4) ±14

3 (1) $5,\ 25$　(2) $4,\ \pm24$　(3) 1　(4) ±40

4 (1) $4,\ 4$　(2) $5,\ 5$　(3) $7,\ 7,\ 7$　(4) $2,\ 1,\ 2,\ 1$
　(5) $6,\ 6,\ 6$　(6) $\dfrac{1}{3},\ \dfrac{1}{4},\ \dfrac{1}{3},\ \dfrac{1}{4},\ \dfrac{1}{3},\ \dfrac{1}{4}$

대표 예제로 개념 익히기

예제**1** ⑤

1-1 ④　　　　　　　**1-2** 20

예제**2** (1) $4,\ (x-2)^2$　(2) $25,\ (x+5)^2$
　(3) $8,\ (x+4)^2$　(4) $24,\ 4(x-3y)^2$

2-1 ①　　　　　　　**2-2** 36

예제**3** ②, ④

3-1 동주: $(y+x)(y-x)$, 찬우: $2(x+5y)(x-5y)$

3-2 $8x$

예제**4** $(x^2+y^2)(x+y)(x-y)$

4-1 $(x^4+1)(x^2+1)(x+1)(x-1)$

4-2 ②

개념 20 인수분해 공식 ③, ④ ·67~69쪽

개념 확인하기

1 (1) $2,\ 5$　(2) $-1,\ -7$　(3) $-2,\ 4$　(4) $3,\ -4$

2 (1) $2,\ 3,\ (x+2)(x+3)$
　(2) $-1,\ -11,\ (x-1)(x-11)$
　(3) $-2,\ 7,\ (x-2)(x+7)$
　(4) $3,\ -5,\ (x+3)(x-5)$

3 풀이 참조

4 (1) $(x+2)(2x+1)$　(2) $(x+1)(3x-1)$
　(3) $(2x-1)(2x-3)$　(4) $(2x-3)(3x+1)$
　(5) $(x-5)(2x+1)$　(6) $(2a-b)(3a+2b)$

예제1 ⑤

1-1 $x-4$ **1-2** $2x-3$

예제2 11

2-1 ⑤   **2-2** 1

예제3 9

3-1 ②   **3-2** $4x-3$

예제4 8

4-1 -10 **4-2** ②

개념 21 인수분해 공식의 응용 – 수와 식의 계산 ·70~71쪽

개념 확인하기

1 (1) ㄷ, 30

  (2) ㄱ, $(11+9)^2$, 400

  (3) ㄴ, $(53-3)^2$, 2500

  (4) ㄹ, $(37+27)(37-27)$, 640

2 (1) 2, 2, 20, 360   (2) $x+y$, $1-\sqrt{2}$, 2, 4

대표 예제로 개념 익히기

예제1 (1) 900   (2) 900   (3) 3600   (4) 7

1-1 138   **1-2** 1

예제2 (1) 2   (2) $2-2\sqrt{2}$ (3) $2+2\sqrt{2}$

2-1 (1) 8   (2) $3\sqrt{5}+5$ (3) $-4\sqrt{5}$

2-2 $-8\sqrt{3}$

개념 22 복잡한 식의 인수분해 ·72~73쪽

개념 확인하기

1 (1) 5, $x+1$, 5, 3, 4   (2) 4, 4, $x-3$, 1, 7

2 (1) b, b, b, c (2) $y-1$, $y-1$, $y-1$

3 (1) $x+y$, $x+y$, $x+y$ (2) 3, 3, 3

대표 예제로 개념 익히기

예제1 (1) $(a-1)^2$

  (2) $(x+y+5)(x+y-5)$

  (3) $(x-y+1)(x-y+2)$

1-1 (1) $(x-y+7)^2$

  (2) $(4+a-b)(4-a+b)$

  (3) $(x+2y-6)(x+2y+2)$

1-2 $(3x+y-1)^2$

예제2 (1) $(a+1)(a-1)(b+1)$

  (2) $(1+x-y)(1-x+y)$

2-1 (1) $(y-1)(x-2)$

  (2) $(x-y)(x+y-2)$

  (3) $(y+x+3)(y-x-3)$

2-2 ③

실전 문제로 단원 마무리하기 ·74~76쪽

1 -1	**2** ③, ⑤	**3** 14	**4** ⑤	**5** 14
6 ①, ⑤	**7** 144	**8** 7	**9** $a=4$, $b=36$	
10 $2x-1$	**11** ⑤	**12** ②, ⑤	**13** ③	**14** C
15 6	**16** $2x+4$	**17** 49	**18** 8	**19** ⑤
20 $(x-3)(x+6)$	**21** $a+b$			

OX 문제로 개념 점검! ·77쪽

❶ ○   ❷ ×   ❸ ○   ❹ ○   ❺ ×   ❻ ×   ❼ ○   ❽ ○

---

4 이차방정식

개념 23 이차방정식과 그 해 ·80~81쪽

개념 확인하기

1 (1) ×   (2) ×   (3) ○   (4) ○

2 풀이 참조

3 (1) 2, 2, 2   (2) -1, -1, -9

대표 예제로 개념 익히기

예제1 ㄱ, ㄷ, ㅂ

1-1 ⑤   **1-2** ②

예제2 1

2-1 -3 **2-2** ②

개념 24 인수분해를 이용한 이차방정식의 풀이 ·82~83쪽

개념 확인하기

1 (1) 0, 4   (2) $x=-3$ 또는 $x=6$

  (3) $x-1=0$ 또는 $x-5=0$ / $x=1$ 또는 $x=5$

  (4) $3x+1=0$ 또는 $2x-5=0$ / $x=-\dfrac{1}{3}$ 또는 $x=\dfrac{5}{2}$

2 (1) $x+3$, $x+3$, $x-2$, -3, 2

  (2) $x-3$, x, $x-3$, 0, 3

  (3) $x=-3$ 또는 $x=1$ (4) $x=-3$ 또는 $x=3$

  (5) $x=-2$ 또는 $x=\dfrac{3}{2}$ (6) $x=-2$ 또는 $x=\dfrac{1}{3}$

대표 예제로 개념 익히기

예제1 ③

1-1 ④   **1-2** 8

예제2 2

2-1 -4 **2-2** $x=1$

개념 25 이차방정식의 중근 ·84~85쪽

개념 확인하기

1 (1) $x=-5$ (2) $x=3$ (3) $x=-\dfrac{1}{2}$ (4) $x=\dfrac{4}{3}$

2 (1) $x+2$, -2 (2) $x-4$, 4 (3) $x=-\dfrac{1}{3}$ (4) $x=\dfrac{5}{2}$

3 (1) 6, 9 (2) 36, 6 (3) 36 (4) ± 8

대표 예제로 개념 익히기

예제1 ㄴ, ㅁ, ㅂ

1-1 ④　　　　　　　　**1-2** $a=10$, $b=25$

예제2 ①

2-1 2, -2　　　　　　**2-2** ⑤

개념 26 제곱근 또는 완전제곱식을 이용한 이차방정식의 풀이 ·87~89쪽

개념 확인하기

1 (1) 2 (2) $x=\pm\sqrt{10}$ (3) $x=\pm\sqrt{5}$ (4) $x=\pm 3\sqrt{3}$

2 (1) $\sqrt{5}$, 4, $\sqrt{5}$ (2) $x=-5$ 또는 $x=3$

(3) $x=6\pm 2\sqrt{2}$ (4) $x=-3\pm\sqrt{7}$

(5) $x=\dfrac{4\pm 2\sqrt{3}}{3}$ (6) $x=\dfrac{3}{2}$ 또는 $x=-\dfrac{1}{2}$

3 (1) 1, 1, 1, 4 (2) 36, 36, 6, 21

4 (1) 4, 4, 2, 7, $2\pm\sqrt{7}$

(2) 16, 16, 4, 11, $-4\pm\sqrt{11}$

대표 예제로 개념 익히기

예제1 ⑤

1-1 0　　　　　　　　**1-2** $a=-2$, $b=5$

예제2 ③

2-1 ㄱ, ㄴ　　　　　　**2-2** ③, ⑤

예제3 9

3-1 ④　　　　　　　　**3-2** $\dfrac{5}{2}$

예제4 6

4-1 4　　　　　　　　**4-2** 1

개념 27 이차방정식의 근의 공식 ·90~91쪽

개념 확인하기

1 풀이 참조

대표 예제로 개념 익히기

예제1 $A=2$, $B=3$

1-1 39　　　　　　　　**1-2** $\sqrt{13}$

예제2 1

2-1 ④　　　　　　　　**2-2** 2

개념 28 복잡한 이차방정식의 풀이 ·92~93쪽

개념 확인하기

1 풀이 참조

대표 예제로 개념 익히기

예제1 (1) $x=-3$ 또는 $x=1$

(2) $x=\dfrac{-2\pm\sqrt{22}}{3}$

(3) $x=-\dfrac{1}{2}$ 또는 $x=\dfrac{5}{6}$

1-1 2　　　　　　　　**1-2** $x=-1$ 또는 $x=\dfrac{5}{2}$

예제2 (1) $x=-2$ 또는 $x=6$

(2) $x=-\dfrac{8}{3}$ 또는 $x=-1$

2-1 -1　　　　　　　**2-2** ①

개념 29 이차방정식의 근의 개수 / 이차방정식 구하기 ·94~97쪽

개념 확인하기

1 풀이 참조

2 (1) $k<\dfrac{25}{4}$ (2) $k=\dfrac{25}{4}$ (3) $k>\dfrac{25}{4}$

3 (1) $k>-\dfrac{1}{3}$ (2) $k=-\dfrac{1}{3}$ (3) $k<-\dfrac{1}{3}$

4 (1) $x^2+5x+6=0$ (2) $2x^2+6x-8=0$

(3) $-3x^2+9x+30=0$ (4) $x^2-\dfrac{7}{2}x+\dfrac{3}{2}=0$

5 (1) $x^2+16x+64=0$ (2) $3x^2+12x+12=0$

(3) $-x^2+6x-9=0$ (4) $2x^2-3x+\dfrac{9}{8}=0$

대표 예제로 개념 익히기

예제1 ①, ③　　　　　　**1-1** ⑤

예제2 (1) $k<11$ (2) $k=11$ (3) $k>11$

2-1 $k<0$　　　　　　**2-2** -6, 2

2-3 ②

예제3 $a=8$, $b=6$

3-1 44　　　　　　　　**3-2** $x=-\dfrac{1}{3}$ 또는 $x=1$

예제4 -6

4-1 ⑤　　　　　　　　**4-2** $x^2-x-72=0$

개념 30 이차방정식의 활용 ·99~101쪽

개념 확인하기

1 풀이 참조　　　　　**2** 풀이 참조

3 풀이 참조　　　　　**4** 풀이 참조

대표 예제로 개념 익히기

예제1 (1) $x^2=2x+15$ (2) 5

1-1 9, 10, 11 **1-2** 8세

예제2 (1) 1초 후 또는 4초 후
  (2) 5초 후

2-1 1초 후 **2-2** 11명

예제3 10 cm

3-1 3 **3-2** 10

예제4 2 m

4-1 3 m **4-2** 30 cm

실전 문제로 단원 마무리하기

•102~104쪽

1 ①, ③	**2** ②	**3** ④	**4** $x=-6$ 또는 $x=2$
5 ④	**6** ②	**7** 4	**8** ②
9 $x=\dfrac{-2\pm\sqrt{6}}{2}$	**10** $\dfrac{13}{3}$	**11** ⑤	**12** ⑤
13 4	**14** ③	**15** 5일과 12일	**16** 10명
17 5개	**18** 10	**19** 4초 후	

OX 문제로 개념 점검!

•105쪽

❶ × ❷ ○ ❸ × ❹ ○ ❺ ○ ❻ ○ ❼ × ❽ ×

5 이차함수와 그 그래프

개념 31 이차함수

•108~109쪽

개념 확인하기

1 (1) × (2) ○ (3) × (4) ○ (5) ○ (6) ×

2 (1) $y=1000x$ (2) $y=10x$ (3) $y=x^2$ (4) $y=x^2+x$
  이차함수인 것: (3), (4)

3 (1) 5 (2) 1 (3) -1 (4) 0

대표 예제로 개념 익히기

예제1 2개

1-1 ①, ② **1-2** ②, ④

예제2 29

2-1 6 **2-2** 4

개념 32 이차함수 $y=x^2$의 그래프

•110~111쪽

개념 확인하기

1 풀이 참조 **2** 풀이 참조

대표 예제로 개념 익히기

예제1 ① **1-1** ①, ⑤

예제2 ③

2-1 ⑤ **2-2** 7

개념 33 이차함수 $y=ax^2$의 그래프

•112~114쪽

개념 확인하기

1 (1) 풀이 참조
  (2) $(0, 0)$, $(0, 0)$, $(0, 0)$
  (3) $x=0$, $x=0$, $x=0$
  (4) $y=2x^2$, $y=x^2$, $y=\dfrac{1}{2}x^2$
  (5) $y=-x^2$, $y=-2x^2$, $y=-\dfrac{1}{2}x^2$

대표 예제로 개념 익히기

예제1 ①, ⑤ **1-1** ②

예제2 ③

2-1 ① **2-2** ⑤

예제3 ③

3-1 ④ **3-2** 4

예제4 $y=\dfrac{1}{2}x^2$

4-1 $y=-\dfrac{3}{2}x^2$ **4-2** $\sqrt{7}$

개념 34 이차함수 $y=ax^2+q$의 그래프

•115~116쪽

개념 확인하기

1 풀이 참조

2 (1) 이차함수의 식: $y=2x^2-5$
   축의 방정식: $x=0$
   꼭짓점의 좌표: $(0, -5)$
  (2) 이차함수의 식: $y=-x^2+4$
   축의 방정식: $x=0$
   꼭짓점의 좌표: $(0, 4)$
  (3) 이차함수의 식: $y=-3x^2+2$
   축의 방정식: $x=0$
   꼭짓점의 좌표: $(0, 2)$
  (4) 이차함수의 식: $y=\dfrac{2}{3}x^2-1$
   축의 방정식: $x=0$
   꼭짓점의 좌표: $(0, -1)$

대표 예제로 개념 익히기

예제1 ①, ⑤

1-1 -6　　　　　　**1-2** ②

예제2 -30

2-1 2　　　　　　**2-2** -1

개념 35 이차함수 $y=a(x-q)^2$의 그래프　·117~118쪽

개념 확인하기

1 풀이 참조

2 (1) 이차함수의 식: $y=3(x+1)^2$

축의 방정식: $x=-1$

꼭짓점의 좌표: $(-1, 0)$

(2) 이차함수의 식: $y=-(x-3)^2$

축의 방정식: $x=3$

꼭짓점의 좌표: $(3, 0)$

(3) 이차함수의 식: $y=-5(x-2)^2$

축의 방정식: $x=2$

꼭짓점의 좌표: $(2, 0)$

(4) 이차함수의 식: $y=-\dfrac{3}{2}(x+2)^2$

축의 방정식: $x=-2$

꼭짓점의 좌표: $(-2, 0)$

대표 예제로 개념 익히기

예제1 ㄷ, ㄹ

1-1 은아, 성원　　　　**1-2** ①

예제2 $-3, -1$

2-1 $-\dfrac{1}{2}$　　　　　**2-2** ①, ⑤

개념 36 이차함수 $y=a(x-p)^2+q$의 그래프 (1)　·119~120쪽

개념 확인하기

1 (1) $1, 4$　(2) $-5, -3$　(3) $1, -\dfrac{2}{3}$

2 (1) 축의 방정식: $x=2$, 꼭짓점의 좌표: $(2, 7)$

(2) 축의 방정식: $x=-1$, 꼭짓점의 좌표: $(-1, 3)$

(3) 축의 방정식: $x=5$, 꼭짓점의 좌표: $(5, -2)$

(4) 축의 방정식: $x=-\dfrac{1}{2}$, 꼭짓점의 좌표: $\left(-\dfrac{1}{2}, -4\right)$

(5) 축의 방정식: $x=4$, 꼭짓점의 좌표: $\left(4, -\dfrac{5}{6}\right)$

(6) 축의 방정식: $x=-\dfrac{1}{3}$, 꼭짓점의 좌표: $\left(-\dfrac{1}{3}, 5\right)$

대표 예제로 개념 익히기

예제1 -9

1-1 -3　　　　　　**1-2** ④

예제2 은정

2-1 ③, ⑤

개념 37 이차함수 $y=a(x-p)^2+q$의 그래프 (2)　·121~122쪽

개념 확인하기

1 $1, 3, 2, 5, 2, 2(x-1)^2+3$

2 풀이 참조

대표 예제로 개념 익히기

예제1 $a=4, p=3, q=-2$

1-1 $y=-(x+2)^2+7$　　**1-2** -36

예제2 (1) $a<0, p<0, q>0$

(2) $a>0, p>0, q>0$

2-1 ③

실전 문제로 단원 마무리하기　·123~126쪽

1 ⑤	**2** ③	**3** 4	**4** ③, ④	**5** ①
6 9	**7** $\dfrac{1}{4}$	**8** $y=\dfrac{1}{3}x^2$		**9** ③
10 2개	**11** ⑤	**12** ④	**13** ⑤	**14** ㄷ, ㅁ
15 $a\le-\dfrac{5}{9}$		**16** -3	**17** ⑤	**18** ④
19 ㄱ, ㄷ	**20** $\dfrac{23}{8}$	**21** $(0, 2)$	**22** -2	**23** $-\dfrac{2}{3}$

OX 문제로 개념 점검!　·127쪽

❶ ○　❷ ×　❸ ○　❹ ×　❺ ○　❻ ○　❼ ×　❽ ×

---

6 이차함수 $y=ax^2+bx+c$의 그래프

개념 38 이차함수 $y=ax^2+bx+c$의 그래프 (1)　·131~132쪽

개념 확인하기

1 (1) $16, 16, 16, 16, 4, 8$　(2) $y=(x+3)^2-7$

2 (1) $4, 4, 4, 8, 2, 11$　(2) $y=3(x-1)^2-2$

(3) $y=-(x-2)^2-1$　(4) $y=\dfrac{1}{2}(x+1)^2-2$

3 (1) $(2, -1)$, $(0, 3)$, 아래로 볼록 / 그래프는 풀이 참조

   (2) $(-1, 3)$, $(0, 0)$, 위로 볼록 / 그래프는 풀이 참조

   (3) $(-3, -2)$, $(0, 1)$, 아래로 볼록 / 그래프는 풀이 참조

4 (1) $0, 0, 4, -4, 0, -4, 0$

   (2) $0, 0, 4, 4, 0, 4, 0$

대표 예제로 개념 익히기

예제1 (1) $y=2(x+3)^2-5$, $x=-3$, $(-3, -5)$

    (2) $y=-\dfrac{1}{4}(x-2)^2+4$, $x=2$, $(2, 4)$

1-1 ④

예제2 $(2, 0)$, $(6, 0)$ **2-1** $\left(-\dfrac{1}{2}, 0\right)$, $(2, 0)$

예제3 ③   **3-1** ③, ⑤

개념 39 이차함수 $y=ax^2+bx+c$의 그래프 (2) •134~136쪽

개념 확인하기

1 풀이 참조

2 풀이 참조

3 풀이 참조

대표 예제로 개념 익히기

예제1 ③

1-1 (1) $a>0$, $b<0$, $c>0$ (2) $a<0$, $b<0$, $c<0$

1-2 ㄱ, ㄹ

예제2 $y=-4x^2+24x-35$

2-1 -1 **2-2** $(0, 0)$

예제3 $a=3$, $b=-12$, $c=11$

3-1 $y=-x^2-4x-3$

예제4 $y=2x^2+5x-3$ **4-1** 4

예제5 18 **5-1** $(3, 4)$

개념 40 이차함수의 최댓값과 최솟값 •137~139쪽

개념 확인하기

1 (1) 최댓값은 2, 최솟값은 없다.

   (2) 최솟값은 1, 최댓값은 없다.

   (3) 최댓값은 0, 최솟값은 없다.

2 (1) 최댓값: $x=0$에서 0, 최솟값: 없다.

   (2) 최댓값: 없다., 최솟값: $x=2$에서 0

   (3) 최댓값: 없다., 최솟값: $x=-1$에서 5

   (4) 최댓값: $x=-2$에서 $-\dfrac{4}{3}$, 최솟값: 없다.

3 (1) $4, 9$, 없다., -9 (2) $y=-2(x-2)^2+5$, 5, 없다.

   (3) 6, 없다.   (4) 없다., 4

대표 예제로 개념 익히기

예제1 (1) $x=1$에서 최솟값은 -2, 최댓값은 없다.

    (2) $x=-1$에서 최댓값은 $\dfrac{1}{2}$, 최솟값은 없다.

1-1 (1) $x=\dfrac{3}{2}$에서 최솟값은 $-\dfrac{9}{2}$, 최댓값은 없다.

    (2) $x=-4$에서 최댓값은 5, 최솟값은 없다.

1-2 -8

예제2 -1 **2-1** ②

예제3 2 **3-1** ②

예제4 $12\,\mathrm{m}$

4-1 ④   **4-2** ④

실전 문제로 단원 마무리하기 •140~143쪽

1 ㄴ, ㄷ	**2** ③	**3** ①	**4** 8	**5** ③
6 4	**7** -5	**8** ④, ⑤	**9** ③	**10** 3
11 제2사분면	**12** ⑤	**13** -2		
14 $(0, -6)$	**15** ①	**16** ④	**17** ②	
18 $-3, 3$	**19** 5	**20** 0	**21** 4	
22 2				

OX 문제로 개념 점검! •144쪽

❶ ×   ❷ ○   ❸ ×   ❹ ○   ❺ ○   ❻ ○

1 제곱근과 실수

개념 01 제곱근 ·3쪽

1 (1) 2, -2 (2) 3, -3 (3) 9, -9 (4) 11, -11
(5) $\dfrac{2}{7}$, $-\dfrac{2}{7}$ (6) 0.4, -0.4

2 (1) 25, 25, 5, -5 (2) 144, 144, 12, -12

3 (1) 0 (2) 1, -1 (3) 7, -7 (4) 없다.
(5) 0.6, -0.6 (6) $\dfrac{9}{5}$, $-\dfrac{9}{5}$

4 20 **5** ㄱ, ㄴ, ㄹ

개념 02 제곱근의 표현 ·4쪽

1 풀이 참조

2 (1) $\sqrt{15}$ (2) $-\sqrt{15}$ (3) $\pm\sqrt{15}$ (4) $\sqrt{15}$

3 (1) 2 (2) -6 (3) ±12 (4) 0.5 (5) -0.1 (6) $\pm\dfrac{5}{11}$

4 ④ **5** ⑤

개념 03 제곱근의 성질 ·5~7쪽

1 (1) 3 (2) $\dfrac{5}{4}$ (3) -11 (4) -1.5
(5) 6 (6) 17 (7) $-\dfrac{2}{5}$ (8) -0.3

2 (1) 6, 3, 9 (2) 10, 7, 3

3 (1) 11 (2) 9 (3) 21 (4) 4

4 (1) A, $-A$ (2) A, $-A$

5 (1) $3a$ (2) $-3a$ (3) $-3a$, $3a$ (4) $-3a$

6 (1) $\dfrac{2}{5}a$ (2) $-\dfrac{2}{5}a$ (3) $-6a$, $6a$ (4) $-6a$

7 (1) $>$, $a-1$ (2) $<$, $a-1$, $-a+1$
(3) $>$, $a-1$, $-a+1$ (4) $<$, $-(a-1)$, $a-1$

8 풀이 참조

9 (1) 2, 5, 2, 2, 5, 2, 2
(2) 3, 7, 7, 3, 7, 7, 7
(3) 9, 16, 25, 9, 16, 25, 2, 9, 18, 2
(4) 1, 4, 9, 1, 4, 9, 14, 11, 6, 6

10 ⑤ **11** ② **12** ② **13** ①
14 2 **15** ④ **16** ③

개념 04 제곱근의 대소 관계 ·8쪽

1 (1) $<$, $<$ (2) $>$, $>$ (3) $<$, $>$ (4) $>$, $<$

2 (가) 25, (나) $>$, (다) 24, (라) $>$

3 (1) $>$ (2) $>$ (3) $<$ (4) $<$

4 ④ **5** ③

개념 05 무리수와 실수 ·9쪽

1 (1) 유 (2) 무 (3) 유 (4) 무 (5) 유
(6) 무 (7) 유 (8) 유 (9) 무 (10) 무

2 (1) ○ (2) × (3) ○ (4) ○ (5) ○ (6) ×

3 ③ **4** ③, ⑤

개념 06 실수와 수직선 ·10쪽

1 1, 3, 10, $\sqrt{10}$, $-\sqrt{10}$

2 1, 1, 2, $\sqrt{2}$, $\sqrt{2}$, $3+\sqrt{2}$, $3-\sqrt{2}$

3 (1) × (2) × (3) ○ (4) × (5) ○ (6) ×

4 P: $1+\sqrt{2}$, Q: $1-\sqrt{2}$ **5** ㄴ

개념 07 실수의 대소 관계 ·11쪽

1 (1) $>$, $>$, $>$, $>$ (2) $>$, $>$ (3) 3, 2, $>$

2 (1) $>$ (2) $<$ (3) $<$ (4) $>$

3 $>$, $>$, $>$, $>$, $<$, $<$

4 ①, ④ **5** ⑤

2 근호를 포함한 식의 계산

개념 08 제곱근의 곱셈과 나눗셈 ·12쪽

1 (1) $\sqrt{14}$ (2) $\sqrt{15}$ (3) $-\sqrt{42}$ (4) $15\sqrt{22}$

2 (1) $\dfrac{18}{5}$, 6 (2) 3, 5, 7, 105

3 (1) $\sqrt{7}$ (2) $\sqrt{3}$ (3) $-\sqrt{7}$ (4) $2\sqrt{5}$

4 13, $\dfrac{13}{7}$, 39 **5** ④ **6** ③

개념 09 근호가 있는 식의 변형 ·13쪽

1 2^2, 2^2, 2

2 (1) 2, 2 (2) 5, 5 (3) 10, 10 (4) 12, 12
(5) 10, 10 (6) 7, 7 (7) 18, 3, 3

3 (1) 5, 125 (2) 12, $\dfrac{35}{144}$ (3) 5, $\dfrac{7}{25}$

4 ㄱ, ㄷ **5** ③

개념 10 분모의 유리화 ·14쪽

1 (가) $\sqrt{5}$, (나) $\sqrt{5}$, (다) 15, (라) 15

2 (1) $\sqrt{5}$, $\sqrt{5}$, $\dfrac{\sqrt{5}}{5}$ (2) $\sqrt{13}$, $\sqrt{13}$, $\dfrac{7\sqrt{13}}{13}$
(3) $\sqrt{3}$, $\sqrt{3}$, $\dfrac{\sqrt{3}}{6}$ (4) $\sqrt{3}$, $\sqrt{3}$, $\dfrac{11\sqrt{3}}{12}$
(5) $\sqrt{7}$, $\sqrt{7}$, $\dfrac{\sqrt{35}}{14}$ (6) $\sqrt{7}$, $\sqrt{7}$, $\dfrac{\sqrt{14}}{21}$

3 (1) $\dfrac{\sqrt{7}}{7}$ (2) $\dfrac{3\sqrt{5}}{5}$ (3) $-\dfrac{\sqrt{51}}{3}$

(4) $\dfrac{3\sqrt{5}}{20}$ (5) $\dfrac{\sqrt{14}}{7}$ (6) $\dfrac{7\sqrt{3}}{18}$

4 ③ **5** ④

개념 11 제곱근표 •15~16쪽

1 (1) 2.126 (2) 2.177 (3) 2.145 (4) 2.216

2 (1) 3.225 (2) 3.564 (3) 3.808 (4) 3.975

3 (1) 1.556 (2) 2.53 (3) 2.61 (4) 1.655

4 (1) 100, 10, 10, 26.46 (2) 100, 10, 10, 83.67

(3) 100, 10, 10, 0.2646 (4) 10000, 100, 100, 0.08367

5 (1) 22.63 (2) 71.55 (3) 0.7155 (4) 0.2263

6 (1) 3, 1.732, 3.464 (2) 2, 2, 0.866

7 (1) 4.472 (2) 0.559 (3) 1.118

8 ⑤ **9** 0.5292

개념 12 제곱근의 덧셈과 뺄셈 •17~18쪽

1 (1) $5\sqrt{3}$ (2) $11\sqrt{2}$ (3) $14\sqrt{7}$

(4) $-5\sqrt{3}$ (5) $-3\sqrt{6}$ (6) $-11\sqrt{5}$

2 (1) $3\sqrt{3}$ (2) $-2\sqrt{7}$ (3) $-4\sqrt{17}$

(4) $-14\sqrt{3}$ (5) $-\dfrac{\sqrt{5}}{3}$ (6) $-\dfrac{11\sqrt{2}}{12}$

3 (1) $-8\sqrt{2}+6\sqrt{3}$ (2) $7\sqrt{6}+2\sqrt{7}$

(3) $\dfrac{\sqrt{2}}{4}-5\sqrt{5}$ (4) $-\dfrac{\sqrt{3}}{2}+\dfrac{7\sqrt{11}}{6}$

4 (1) $5\sqrt{5}$ (2) $-2\sqrt{3}$ (3) $7\sqrt{3}$

(4) $6\sqrt{6}$ (5) $-2\sqrt{2}$ (6) $2\sqrt{2}$

5 (1) $3\sqrt{2}$ (2) $\dfrac{5\sqrt{2}}{2}$ (3) $\sqrt{5}$

(4) $-3\sqrt{3}$ (5) $3\sqrt{2}$ (6) $-3\sqrt{5}$

6 (1) $-4\sqrt{2}$ (2) $-\sqrt{5}$ (3) $-\sqrt{3}+12\sqrt{5}$ (4) $-10\sqrt{2}+2\sqrt{5}$

7 ③ **8** ②

개념 13 근호를 포함한 복잡한 식의 계산 •19~20쪽

1 (1) $2+2\sqrt{3}$ (2) $2\sqrt{30}+8\sqrt{3}$ (3) $\sqrt{22}-2\sqrt{6}$

(4) $3\sqrt{35}-4\sqrt{15}$ (5) $2\sqrt{14}+2\sqrt{42}$ (6) $5\sqrt{6}-2\sqrt{5}$

2 (1) $\sqrt{3}+5$ (2) $2\sqrt{2}-\sqrt{5}$ (3) $\sqrt{6}+4\sqrt{2}$

(4) $2\sqrt{6}-4$ (5) $3+2\sqrt{2}$ (6) -1

3 (1) $\sqrt{7}$, $\sqrt{7}$, $\dfrac{\sqrt{35}+\sqrt{21}}{7}$ (2) $\sqrt{3}$, $\sqrt{3}$, $\dfrac{3\sqrt{2}-2\sqrt{3}}{3}$

(3) $\sqrt{2}$, $\sqrt{2}$, $\dfrac{\sqrt{22}+6}{2}$ (4) $\sqrt{5}$, $\sqrt{5}$, $2-\sqrt{2}$

(5) $\sqrt{6}$, $\sqrt{6}$, $\sqrt{2}+\sqrt{3}$

4 (1) $\dfrac{\sqrt{15}+\sqrt{6}}{3}$ (2) $\dfrac{\sqrt{6}-\sqrt{10}}{2}$ (3) $\dfrac{3-2\sqrt{3}}{6}$ (4) $\dfrac{6\sqrt{5}+5}{15}$

---

5 (1) $6\sqrt{2}$ (2) $-\sqrt{2}$ (3) $2\sqrt{10}$ (4) $\dfrac{7\sqrt{15}}{5}$ (5) $4\sqrt{3}$

(6) $-\sqrt{2}-2\sqrt{3}$ (7) $5\sqrt{3}-8\sqrt{5}$ (8) $\dfrac{\sqrt{6}}{2}-1$

(9) $\dfrac{5\sqrt{2}}{2}-2$ (10) $-\dfrac{\sqrt{6}}{3}-3$

6 ② **7** $-\dfrac{\sqrt{6}}{2}$

3 다항식의 곱셈과 인수분해

개념 14 다항식의 곱셈 / 곱셈 공식 •21~23쪽

1 (1) $4a$, 12 (2) $4x$, 4 (3) 4, 20, 9, 20 (4) 5, 5, 4, 5

(5) xy, 3, 4, $3y^2$ (6) $6xy$, 2, 5, $2y^2$

2 (1) 1, 2, 1 (2) 3, 3, 6, 9

(3) $x^2+10x+25$ (4) $y^2+14y+49$

3 (1) 2, 4, 4 (2) 3, 3, 6, 9

(3) $a^2-14a+49$ (4) $x^2-18x+81$

4 (1) 1, 1 (2) 2, 4 (3) $\dfrac{1}{3}$, $\dfrac{1}{9}$ (4) $9a^2-4$

(5) $\dfrac{1}{16}x^2-25$ (6) x^2-4y^2 (7) $25a^2-9b^2$

5 (1) a, a^2 (2) a, a^2 (3) x^2-36 (4) $4y^2-x^2$

(5) $-x$, x, 9 (6) $49x^2-y^2$ (7) a^2-64

6 (1) 4, 6, 4, 6, $x^2+10x+24$ (2) x^2+6x+5

(3) -1, -7, -1, -7, x^2-8x+7

(4) $x^2-9x+18$ (5) $x^2+4x-21$ (6) $x^2+5x-24$

(7) $x^2-9xy+18y^2$ (8) $x^2-3xy-28y^2$

7 (1) 3, 4, $12x^2+13x+3$ (2) $8x^2+26x+15$

(3) $12x^2-10x+2$ (4) $6x^2-37x+45$

(5) $6x^2-13x-5$ (6) $8x^2-6x-35$

(7) $8x^2-22xy+15y^2$ (8) $15x^2-7xy-36y^2$

8 ③ **9** 73 **10** ③ **11** 26

개념 15 곱셈 공식의 응용 (1) - 식의 계산 •24쪽

1 (1) $10-2\sqrt{21}$ (2) $14-4\sqrt{6}$ (3) 2 (4) -25 (5) -5

(6) $5-3\sqrt{3}$ (7) $-7+\sqrt{10}$

2 (1) $\sqrt{2}-1$, $\sqrt{2}-1$, $\sqrt{6}-\sqrt{3}$

(2) $2-\sqrt{3}$, $2-\sqrt{3}$, $4-2\sqrt{3}$

(3) $\sqrt{2}-\sqrt{5}$, $\sqrt{2}-\sqrt{5}$, $-\dfrac{\sqrt{2}-\sqrt{5}}{3}$

(4) $\sqrt{3}-\sqrt{2}$, $\sqrt{3}-\sqrt{2}$, $\sqrt{15}-\sqrt{10}$

(5) $\sqrt{7}+\sqrt{5}$, $\sqrt{7}+\sqrt{5}$, $\dfrac{3\sqrt{7}+3\sqrt{5}}{2}$

(6) $2\sqrt{2}+\sqrt{7}$, $2\sqrt{2}+\sqrt{7}$, $2\sqrt{2}+\sqrt{7}$

(7) $2\sqrt{3}-\sqrt{10}$, $2\sqrt{3}-\sqrt{10}$, $2\sqrt{3}-\sqrt{10}$

(8) $\sqrt{6}+\sqrt{5}$, $\sqrt{6}+\sqrt{5}$, $11+2\sqrt{30}$

3 ⑤ **4** 1

개념 16 곱셈 공식의 응용 (2) – 수의 계산 •25쪽

1 (1) ㄹ (2) ㄱ (3) ㄴ (4) ㄷ

2 풀이 참조 **3** 200.08 **4** ③, ④

개념 17 곱셈 공식의 변형 •26~27쪽

1 (1) 2, 2, 10 (2) 4, 4, 4

2 (1) 2, 2, 10 (2) 4, 4, 16

3 (1) 2, 2, 23 (2) 4, 4, 21

4 (1) 2, 2, 18 (2) 4, 4, 20

5 (1) 2, 2, 4, -1 (2) 5, 5, 10, -18, -25

(3) 3, 3, 9, -4 (4) 5, 5, 25, -19, -9

6 (1) 13 (2) 25 (3) $-\dfrac{13}{6}$

7 ④ **8** ②

개념 18 인수분해 •28쪽

1 (1) $3x^2+6x$ (2) x^2+3x+2 (3) x^2+x-12

(4) x^2-4x+4 (5) $6x^2+7x-5$ (6) $3x^2-xy-2y^2$

2 (1) ① a ② $a(6a-1)$ (2) ① b ② $b(x+z)$

(3) ① xy ② $xy(x+2)$ (4) ① m ② $m(x-y+z)$

3 (1) $4xy^2(1-2xy)$ (2) $-x^2(x-7)$

(3) $xy(x-y)$ (4) $2y(3x+4z)$

4 ④ **5** $2x+y$

개념 19 인수분해 공식 ①, ② •29~30쪽

1 (1) 5, 5, 5 (2) 3, 3, 4, 4, 3, 4 (3) $(x+6)^2$

(4) $(5x-2)^2$ (5) $2(2x+1)^2$ (6) $3(x+5)^2$

2 (1) 11, 11, 121 (2) ±7, ±14 (3) 100 (4) ±18

3 (1) 2, 4 (2) 3, ±24 (3) 36 (4) ±60

4 (1) 7, 7 (2) $(a+6)(a-6)$ (3) 3, 1, 3, 1

(4) $(4x+7)(4x-7)$ (5) 5, 5, 5 (6) $(b+2a)(b-2a)$

5 (1) 8, 9, 9, 8 (2) $(5x+6y)(5x-6y)$

(3) $\left(9x+\dfrac{1}{10}y\right)\left(9x-\dfrac{1}{10}y\right)$ (4) $4(x+2y)(x-2y)$

(5) $\dfrac{3}{5}$, $\dfrac{1}{6}$, $\dfrac{1}{6}$, $\dfrac{1}{6}$ (6) $\left(\dfrac{3}{2}x+\dfrac{7}{8}y\right)\left(\dfrac{3}{2}x-\dfrac{7}{8}y\right)$

6 ③, ⑤ **7** ㄱ, ㄹ **8** $10x$

9 $(x^8+1)(x^4+1)(x^2+1)(x+1)(x-1)$

개념 20 인수분해 공식 ③, ④ •31~32쪽

1 (1) 1, 5 (2) -2, 3 (3) 1, -12 (4) -5, -7

2 (1) 2, -3, $(x+2)(x-3)$ (2) 2, 4, $(x+2)(x+4)$

(3) -2, 5, $(x-2)(x+5)$ (4) 2, -6, $(x+2)(x-6)$

(5) -7, -8, $(x-7)(x-8)$ (6) 2, -9, $(x+2)(x-9)$

3 풀이 참조

4 (1) $(x-5)(3x-1)$ (2) $(x-1)(5x+3)$

(3) $(x+1)(7x-5)$ (4) $(2x-1)(3x+1)$

(5) $(x+y)(4x+3y)$ (6) $(3x+y)(3x-2y)$

5 ②, ④ **6** -7 **7** ① **8** 16

개념 21 인수분해 공식의 응용 – 수와 식의 계산 •33쪽

1 (1) ㄷ, 1600 (2) ㄴ, 9600 (3) ㄹ, 2500

(4) ㄷ, 210 (5) ㄱ, 10000 (6) ㄴ, $10\sqrt{2}$

2 (1) 5, 5, 90, 8100 (2) 32, 68, 36, 3600

(3) $x+y$, $\sqrt{5}-\sqrt{2}$, $2\sqrt{5}$, 20

3 ㄱ, ㄴ **4** $4\sqrt{5}$

개념 22 복잡한 식의 인수분해 •34쪽

1 (1) 2, $x-2$, 4 (2) 8, $x-2y$, 8 (3) 5, 5, 5, $x+6$, 11

2 (1) y, y, y (2) $2x+1$, $2x+1$, $2x+1$

3 (1) $y-5$, $y-5$, $x-y+5$ (2) 3, 3, $x-y-3$

4 -6 **5** ②

---

4 이차방정식

개념 23 이차방정식과 그 해 •35쪽

1 (1) ◯ (2) ✕ (3) ◯ (4) ✕ (5) ◯ (6) ◯

2 (1) ✕ (2) ◯ (3) ✕ (4) ◯ (5) ✕ (6) ✕

3 (1) -3, -3, 9 (2) 3 (3) 6

4 ㄱ, ㄴ **5** ①

개념 24 인수분해를 이용한 이차방정식의 풀이 •36쪽

1 (1) 0, 3 (2) $x=-1$ 또는 $x=2$

(3) $x=2$ 또는 $x=5$ (4) $x=9$ 또는 $x=-10$

(5) $x=\dfrac{1}{2}$ 또는 $x=\dfrac{5}{3}$ (6) $x=-\dfrac{1}{5}$ 또는 $x=\dfrac{3}{5}$

2 (1) $x=-3$ 또는 $x=-4$ (2) $x=-7$ 또는 $x=4$

(3) $x=-3$ 또는 $x=8$ (4) $x=-5$ 또는 $x=9$

(5) $x=\dfrac{1}{3}$ 또는 $x=5$ (6) $x=-2$ 또는 $x=\dfrac{3}{5}$

3 ⑤ **4** ②

개념 25 이차방정식의 중근 •37쪽

1 (1) $x=2$ (2) $x=-9$ (3) $x=\dfrac{1}{3}$ (4) $x=-\dfrac{7}{6}$

2 (1) $x=-6$ (2) $x=10$ (3) $x=\dfrac{5}{4}$ (4) $x=-\dfrac{8}{5}$

3 (1) 8, 16 (2) 225 (3) 144, 12 (4) ± 10

4 ⑤ ~~~~~~~~~~~~~~~~~~~~ **5** $\dfrac{8}{5}$

개념 26 제곱근 또는 완전제곱식을 이용한 이차방정식의 풀이 •38~39쪽

1 (1) $x=\pm\sqrt{10}$ (2) $x=\pm 2\sqrt{6}$ (3) $x=1\pm\sqrt{3}$

(4) $x=-2\pm\sqrt{5}$ (5) $x=2\pm\sqrt{10}$ (6) $x=-7\pm 2\sqrt{3}$

(7) $x=-5\pm 2\sqrt{2}$ (8) $x=6\pm 3\sqrt{2}$

2 (1) -1, 4, 4, 2, 3 (2) 4, 1, 1, 1, 5

3 (1) 16, 16, 4, 10, $4\pm\sqrt{10}$

(2) 36, 36, 6, 40, $-6\pm 2\sqrt{10}$

(3) 4, 4, 2, 10, $-2\pm\sqrt{10}$ (4) 1, 1, 1, 12, $1\pm 2\sqrt{3}$

4 -1 ~~~~~~~~~~~~~~~~~~ **5** ①

6 ⑤ ~~~~~~~~~~~~~~~~~~ **7** $x=-2\pm\sqrt{10}$

개념 27 이차방정식의 근의 공식 •40쪽

1 (1) 1, 7, 4, 7, 7, 1, 4, 1, $\dfrac{-7\pm\sqrt{33}}{2}$

(2) 1, -9, -7, -9, -9, 1, -7, 1, $\dfrac{9\pm\sqrt{109}}{2}$

(3) 3, -11, 7, -11, -11, 3, 7, 3, $\dfrac{11\pm\sqrt{37}}{6}$

2 (1) 1, 2, 2, 2, 2, 1, 2, 1, $-2\pm\sqrt{2}$

(2) 1, -3, 7, -3, -3, 1, 7, 1, $3\pm\sqrt{2}$

(3) 5, 1, -1, 1, 1, 5, -1, 5, $\dfrac{-1\pm\sqrt{6}}{5}$

3 30 ~~~~~~~~~~~~~~~~~~ **4** ④

개념 28 복잡한 이차방정식의 풀이 •41쪽

1 (1) 5, 14, 7, 7 (2) 12, 4, 4 (3) 4, 6, 1, 3, $-\dfrac{1}{3}$

(4) 12, 16, 1, $8x-1$, $\dfrac{1}{8}$ (5) 10, 5, 2, 5, 1, $\dfrac{2}{5}$

(6) 10, 10, 4, 5, 2, 1, $\dfrac{1}{2}$

(7) 2, 8, 4, 4, $-\dfrac{4}{3}$, 4, $\dfrac{2}{3}$, $-\dfrac{4}{3}$, $\dfrac{2}{3}$

2 $\dfrac{3}{14}$ ~~~~~~~~~~~~~~ **3** $x=\dfrac{3\pm\sqrt{10}}{2}$

개념 29 이차방정식의 근의 개수 / 이차방정식 구하기 •42~43쪽

1 (1) ① 9 ② 2개 (2) ① -39 ② 0개 (3) ① 41 ② 2개

(4) ① 0 ② 1개 (5) ① -87 ② 0개 (6) ① 0 ② 1개

2 (1) ① $k<\dfrac{9}{4}$ ② $k=\dfrac{9}{4}$ ③ $k>\dfrac{9}{4}$

(2) ① $k>-4$ ② $k=-4$ ③ $k<-4$

(3) ① $k<3$ ② $k=3$ ③ $k>3$

(4) ① $k>-\dfrac{9}{28}$ ② $k=-\dfrac{9}{28}$ ③ $k<-\dfrac{9}{28}$

---

3 (1) $x^2-2x-8=0$ (2) $x^2-8x+15=0$

(3) $-x^2-7x-6=0$ (4) $2x^2-6x+4=0$

(5) $-2x^2+4x+96=0$ (6) $12x^2-7x+1=0$

4 (1) $x^2+8x+16=0$ (2) $-x^2+10x-25=0$

(3) $-x^2-12x-36=0$ (4) $3x^2+48x+192=0$

(5) $-4x^2+4x-1=0$ (6) $\dfrac{1}{4}x^2-2x+4=0$

5 ㄱ, ㄷ ~~~~~ **6** $k\le 14$ ~~~~~ **7** ② ~~~~~ **8** 10

개념 30 이차방정식의 활용 •44~46쪽

1 $4x+12$, $4x+12$, 2, 6, 6, 6, 6, 6, 6, 6

2 $x+1$, $x+1$, 13, 12, 12, 12, 12, 13, 12, 13

3 $x-3$, $x-3$, 16, 16, 16, 16

4 160, 4, 8, 4, 8, 4, 8, 8 **5** 0, 1, 1, 1, 1, 1

6 27, 54, -6, 9, 9, 9, 9

7 $x-5$, $x-5$, 13, 13, 13, 13, 13

8 $x+3$, $x-4$, 3, 4, 9, 9, 9, 9, 9

9 8, 10 ~~~~~ **10** 1초 후 ~~~~~ **11** 15 cm

12 (1) 같다. (2) 가로: $(40-x)$ m, 세로: $(25-x)$ m

(3) 5 m

---

5 이차함수와 그 그래프

개념 31 이차함수 •47쪽

1 (1) × (2) ○ (3) × (4) × (5) ○ (6) ○

2 (1) $y=3x$ (2) $y=2x^2+2x$ (3) $y=x^2+\dfrac{3}{2}x$ (4) $y=80x$

⇨ 이차함수인 것: (2), (3)

3 (1) 7 (2) 4 (3) 3 (4) 16

4 ② ~~~~~~~~~~~~~~~~~~ **5** 30

개념 32 이차함수 $y=x^2$의 그래프 •48쪽

1 (1) $(0, 0)$ (2) $x=0$ (3) 제1, 2사분면 (4) $y=-x^2$

2 (1) $(0, 0)$ (2) $x=0$ (3) 제3, 4사분면 (4) $y=x^2$

3 (1) ○ (2) × (3) ○ (4) × (5) ○ (6) ×

4 ①, ④ ~~~~~~~~~~~~~~ **5** ②

개념 33 이차함수 $y=ax^2$의 그래프 •49~50쪽

1 (1) 풀이 참조 (2) $(0, 0)$ (3) $y=-3x^2$

2 (1) 풀이 참조 (2) $(0, 0)$ (3) $y=\dfrac{1}{2}x^2$

3 (1) 0, 0, y (2) 아래 (3) $-2x^2$ (4) 18 (5) >

4 ③ ~~~~~ **5** ④ ~~~~~ **6** ④ ~~~~~ **7** $y=\dfrac{4}{9}x^2$

개념 34 이차함수 $y=ax^2+q$의 그래프 ·51쪽

1 (1) 풀이 참조 (2) y, 5 (3) ① $x=0$ ② $(0, 5)$

2 (1) ① $y=-2x^2+3$ ② $x=0$ ③ $(0, 3)$

(2) ① $y=\dfrac{2}{5}x^2-\dfrac{1}{2}$ ② $x=0$ ③ $\left(0, -\dfrac{1}{2}\right)$

3 ⑤ **4** -15

개념 35 이차함수 $y=a(x-p)^2$의 그래프 ·52쪽

1 (1) 풀이 참조 (2) x, 2 (3) ① $x=2$ ② $(2, 0)$

2 (1) ① $y=4(x-5)^2$ ② $x=5$ ③ $(5, 0)$

(2) ① $y=\dfrac{1}{3}(x+2)^2$ ② $x=-2$ ③ $(-2, 0)$

(3) ① $y=-5\left(x+\dfrac{1}{2}\right)^2$ ② $x=-\dfrac{1}{2}$ ③ $\left(-\dfrac{1}{2}, 0\right)$

3 ㄴ, ㄹ **4** 1, 3

개념 36 이차함수 $y=a(x-p)^2+q$의 그래프 (1) ·53쪽

1 (1) -3, -1 (2) 1, 2 (3) $-5x^2$, -3, -7

(4) $\dfrac{1}{5}x^2$, -8, 15 (5) $-\dfrac{1}{3}x^2$, -9, 6

2 (1) ① $x=3$ ② $(3, -4)$ (2) ① $x=5$ ② $(5, 11)$

(3) ① $x=-1$ ② $(-1, 6)$ (4) ① $x=2$ ② $\left(2, -\dfrac{1}{2}\right)$

3 -10 **4** ③, ⑤

개념 37 이차함수 $y=a(x-p)^2+q$의 그래프 (2) ·54~55쪽

1 (1) 1, 2, 2, -3, -1, $-(x-1)^2-2$

(2) $x-2$, 4, 4, 5, $\dfrac{1}{4}$, $\dfrac{1}{4}(x-2)^2+4$

2 1, $a+q$, $4a+q$, 2, 1, $2(x-1)^2+1$

3 (1) $<$, $<$, $>$ (2) $>$, $<$, $<$ (3) $<$, $>$, $>$

(4) $>$, $<$, $>$ (5) $<$, $=$, $>$ (6) $>$, $>$, $=$

4 $y=-2(x-3)^2+5$ **5** ②

6 이차함수 $y=ax^2+bx+c$의 그래프

개념 38 이차함수 $y=ax^2+bx+c$의 그래프 (1) ·56~58쪽

1 (1) 1, 1, 1, 1, 8 (2) 9, 9, 9, 9, 10

(3) 25, 25, 25, 5, 13 (4) 36, 36, 36, 36, 6, 15

2 (1) 9, 9, 9, 18, 21 (2) 4, 4, 4, 20, 29

(3) 1, 1, 1, 3, 8 (4) 25, 25, 25, $\dfrac{25}{2}$, $\dfrac{7}{2}$

3 (1) ① $(3, -8)$ ② $(0, 1)$ ③ 아래로 볼록

그림은 풀이 참조

(2) ① $(-1, 5)$ ② $(0, 0)$ ③ 위로 볼록

그림은 풀이 참조

(3) ① $(3, 3)$ ② $(0, -3)$ ③ 위로 볼록

그림은 풀이 참조

4 (1) 0, 0, 3, 3, 0, 3, 0 (2) 0, 0, 2, 2, 0, 2, 0

(3) 0, 0, 1, 1, 0, 1, 0

5 11 **6** $(-1, -4)$, $x=-1$

7 $(3, -7)$ **8** $\left(-\dfrac{1}{2}, 0\right)$, $(2, 0)$

9 ⑤

개념 39 이차함수 $y=ax^2+bx+c$의 그래프 (2) ·59~61쪽

1 (1) $>$, $<$, $<$, $<$ (2) $<$, $>$, $<$, $>$ (3) $>$, $<$, $<$, $>$

(4) $<$, $>$, $<$, $<$ (5) $>$, $=$, $=$, $<$ (6) $<$, $<$, $>$, $=$

2 8, 8, $-\dfrac{1}{2}$, $-\dfrac{1}{2}(x+3)^2+8$

3 1, 1, 1, -1, -1, $-(x+1)^2-1$

4 -7, 7, 7, 7, 2, 4, $2x^2+4x-7$

5 1, 3, -1, 1, $-x^2-6x-5$

6 ① **7** ③ **8** $y=3x^2+6x+5$

9 4 **10** 15 **11** -3, -1

개념 40 이차함수의 최댓값과 최솟값 ·62~63쪽

1 (1) ① 풀이 참조 ② $(0, -5)$ ③ -5 ④ 없다.

(2) ① 풀이 참조 ② $(-1, 3)$ ③ 없다. ④ 3

(3) ① 풀이 참조 ② $\left(\dfrac{1}{2}, 2\right)$ ③ 2 ④ 없다.

2 (1) $x=-2$에서 최솟값은 1이고, 최댓값은 없다.

(2) $x=5$에서 최솟값은 3이고, 최댓값은 없다.

(3) $x=3$에서 최댓값은 4이고, 최솟값은 없다.

(4) $x=-5$에서 최댓값은 -7이고, 최솟값은 없다.

3 (1) $x=-1$에서 최솟값은 7이고, 최댓값은 없다.

(2) $x=-5$에서 최솟값은 -10이고, 최댓값은 없다.

(3) $x=-\dfrac{5}{2}$에서 최솟값은 1이고, 최댓값은 없다.

(4) $x=-3$에서 최댓값은 9이고, 최솟값은 없다.

(5) $x=7$에서 최댓값은 19이고, 최솟값은 없다.

(6) $x=\dfrac{3}{2}$에서 최댓값은 -2이고, 최솟값은 없다.

4 3, $k-9$, $k-9$, 19

5 4, 7, 4, 7, $x^2-8x+23$, -8, 23

6 (1) $y=-5(x-2)^2+20$ (2) 2초 (3) 20 m

7 $-\dfrac{7}{8}$ **8** -22 **9** 2 **10** -4

정답 및 해설

1 제곱근과 실수

개념 01 제곱근
·8~9쪽

· 개념 확인하기

1 답 ⑴ $1, -1$ ⑵ $4, -4$ ⑶ $8, -8$ ⑷ $10, -10$
⑸ $\dfrac{1}{2}, -\dfrac{1}{2}$ ⑹ $0.3, -0.3$

⑴ $1^2=1, (-1)^2=1$이므로 제곱하여 1이 되는 수는
$1, -1$이다.

⑵ $4^2=16, (-4)^2=16$이므로 제곱하여 16이 되는 수는
$4, -4$이다.

⑶ $8^2=64, (-8)^2=64$이므로 제곱하여 64가 되는 수는
$8, -8$이다.

⑷ $10^2=100, (-10)^2=100$이므로 제곱하여 100이 되는 수는
$10, -10$이다.

⑸ $\left(\dfrac{1}{2}\right)^2=\dfrac{1}{4}, \left(-\dfrac{1}{2}\right)^2=\dfrac{1}{4}$이므로 제곱하여 $\dfrac{1}{4}$이 되는 수는
$\dfrac{1}{2}, -\dfrac{1}{2}$이다.

⑹ $0.3^2=0.09, (-0.3)^2=0.09$이므로 제곱하여 0.09가 되는
수는 $0.3, -0.3$이다.

2 답 ⑴ $7, -7$ ⑵ $9, -9$ ⑶ $12, -12$ ⑷ 0
⑸ $\dfrac{2}{3}, -\dfrac{2}{3}$ ⑹ $0.5, -0.5$

⑴ $7^2=49, (-7)^2=49$이므로 $x^2=49$를 만족시키는 x의 값은
$7, -7$이다.

⑵ $9^2=81, (-9)^2=81$이므로 $x^2=81$을 만족시키는 x의 값은
$9, -9$이다.

⑶ $12^2=144, (-12)^2=144$이므로 $x^2=144$를 만족시키는 x의
값은 $12, -12$이다.

⑷ $0^2=0$이므로 $x^2=0$을 만족시키는 x의 값은 0이다.

⑸ $\left(\dfrac{2}{3}\right)^2=\dfrac{4}{9}, \left(-\dfrac{2}{3}\right)^2=\dfrac{4}{9}$이므로 $x^2=\dfrac{4}{9}$를 만족시키는 x의
값은 $\dfrac{2}{3}, -\dfrac{2}{3}$이다.

⑹ $0.5^2=0.25, (-0.5)^2=0.25$이므로 $x^2=0.25$를 만족시키는
x의 값은 $0.5, -0.5$이다.

3 답 ⑴ $36, 36, 6, -6$ ⑵ $121, 121, 11, -11$
⑶ $0.2, -0.2$ ⑷ 없다. ⑸ $\dfrac{4}{5}, -\dfrac{4}{5}$ ⑹ $7, -7$

⑴ 36의 제곱근
  ⇒ 제곱하여 $\boxed{36}$이 되는 수
  ⇒ $x^2=\boxed{36}$을 만족시키는 x의 값
  ⇒ $\boxed{6}, \boxed{-6}$

⑵ 121의 제곱근
  ⇒ 제곱하여 $\boxed{121}$이 되는 수
  ⇒ $x^2=\boxed{121}$을 만족시키는 x의 값
  ⇒ $\boxed{11}, \boxed{-11}$

⑶ $0.2^2=0.04, (-0.2)^2=0.04$이므로 0.04의 제곱근은
$0.2, -0.2$이다.

⑷ 제곱하여 음수가 되는 수는 없으므로 -9의 제곱근은 없다.

⑸ $\left(\dfrac{4}{5}\right)^2=\dfrac{16}{25}, \left(-\dfrac{4}{5}\right)^2=\dfrac{16}{25}$이므로 $\dfrac{16}{25}$의 제곱근은
$\dfrac{4}{5}, -\dfrac{4}{5}$이다.

⑹ $(-7)^2=49$이고 $7^2=49, (-7)^2=49$이므로 $(-7)^2$의
제곱근은 $7, -7$이다.

(대표 예제로 개념 익히기)

예제 1 답 61

25의 제곱근이 a이므로 $a^2=25$
36의 제곱근이 b이므로 $b^2=36$
$\therefore a^2+b^2=25+36=61$

1-1 답 ②

11의 제곱근이 a이므로 $a^2=11$
9의 제곱근이 b이므로 $b^2=9$
$\therefore a^2-b^2=11-9=2$

1-2 답 ①

9의 제곱근은 제곱하여 9가 되는 수이므로
'x는 9의 제곱근이다.'를 식으로 바르게 나타낸 것은 ①이다.

예제 2 답 ⑴ × ⑵ ○ ⑶ ○ ⑷ × ⑸ ○

⑴ -16의 제곱근은 없다.

⑵ $(-5)^2=25$의 제곱근은 $5, -5$이므로 2개이다.

⑶ $x^2=100$을 만족시키는 x는 $10, -10$이므로 2개이다.

⑷ 0을 제곱하면 0이다.

2-1 답 ④

① $0^2=0$이므로 0의 제곱근은 0이다.

② $8^2=64, (-8)^2=64$이므로 64의 제곱근은 $8, -8$이다.

③ -25의 제곱근은 없다.

④ $\left(-\dfrac{1}{4}\right)^2=\dfrac{1}{16}$이고 $\left(\dfrac{1}{4}\right)^2=\dfrac{1}{16}, \left(-\dfrac{1}{4}\right)^2=\dfrac{1}{16}$이므로
$\left(-\dfrac{1}{4}\right)^2$의 제곱근은 $\dfrac{1}{4}, -\dfrac{1}{4}$이다.

⑤ $3^2=9$이고 $3^2=9$, $(-3)^2=9$이므로 3^2의 제곱근은
  3, -3의 2개이다.

2-2 답 ㄱ, ㄷ

ㄴ. -4의 제곱근은 없고, 4의 제곱근은 2, -2이다.
ㄷ. $10^2=100$, $(-10)^2=100$에서 100의 제곱근은
  10, -10이므로 두 수의 합은 0이다.
ㄹ. $(-1)^2=1$의 제곱근은 1, -1이다.
따라서 옳은 것은 ㄱ, ㄷ이다.

개념 **02** 제곱근의 표현

•10~11쪽

•개념 확인하기

1 답 풀이 참조

a	2	3	4	5	6
a의 양의 제곱근	$\sqrt{2}$	$\sqrt{3}$	$\sqrt{4}=2$	$\sqrt{5}$	$\sqrt{6}$
a의 음의 제곱근	$-\sqrt{2}$	$-\sqrt{3}$	$-\sqrt{4}=-2$	$-\sqrt{5}$	$-\sqrt{6}$
a의 제곱근	$\pm\sqrt{2}$	$\pm\sqrt{3}$	± 2	$\pm\sqrt{5}$	$\pm\sqrt{6}$

2 답 (1) $\pm\sqrt{7}$　(2) $\pm\sqrt{11}$　(3) $\pm\sqrt{0.2}$　(4) $\pm\sqrt{\dfrac{2}{5}}$

3 답

a	a의 제곱근	제곱근 a
10	$\pm\sqrt{10}$	$\sqrt{10}$
23	$\pm\sqrt{23}$	$\sqrt{23}$
0.1	$\pm\sqrt{0.1}$	$\sqrt{0.1}$
$\dfrac{1}{2}$	$\pm\sqrt{\dfrac{1}{2}}$	$\sqrt{\dfrac{1}{2}}$

참고 'a의 제곱근'과 '제곱근 a'의 비교 (단, $a>0$)

	a의 제곱근	제곱근 a
뜻	제곱하여 a가 되는 수	a의 제곱근 중 양의 제곱근
표현	$\pm\sqrt{a}$	$\sqrt{a}$

4 답 (1) 5　(2) 0.7　(3) ± 12　(4) $-\dfrac{2}{3}$

대표 예제로 **개념 익히기**

예제 1 답 ①, ⑤

② 제곱근 11은 $\sqrt{11}$이다.
③ $\sqrt{9}=3$의 음의 제곱근은 $-\sqrt{3}$이다.
④ 0.25의 제곱근은 ± 0.5이다.
따라서 옳은 것은 ①, ⑤이다.

①, ② **11의 제곱근과 제곱근 11의 비교**

(×) 11의 제곱근: $\sqrt{11}$, 제곱근 11: $\pm\sqrt{11}$
(○) 11의 제곱근: $\pm\sqrt{11}$, 제곱근 11: $\sqrt{11}$

➡ $a>0$일 때, a의 제곱근은 제곱하여 a가 되는 수이므로
$\pm\sqrt{a}$이고, 제곱근 a는 a의 제곱근 중 양의 제곱근만을 뜻하
므로 a의 제곱근과 제곱근 a를 혼동하지 않아야 해!

1-1 답 ㄱ, ㄴ, ㄹ

ㄷ. 제곱근 16은 4이다.
ㄹ. $\sqrt{121}=11$의 제곱근은 $\pm\sqrt{11}$이다.
따라서 옳은 것은 ㄱ, ㄴ, ㄹ이다.

1-2 답 ⑤

$\sqrt{81}=9$의 양의 제곱근은 3이므로
$A=3$
제곱근 100은 10이므로
$B=10$
$\therefore B-A=10-3=7$

예제 2 답 ②, ⑤

① $\sqrt{64}=8$
③ $-\sqrt{\dfrac{1}{144}}=-\dfrac{1}{12}$
④ $\sqrt{0.36}=0.6$
따라서 근호를 사용하지 않고 나타낼 수 없는 것은 ②, ⑤이다.

2-1 답 ④

④ $\sqrt{\dfrac{16}{81}}=\dfrac{4}{9}$

2-2 답 1, $\dfrac{16}{9}$, $0.\dot{4}$

주어진 수의 제곱근을 각각 구하면
1의 제곱근은 $\pm\sqrt{1}=\pm 1$
8의 제곱근은 $\pm\sqrt{8}$
$\dfrac{16}{9}$의 제곱근은 $\pm\sqrt{\dfrac{16}{9}}=\pm\dfrac{4}{3}$
$0.\dot{4}=\dfrac{4}{9}$의 제곱근은 $\pm\sqrt{\dfrac{4}{9}}=\pm\dfrac{2}{3}$
1.6의 제곱근은 $\pm\sqrt{1.6}$
따라서 1, $\dfrac{16}{9}$, $0.\dot{4}$의 제곱근은 근호를 사용하지 않고 나타낼 수
있다.

•개념 확인하기

1 답 (1) 7 (2) 11 (3) -8 (4) $-\dfrac{1}{2}$ (5) 13 (6) -0.6

(6) $(-\sqrt{0.6})^2=0.6$이므로 $-(-\sqrt{0.6})^2=-0.6$

2 답 (1) 3 (2) 12 (3) -7 (4) $\dfrac{2}{5}$ (5) 17 (6) -21

(6) $\sqrt{(-21)^2}=\sqrt{21^2}=21$이므로 $-\sqrt{(-21)^2}=-21$

3 답 (1) 2, 5, 7 (2) 7, 6, 1

(1) $\sqrt{2^2}=\boxed{2}$, $(-\sqrt{5})^2=\boxed{5}$이므로
$\quad\sqrt{2^2}+(-\sqrt{5})^2=2+5=\boxed{7}$

(2) $\sqrt{(-7)^2}=\sqrt{7^2}=\boxed{7}$, $(\sqrt{6})^2=\boxed{6}$이므로
$\quad\sqrt{(-7)^2}-(\sqrt{6})^2=7-6=\boxed{1}$

4 답 풀이 참조

(1) $a>0$일 때, $\sqrt{(2a)^2}=\boxed{2a}$
$\qquad\qquad\qquad 2a\,\bigcirc\!\!>0$

(2) $a<0$일 때, $\sqrt{(2a)^2}=\boxed{-2a}$
$\qquad\qquad\qquad 2a\,\bigcirc\!\!<0$

(3) $a>0$일 때, $\sqrt{(-2a)^2}=-(\boxed{-2a})=\boxed{2a}$
$\qquad\qquad\qquad\quad -2a\,\bigcirc\!\!<0$

(4) $a<0$일 때, $\sqrt{(-2a)^2}=\boxed{-2a}$
$\qquad\qquad\qquad\quad -2a\,\bigcirc\!\!>0$

5 답 풀이 참조

(1) $x>1$일 때, $\sqrt{(x-1)^2}=\boxed{x-1}$
$\qquad\qquad\qquad\quad x-1\,\bigcirc\!\!>0$

(2) $x<1$일 때, $\sqrt{(x-1)^2}=-(\boxed{x-1})=\boxed{-x+1}$
$\qquad\qquad\qquad\quad x-1\,\bigcirc\!\!<0$

6 답 2, 2, 5, 5

(대표 예제로 개념 익히기)

예제 1 답 ⑤

⑤ $\sqrt{(-0.5)^2}=\sqrt{0.5^2}=0.5$이므로
$\quad -\sqrt{(-0.5)^2}=-0.5$

1-1 답 ⑤

①, ②, ③, ④ 10
⑤ -10
따라서 나머지 넷과 다른 하나는 ⑤이다.

오개념 바로잡기

③ $\sqrt{(-10)^2}$을 근호를 사용하지 않고 나타내기

$(\times)\ \sqrt{(-10)^2}=-10$

$(\bigcirc)\ \sqrt{(-10)^2}=\sqrt{10^2}=10$

➡ $a>0$일 때, $\sqrt{(-a)^2}=-a$라 생각하지 않도록 주의해야 해!

1-2 답 $-\sqrt{6^2},\ (-\sqrt{2})^2,\ (-\sqrt{3})^2,\ \sqrt{(-5)^2}$

$-\sqrt{6^2}=-6$, $(-\sqrt{2})^2=2$, $\sqrt{(-5)^2}=\sqrt{5^2}=5$, $(-\sqrt{3})^2=3$
(음수)$<0<$(양수)이므로
주어진 수를 작은 것부터 차례로 나열하면
$-\sqrt{6^2},\ (-\sqrt{2})^2,\ (-\sqrt{3})^2,\ \sqrt{(-5)^2}$

예제 2 답 (1) 10 (2) -1 (3) 8 (4) 16

(1) $\sqrt{(-3)^2}+\sqrt{7^2}=3+7=10$

(2) $\left(-\sqrt{\dfrac{5}{2}}\right)^2-\sqrt{\left(\dfrac{7}{2}\right)^2}=\dfrac{5}{2}-\dfrac{7}{2}=-1$

(3) $(\sqrt{0.8})^2\times\sqrt{(-10)^2}=0.8\times10=8$

(4) $\sqrt{12^2}\div\left(-\sqrt{\dfrac{3}{4}}\right)^2=12\div\dfrac{3}{4}=12\times\dfrac{4}{3}=16$

2-1 답 (1) 3 (2) 2 (3) -2 (4) -23

(1) $\sqrt{\left(\dfrac{7}{3}\right)^2}+\left(-\sqrt{\dfrac{2}{3}}\right)^2=\dfrac{7}{3}+\dfrac{2}{3}=3$

(2) $\sqrt{2.4^2}-\sqrt{(-0.4)^2}=2.4-0.4=2$

(3) $(-\sqrt{8})^2-\sqrt{6^2}\times\sqrt{\left(-\dfrac{5}{3}\right)^2}=8-6\times\dfrac{5}{3}$
$\qquad\qquad\qquad\qquad\qquad\qquad\quad =8-10=-2$

(4) $-\sqrt{9}\times(-\sqrt{5})^2-\sqrt{(-6)^2}\div\sqrt{\left(-\dfrac{3}{4}\right)^2}$

$\quad =-3\times5-6\div\dfrac{3}{4}$

$\quad =-3\times5-6\times\dfrac{4}{3}$

$\quad =-15-8=-23$

예제 3 답 ㄴ, ㄹ

ㄱ. $-a>0$이므로 $-\sqrt{(-a)^2}=-(-a)=a$

ㄴ. $2a<0$이므로 $\sqrt{(2a)^2}=-2a$

ㄷ. $\sqrt{36a^2}=\sqrt{(6a)^2}$에서 $6a<0$이므로
$\quad -\sqrt{36a^2}=-(-6a)=6a$

ㄹ. $-4a>0$이므로 $\sqrt{(-4a)^2}=-4a$

따라서 옳은 것은 ㄴ, ㄹ이다.

3-1 답 ③

① $-a<0$이므로 $\sqrt{(-a)^2}=-(-a)=a$

② $a>0$이므로 $\sqrt{a^2}=a$에서 $-\sqrt{a^2}=-a$

③ $(-\sqrt{a})^2=(\sqrt{a})^2=a$

④ $5a>0$이므로 $\sqrt{25a^2}=\sqrt{(5a)^2}=5a$

⑤ $-3a<0$이므로 $\sqrt{(-3a)^2}=-(-3a)=3a$

$\therefore -\sqrt{(-3a)^2}=-3a$

따라서 옳지 않은 것은 ③이다.

예제 4 답 $6a-4b$

$a>0$, $b<0$에서 $-5a<0$, $2b<0$이므로

$$\sqrt{a^2}+\sqrt{(-5a)^2}+2\sqrt{4b^2}=\sqrt{a^2}+\sqrt{(-5a)^2}+2\sqrt{(2b)^2}$$
$$=a-(-5a)+2\times(-2b)$$
$$=a+5a-4b$$
$$=6a-4b$$

4-1 답 (1) $7a$ (2) $-a+b$

(1) $a>0$에서 $3a>0$, $-4a<0$이므로

$$\sqrt{(3a)^2}+\sqrt{(-4a)^2}=3a-(-4a)=3a+4a=7a$$

(2) $a<0$, $b>0$에서 $-2a>0$, $-b<0$이므로

$$\sqrt{(-2a)^2}-\sqrt{a^2}+\sqrt{(-b)^2}=-2a-(-a)-(-b)$$
$$=-2a+a+b$$
$$=-a+b$$

예제 5 답 (1) $-2a+2$ (2) $-2a-2$

(1) $a<1$에서 $1-a>0$, $a-1<0$이므로

$$\sqrt{(1-a)^2}+\sqrt{(a-1)^2}=(1-a)-(a-1)$$
$$=1-a-a+1$$
$$=-2a+2$$

(2) $-3<a<1$에서 $a-1<0$, $3+a>0$이므로

$$\sqrt{(a-1)^2}-\sqrt{(3+a)^2}=-(a-1)-(3+a)$$
$$=-a+1-3-a$$
$$=-2a-2$$

5-1 답 $2a-2b$

$a>b$에서 $a-b>0$, $b-a<0$이므로

$$\sqrt{(a-b)^2}+\sqrt{(b-a)^2}=(a-b)-(b-a)$$
$$=a-b-b+a$$
$$=2a-2b$$

5-2 답 a

$0<a<2$에서 $3a>0$, $a-2<0$, $2+a>0$이므로

$$\sqrt{(3a)^2}+\sqrt{(a-2)^2}-\sqrt{(2+a)^2}=3a-(a-2)-(2+a)$$
$$=3a-a+2-2-a$$
$$=a$$

예제 6 답 (1) $2^2\times7$ (2) 7 (3) 7

(1) 28을 소인수분해하면 $28=2^2\times7$

(2) (1)에서 지수가 홀수인 소인수는 7이다.

(3) $\sqrt{\dfrac{28}{x}}=\sqrt{\dfrac{2^2\times7}{x}}$이 자연수가 되려면 각 소인수의 지수가 모두 짝수이어야 하므로 구하는 가장 작은 자연수 x의 값은 7이다.

6-1 답 (1) 5 (2) 2

(1) $\sqrt{3^2\times5\times x}$가 자연수가 되려면 각 소인수의 지수가 모두 짝수이어야 하므로 $x=5\times$(자연수)^2 꼴이어야 한다.

따라서 가장 작은 자연수 x의 값은 5이다.

(2) $\sqrt{8x}=\sqrt{2^3\times x}$가 자연수가 되려면 각 소인수의 지수가 모두 짝수이어야 하므로 $x=2\times$(자연수)^2 꼴이어야 한다.

따라서 가장 작은 자연수 x의 값은 2이다.

6-2 답 (1) 3 (2) 2

(1) $\sqrt{\dfrac{2^4\times3}{x}}$이 자연수가 되려면 각 소인수의 지수가 모두 짝수이어야 하므로 구하는 가장 작은 자연수 x의 값은 3이다.

참고 $\sqrt{\dfrac{2^4\times3}{x}}$이 자연수가 되도록 하는 모든 자연수 x의 값을 구하면 각 소인수의 지수가 모두 짝수이어야 하므로

$$x=3,\ 2^2\times3,\ 2^4\times3$$

(2) $\sqrt{\dfrac{72}{x}}=\sqrt{\dfrac{2^3\times3^2}{x}}$이 자연수가 되려면 각 소인수의 지수가 모두 짝수이어야 하므로 구하는 가장 작은 자연수 x의 값은 2이다.

예제 7 답 (1) 1, 4, 9, 16 (2) 4, 11, 16, 19

(1) 20보다 작은 제곱수는 1, 4, 9, 16이다.

(2) $20-x$가 제곱수 1, 4, 9, 16이 되도록 하는 자연수 x의 값은

$20-x=1$일 때, $x=19$

$20-x=4$일 때, $x=16$

$20-x=9$일 때, $x=11$

$20-x=16$일 때, $x=4$

따라서 자연수 x의 값은 4, 11, 16, 19이다.

7-1 답 9

$\sqrt{40+x}$가 자연수가 되려면 $40+x$는 40보다 큰 제곱수이어야 한다.

이때 40보다 큰 제곱수는 49, 64, 81, $\cdots$이다.

즉, $40+x=49,\ 64,\ 81,\ \cdots$

$\therefore x=9,\ 24,\ 41,\ \cdots$

따라서 가장 작은 자연수 x의 값은 9이다.

7-2 답 ①

$\sqrt{35-x}$ 가 자연수가 되려면 $35-x$ 는 35보다 작은 제곱수이어
야 한다.

이때 35보다 작은 제곱수는 1, 4, 9, 16, 25이다.

즉, $35-x=1,\ 4,\ 9,\ 16,\ 25$

$\therefore\ x=34,\ 31,\ 26,\ 19,\ 10$

따라서 $a=34,\ b=10$ 이므로

$a-b=34-10=24$

개념 **04** 제곱근의 대소 관계
•17~18쪽

• 개념 확인하기

1 답 (1) 2, 8 (2) $\sqrt{2}$, $\sqrt{8}$ (3) $\sqrt{2}$, $\sqrt{8}$

2 답 (1) <, < (2) < (3) > (4) <, <, > (5) > (6) <

(2) $10<13$ 이므로 $\sqrt{10}\ \textcircled{<}\ \sqrt{13}$

(3) $\dfrac{1}{3}>\dfrac{1}{6}$ 이므로 $\sqrt{\dfrac{1}{3}}\ \textcircled{>}\ \sqrt{\dfrac{1}{6}}$

(5) $11<14$ 이므로 $\sqrt{11}<\sqrt{14}$ $\therefore\ -\sqrt{11}\ \textcircled{>}\ -\sqrt{14}$

(6) $0.9>0.4$ 이므로 $\sqrt{0.9}>\sqrt{0.4}$ $\therefore\ -\sqrt{0.9}\ \textcircled{<}\ -\sqrt{0.4}$

3 답 (1) 풀이 참조 (2) < (3) < (4) 풀이 참조 (5) > (6) <

(1) $3=\sqrt{\boxed{9}}$ 이고 $\sqrt{\boxed{9}}\ \textcircled{>}\ \sqrt{8}$ 이므로 $3\ \textcircled{>}\ \sqrt{8}$

(2) $5=\sqrt{25}$ 이고 $\sqrt{20}<\sqrt{25}$ 이므로 $\sqrt{20}\ \textcircled{<}\ 5$

(3) $\dfrac{1}{2}=\sqrt{\dfrac{1}{4}}$ 이고 $\sqrt{\dfrac{1}{4}}<\sqrt{\dfrac{3}{4}}$ 이므로 $\dfrac{1}{2}\ \textcircled{<}\ \sqrt{\dfrac{3}{4}}$

(4) $4=\sqrt{\boxed{16}}$ 이고 $\sqrt{\boxed{16}}\ \textcircled{>}\ \sqrt{10}$ 이므로

$4\ \textcircled{>}\ \sqrt{10}$ $\therefore\ -4\ \textcircled{<}\ -\sqrt{10}$

(5) $6=\sqrt{36}$ 이고 $\sqrt{33}<\sqrt{36}$ 이므로

$\sqrt{33}<6$ $\therefore\ -\sqrt{33}\ \textcircled{>}\ -6$

(6) $0.3=\sqrt{0.09}$ 이고 $\sqrt{0.09}>\sqrt{0.07}$ 이므로

$0.3>\sqrt{0.07}$ $\therefore\ -0.3\ \textcircled{<}\ -\sqrt{0.07}$

대표 예제로 개념 익히기

예제 1 답 ③

① $3=\sqrt{9}$ 이고 $\sqrt{6}<\sqrt{9}$ 이므로 $\sqrt{6}<3$

② $\sqrt{15}<\sqrt{17}$ 이므로 $-\sqrt{15}>-\sqrt{17}$

③ $0.1=\sqrt{0.01}$ 이고 $\sqrt{0.1}>\sqrt{0.01}$ 이므로 $\sqrt{0.1}>0.1$

④ $\dfrac{1}{2}=\sqrt{\dfrac{1}{4}}$ 이고 $\sqrt{\dfrac{1}{3}}>\sqrt{\dfrac{1}{4}}$ 이므로 $\sqrt{\dfrac{1}{3}}>\dfrac{1}{2}$

⑤ $\sqrt{\dfrac{2}{3}}<\sqrt{\dfrac{3}{4}}$ 이므로 $-\sqrt{\dfrac{2}{3}}>-\sqrt{\dfrac{3}{4}}$

따라서 옳은 것은 ③이다.

1-1 답 ③, ⑤

① $2=\sqrt{4}$ 이고 $\sqrt{4}<\sqrt{5}$ 이므로

$2<\sqrt{5}$

② $4=\sqrt{16}$ 이고 $\sqrt{16}<\sqrt{17}$ 이므로

$4<\sqrt{17}$ $\therefore\ -4>-\sqrt{17}$

③ $0.5=\sqrt{0.25}$ 이고 $\sqrt{0.25}<\sqrt{0.5}$ 이므로

$0.5<\sqrt{0.5}$

④ $\dfrac{3}{4}<\dfrac{4}{5}$ 이므로 $\sqrt{\dfrac{3}{4}}<\sqrt{\dfrac{4}{5}}$

⑤ $\sqrt{\dfrac{1}{5}}>\sqrt{\dfrac{1}{7}}$ 이므로 $-\sqrt{\dfrac{1}{5}}<-\sqrt{\dfrac{1}{7}}$

따라서 옳지 않은 것은 ③, ⑤이다.

1-2 답 ①

① $\dfrac{5}{2}=\sqrt{\dfrac{25}{4}}$

③ $\sqrt{(-6)^2}=6=\sqrt{36}$

④ $(-\sqrt{7})^2=7=\sqrt{49}$

⑤ $4=\sqrt{16}$

따라서 $\sqrt{\dfrac{25}{4}}<\sqrt{10}<\sqrt{16}<\sqrt{36}<\sqrt{49}$ 에서

$\dfrac{5}{2}<\sqrt{10}<4<\sqrt{(-6)^2}<(-\sqrt{7})^2$ 이므로 가장 작은 수는

①이다.

예제 2 답 풀이 참조

$2=\sqrt{4},\ 3=\sqrt{9}$ 이므로

$2<\sqrt{x}<3$ 에서 2와 3을 각각 근호를 사용하여 나타내면

$\sqrt{\boxed{4}}<\sqrt{x}<\sqrt{9}$ $\therefore\ \boxed{4}<x<9$

따라서 주어진 부등식을 만족시키는 자연수 x 의 값은

$\boxed{5},\ \boxed{6},\ \boxed{7},\ \boxed{8}$ 이다.

2-1 답 (1) 7개 (2) 4개

(1) $\sqrt{8}<\sqrt{x}<4$ 에서 $\sqrt{8}<\sqrt{x}<\sqrt{16}$ 이므로

$8<x<16$

따라서 자연수 x 는 9, 10, 11, 12, 13, 14, 15의 7개이다.

(2) $1<\sqrt{2x}<3$ 에서 $\sqrt{1}<\sqrt{2x}<\sqrt{9}$ 이므로

$1<2x<9$ $\therefore\ \dfrac{1}{2}<x<\dfrac{9}{2}$

따라서 자연수 x 는 1, 2, 3, 4의 4개이다.

2-2 답 ⑤

$3\le\sqrt{\dfrac{x-1}{2}}<4$ 에서 $\sqrt{9}\le\sqrt{\dfrac{x-1}{2}}<\sqrt{16}$

$9\le\dfrac{x-1}{2}<16,\ 18\le x-1<32$

$\therefore\ 19\le x<33$

따라서 자연수 x 의 값이 될 수 없는 것은 ⑤이다.

·개념 확인하기

1 답 (1) 유 (2) 유 (3) 무 (4) 유 (5) 무 (6) 무

(2) $\sqrt{4}=2$이므로 $\sqrt{4}$는 유리수이다.

2 답 (1) × (2) ○ (3) × (4) × (5) ○

(1) 유리수 $0.\dot{1}=0.111\cdots$은 무한소수이다.

(3) $\sqrt{4}=2$와 같이 근호 안의 수가 제곱수이면 유리수이다.

(4) 무한소수 중 순환소수는 유리수이다.

(5) 실수는 유리수와 무리수로 이루어져 있다.

대표 예제로 개념 익히기

예제 **1** 답 ㄴ, ㅂ

ㄹ. $0.\dot{2}=\dfrac{2}{9}$ ⇨ 유리수

ㅁ. $\sqrt{\dfrac{1}{4}}=\dfrac{1}{2}$ ⇨ 유리수

ㅂ. (3의 제곱근)$=\pm\sqrt{3}$ ⇨ 무리수

ㅇ. $\sqrt{16}=4$ ⇨ 유리수

따라서 무리수인 것은 ㄴ, ㅂ이다.

오개념 바로잡기

ㅇ. $\sqrt{16}$이 유리수인지 무리수인지 판단하기

(×) → $\sqrt{16}$은 근호가 있으므로 무리수이다.

(○) → $\sqrt{16}=\sqrt{4^2}=4$이므로 $\sqrt{16}$은 유리수이다.

➡ 근호를 사용하여 나타낸 수가 유리수인지 무리수인지 판단할 때는 그 수를 근호를 사용하지 않고 나타낼 수 있는지, 즉 근호 안의 수를 어떤 유리수의 제곱으로 나타낼 수 있는지를 확인해야 해!

1-1 답 ②

소수로 나타내었을 때 순환소수가 아닌 무한소수가 되는 수는 무리수이다.

이때 $\sqrt{25}=5$, $0.3\dot{4}=\dfrac{31}{90}$은 유리수이다.

따라서 소수로 나타내었을 때 순환소수가 아닌 무한소수, 즉 무리수가 되는 것은 $-\sqrt{11}$, $\sqrt{2.8}$의 2개이다.

예제 2 답 ②

① 순환소수는 모두 유리수이다.

③ 순환소수가 아닌 무한소수는 모두 무리수이다.

④ 근호를 사용하여 나타낸 수 중 근호를 사용하지 않고 나타낼 수 있는 수는 유리수이다.

⑤ $\dfrac{(정수)}{(0이\ 아닌\ 정수)}$ 꼴로 나타낼 수 있는 수는 유리수이다.

따라서 옳은 것은 ②이다.

2-1 답 ㄱ, ㄴ

ㄱ. 무한소수 중 순환소수는 유리수이다.

ㄷ. 0은 유리수이다.

ㄹ. 순환소수가 아닌 무한소수는 무리수이므로 실수이다.

따라서 옳은 것은 ㄱ, ㄴ이다.

2-2 답 2

주어진 수는 모두 실수이므로 실수는 6개이다. $\therefore a=6$

유리수는 1, $0.\dot{1}\dot{7}=\dfrac{17}{99}$, $-\sqrt{9}=-3$, $\dfrac{3}{2}$의 4개이므로 $b=4$

$\therefore a-b=6-4=2$

개념 **06** 실수와 수직선
·21~22쪽

·개념 확인하기

1 답 1, $\sqrt{5}$, 2, $\sqrt{5}$, $\sqrt{5}$, $\sqrt{5}$, $-\sqrt{5}$, $\sqrt{5}$

2 답 (1) × (2) × (3) ○ (4) ○ (5) ○ (6) ○

(1) 모든 무리수는 수직선 위에 나타낼 수 있다.

(2) 서로 다른 두 유리수 사이에는 무수히 많은 무리수가 있다.

대표 예제로 개념 익히기

예제 **1** 답 ④

①, ② △ABC에서 $\overline{AC}=\sqrt{1^2+2^2}=\sqrt{5}$

  $\therefore \overline{AP}=\overline{AQ}=\overline{AC}=\sqrt{5}$

④ $\overline{AQ}=\sqrt{5}$이므로 점 Q에 대응하는 수는 $-1+\sqrt{5}$이다.

⑤ 두 점 P, Q에 대응하는 수 사이에 있는 정수는 -3, -2, -1, 0, 1의 5개이다.

따라서 옳지 않은 것은 ④이다.

1-1 답 (1) $\overline{AC}=\sqrt{8}$, $\overline{DE}=\sqrt{13}$ (2) P: $-1-\sqrt{8}$, Q: $\sqrt{13}$

(1) $\overline{AC}=\sqrt{2^2+2^2}=\sqrt{8}$, $\overline{DE}=\sqrt{3^2+2^2}=\sqrt{13}$

(2) $\overline{CP}=\overline{CA}=\sqrt{8}$이므로 점 P에 대응하는 수는 $-1-\sqrt{8}$이다.

$\overline{EQ}=\overline{ED}=\sqrt{13}$이므로 점 Q에 대응하는 수는 $\sqrt{13}$이다.

1-2 답 P: $-2+\sqrt{2}$, Q: $-1-\sqrt{2}$

$\overline{AC}=\overline{BD}=\sqrt{1^2+1^2}=\sqrt{2}$

이때 $\overline{AP}=\overline{AC}=\sqrt{2}$이므로 점 P에 대응하는 수는 $-2+\sqrt{2}$이고,

$\overline{BQ}=\overline{BD}=\sqrt{2}$이므로 점 Q에 대응하는 수는 $-1-\sqrt{2}$이다.

예제 2 답 ①, ⑤

① 두 무리수 $\sqrt{2}$와 $\sqrt{3}$ 사이에는 무수히 많은 무리수가 있다.

⑤ 수직선은 실수에 대응하는 점들로 완전히 메울 수 있다.

2-1 답 ①, ③

② 0과 2 사이에는 무수히 많은 유리수가 있다.

③ $1<\sqrt{2}<2<\sqrt{5}<3$이므로 $\sqrt{2}$와 $\sqrt{5}$ 사이에 있는 자연수는 2의 1개이다.

④ 두 정수 0과 1 사이에는 정수가 없다.

⑤ 수직선 위의 모든 점은 실수에 대응한다.

따라서 옳은 것은 ①, ③이다.

개념 **07** 실수의 대소 관계

•23~24쪽

•개념 확인하기

1 답 $\sqrt{8}-3$, $<$, $<$, $<$

2 답 $<$, $<$

3 답 2, 1, $<$

대표 예제로 개념 익히기

예제 1 답 (1) $>$ (2) $<$ (3) $<$ (4) $<$ (5) $<$ (6) $>$

(1) $4-(\sqrt{5}+1)=4-\sqrt{5}-1=3-\sqrt{5}$

이때 $3>\sqrt{5}$에서 $3-\sqrt{5}>0$이므로

$4-(\sqrt{5}+1)>0$ $\therefore 4>\sqrt{5}+1$

(2) $2-(1+\sqrt{2})=2-1-\sqrt{2}=1-\sqrt{2}$

이때 $1<\sqrt{2}$에서 $1-\sqrt{2}<0$이므로

$2-(1+\sqrt{2})<0$ $\therefore 2<1+\sqrt{2}$

(3) $(5-\sqrt{3})-4=5-\sqrt{3}-4=1-\sqrt{3}$

이때 $1<\sqrt{3}$에서 $1-\sqrt{3}<0$이므로

$(5-\sqrt{3})-4<0$ $\therefore 5-\sqrt{3}<4$

(4) $(\sqrt{5}-1)-2=\sqrt{5}-1-2=\sqrt{5}-3$

이때 $\sqrt{5}<3$에서 $\sqrt{5}-3<0$이므로

$(\sqrt{5}-1)-2<0$ $\therefore \sqrt{5}-1<2$

(5) $\sqrt{7}<\sqrt{8}$이므로 양변에 2를 더하면

$\sqrt{7}+2<\sqrt{8}+2$

(6) $\sqrt{5}>2$이므로 양변에서 $\sqrt{3}$을 빼면

$\sqrt{5}-\sqrt{3}>2-\sqrt{3}$

1-1 답 ③

① $\sqrt{5}<\sqrt{6}$이므로 양변에 2를 더하면

$2+\sqrt{5}<2+\sqrt{6}$

② $1-(4-\sqrt{7})=1-4+\sqrt{7}=\sqrt{7}-3$

이때 $\sqrt{7}<3$에서 $\sqrt{7}-3<0$이므로

$1-(4-\sqrt{7})<0$ $\therefore 1<4-\sqrt{7}$

③ $(\sqrt{12}+1)-3=\sqrt{12}+1-3=\sqrt{12}-2$

이때 $\sqrt{12}>2$에서 $\sqrt{12}-2>0$이므로

$(\sqrt{12}+1)-3>0$ $\therefore \sqrt{12}+1>3$

④ $\sqrt{15}<4$이므로 양변에서 $\sqrt{17}$을 빼면

$\sqrt{15}-\sqrt{17}<4-\sqrt{17}$

⑤ $(-\sqrt{13}-1)-(-5)=-\sqrt{13}-1+5=4-\sqrt{13}$

이때 $4>\sqrt{13}$에서 $4-\sqrt{13}>0$이므로

$(-\sqrt{13}-1)-(-5)>0$ $\therefore -\sqrt{13}-1>-5$

따라서 옳지 않은 것은 ③이다.

1-2 답 ④

① $3-(\sqrt{3}+1)=3-\sqrt{3}-1=2-\sqrt{3}$

이때 $2>\sqrt{3}$에서 $2-\sqrt{3}>0$이므로

$3-(\sqrt{3}+1)>0$ $\therefore 3>\sqrt{3}+1$

② $(4+\sqrt{2})-5=4+\sqrt{2}-5=\sqrt{2}-1$

이때 $\sqrt{2}>1$에서 $\sqrt{2}-1>0$이므로

$(4+\sqrt{2})-5>0$ $\therefore 4+\sqrt{2}>5$

③ $(\sqrt{15}+1)-4=\sqrt{15}+1-4=\sqrt{15}-3$

이때 $\sqrt{15}>3$에서 $\sqrt{15}-3>0$이므로

$(\sqrt{15}+1)-4>0$ $\therefore \sqrt{15}+1>4$

④ $4<\sqrt{17}$이므로 양변에서 $\sqrt{7}$을 빼면

$4-\sqrt{7}<\sqrt{17}-\sqrt{7}$

⑤ $\sqrt{\dfrac{1}{5}}<\sqrt{\dfrac{1}{4}}$에서 $-\sqrt{\dfrac{1}{5}}>-\sqrt{\dfrac{1}{4}}$이므로 양변에 2를 더하면

$2-\sqrt{\dfrac{1}{5}}>2-\sqrt{\dfrac{1}{4}}$

따라서 부등호의 방향이 나머지 넷과 다른 하나는 ④이다.

예제 2 답 (1) $a>b$ (2) $a<c$ (3) $b<a<c$

(1) $a-b=(\sqrt{6}+2)-4=\sqrt{6}-2=\sqrt{6}-\sqrt{4}>0$이므로 $a>b$

(2) $a-c=(\sqrt{6}+2)-(2+\sqrt{8})=\sqrt{6}-\sqrt{8}<0$이므로 $a<c$

(3) (1), (2)에서 $b<a$이고 $a<c$이므로 $b<a<c$

2-1 답 $c<b<a$

(i) 두 수 a와 b의 대소를 비교하면

$a-b=(1+\sqrt{2})-2=\sqrt{2}-1>0$이므로 $a>b$

(ii) 두 수 b와 c의 대소를 비교하면

$b-c=2-(\sqrt{5}-1)=3-\sqrt{5}=\sqrt{9}-\sqrt{5}>0$이므로 $b>c$

따라서 (i), (ii)에서 $c<b$이고 $b<a$이므로

$c<b<a$

2-2 답 A

$(6-\sqrt{3})-4=2-\sqrt{3}=\sqrt{4}-\sqrt{3}>0$이므로 $6-\sqrt{3}>4$

$(6-\sqrt{5})-4=2-\sqrt{5}=\sqrt{4}-\sqrt{5}<0$이므로 $6-\sqrt{5}<4$

$\therefore 6-\sqrt{5}<4<6-\sqrt{3}$

따라서 $6-\sqrt{3}$이 가장 긴 반지름의 길이이므로 넓이가 가장 큰 원은 A이다.

1 ③	**2** 2	**3** ②			
4 $a=8$, $b=11$, $c=-5$			**5** ④	**6** ③	
7 4	**8** ②	**9** 20	**10** 16	**11** 6개	
12 ②	**13** 점 B	**14** $-5-\sqrt{5}$		**15** ②	
16 ⑤	**17** F, B, D		**18** $4-\sqrt{3}$		

서술형

19 10 cm **20** $a-2b$ **21** 15 **22** $2+\sqrt{3}$, $-\sqrt{7}$

1 답 ③

ㄱ. 2의 제곱근은 $\pm\sqrt{2}$이다.

ㄷ. 0의 제곱근은 0이다.

따라서 옳은 것은 ㄴ, ㄹ, ㅁ이다.

2 답 2

$\sqrt{16}=4$의 음의 제곱근은 -2이므로

$a=-2$

$(-4)^2=16$의 양의 제곱근은 4이므로

$b=4$

$\therefore a+b=-2+4=2$

✏️ 오개념 바로잡기

$\sqrt{16}$의 제곱근 구하기

$\xrightarrow{(\times)}$ $\sqrt{16}$의 제곱근은 ±4이다.

$\xrightarrow{(\bigcirc)}$ $\sqrt{16}=4$이므로 $\sqrt{16}$의 제곱근은 4의 제곱근인 ±2이다.

$(-4)^2$의 제곱근 구하기

$\xrightarrow{(\times)}$ $(-4)^2$의 제곱근은 -4이다.

$\xrightarrow{(\bigcirc)}$ $(-4)^2=16$이므로 $(-4)^2$의 제곱근은 16의 제곱근인 ±4이다.

➡ 근호를 사용하여 나타낸 수 또는 (어떤 수)^2 꼴의 제곱근을 구할 때는 먼저 주어진 수를 간단히 해야 해!

3 답 ②

주어진 수의 제곱근을 각각 구하면

$8 \Rightarrow \pm\sqrt{8}$, $0.4 \Rightarrow \pm\sqrt{0.4}$, $\dfrac{25}{81} \Rightarrow \pm\sqrt{\dfrac{25}{81}}=\pm\dfrac{5}{9}$,

$0.\dot{1}=\dfrac{1}{9} \Rightarrow \pm\sqrt{\dfrac{1}{9}}=\pm\dfrac{1}{3}$, $\dfrac{160}{121} \Rightarrow \pm\sqrt{\dfrac{160}{121}}$,

$1000 \Rightarrow \pm\sqrt{1000}$

따라서 근호를 사용하지 않고 나타낼 수 있는 수는

$\dfrac{25}{81}$, $0.\dot{1}$의 2개이다.

4 답 $a=8$, $b=11$, $c=-5$

주어진 전개도로 정육면체를 만들었을 때,

a가 적힌 면과 마주 보는 면에 적힌 수는 $\sqrt{(-8)^2}$이고,

$\sqrt{(-8)^2}=\sqrt{8^2}=8$이므로 $a=8$

b가 적힌 면과 마주 보는 면에 적힌 수는 $(\sqrt{11})^2$이고,

$(\sqrt{11})^2=11$이므로 $b=11$

c가 적힌 면과 마주 보는 면에 적힌 수는 $-\sqrt{5^2}$이고,

$-\sqrt{5^2}=-5$이므로 $c=-5$

5 답 ④

① $(-\sqrt{5})^2+\sqrt{(-11)^2}=5+11=16$

② $\sqrt{144}-\sqrt{81}=\sqrt{12^2}-\sqrt{9^2}=12-9=3$

③ $(\sqrt{10})^2+(-\sqrt{3})^2=10+3=13$

④ $\sqrt{49}\times\sqrt{0.16}=\sqrt{7^2}\times\sqrt{0.4^2}=7\times0.4=2.8$

⑤ $\sqrt{(-9)^2}\div\sqrt{\dfrac{9}{16}}=\sqrt{(-9)^2}\div\sqrt{\left(\dfrac{3}{4}\right)^2}$

$\qquad\qquad =9\div\dfrac{3}{4}=9\times\dfrac{4}{3}=12$

따라서 옳은 것은 ④이다.

6 답 ③

$\left(\sqrt{\dfrac{7}{12}}\right)^2\div\sqrt{\left(-\dfrac{7}{6}\right)^2}-\sqrt{0.64}\times\sqrt{\dfrac{25}{16}}$

$=\dfrac{7}{12}\div\dfrac{7}{6}-\sqrt{0.8^2}\times\sqrt{\left(\dfrac{5}{4}\right)^2}$

$=\dfrac{7}{12}\times\dfrac{6}{7}-0.8\times\dfrac{5}{4}$

$=\dfrac{1}{2}-\dfrac{4}{5}\times\dfrac{5}{4}$

$=\dfrac{1}{2}-1=-\dfrac{1}{2}$

7 답 4

$-2<a<2$에서 $a+2>0$, $a-2<0$이므로

$\sqrt{(a+2)^2}+\sqrt{(a-2)^2}=(a+2)-(a-2)$

$\qquad\qquad\qquad =a+2-a+2=4$

8 답 ②

$\sqrt{3^5\times5^2\times x}$가 자연수가 되려면 각 소인수의 지수가 모두 짝수이어야 하므로 $x=3\times$ (자연수)^2 꼴이어야 한다.

주어진 수를 소인수분해하면 다음과 같다.

① 3   ② $9=3^2$ ③ $12=2^2\times3$

④ $27=3^3$ ⑤ $75=3\times5^2$

따라서 자연수 x가 될 수 없는 것은 ②이다.

9 답 20

$\sqrt{29-x}$가 자연수가 되려면 $29-x$는 29보다 작은 제곱수이어야 한다.

즉, $29-x=1, 4, 9, 16, 25$

$\therefore x=28, 25, 20, 13, 4$ …… ㉠

$\sqrt{5x}$가 자연수가 되려면 $x=5\times$ (자연수)^2 꼴이어야 하므로

$x=5, 20, 45, 80, \cdots$ …… ㉡

따라서 ㉠, ㉡을 동시에 만족시키는 x의 값은 20이다.

10 답 16

음수끼리 대소를 비교하면

$\sqrt{5}<\sqrt{16}<\sqrt{25}$이므로 $\sqrt{5}<4<\sqrt{25}$

따라서 $-\sqrt{25}<-4<-\sqrt{5}$이므로 $a=-\sqrt{25}$

양수끼리 대소를 비교하면

$\sqrt{\dfrac{15}{4}}<\sqrt{8}<\sqrt{\dfrac{81}{4}}$이므로 $\sqrt{\dfrac{15}{4}}<\sqrt{8}<\dfrac{9}{2}$

$\therefore b=\dfrac{9}{2}$

$\therefore a^2-2b=(-\sqrt{25})^2-2\times\dfrac{9}{2}=25-9=16$

11 답 6개

$3<\sqrt{x-1}<4$에서 $\sqrt{9}<\sqrt{x-1}<\sqrt{16}$이므로

$9<x-1<16$ $\quad\therefore 10<x<17$

따라서 구하는 자연수 x는 11, 12, 13, 14, 15, 16의 6개이다.

12 답 ②

$\sqrt{0}=0$, $\sqrt{7.\dot{7}}=\sqrt{\dfrac{70}{9}}$, $\sqrt{144}=12$

따라서 순환소수가 아닌 무한소수, 즉 무리수인 것은 π, $\sqrt{7.\dot{7}}$의 2개이다.

13 답 점 B

모눈 한 칸의 대각선의 길이는

$\sqrt{1^2+1^2}=\sqrt{2}$

이므로 수직선 위의 각 점에 대응하는 수를 구하면

A: $-1-\sqrt{2}$ $\qquad\qquad$ B: $1-\sqrt{2}$

C: $-1+\sqrt{2}$ $\qquad\qquad$ D: $\sqrt{2}$

E: $1+\sqrt{2}$

따라서 $1-\sqrt{2}$에 대응하는 점은 점 B이다.

14 답 $-5-\sqrt{5}$

$\overline{CP}=\overline{CA}=\sqrt{2^2+1^2}=\sqrt{5}$,

$\overline{CQ}=\overline{CD}=\sqrt{1^2+2^2}=\sqrt{5}$

이때 점 Q에 대응하는 수가 $\sqrt{5}-5$이므로 점 C에 대응하는 수는 -5이다.

따라서 점 P에 대응하는 수는 $-5-\sqrt{5}$이다.

15 답 ②

② $2=\sqrt{4}$와 같이 유리수는 근호를 사용하여 나타낼 수도 있다.

16 답 ⑤

① $3=\sqrt{9}$이고 $\sqrt{7}<\sqrt{9}$이므로 $\sqrt{7}<3$

② $4=\sqrt{16}$이고 $\sqrt{16}<\sqrt{20}$이므로

$\quad 4<\sqrt{20}$ $\quad\therefore -4>-\sqrt{20}$

③ $(3+\sqrt{3})-5=3+\sqrt{3}-5=\sqrt{3}-2$

$\quad$ 이때 $\sqrt{3}<2$에서 $\sqrt{3}-2<0$이므로

$\quad (3+\sqrt{3})-5<0$ $\quad\therefore 3+\sqrt{3}<5$

④ $2<\sqrt{6}$이므로 양변에서 $\sqrt{5}$를 빼면

$\quad 2-\sqrt{5}<\sqrt{6}-\sqrt{5}$

⑤ $\sqrt{3}>\sqrt{2}$이므로 $-\sqrt{3}<-\sqrt{2}$이고 양변에 3을 더하면

$\quad -\sqrt{3}+3<-\sqrt{2}+3$

따라서 옳은 것은 ⑤이다.

17 답 F, B, D

$\sqrt{4}<\sqrt{7}<\sqrt{9}$에서 $2<\sqrt{7}<3$이므로 $\sqrt{7}$에 대응하는 점이 있는 구간은 F이다.

$\sqrt{1}<\sqrt{2}<\sqrt{4}$에서 $1<\sqrt{2}<2$이므로

$-2<-\sqrt{2}<-1$

따라서 $-\sqrt{2}$에 대응하는 점이 있는 구간은 B이다.

$\sqrt{4}<\sqrt{5}<\sqrt{9}$에서 $2<\sqrt{5}<3$이므로

$-3<-\sqrt{5}<-2$

즉, $0<3-\sqrt{5}<1$이므로 $3-\sqrt{5}$에 대응하는 점이 있는 구간은 D이다.

18 답 $4-\sqrt{3}$

$1<\sqrt{3}<2$이므로 $3<2+\sqrt{3}<4$

따라서 $2+\sqrt{3}$의 정수 부분은 3이고

소수 부분은

$(2+\sqrt{3})-3=2+\sqrt{3}-3=-1+\sqrt{3}$

이므로 $a=3$, $b=-1+\sqrt{3}$

$\therefore a-b=3-(-1+\sqrt{3})=3+1-\sqrt{3}=4-\sqrt{3}$

참고 (1) (무리수)=(정수 부분)+(소수 부분)

(2) 무리수의 소수 부분은 그 수에서 정수 부분을 뺀 것과 같다.

$\quad$ 즉, 무리수 $\sqrt{a}$의 소수 부분은 $\sqrt{a}-(\sqrt{a}$의 정수 부분)

19 답 10 cm

(삼각형의 넓이)$=\dfrac{1}{2}\times10\times20=100\,(\text{cm}^2)$ $\qquad\cdots$ (i)

주어진 삼각형과 넓이가 같은 정사각형의 한 변의 길이를 x cm라 하면

$x^2=100$ $\quad\therefore x=10\,(\because x>0)$

따라서 정사각형의 한 변의 길이는 10 cm이다. $\qquad\cdots$ (ii)

채점 기준	배점
(i) 삼각형의 넓이 구하기	40 %
(ii) 삼각형과 넓이가 같은 정사각형의 한 변의 길이 구하기	60 %

20 답 $a-2b$

$a-b>0$, $ab<0$에서 $a>0$, $b<0$ $\qquad\cdots$ (i)

즉, $-2a<0$, $3b<0$, $b-a<0$이므로 $\qquad\cdots$ (ii)

$\sqrt{(-2a)^2}+\sqrt{9b^2}-\sqrt{(b-a)^2}$

$=\sqrt{(-2a)^2}+\sqrt{(3b)^2}-\sqrt{(b-a)^2}$

$=-(-2a)+(-3b)-\{-(b-a)\}$

$=2a-3b+(b-a)$

$=a-2b$ $\qquad\cdots$ (iii)

채점 기준	배점
(i) a, b의 부호 각각 구하기	20 %
(ii) $-2a$, $3b$, $b-a$의 부호 각각 구하기	30 %
(iii) 주어진 식 간단히 하기	50 %

21 답 15

넓이가 $\dfrac{60}{x}$ 인 정사각형의 한 변의 길이는 $\sqrt{\dfrac{60}{x}}$ 이다. $\quad\cdots$ (i)

이때 $\sqrt{\dfrac{60}{x}}=\sqrt{\dfrac{2^2\times3\times5}{x}}$ 가 자연수가 되려면 각 소인수의 지수

가 모두 짝수이어야 하므로 구하는 가장 작은 자연수 x의 값은

$3\times5=15$ $\quad\cdots$ (ii)

채점 기준	배점
(i) 정사각형 모양의 화단의 한 변의 길이 구하기	40 %
(ii) 정사각형 모양의 화단의 한 변의 길이가 자연수가 되도록 하는 가장 작은 자연수 x의 값 구하기	60 %

22 답 $2+\sqrt{3}$, $-\sqrt{7}$

(i) 음수끼리 대소를 비교하면

$\quad(-\sqrt{10}-\sqrt{7})-(-\sqrt{7})=-\sqrt{10}<0$이므로

$\quad-\sqrt{10}-\sqrt{7}<-\sqrt{7}$ $\quad\cdots$ (i)

(ii) 양수끼리 대소를 비교하면

$\quad(\sqrt{3}+1)-(2+\sqrt{3})=-1<0$이므로

$\quad\sqrt{3}+1<2+\sqrt{3}$

$\quad(\sqrt{6}+\sqrt{3})-(2+\sqrt{3})=\sqrt{6}-2=\sqrt{6}-\sqrt{4}>0$이므로

$\quad\sqrt{6}+\sqrt{3}>2+\sqrt{3}$

$\quad\therefore \sqrt{3}+1<2+\sqrt{3}<\sqrt{6}+\sqrt{3}$ $\quad\cdots$ (ii)

(i), (ii)에서 $-\sqrt{10}-\sqrt{7}<-\sqrt{7}<\sqrt{3}+1<2+\sqrt{3}<\sqrt{6}+\sqrt{3}$

이므로 수직선 위에 니디낼 때, 오른쪽에서 두 번째에 오는 수는

$2+\sqrt{3}$, 왼쪽에서 두 번째에 오는 수는 $-\sqrt{7}$이다. $\quad\cdots$ (iii)

채점 기준	배점
(i) 음수끼리의 대소 비교하기	30 %
(ii) 양수끼리의 대소 비교하기	30 %
(iii) 수직선 위에 나타낼 때, 오른쪽에서 두 번째에 오는 수와 왼쪽에서 두 번째에 오는 수 구하기	40 %

OX 문제로 개념 점검!
•29쪽

❶ × ❷ ○ ❸ × ❹ ○ ❺ × ❻ × ❼ ○ ❽ ×

❶ 음수의 제곱근은 없다.

❸ $\sqrt{(-2)^2}=\sqrt{2^2}=2$

❹ $1.1=\sqrt{1.21}$이므로 $\sqrt{1.1}<\sqrt{1.21}$에서 $\sqrt{1.1}<1.1$

❺ $0.9=\sqrt{0.81}$이므로 $\sqrt{0.9}>\sqrt{0.81}$에서 $\sqrt{0.9}>0.9$

❻ 무한소수 중 순환소수는 모두 유리수이다.

❽ 무리수에 대응하는 점은 수직선 위에 나타낼 수 있다.

2 근호를 포함한 식의 계산

개념 08 제곱근의 곱셈과 나눗셈
•32~33쪽

• 개념 확인하기

1 답 (1) $\sqrt{15}$ (2) $\sqrt{42}$ (3) $-\sqrt{14}$ (4) $\sqrt{21}$ (5) $12\sqrt{10}$
(6) 2, 3, 5, 30

(1) $\sqrt{3}\times\sqrt{5}=\sqrt{3}\sqrt{5}=\sqrt{3\times5}=\sqrt{15}$

(2) $\sqrt{7}\sqrt{6}=\sqrt{7\times6}=\sqrt{42}$

(3) $-\sqrt{2}\times\sqrt{7}=-\sqrt{2}\sqrt{7}=-\sqrt{2\times7}=-\sqrt{14}$

(4) $\sqrt{\dfrac{7}{2}}\times\sqrt{6}=\sqrt{\dfrac{7}{2}}\sqrt{6}=\sqrt{\dfrac{7}{2}\times6}=\sqrt{21}$

(5) $3\sqrt{5}\times4\sqrt{2}=(3\times4)\times\sqrt{5\times2}=12\sqrt{10}$

(6) $\sqrt{2}\times\sqrt{3}\times\sqrt{5}=\sqrt{\boxed{2}\times\boxed{3}\times\boxed{5}}=\sqrt{\boxed{30}}$

2 답 (1) $\sqrt{3}$ (2) $\sqrt{6}$ (3) $-\sqrt{7}$ (4) $2\sqrt{3}$ (5) $\dfrac{1}{3}\sqrt{\dfrac{1}{5}}$
(6) $\dfrac{14}{3}$, $\dfrac{14}{3}$, 10

(1) $\sqrt{21}\div\sqrt{7}=\dfrac{\sqrt{21}}{\sqrt{7}}=\sqrt{\dfrac{21}{7}}=\sqrt{3}$

(2) $\dfrac{\sqrt{18}}{\sqrt{3}}=\sqrt{\dfrac{18}{3}}=\sqrt{6}$

(3) $-\sqrt{42}\div\sqrt{6}=-\dfrac{\sqrt{42}}{\sqrt{6}}=-\sqrt{\dfrac{42}{6}}=-\sqrt{7}$

(4) $4\sqrt{6}\div2\sqrt{2}=\dfrac{4\sqrt{6}}{2\sqrt{2}}=\dfrac{4}{2}\sqrt{\dfrac{6}{2}}=2\sqrt{3}$

(5) $2\sqrt{6}\div6\sqrt{30}=\dfrac{2\sqrt{6}}{6\sqrt{30}}=\dfrac{2}{6}\sqrt{\dfrac{6}{30}}=\dfrac{1}{3}\sqrt{\dfrac{1}{5}}$

(6) $\sqrt{\dfrac{15}{7}}\div\sqrt{\dfrac{3}{14}}=\sqrt{\dfrac{15}{7}}\times\sqrt{\boxed{\dfrac{14}{3}}}=\sqrt{\dfrac{15}{7}\times\boxed{\dfrac{14}{3}}}=\sqrt{\boxed{10}}$

대표 예제로 개념 익히기

예제 1 답 ④

④ $\sqrt{\dfrac{6}{5}}\times\sqrt{\dfrac{5}{2}}=\sqrt{\dfrac{6}{5}\times\dfrac{5}{2}}=\sqrt{3}$

1-1 답 7

$\sqrt{\dfrac{10}{3}}\times\sqrt{\dfrac{6}{5}}=\sqrt{\dfrac{10}{3}\times\dfrac{6}{5}}=\sqrt{4}=2 \qquad \therefore a=2$

$5\sqrt{\dfrac{12}{21}}\times\sqrt{\dfrac{7}{4}}=5\sqrt{\dfrac{12}{21}\times\dfrac{7}{4}}=5 \qquad \therefore b=5$

$\therefore a+b=2+5=7$

1-2 답 $10\sqrt{14}$

$-2\sqrt{2}\times\left(-\sqrt{\dfrac{7}{3}}\right)\times5\sqrt{3}=(2\times5)\times\sqrt{2\times\dfrac{7}{3}\times3}=10\sqrt{14}$

② $-\dfrac{\sqrt{81}}{\sqrt{9}}=-\sqrt{\dfrac{81}{9}}=-\sqrt{9}=-3$

⑤ $\dfrac{\sqrt{35}}{\sqrt{10}}\div\dfrac{\sqrt{7}}{\sqrt{8}}=\dfrac{\sqrt{35}}{\sqrt{10}}\times\dfrac{\sqrt{8}}{\sqrt{7}}=\sqrt{\dfrac{35}{10}\times\dfrac{8}{7}}=\sqrt{4}=2$

2-1 답 $\sqrt{2}$

$\dfrac{\sqrt{60}}{\sqrt{3}}=\sqrt{\dfrac{60}{3}}=\sqrt{20}$이므로 $\sqrt{a}=\sqrt{20}$

$\dfrac{\sqrt{18}}{\sqrt{6}}\div\dfrac{\sqrt{3}}{\sqrt{10}}=\dfrac{\sqrt{18}}{\sqrt{6}}\times\dfrac{\sqrt{10}}{\sqrt{3}}=\sqrt{\dfrac{18}{6}\times\dfrac{10}{3}}=\sqrt{10}$이므로

$\sqrt{b}=\sqrt{10}$

$\therefore\ \sqrt{a}\div\sqrt{b}=\sqrt{20}\div\sqrt{10}=\dfrac{\sqrt{20}}{\sqrt{10}}=\sqrt{\dfrac{20}{10}}=\sqrt{2}$

2-2 답 $\dfrac{1}{2}$

$\dfrac{\sqrt{6}}{2\sqrt{2}}\div\dfrac{\sqrt{3}}{\sqrt{5}}\div\dfrac{\sqrt{15}}{\sqrt{3}}=\dfrac{\sqrt{6}}{2\sqrt{2}}\times\dfrac{\sqrt{5}}{\sqrt{3}}\times\dfrac{\sqrt{3}}{\sqrt{15}}$

$\qquad\qquad\qquad\qquad=\dfrac{1}{2}\sqrt{\dfrac{6}{2}\times\dfrac{5}{3}\times\dfrac{3}{15}}=\dfrac{1}{2}$

개념 09 근호가 있는 식의 변형
•34~35쪽

•개념 확인하기

1 답 $2^2,\ 2^2,\ 2$

2 답 (1) 2, 2 (2) 4, 4 (3) 3, 3 (4) 3, 3 (5) 4, 4
(6) 100, 10, 10

3 답 (1) 3, 45 (2) 4, 48 (3) 6, 72 (4) 5, 50
(5) 3, $\dfrac{10}{9}$ (6) 4, $\dfrac{3}{16}$

대표 예제로 개념 익히기

예제 1 답 ㄴ, ㄹ, ㅂ

ㄱ. $2\sqrt{10}=\sqrt{2^2\times10}=\sqrt{40}$

ㄴ. $\sqrt{48}=\sqrt{4^2\times3}=4\sqrt{3}$

ㄷ. $-2\sqrt{6}=-\sqrt{2^2\times6}=-\sqrt{24}$

ㄹ. $\sqrt{0.12}=\sqrt{\dfrac{12}{100}}=\sqrt{\dfrac{2^2\times3}{10^2}}=\dfrac{2\sqrt{3}}{10}=\dfrac{\sqrt{3}}{5}$

ㅁ. $\sqrt{\dfrac{5}{9}}=\sqrt{\dfrac{5}{3^2}}=\dfrac{\sqrt{5}}{3}$

ㅂ. $-\dfrac{\sqrt{7}}{4}=-\sqrt{\dfrac{7}{4^2}}=-\sqrt{\dfrac{7}{16}}$

따라서 옳은 것은 ㄴ, ㄹ, ㅂ이다.

✏오개념 바로잡기

ㄴ. $\sqrt{48}$을 $a\sqrt{b}$ 꼴로 나타내기

(×) → $\sqrt{48}=\sqrt{2^2\times12}=2\sqrt{12}$

(○) → $\sqrt{48}=\sqrt{4^2\times3}=4\sqrt{3}$

ㄷ. $-2\sqrt{6}$을 $-\sqrt{a}$ 꼴로 나타내기

(×) → $-2\sqrt{6}=\sqrt{(-2)^2\times6}=\sqrt{24}$

(○) → $-2\sqrt{6}=-\sqrt{2^2\times6}=-\sqrt{24}$

➡ 근호 안의 수를 근호 밖으로 꺼낼 때는 근호 안의 수를 가장 작은 자연수로 나타내어야 하고, 근호 밖의 수를 근호 안에 넣을 때는 양수만 제곱하여 넣어야 해. 근호 밖의 음수는 근호 안으로 들어갈 수 없어!

1-1 답 $a=20,\ b=4,\ c=\dfrac{3}{10}$

$2\sqrt{5}=\sqrt{2^2\times5}=\sqrt{20}$ $\therefore\ a=20$

$\sqrt{96}=\sqrt{4^2\times6}=4\sqrt{6}$ $\therefore\ b=4$

$\sqrt{0.45}=\sqrt{\dfrac{45}{100}}=\sqrt{\dfrac{3^2\times5}{10^2}}=\dfrac{3\sqrt{5}}{10}$ $\therefore\ c=\dfrac{3}{10}$

1-2 답 7

$4\sqrt{2}=\sqrt{4^2\times2}=\sqrt{32}$이므로 $\sqrt{11+3k}=\sqrt{32}$에서

$11+3k=32,\ 3k=21$ $\therefore\ k=7$

예제 2 답 (1) ab^2 (2) a^3b (3) ab^3 (4) a^3b^2

(1) $\sqrt{18}=\sqrt{2\times3^2}=\sqrt{2}\times(\sqrt{3})^2=ab^2$

(2) $\sqrt{24}=\sqrt{2^3\times3}=(\sqrt{2})^3\times\sqrt{3}=a^3b$

(3) $\sqrt{54}=\sqrt{2\times3^3}=\sqrt{2}\times(\sqrt{3})^3=ab^3$

(4) $\sqrt{72}=\sqrt{2^3\times3^2}=(\sqrt{2})^3\times(\sqrt{3})^2=a^3b^2$

2-1 답 ④

① $\sqrt{84}=\sqrt{2^2\times3\times7}=2\times\sqrt{3}\times\sqrt{7}=2ab$

② $\sqrt{63}=\sqrt{3^2\times7}=(\sqrt{3})^2\times\sqrt{7}=a^2b$

③ $\sqrt{252}=\sqrt{2^2\times3^2\times7}=2\times(\sqrt{3})^2\times\sqrt{7}=2a^2b$

④ $\sqrt{0.63}=\sqrt{\dfrac{63}{100}}=\sqrt{\dfrac{3^2\times7}{10^2}}=\dfrac{(\sqrt{3})^2\times\sqrt{7}}{10}=\dfrac{a^2b}{10}$

⑤ $\sqrt{0.0021}=\sqrt{\dfrac{21}{10000}}=\sqrt{\dfrac{3\times7}{100^2}}=\dfrac{\sqrt{3}\times\sqrt{7}}{100}=\dfrac{ab}{100}$

따라서 옳은 것은 ④이다.

2-2 답 100

$\sqrt{300}+\sqrt{0.05}=\sqrt{3\times10^2}+\sqrt{\dfrac{5}{10^2}}$

$\qquad\qquad\qquad=10\sqrt{3}+\dfrac{\sqrt{5}}{10}=10a+\dfrac{1}{10}b$

따라서 $x=10,\ y=\dfrac{1}{10}$이므로

$\dfrac{x}{y}=x\div y=10\div\dfrac{1}{10}=10\times10=100$

•개념 확인하기

1 답 (1) $\sqrt{3}$, $\sqrt{3}$, $\dfrac{\sqrt{3}}{3}$　(2) $\sqrt{5}$, $\sqrt{5}$, $\dfrac{2\sqrt{5}}{5}$　(3) $\sqrt{7}$, $\sqrt{7}$, $\dfrac{\sqrt{21}}{7}$

　　(4) $\sqrt{2}$, $\sqrt{2}$, $\dfrac{\sqrt{10}}{2}$　(5) $\sqrt{2}$, $\sqrt{2}$, $\dfrac{5\sqrt{2}}{4}$　(6) $\sqrt{6}$, $\sqrt{6}$, $\dfrac{\sqrt{42}}{12}$

2 답 (1) $\dfrac{\sqrt{6}}{6}$　(2) $-\dfrac{7\sqrt{2}}{2}$　(3) $\dfrac{\sqrt{55}}{5}$　(4) $\dfrac{4\sqrt{3}}{15}$

　　(5) $\dfrac{3\sqrt{5}}{10}$　(6) $\dfrac{2\sqrt{7}}{7}$

(1) $\dfrac{1}{\sqrt{6}}=\dfrac{1\times\sqrt{6}}{\sqrt{6}\times\sqrt{6}}=\dfrac{\sqrt{6}}{6}$

(2) $-\dfrac{7}{\sqrt{2}}=-\dfrac{7\times\sqrt{2}}{\sqrt{2}\times\sqrt{2}}=-\dfrac{7\sqrt{2}}{2}$

(3) $\dfrac{\sqrt{11}}{\sqrt{5}}=\dfrac{\sqrt{11}\times\sqrt{5}}{\sqrt{5}\times\sqrt{5}}=\dfrac{\sqrt{55}}{5}$

(4) $\dfrac{4}{5\sqrt{3}}=\dfrac{4\times\sqrt{3}}{5\sqrt{3}\times\sqrt{3}}=\dfrac{4\sqrt{3}}{15}$

(5) $\dfrac{3}{\sqrt{20}}=\dfrac{3}{2\sqrt{5}}=\dfrac{3\times\sqrt{5}}{2\sqrt{5}\times\sqrt{5}}=\dfrac{3\sqrt{5}}{10}$

(6) $\dfrac{2\sqrt{2}}{\sqrt{14}}=\dfrac{2}{\sqrt{7}}=\dfrac{2\times\sqrt{7}}{\sqrt{7}\times\sqrt{7}}=\dfrac{2\sqrt{7}}{7}$

대표 예제로 개념 익히기

예제 1 답 ④

② $-\dfrac{6}{\sqrt{3}}=-\dfrac{6\times\sqrt{3}}{\sqrt{3}\times\sqrt{3}}=-\dfrac{6\sqrt{3}}{3}=-2\sqrt{3}$

④ $\dfrac{\sqrt{3}}{3\sqrt{6}}=\dfrac{1}{3\sqrt{2}}=\dfrac{1\times\sqrt{2}}{3\sqrt{2}\times\sqrt{2}}=\dfrac{\sqrt{2}}{6}$

⑤ $\dfrac{2}{\sqrt{12}}=\dfrac{2}{2\sqrt{3}}=\dfrac{1}{\sqrt{3}}=\dfrac{1\times\sqrt{3}}{\sqrt{3}\times\sqrt{3}}=\dfrac{\sqrt{3}}{3}$

따라서 옳지 않은 것은 ④이다.

1-1 답 (1) ○　(2) ✕　(3) ○　(4) ✕

(1) $\dfrac{10}{\sqrt{5}}=\dfrac{10\times\sqrt{5}}{\sqrt{5}\times\sqrt{5}}=\dfrac{10\sqrt{5}}{5}=2\sqrt{5}$

(2) $\dfrac{2}{\sqrt{18}}=\dfrac{2}{3\sqrt{2}}=\dfrac{2\times\sqrt{2}}{3\sqrt{2}\times\sqrt{2}}=\dfrac{2\sqrt{2}}{6}=\dfrac{\sqrt{2}}{3}$

(3) $\dfrac{6\sqrt{3}}{\sqrt{2}}=\dfrac{6\sqrt{3}\times\sqrt{2}}{\sqrt{2}\times\sqrt{2}}=\dfrac{6\sqrt{6}}{2}=3\sqrt{6}$

(4) $\dfrac{\sqrt{5}}{3\sqrt{12}}=\dfrac{\sqrt{5}}{3\times2\sqrt{3}}=\dfrac{\sqrt{5}}{6\sqrt{3}}=\dfrac{\sqrt{5}\times\sqrt{3}}{6\sqrt{3}\times\sqrt{3}}=\dfrac{\sqrt{15}}{18}$

1-2 답 6

$\dfrac{6}{\sqrt{2}}=\dfrac{6\times\sqrt{2}}{\sqrt{2}\times\sqrt{2}}=\dfrac{6\sqrt{2}}{2}=3\sqrt{2}$이므로

$3\sqrt{2}=a\sqrt{2}$에서 $a=3$

$\dfrac{10\sqrt{3}}{\sqrt{5}}=\dfrac{10\sqrt{3}\times\sqrt{5}}{\sqrt{5}\times\sqrt{5}}=\dfrac{10\sqrt{15}}{5}=2\sqrt{15}$이므로

$2\sqrt{15}=b\sqrt{15}$에서 $b=2$

$\therefore ab=3\times2=6$

$\dfrac{10\sqrt{3}}{\sqrt{5}}$ 의 분모를 유리화하기

(✕) $\dfrac{10\sqrt{3}}{\sqrt{5}}=\dfrac{10\sqrt{3}}{\sqrt{5}\times\sqrt{5}}=\dfrac{10\sqrt{3}}{5}=2\sqrt{3}$

(✕) $\dfrac{10\sqrt{3}}{\sqrt{5}}=\dfrac{10\sqrt{3}\times\sqrt{3}}{\sqrt{5}\times\sqrt{5}}=\dfrac{30}{5}=6$

(✕) $\dfrac{10\sqrt{3}}{\sqrt{5}}=\dfrac{10\sqrt{3}\times\sqrt{5}}{\sqrt{5}\times\sqrt{5}}=\dfrac{10\sqrt{15}}{5}$

(○) $\dfrac{10\sqrt{3}}{\sqrt{5}}=\dfrac{10\sqrt{3}\times\sqrt{5}}{\sqrt{5}\times\sqrt{5}}=\dfrac{10\sqrt{15}}{5}=2\sqrt{15}$

➡ 분모를 유리화할 때는 반드시 분모와 분자에 모두 같은 수를 곱해야 해. 또한, 분모를 유리화한 후 약분이 되는 것은 약분하여 간단한 꼴로 나타내어야 해!

예제 2 답 (1) $\dfrac{\sqrt{30}}{5}$　(2) $2\sqrt{42}$

(1) $\sqrt{6}\times\sqrt{2}\div\sqrt{10}=\sqrt{6}\times\sqrt{2}\times\dfrac{1}{\sqrt{10}}=\sqrt{6\times2\times\dfrac{1}{10}}$

　$=\sqrt{\dfrac{6}{5}}=\dfrac{\sqrt{6}}{\sqrt{5}}=\dfrac{\sqrt{6}\times\sqrt{5}}{\sqrt{5}\times\sqrt{5}}=\dfrac{\sqrt{30}}{5}$

(2) $2\sqrt{2}\div\sqrt{3}\times3\sqrt{7}=2\sqrt{2}\times\dfrac{1}{\sqrt{3}}\times3\sqrt{7}=\dfrac{6\sqrt{14}}{\sqrt{3}}$

　$=\dfrac{6\sqrt{14}\times\sqrt{3}}{\sqrt{3}\times\sqrt{3}}=\dfrac{6\sqrt{42}}{3}=2\sqrt{42}$

2-1 답 $\dfrac{\sqrt{10}}{4}$

$\sqrt{\dfrac{1}{2}}\div\sqrt{\dfrac{8}{3}}\times\sqrt{\dfrac{10}{3}}=\dfrac{1}{\sqrt{2}}\div\dfrac{\sqrt{8}}{\sqrt{3}}\times\dfrac{\sqrt{10}}{\sqrt{3}}=\dfrac{1}{\sqrt{2}}\times\dfrac{\sqrt{3}}{\sqrt{8}}\times\dfrac{\sqrt{10}}{\sqrt{3}}$

　$=\sqrt{\dfrac{1}{2}\times\dfrac{3}{8}\times\dfrac{10}{3}}=\sqrt{\dfrac{5}{8}}=\dfrac{\sqrt{5}}{2\sqrt{2}}$

　$=\dfrac{\sqrt{5}\times\sqrt{2}}{2\sqrt{2}\times\sqrt{2}}=\dfrac{\sqrt{10}}{4}$

2-2 답 $\dfrac{7}{24}$

$\dfrac{14}{\sqrt{12}}\times\dfrac{\sqrt{7}}{4}\div\sqrt{28}=\dfrac{14}{2\sqrt{3}}\times\dfrac{\sqrt{7}}{4}\div2\sqrt{7}$

　$=\dfrac{7}{\sqrt{3}}\times\dfrac{\sqrt{7}}{4}\times\dfrac{1}{2\sqrt{7}}=\dfrac{7}{8\sqrt{3}}$

　$=\dfrac{7\times\sqrt{3}}{8\sqrt{3}\times\sqrt{3}}=\dfrac{7\sqrt{3}}{24}$

$\therefore a=\dfrac{7}{24}$

 제곱근표 ·38~39쪽

·개념 확인하기

1 답 (1) 1.072 (2) 1.03 (3) 4 (4) 8.012

2 답 (1) 100, 10, 10, 22.36
  (2) 100, 10, 10, 70.71
  (3) 100, 10, 10, 0.2236
  (4) 10000, 100, 100, 0.07071

(대표 예제로 개념 익히기)

예제 1 답 (1) 14.14 (2) 44.72 (3) 0.4472 (4) 0.1414

(1) $\sqrt{200}=\sqrt{2\times100}=10\sqrt{2}=10\times1.414=14.14$

(2) $\sqrt{2000}=\sqrt{20\times100}=10\sqrt{20}$
$\qquad\qquad=10\times4.472=44.72$

(3) $\sqrt{0.2}=\sqrt{\dfrac{20}{100}}=\dfrac{\sqrt{20}}{10}=\dfrac{4.472}{10}=0.4472$

(4) $\sqrt{0.02}=\sqrt{\dfrac{2}{100}}=\dfrac{\sqrt{2}}{10}=\dfrac{1.414}{10}=0.1414$

1-1 답 ③

① $\sqrt{215}=\sqrt{2.15\times100}=10\sqrt{2.15}=10\times1.466=14.66$

② $\sqrt{2150}=\sqrt{21.5\times100}=10\sqrt{21.5}=10\times4.637=46.37$

③ $\sqrt{21500}=\sqrt{2.15\times10000}=100\sqrt{2.15}=100\times1.466=146.6$

④ $\sqrt{0.215}=\sqrt{\dfrac{21.5}{100}}=\dfrac{\sqrt{21.5}}{10}=\dfrac{4.637}{10}=0.4637$

⑤ $\sqrt{0.0215}=\sqrt{\dfrac{2.15}{100}}=\dfrac{\sqrt{2.15}}{10}=\dfrac{1.466}{10}=0.1466$

따라서 옳지 않은 것은 ③이다.

1-2 답 ㄴ, ㄹ

ㄱ. $\sqrt{0.07}=\sqrt{\dfrac{7}{100}}=\dfrac{\sqrt{7}}{10}=\dfrac{2.646}{10}=0.2646$

ㄴ. $\sqrt{0.7}=\sqrt{\dfrac{70}{100}}=\dfrac{\sqrt{70}}{10}$

ㄷ. $\sqrt{700}=\sqrt{7\times100}=10\sqrt{7}=10\times2.646=26.46$

ㄹ. $\sqrt{7000}=\sqrt{70\times100}=10\sqrt{70}$

따라서 값을 구할 수 없는 것은 ㄴ, ㄹ이다.

예제 2 답 (1) 4.242 (2) 0.3535

(1) $\sqrt{18}=3\sqrt{2}=3\times1.414=4.242$

(2) $\sqrt{\dfrac{1}{8}}=\dfrac{1}{2\sqrt{2}}=\dfrac{\sqrt{2}}{4}=\dfrac{1.414}{4}=0.3535$

2-1 답 6.708

$\sqrt{45}=3\sqrt{5}=3\times2.236=6.708$

2-2 답 1.1312

$\sqrt{0.72}+\sqrt{\dfrac{2}{25}}=\sqrt{\dfrac{72}{100}}+\sqrt{\dfrac{8}{100}}$

$\qquad=\dfrac{6\sqrt{2}}{10}+\dfrac{2\sqrt{2}}{10}=\dfrac{8\sqrt{2}}{10}=\dfrac{4\sqrt{2}}{5}$

$\qquad=\dfrac{4}{5}\times1.414=1.1312$

 제곱근의 덧셈과 뺄셈 ·40~41쪽

·개념 확인하기

1 답 (1) $5\sqrt{5}$ (2) $4\sqrt{7}$ (3) $3\sqrt{3}$ (4) $-4\sqrt{6}$ (5) $-\sqrt{2}$
  (6) $-\sqrt{5}$ (7) $6\sqrt{2}+2\sqrt{3}$ (8) $-4\sqrt{3}+5\sqrt{7}$

(1) $3\sqrt{5}+2\sqrt{5}=(3+2)\sqrt{5}=5\sqrt{5}$

(2) $\sqrt{7}+3\sqrt{7}=(1+3)\sqrt{7}=4\sqrt{7}$

(3) $7\sqrt{3}-4\sqrt{3}=(7-4)\sqrt{3}=3\sqrt{3}$

(4) $\sqrt{6}-5\sqrt{6}=(1-5)\sqrt{6}=-4\sqrt{6}$

(5) $4\sqrt{2}-6\sqrt{2}+\sqrt{2}=(4-6+1)\sqrt{2}=-\sqrt{2}$

(6) $4\sqrt{5}+3\sqrt{5}-8\sqrt{5}=(4+3-8)\sqrt{5}=-\sqrt{5}$

(7) $5\sqrt{2}+6\sqrt{3}+\sqrt{2}-4\sqrt{3}=5\sqrt{2}+\sqrt{2}+6\sqrt{3}-4\sqrt{3}$
$\qquad\qquad=(5+1)\sqrt{2}+(6-4)\sqrt{3}$
$\qquad\qquad=6\sqrt{2}+2\sqrt{3}$

(8) $\sqrt{3}+2\sqrt{7}-5\sqrt{3}+3\sqrt{7}=\sqrt{3}-5\sqrt{3}+2\sqrt{7}+3\sqrt{7}$
$\qquad\qquad=(1-5)\sqrt{3}+(2+3)\sqrt{7}$
$\qquad\qquad=-4\sqrt{3}+5\sqrt{7}$

2 답 (1) $3\sqrt{3}$ (2) $4\sqrt{2}$ (3) $\sqrt{7}$ (4) $-\sqrt{6}$
  (5) $5\sqrt{7}$ (6) $8\sqrt{3}$ (7) $\sqrt{3}$ (8) 0

(1) $\sqrt{3}+\sqrt{12}=\sqrt{3}+2\sqrt{3}=(1+2)\sqrt{3}=3\sqrt{3}$

(2) $\sqrt{18}+\sqrt{2}=3\sqrt{2}+\sqrt{2}=(3+1)\sqrt{2}=4\sqrt{2}$

(3) $\sqrt{28}-\sqrt{7}=2\sqrt{7}-\sqrt{7}=(2-1)\sqrt{7}=\sqrt{7}$

(4) $\sqrt{6}-\sqrt{24}=\sqrt{6}-2\sqrt{6}=(1-2)\sqrt{6}=-\sqrt{6}$

(5) $3\sqrt{7}+\dfrac{14}{\sqrt{7}}=3\sqrt{7}+2\sqrt{7}=(3+2)\sqrt{7}=5\sqrt{7}$

(6) $\dfrac{9}{\sqrt{3}}+\sqrt{75}=3\sqrt{3}+5\sqrt{3}=(3+5)\sqrt{3}=8\sqrt{3}$

(7) $3\sqrt{3}-\dfrac{6}{\sqrt{3}}=3\sqrt{3}-2\sqrt{3}=(3-2)\sqrt{3}=\sqrt{3}$

(8) $\sqrt{32}-\dfrac{8}{\sqrt{2}}=4\sqrt{2}-4\sqrt{2}=0$

(대표 예제로 개념 익히기)

예제 1 답 ③, ⑤

③ $\sqrt{2}-6\sqrt{5}-5\sqrt{5}=\sqrt{2}+(-6-5)\sqrt{5}=\sqrt{2}-11\sqrt{5}$

⑤ $3\sqrt{5}+\sqrt{5}-7\sqrt{5}=(3+1-7)\sqrt{5}=-3\sqrt{5}$

1-1 답 $-\dfrac{1}{3}$

$$\dfrac{5\sqrt{7}}{6}-\dfrac{\sqrt{5}}{3}+\dfrac{\sqrt{7}}{3}+\dfrac{7\sqrt{5}}{6}=\left(-\dfrac{1}{3}+\dfrac{7}{6}\right)\sqrt{5}+\left(\dfrac{5}{6}+\dfrac{1}{3}\right)\sqrt{7}$$

$$=\dfrac{5\sqrt{5}}{6}+\dfrac{7\sqrt{7}}{6}$$

따라서 $a=\dfrac{5}{6},\ b=\dfrac{7}{6}$이므로

$$a-b=\dfrac{5}{6}-\dfrac{7}{6}=-\dfrac{1}{3}$$

1-2 답 $-4\sqrt{3}+\sqrt{5}$

$A=4\sqrt{3}-6\sqrt{5}+2\sqrt{5}=4\sqrt{3}+(-6+2)\sqrt{5}=4\sqrt{3}-4\sqrt{5}$

$B=\sqrt{3}-5\sqrt{5}+7\sqrt{3}=(1+7)\sqrt{3}-5\sqrt{5}=8\sqrt{3}-5\sqrt{5}$

$\therefore\ A-B=(4\sqrt{3}-4\sqrt{5})-(8\sqrt{3}-5\sqrt{5})$

$$=4\sqrt{3}-4\sqrt{5}-8\sqrt{3}+5\sqrt{5}$$

$$=(4-8)\sqrt{3}+(-4+5)\sqrt{5}$$

$$=-4\sqrt{3}+\sqrt{5}$$

예제2 답 ④

$\sqrt{18}+\sqrt{50}-\sqrt{8}=3\sqrt{2}+5\sqrt{2}-2\sqrt{2}=(3+5-2)\sqrt{2}=6\sqrt{2}$

2-1 답 (1) $-\sqrt{7}$ (2) $2\sqrt{3}-\sqrt{6}$

(1) $2\sqrt{7}+\sqrt{63}-6\sqrt{7}=2\sqrt{7}+3\sqrt{7}-6\sqrt{7}$

$$=(2+3-6)\sqrt{7}$$

$$=-\sqrt{7}$$

(2) $4\sqrt{3}-\sqrt{12}+\sqrt{6}-\sqrt{24}=4\sqrt{3}-2\sqrt{3}+\sqrt{6}-2\sqrt{6}$

$$=(4-2)\sqrt{3}+(1-2)\sqrt{6}$$

$$=2\sqrt{3}-\sqrt{6}$$

2-2 답 ④

$5\sqrt{3}-\sqrt{80}-\dfrac{12}{\sqrt{3}}+\sqrt{20}=5\sqrt{3}-4\sqrt{5}-4\sqrt{3}+2\sqrt{5}$

$$=(5-4)\sqrt{3}+(-4+2)\sqrt{5}$$

$$=\sqrt{3}-2\sqrt{5}$$

따라서 $a=1,\ b=-2$이므로

$$a-b=1-(-2)=3$$

개념13 근호를 포함한 복잡한 식의 계산 ·42~43쪽

·개념 확인하기

1 답 (1) $\sqrt{15}+\sqrt{35}$ (2) $\sqrt{6}-\sqrt{10}$ (3) $6+\sqrt{15}$ (4) $3+4\sqrt{3}$

(1) $\sqrt{5}(\sqrt{3}+\sqrt{7})=\sqrt{5}\sqrt{3}+\sqrt{5}\sqrt{7}=\sqrt{15}+\sqrt{35}$

(2) $\sqrt{2}(\sqrt{3}-\sqrt{5})=\sqrt{2}\sqrt{3}-\sqrt{2}\sqrt{5}=\sqrt{6}-\sqrt{10}$

(3) $\sqrt{3}(2\sqrt{3}+\sqrt{5})=\sqrt{3}\times 2\sqrt{3}+\sqrt{3}\sqrt{5}=6+\sqrt{15}$

(4) $(3\sqrt{2}+4\sqrt{6})\div\sqrt{2}=(3\sqrt{2}+4\sqrt{6})\times\dfrac{1}{\sqrt{2}}$

$$=\dfrac{3\sqrt{2}}{\sqrt{2}}+\dfrac{4\sqrt{6}}{\sqrt{2}}=3+4\sqrt{3}$$

2 답 (1) $\sqrt{3},\ \sqrt{3},\ \dfrac{3-2\sqrt{3}}{3}$ (2) $\sqrt{2},\ \sqrt{2},\ \dfrac{\sqrt{6}+2\sqrt{3}}{2}$

(2) $\dfrac{\sqrt{3}+\sqrt{6}}{\sqrt{2}}=\dfrac{(\sqrt{3}+\sqrt{6})\times\sqrt{2}}{\sqrt{2}\times\sqrt{2}}=\dfrac{\sqrt{6}+\sqrt{12}}{2}=\dfrac{\sqrt{6}+2\sqrt{3}}{2}$

> **오개념 바로잡기**
>
> (1) $\dfrac{\sqrt{3}-2}{\sqrt{3}}$의 분모를 유리화하기
>
> $(\times)\rightarrow\ \dfrac{\sqrt{3}-2}{\sqrt{3}}=\dfrac{(\sqrt{3}-2)\times\sqrt{3}}{\sqrt{3}\times\sqrt{3}}=\dfrac{3-2\sqrt{3}}{3}=1-2\sqrt{3}$
>
> $(\bigcirc)\rightarrow\ \dfrac{\sqrt{3}-2}{\sqrt{3}}=\dfrac{(\sqrt{3}-2)\times\sqrt{3}}{\sqrt{3}\times\sqrt{3}}=\dfrac{3-2\sqrt{3}}{3}$
>
> ➡ 분모에 무리수가 있는 식의 분모를 유리화하였을 때, 분자의 모든 수가 분모로 빠짐없이 나누어지는 경우에만 분자와 분모를 약분하여 나타낼 수 있음을 주의해야 해!

3 답 (1) $\dfrac{\sqrt{3}+\sqrt{6}}{3}$ (2) $\dfrac{\sqrt{6}-\sqrt{2}}{2}$

(1) $\dfrac{1+\sqrt{2}}{\sqrt{3}}=\dfrac{(1+\sqrt{2})\times\sqrt{3}}{\sqrt{3}\times\sqrt{3}}=\dfrac{\sqrt{3}+\sqrt{6}}{3}$

(2) $\dfrac{3-\sqrt{3}}{\sqrt{6}}=\dfrac{(3-\sqrt{3})\times\sqrt{6}}{\sqrt{6}\times\sqrt{6}}=\dfrac{3\sqrt{6}-\sqrt{18}}{6}$

$$=\dfrac{3\sqrt{6}-3\sqrt{2}}{6}=\dfrac{\sqrt{6}-\sqrt{2}}{2}$$

4 답 (1) $6\sqrt{2}$ (2) $-3\sqrt{6}$ (3) $-\sqrt{3}$ (4) $7\sqrt{2}$
  (5) $3\sqrt{5}$ (6) $-\sqrt{7}$

(1) $\sqrt{3}\times\sqrt{6}+3\sqrt{2}=\sqrt{18}+3\sqrt{2}=3\sqrt{2}+3\sqrt{2}=6\sqrt{2}$

(2) $\sqrt{30}\div\sqrt{5}-4\sqrt{6}=\dfrac{\sqrt{30}}{\sqrt{5}}-4\sqrt{6}=\sqrt{6}-4\sqrt{6}=-3\sqrt{6}$

(3) $\dfrac{\sqrt{27}}{3}-\sqrt{2}\times\sqrt{6}=\dfrac{3\sqrt{3}}{3}-\sqrt{12}=\sqrt{3}-2\sqrt{3}=-\sqrt{3}$

(4) $\sqrt{8}+\sqrt{10}\div\dfrac{1}{\sqrt{5}}=2\sqrt{2}+\sqrt{10}\times\sqrt{5}=2\sqrt{2}+\sqrt{50}$

$$=2\sqrt{2}+5\sqrt{2}=7\sqrt{2}$$

(5) $\sqrt{10}\times\sqrt{2}+\sqrt{15}\div\sqrt{3}=\sqrt{20}+\dfrac{\sqrt{15}}{\sqrt{3}}=2\sqrt{5}+\sqrt{5}=3\sqrt{5}$

(6) $\sqrt{21}\div\sqrt{3}-\sqrt{14}\times\sqrt{2}=\dfrac{\sqrt{21}}{\sqrt{3}}-\sqrt{28}=\sqrt{7}-2\sqrt{7}=-\sqrt{7}$

대표 예제로 개념 익히기

예제1 답 (1) $5\sqrt{5}-2\sqrt{3}$ (2) $5\sqrt{2}-4$ (3) $8\sqrt{2}+4$

(1) $8\sqrt{5}-\sqrt{3}(2+\sqrt{15})=8\sqrt{5}-2\sqrt{3}-\sqrt{45}$

$$=8\sqrt{5}-2\sqrt{3}-3\sqrt{5}$$

$$=5\sqrt{5}-2\sqrt{3}$$

(2) $(2-\sqrt{8})\sqrt{2}+3\sqrt{2}=2\sqrt{2}-\sqrt{16}+3\sqrt{2}$
$\qquad\qquad\qquad\qquad=2\sqrt{2}-4+3\sqrt{2}$
$\qquad\qquad\qquad\qquad=5\sqrt{2}-4$

(3) $\sqrt{3}(\sqrt{6}-2\sqrt{3})+\sqrt{5}(2\sqrt{5}+\sqrt{10})=\sqrt{18}-6+10+\sqrt{50}$
$\qquad\qquad\qquad\qquad\qquad\qquad\quad=3\sqrt{2}-6+10+5\sqrt{2}$
$\qquad\qquad\qquad\qquad\qquad\qquad\quad=8\sqrt{2}+4$

1-1 답 (1) $3-\sqrt{2}$ (2) $\sqrt{3}-2\sqrt{7}$
$\qquad\qquad\quad$ (3) $\sqrt{3}+3\sqrt{5}$ (4) $8\sqrt{3}-\sqrt{6}$

(1) $\sqrt{3}(\sqrt{3}+\sqrt{6})-4\sqrt{2}=3+\sqrt{18}-4\sqrt{2}$
$\qquad\qquad\qquad\qquad\quad=3+3\sqrt{2}-4\sqrt{2}$
$\qquad\qquad\qquad\qquad\quad=3-\sqrt{2}$

(2) $\sqrt{27}-\sqrt{2}(\sqrt{14}+\sqrt{6})=3\sqrt{3}-\sqrt{28}-\sqrt{12}$
$\qquad\qquad\qquad\qquad\qquad=3\sqrt{3}-2\sqrt{7}-2\sqrt{3}$
$\qquad\qquad\qquad\qquad\qquad=\sqrt{3}-2\sqrt{7}$

(3) $5\sqrt{5}+(3-2\sqrt{15})\div\sqrt{3}=5\sqrt{5}+(3-2\sqrt{15})\times\dfrac{1}{\sqrt{3}}$
$\qquad\qquad\qquad\qquad\qquad\quad=5\sqrt{5}+\dfrac{3}{\sqrt{3}}-\dfrac{2\sqrt{15}}{\sqrt{3}}$
$\qquad\qquad\qquad\qquad\qquad\quad=5\sqrt{5}+\sqrt{3}-2\sqrt{5}$
$\qquad\qquad\qquad\qquad\qquad\quad=\sqrt{3}+3\sqrt{5}$

(4) $\sqrt{2}(\sqrt{6}+\sqrt{3})-(2-\sqrt{18})\sqrt{6}=\sqrt{12}+\sqrt{6}-2\sqrt{6}+\sqrt{108}$
$\qquad\qquad\qquad\qquad\qquad\qquad\quad=2\sqrt{3}+\sqrt{6}-2\sqrt{6}+6\sqrt{3}$
$\qquad\qquad\qquad\qquad\qquad\qquad\quad=8\sqrt{3}-\sqrt{6}$

1-2 답 $5+2\sqrt{6}$

$\sqrt{2}a=\sqrt{2}(\sqrt{2}+5\sqrt{3})=2+5\sqrt{6}$
$\sqrt{3}b=\sqrt{3}(3\sqrt{2}-\sqrt{3})=3\sqrt{6}-3$
$\therefore \sqrt{2}a-\sqrt{3}b=(2+5\sqrt{6})-(3\sqrt{6}-3)$
$\qquad\qquad\quad=2+5\sqrt{6}-3\sqrt{6}+3$
$\qquad\qquad\quad=5+2\sqrt{6}$

예제2 답 $2\sqrt{3}+3\sqrt{2}$

$\dfrac{6+2\sqrt{3}}{\sqrt{3}}=\dfrac{(6+2\sqrt{3})\times\sqrt{3}}{\sqrt{3}\times\sqrt{3}}=\dfrac{6\sqrt{3}+6}{3}=2\sqrt{3}+2$

$\dfrac{12-4\sqrt{2}}{\sqrt{8}}=\dfrac{(12-4\sqrt{2})\times\sqrt{2}}{2\sqrt{2}\times\sqrt{2}}=\dfrac{12\sqrt{2}-8}{4}=3\sqrt{2}-2$

$\therefore \dfrac{6+2\sqrt{3}}{\sqrt{3}}+\dfrac{12-4\sqrt{2}}{\sqrt{8}}=(2\sqrt{3}+2)+(3\sqrt{2}-2)$
$\qquad\qquad\qquad\qquad\qquad\qquad=2\sqrt{3}+3\sqrt{2}$

2-1 답 -4

$\dfrac{\sqrt{5}-\sqrt{2}}{2\sqrt{2}}-\dfrac{3\sqrt{6}-\sqrt{15}}{\sqrt{6}}$

$=\dfrac{(\sqrt{5}-\sqrt{2})\times\sqrt{2}}{2\sqrt{2}\times\sqrt{2}}-\dfrac{(3\sqrt{6}-\sqrt{15})\times\sqrt{6}}{\sqrt{6}\times\sqrt{6}}$

$=\dfrac{\sqrt{10}-2}{4}-\dfrac{18-\sqrt{90}}{6}$

$=\dfrac{\sqrt{10}}{4}-\dfrac{1}{2}-3+\dfrac{\sqrt{10}}{2}=-\dfrac{7}{2}+\dfrac{3}{4}\sqrt{10}$

따라서 $a=-\dfrac{7}{2}$, $b=\dfrac{3}{4}$이므로

$2a+4b=2\times\left(-\dfrac{7}{2}\right)+4\times\dfrac{3}{4}=-7+3=-4$

2-2 답 6

$x=\dfrac{(3+\sqrt{6})\times\sqrt{3}}{\sqrt{3}\times\sqrt{3}}=\dfrac{3\sqrt{3}+3\sqrt{2}}{3}$
$\quad=\sqrt{3}+\sqrt{2}$

$y=\dfrac{(3-\sqrt{6})\times\sqrt{3}}{\sqrt{3}\times\sqrt{3}}=\dfrac{3\sqrt{3}-3\sqrt{2}}{3}$
$\quad=\sqrt{3}-\sqrt{2}$

$\therefore \sqrt{3}(x+y)=\sqrt{3}(\sqrt{3}+\sqrt{2}+\sqrt{3}-\sqrt{2})$
$\qquad\qquad\quad=\sqrt{3}\times2\sqrt{3}=6$

실전 문제로 단원 마무리하기
• 44~46쪽

1 ③	**2** $\sqrt{15}$	**3** ④	**4** ④	**5** $\dfrac{1}{4}$
6 $\sqrt{5}$ cm	**7** 2	**8** $\dfrac{\sqrt{2}}{\sqrt{5}}$	**9** ③	**10** ③
11 37.42 cm		**12** $18\sqrt{6}$	**13** ②	**14** 2
15 $-2\sqrt{5}$	**16** 4	**17** $26\sqrt{6}$ m		**18** ④

서술형

19 $12+4\sqrt{6}$	**20** $\dfrac{6\sqrt{5}}{5}$

1 답 ③

② $\sqrt{2}\times(-\sqrt{18})=-\sqrt{2\times18}=-\sqrt{36}$
$\qquad\qquad\qquad\quad=-\sqrt{6^2}=-6$

③ $\sqrt{12}\div(-\sqrt{3})=-\dfrac{\sqrt{12}}{\sqrt{3}}=-\sqrt{\dfrac{12}{3}}$
$\qquad\qquad\qquad\quad=-\sqrt{4}=-\sqrt{2^2}=-2$

따라서 옳지 않은 것은 ③이다.

2 답 $\sqrt{15}$

$\sqrt{12}\times\sqrt{\dfrac{3}{2}}=\sqrt{12\times\dfrac{3}{2}}=\sqrt{18}$이므로

$\sqrt{18}\div\sqrt{\dfrac{6}{5}}=\sqrt{18}\times\sqrt{\dfrac{5}{6}}=\sqrt{18\times\dfrac{5}{6}}=\sqrt{15}$

따라서 ㉮에 알맞은 수는 $\sqrt{15}$이다.

다른 풀이

$\sqrt{12}\times\sqrt{\dfrac{3}{2}}\div\sqrt{\dfrac{6}{5}}=\sqrt{12}\times\sqrt{\dfrac{3}{2}}\times\sqrt{\dfrac{5}{6}}$
$\qquad\qquad\qquad\qquad\quad=\sqrt{12\times\dfrac{3}{2}\times\dfrac{5}{6}}=\sqrt{15}$

3 답 ④

$\sqrt{180}=\sqrt{6^2\times5}=6\sqrt{5}$이므로 $a=5$

$\sqrt{75}=\sqrt{5^2\times3}=5\sqrt{3}$이므로 $b=5$

$\therefore \sqrt{ab}=\sqrt{5\times5}=5$

4 답 ④

$$\begin{aligned}\sqrt{60}-\sqrt{48}&=\sqrt{2^2\times3\times5}-\sqrt{4^2\times3}\\&=2\sqrt{3}\sqrt{5}-4\sqrt{3}\\&=2pq-4p\end{aligned}$$

5 답 $\dfrac{1}{4}$

$$\begin{aligned}\sqrt{0.025}\div\sqrt{10}&=\sqrt{\frac{25}{1000}}\times\frac{1}{\sqrt{10}}\\&=\sqrt{\frac{25}{1000}}\times\sqrt{\frac{1}{10}}\\&=\sqrt{\frac{25}{10000}}\\&=\frac{5}{100}=\frac{1}{20}\end{aligned}$$

즉, $\sqrt{0.025}$는 $\sqrt{10}$의 $\dfrac{1}{20}$배이다.

$\therefore a=\dfrac{1}{20}$

$\sqrt{150}\div\sqrt{6}=5\sqrt{6}\times\dfrac{1}{\sqrt{6}}=5$

즉, $\sqrt{150}$은 $\sqrt{6}$의 5배이다.

$\therefore b=5$

$\therefore ab=\dfrac{1}{20}\times5=\dfrac{1}{4}$

6 답 $\sqrt{5}\,\text{cm}$

직육면체의 높이를 $x\,\text{cm}$라 하면 직육면체의 부피는

$\sqrt{6}\times2\sqrt{2}\times x=2\sqrt{12}x=4\sqrt{3}x\,(\text{cm}^3)$

이때 직육면체의 부피는 $4\sqrt{15}\,\text{cm}^3$이므로

$4\sqrt{3}x=4\sqrt{15}$

$\therefore x=4\sqrt{15}\div4\sqrt{3}=\dfrac{4\sqrt{15}}{4\sqrt{3}}=\sqrt{5}$

따라서 직육면체의 높이는 $\sqrt{5}\,\text{cm}$이다.

7 답 2

$\dfrac{3\sqrt{7}}{a\sqrt{6}}=\dfrac{3\sqrt{7}\times\sqrt{6}}{a\sqrt{6}\times\sqrt{6}}=\dfrac{3\sqrt{42}}{6a}=\dfrac{\sqrt{42}}{2a}$

따라서 $\dfrac{\sqrt{42}}{2a}=\dfrac{\sqrt{42}}{4}$이므로 $2a=4$ $\therefore a=2$

8 답 $\dfrac{\sqrt{2}}{\sqrt{5}}$

주어진 분수 중 분모가 근호를 포함한 무리수인 것의 분모를 유리화하면 다음과 같다.

$\dfrac{\sqrt{2}}{\sqrt{5}}=\dfrac{\sqrt{10}}{5}$, $\dfrac{2}{\sqrt{5}}=\dfrac{2\sqrt{5}}{5}=\dfrac{\sqrt{20}}{5}$

즉, $\dfrac{\sqrt{10}}{5}$, $\dfrac{\sqrt{20}}{5}$, $\dfrac{\sqrt{2}}{5}$, $\dfrac{2}{5}=\dfrac{\sqrt{4}}{5}$에서

$\sqrt{2}<\sqrt{4}<\sqrt{10}<\sqrt{20}$이므로

$\dfrac{\sqrt{2}}{5}<\dfrac{\sqrt{4}}{5}<\dfrac{\sqrt{10}}{5}<\dfrac{\sqrt{20}}{5}$

$\therefore \dfrac{\sqrt{2}}{5}<\dfrac{2}{5}<\dfrac{\sqrt{2}}{\sqrt{5}}<\dfrac{2}{\sqrt{5}}$

따라서 크기가 작은 것부터 차례로 나열할 때, 세 번째에 오는 수는 $\dfrac{\sqrt{2}}{\sqrt{5}}$이다.

9 답 ③

① $\sqrt{2.40}=1.549$

② $\sqrt{263}=\sqrt{2.63\times100}=10\sqrt{2.63}$
$\qquad\quad=10\times1.622=16.22$

③ $\sqrt{2710}=\sqrt{27.1\times100}=10\sqrt{27.1}$

④ $\sqrt{0.0254}=\sqrt{\dfrac{2.54}{100}}=\dfrac{\sqrt{2.54}}{10}$
$\qquad\qquad=\dfrac{1.594}{10}=0.1594$

⑤ $\sqrt{2.75}=1.658$

따라서 주어진 제곱근표를 이용하여 그 값을 구할 수 없는 것은 ③이다.

10 답 ③

① $\sqrt{0.007}=\sqrt{\dfrac{70}{10000}}=\dfrac{\sqrt{70}}{100}=\dfrac{8.367}{100}=0.08367$

② $\sqrt{0.07}=\sqrt{\dfrac{7}{100}}=\dfrac{\sqrt{7}}{10}=\dfrac{2.646}{10}=0.2646$

③ $\sqrt{0.7}=\sqrt{\dfrac{70}{100}}=\dfrac{\sqrt{70}}{10}=\dfrac{8.367}{10}=0.8367$

④ $\sqrt{700}=\sqrt{7\times100}=10\sqrt{7}=10\times2.646=26.46$

⑤ $\sqrt{7000}=\sqrt{70\times100}=10\sqrt{70}=10\times8.367=83.67$

따라서 옳지 않은 것은 ③이다.

11 답 $37.42\,\text{cm}$

정사각형의 한 변의 길이를 $x\,\text{cm}$라 하면

정사각형의 넓이는 $1400\,\text{cm}^2$이므로

$x^2=1400$

이때 $x>0$이므로

$x=\sqrt{1400}=\sqrt{14\times100}=10\sqrt{14}$
$\quad=10\times3.742=37.42$

따라서 정사각형의 한 변의 길이는 $37.42\,\text{cm}$이다.

12 답 $18\sqrt{6}$

$$\begin{aligned}A&=\sqrt{8}+4\sqrt{2}-\sqrt{18}\\&=2\sqrt{2}+4\sqrt{2}-3\sqrt{2}\\&=3\sqrt{2}\end{aligned}$$

$$B=4\sqrt{3}-\sqrt{27}+5\sqrt{3}$$
$$=4\sqrt{3}-3\sqrt{3}+5\sqrt{3}$$
$$=6\sqrt{3}$$
$$\therefore AB=3\sqrt{2}\times6\sqrt{3}=18\sqrt{6}$$

13 답 ②

$$\sqrt{2}\left(\frac{1}{\sqrt{2}}+\frac{1}{\sqrt{7}}\right)-\sqrt{7}\left(\frac{1}{\sqrt{7}}-\frac{2\sqrt{2}}{7}\right)=1+\frac{\sqrt{2}}{\sqrt{7}}-1+\frac{2\sqrt{14}}{7}$$
$$=1+\frac{\sqrt{14}}{7}-1+\frac{2\sqrt{14}}{7}$$
$$=\frac{3\sqrt{14}}{7}$$

14 답 2

$$\frac{\sqrt{180}-10}{\sqrt{20}}=\frac{6\sqrt{5}-10}{2\sqrt{5}}=\frac{(6\sqrt{5}-10)\times\sqrt{5}}{2\sqrt{5}\times\sqrt{5}}$$
$$=\frac{30-10\sqrt{5}}{10}=3-\sqrt{5}$$

따라서 $a=3$, $b=-1$이므로
$$a+b=3+(-1)=2$$

15 답 $-2\sqrt{5}$

$\overline{AB}=\sqrt{2^2+1^2}=\sqrt{5}$이므로 $\overline{AP}=\overline{AB}=\sqrt{5}$
$$\therefore a=-2-\sqrt{5}$$
$\overline{AD}=\sqrt{1^2+2^2}=\sqrt{5}$이므로 $\overline{AQ}=\overline{AD}=\sqrt{5}$
$$\therefore b=-2+\sqrt{5}$$
$$\therefore a-b=(-2-\sqrt{5})-(-2+\sqrt{5})$$
$$=-2-\sqrt{5}+2-\sqrt{5}=-2\sqrt{5}$$

16 답 4

$$\sqrt{2}(\sqrt{2}+4\sqrt{3})-\sqrt{2}(a\sqrt{3}-\sqrt{2})=2+4\sqrt{6}-a\sqrt{6}+2$$
$$=4+(4-a)\sqrt{6}$$

이 식이 유리수가 되려면 $4-a=0$이어야 하므로
$$a=4$$

참고 a, b가 유리수이고, $\sqrt{m}$이 무리수일 때, $a+b\sqrt{m}$이 유리수가 되려면 $b=0$이어야 한다.

17 답 $26\sqrt{6}$ m

정사각형 모양의 세 타일의 한 변의 길이는 차례로
$$\sqrt{96}=4\sqrt{6}\,(\mathrm{m}),\ \sqrt{54}=3\sqrt{6}\,(\mathrm{m}),\ \sqrt{24}=2\sqrt{6}\,(\mathrm{m})$$
따라서 새로운 모양의 타일의 둘레의 길이는
$$4\sqrt{6}\times4+3\sqrt{6}\times2+2\sqrt{6}\times2=16\sqrt{6}+6\sqrt{6}+4\sqrt{6}=26\sqrt{6}\,(\mathrm{m})$$

18 답 ④

$$A-C=(\sqrt{3}+4\sqrt{5})-(3\sqrt{3}+2\sqrt{5})$$
$$=\sqrt{3}+4\sqrt{5}-3\sqrt{3}-2\sqrt{5}$$
$$=-2\sqrt{3}+2\sqrt{5}$$
$$=-\sqrt{12}+\sqrt{20}>0$$
$$\therefore A>C$$

$$B-C=(6\sqrt{3}-\sqrt{5})-(3\sqrt{3}+2\sqrt{5})$$
$$=6\sqrt{3}-\sqrt{5}-3\sqrt{3}-2\sqrt{5}$$
$$=3\sqrt{3}-3\sqrt{5}$$
$$=\sqrt{27}-\sqrt{45}<0$$
$$\therefore B<C$$
$$\therefore B<C<A$$

19 답 $12+4\sqrt{6}$

$$a\sqrt{\frac{6b}{a}}+b\sqrt{\frac{4a}{b}}=\sqrt{a^2\times\frac{6b}{a}}+\sqrt{b^2\times\frac{4a}{b}}$$
$$=\sqrt{6ab}+\sqrt{4ab}\qquad\cdots(\mathrm{i})$$
$$=\sqrt{144}+\sqrt{96}\ (\because ab=24)$$
$$=12+4\sqrt{6}\qquad\cdots(\mathrm{ii})$$

채점 기준	배점
(i) 주어진 식을 간단히 하기	50 %
(ii) 주어진 식의 값 구하기	50 %

20 답 $\dfrac{6\sqrt{5}}{5}$

삼각형의 넓이는
$$\frac{1}{2}\times\sqrt{24}\times\sqrt{18}=\frac{1}{2}\times2\sqrt{6}\times3\sqrt{2}$$
$$=3\sqrt{12}=6\sqrt{3}\qquad\cdots(\mathrm{i})$$
직사각형의 세로의 길이를 x라 하면 직사각형의 넓이는
$$\sqrt{15}\times x=\sqrt{15}x\qquad\cdots(\mathrm{ii})$$
이때 두 도형의 넓이가 서로 같으므로
$$6\sqrt{3}=\sqrt{15}x$$
$$\therefore x=\frac{6\sqrt{3}}{\sqrt{15}}=\frac{6}{\sqrt{5}}=\frac{6\sqrt{5}}{5}$$

따라서 직사각형의 세로의 길이는 $\dfrac{6\sqrt{5}}{5}$이다. $\qquad\cdots(\mathrm{iii})$

채점 기준	배점
(i) 삼각형의 넓이 구하기	30 %
(ii) 직사각형의 넓이 구하기	30 %
(iii) 직사각형의 세로의 길이 구하기	40 %

OX 문제로 개념 점검! •47쪽

❶ ○ ❷ × ❸ ○ ❹ × ❺ × ❻ ○ ❼ ○ ❽ ○

❷ $\sqrt{10}\div5=\dfrac{\sqrt{10}}{5}$

❹ $\dfrac{3}{\sqrt{3}}$의 분모를 유리화하면 $\sqrt{3}$이다.

❽ $(2\sqrt{3}-\sqrt{2})-(\sqrt{3}+\sqrt{2})=2\sqrt{3}-\sqrt{2}-\sqrt{3}-\sqrt{2}$
$$=\sqrt{3}-2\sqrt{2}=\sqrt{3}-\sqrt{8}<0$$
$$\therefore 2\sqrt{3}-\sqrt{2}<\sqrt{3}+\sqrt{2}$$

개념**14** 다항식의 곱셈 / 곱셈 공식 ·51~53쪽

·개념 확인하기

1 답 (1) $a^2+7a+10$　(2) a^2-2a-3　(3) $-3a^2-5a+2$
　　 (4) $6a^2+13ab+3a-5b^2-b$

(1) $(a+2)(a+5)=a^2+5a+2a+10$
　　　　　　　　$=a^2+7a+10$
(2) $(a+1)(a-3)=a^2-3a+a-3$
　　　　　　　　$=a^2-2a-3$
(3) $(a+2)(-3a+1)=-3a^2+a-6a+2$
　　　　　　　　　$=-3a^2-5a+2$
(4) $(3a-b)(2a+5b+1)=6a^2+15ab+3a-2ab-5b^2-b$
　　　　　　　　　　　$=6a^2+13ab+3a-5b^2-b$

2 답 (1) $x^2+8x+16$　(2) $4a^2+4a+1$
　　 (3) x^2-4x+4　(4) $x^2-12x+36$
　　 (5) $9x^2-12x+4$　(6) $25x^2-30xy+9y^2$

(1) $(x+4)^2=x^2+2\times x\times4+4^2$
　　　　　$=x^2+8x+16$
(2) $(2a+1)^2=(2a)^2+2\times2a\times1+1^2$
　　　　　$=4a^2+4a+1$
(3) $(-x+2)^2=(-x)^2+2\times(-x)\times2+2^2$
　　　　　$=x^2-4x+4$
(4) $(x-6)^2=x^2-2\times x\times6+6^2$
　　　　　$=x^2-12x+36$
(5) $(3x-2)^2=(3x)^2-2\times3x\times2+2^2$
　　　　　$=9x^2-12x+4$
(6) $(5x-3y)^2=(5x)^2-2\times5x\times3y+(3y)^2$
　　　　　$=25x^2-30xy+9y^2$

✏️오개념 바로잡기

(1) $(x+4)^2$을 전개하기
$\xrightarrow{(\times)}$ $(x+4)^2=x^2+4^2=x^2+16$
$\xrightarrow{(\bigcirc)}$ $(x+4)^2=x^2+2\times x\times4+4^2$
　　　　　　$=x^2+8x+16$

(3) $(-x+2)^2$을 전개하기
$\xrightarrow{(\times)}$ $(-x+2)^2=x^2+4x+4$
$\xrightarrow{(\bigcirc)}$ $(-x+2)^2=(-x)^2+2\times(-x)\times2+2^2$
　　　　　　$=x^2-4x+4$

➡ $(a+b)^2$의 꼴의 식을 전개할 때는 $(a+b)^2$과 a^2+b^2을 혼동
하지 않아야 해.
또 $(-x+2)^2$과 같은 경우 $-x$에서 음의 부호 '$-$'를 빠뜨리
지 않도록 주의해야 해!

3 답 (1) x^2-16　(2) a^2-9　(3) $4x^2-1$
　　 (4) $9x^2-16$　(5) $25-a^2$　(6) $x^2-\dfrac{1}{4}$

(1) $(x+4)(x-4)=x^2-4^2=x^2-16$
(2) $(a+3)(a-3)=a^2-3^2=a^2-9$
(3) $(2x+1)(2x-1)=(2x)^2-1^2=4x^2-1$
(4) $(3x+4)(3x-4)=(3x)^2-4^2=9x^2-16$
(5) $(5+a)(5-a)=5^2-a^2=25-a^2$
(6) $\left(x+\dfrac{1}{2}\right)\left(x-\dfrac{1}{2}\right)=x^2-\left(\dfrac{1}{2}\right)^2=x^2-\dfrac{1}{4}$

4 답 (1) 풀이 참조　(2) x^2-2x-8　(3) x^2-5x-6
　　 (4) $x^2-8x+15$　(5) $x^2+6xy+5y^2$　(6) $a^2-ab-6b^2$

(1) $(x+3)(x+4)=x^2+(\boxed{3}+\boxed{4})x+\boxed{3}\times\boxed{4}$
　　　　　　　$=\boxed{x^2+7x+12}$
(2) $(x-4)(x+2)=x^2+(-4+2)x+(-4)\times2$
　　　　　　　$=x^2-2x-8$
(3) $(x+1)(x-6)=x^2+\{1+(-6)\}x+1\times(-6)$
　　　　　　　$=x^2-5x-6$
(4) $(x-3)(x-5)=x^2+\{-3+(-5)\}x+(-3)\times(-5)$
　　　　　　　$=x^2-8x+15$
(5) $(x+y)(x+5y)=x^2+(y+5y)x+y\times5y$
　　　　　　　$=x^2+6xy+5y^2$
(6) $(a+2b)(a-3b)=a^2+\{2b+(-3b)\}a+2b\times(-3b)$
　　　　　　　$=a^2-ab-6b^2$

5 답 (1) 풀이 참조　(2) $6x^2+7x-5$
　　 (3) $20x^2+7x-3$　(4) $15x^2-13x+2$
　　 (5) $6x^2+23xy+20y^2$　(6) $6a^2+5ab-6b^2$

(1) $(2x+3)(4x+6)$
　 $=(2\times4)x^2+(2\times\boxed{6}+3\times\boxed{4})x+3\times6$
　 $=\boxed{8x^2+24x+18}$
(2) $(3x+5)(2x-1)$
　 $=(3\times2)x^2+\{3\times(-1)+5\times2\}x+5\times(-1)$
　 $=6x^2+7x-5$
(3) $(4x-1)(5x+3)$
　 $=(4\times5)x^2+\{4\times3+(-1)\times5\}x+(-1)\times3$
　 $=20x^2+7x-3$
(4) $(5x-1)(3x-2)$
　 $=(5\times3)x^2+\{5\times(-2)+(-1)\times3\}x+(-1)\times(-2)$
　 $=15x^2-13x+2$
(5) $(2x+5y)(3x+4y)$
　 $=(2\times3)x^2+(2\times4y+5y\times3)x+5y\times4y$
　 $=6x^2+23xy+20y^2$
(6) $(3a-2b)(2a+3b)$
　 $=(3\times2)a^2+\{3\times3b+(-2b)\times2\}a+(-2b)\times3b$
　 $=6a^2+5ab-6b^2$

예제 1 답 ③

③ $(-x-6y)^2=(x+6y)^2$
$\qquad\qquad\quad=x^2+2\times x\times 6y+(6y)^2$
$\qquad\qquad\quad=x^2+12xy+36y^2$

1-1 답 ③

③ $(2x-3)^2=(2x)^2-2\times 2x\times 3+3^2$
$\qquad\qquad\quad=4x^2-12x+9$

④ $\left(\dfrac{1}{2}x+1\right)^2=\left(\dfrac{1}{2}x\right)^2+2\times\dfrac{1}{2}x\times 1+1^2$
$\qquad\qquad\qquad=\dfrac{1}{4}x^2+x+1$

따라서 옳지 않은 것은 ③이다.

1-2 답 ㄴ, ㄹ

$(x-y)^2=x^2-2xy+y^2$

ㄱ. $(x+y)^2=x^2+2\times x\times y+y^2$
$\qquad\qquad=x^2+2xy+y^2$

ㄴ. $(-x+y)^2=(-x)^2+2\times(-x)\times y+y^2$
$\qquad\qquad\quad=x^2-2xy+y^2$

ㄷ. $(-x-y)^2=(-x)^2-2\times(-x)\times y+y^2$
$\qquad\qquad\quad=x^2+2xy+y^2$

ㄹ. $(y-x)^2=y^2-2\times y\times x+x^2$
$\qquad\qquad=x^2-2xy+y^2$

따라서 $(x-y)^2$과 전개식이 같은 것은 ㄴ, ㄹ이다.

예제 2 답 ⑤

$(-5x+y)(5x+y)-(-2x+3y)(-2x-3y)$
$=\{y^2-(5x)^2\}-\{(-2x)^2-(3y)^2\}$
$=(y^2-25x^2)-(4x^2-9y^2)$
$=y^2-25x^2-4x^2+9y^2$
$=-29x^2+10y^2$

2-1 답 $7x^2+31$

$(3x-1)(3x+1)-2(x+4)(x-4)$
$=\{(3x)^2-1^2\}-2(x^2-4^2)$
$=(9x^2-1)-2(x^2-16)$
$=9x^2-1-2x^2+32$
$=7x^2+31$

2-2 답 -10

$\left(\dfrac{1}{5}a+\dfrac{2}{3}b\right)\left(\dfrac{1}{5}a-\dfrac{2}{3}b\right)=\left(\dfrac{1}{5}a\right)^2-\left(\dfrac{2}{3}b\right)^2$
$\qquad\qquad\qquad=\dfrac{1}{25}a^2-\dfrac{4}{9}b^2$
$\qquad\qquad\qquad=\dfrac{1}{25}\times 50-\dfrac{4}{9}\times 27$
$\qquad\qquad\qquad=2-12=-10$

$\left(\dfrac{1}{5}a+\dfrac{2}{3}b\right)\left(\dfrac{1}{5}a-\dfrac{2}{3}b\right)$를 전개하기

$\xrightarrow{(\times)}\left(\dfrac{1}{5}a+\dfrac{2}{3}b\right)\left(\dfrac{1}{5}a-\dfrac{2}{3}b\right)=\dfrac{1}{5}a^2-\dfrac{2}{3}b^2$

$\xrightarrow{(\bigcirc)}\left(\dfrac{1}{5}a+\dfrac{2}{3}b\right)\left(\dfrac{1}{5}a-\dfrac{2}{3}b\right)=\left(\dfrac{1}{5}a\right)^2-\left(\dfrac{2}{3}b\right)^2$
$\qquad\qquad\qquad\qquad\qquad=\dfrac{1}{25}a^2-\dfrac{4}{9}b^2$

➡ 문자에 수가 곱해진 항이 있는 식을 곱셈 공식을 이용하여 전개할 때는 괄호를 사용하여 계산하면 실수를 줄일 수 있어!

예제 3 답 ④

① $(x+6)(x+4)=x^2+(6+4)x+6\times 4$
$\qquad\qquad\qquad=x^2+10x+24$

② $\left(x-\dfrac{1}{2}\right)\left(x-\dfrac{3}{4}\right)=x^2+\left(-\dfrac{1}{2}-\dfrac{3}{4}\right)x+\left(-\dfrac{1}{2}\right)\times\left(-\dfrac{3}{4}\right)$
$\qquad\qquad\qquad\qquad=x^2-\dfrac{5}{4}x+\dfrac{3}{8}$

③ $(x-y)(x+8y)=x^2+(-y+8y)x+(-y)\times 8y$
$\qquad\qquad\qquad\quad=x^2+7xy-8y^2$

④ $(x+3y)(x-y)=x^2+(3y-y)x+3y\times(-y)$
$\qquad\qquad\qquad\quad=x^2+2xy-3y^2$

⑤ $\left(x-\dfrac{3}{4}y\right)\left(x-\dfrac{2}{3}y\right)$
$\quad=x^2+\left(-\dfrac{3}{4}y-\dfrac{2}{3}y\right)x+\left(-\dfrac{3}{4}y\right)\times\left(-\dfrac{2}{3}y\right)$
$\quad=x^2-\dfrac{17}{12}xy+\dfrac{1}{2}y^2$

따라서 옳은 것은 ④이다.

3-1 답 ①, ④

① $(x+3)(x-5)=x^2+\{3+(-5)\}x+3\times(-5)$
$\qquad\qquad\qquad=x^2-2x-15$

④ $\left(x+\dfrac{1}{4}\right)\left(x+\dfrac{1}{3}\right)=x^2+\left(\dfrac{1}{4}+\dfrac{1}{3}\right)x+\dfrac{1}{4}\times\dfrac{1}{3}$
$\qquad\qquad\qquad\qquad=x^2+\dfrac{7}{12}x+\dfrac{1}{12}$

3-2 답 $a=3,\ b=4$

$(x-a)(x+7)=x^2+(-a+7)x+(-a)\times 7$
$\qquad\qquad\qquad=x^2+(-a+7)x-7a$

$x^2+(-a+7)x-7a=x^2+bx-21$에서
$-a+7=b,\ -7a=-21$이므로
$a=3,\ b=-3+7=4$

예제 4 답 $\dfrac{35}{4}$

$\left(2x-\dfrac{1}{4}y\right)(4x+y)$
$=(2\times 4)x^2+\left\{2\times y+\left(-\dfrac{1}{4}y\right)\times 4\right\}x+\left(-\dfrac{1}{4}y\right)\times y$
$=8x^2+xy-\dfrac{1}{4}y^2$

따라서 $A=8$, $B=1$, $C=-\dfrac{1}{4}$이므로

$A+B+C=8+1+\left(-\dfrac{1}{4}\right)=\dfrac{35}{4}$

4-1 답 ①

$(2x-3)(5x+6)$
$=(2\times5)x^2+\{2\times6+(-3)\times5\}x+(-3)\times6$
$=10x^2-3x-18$

따라서 $A=10$, $B=-3$, $C=-18$이므로
$A-B+C=10-(-3)+(-18)=-5$

4-2 답 -4

$(5x+3)(2x+a)$
$=(5\times2)x^2+(5\times a+3\times2)x+3\times a$
$=10x^2+(5a+6)x+3a$

x의 계수가 -14이므로
$5a+6=-14$, $5a=-20$
$\therefore a=-4$

다른 풀이

$(5x+3)(2x+a)$에서 x가 나오는 항만 전개하면
$5ax+6x=-14x$에서 $(5a+6)x=-14x$이므로
$5a+6=-14$, $5a=-20$ $\quad \therefore a=-4$

참고 어느 특정한 항의 계수를 구할 때, 계수를 구해야 하는 항이 나오는 부분만 전개하여 구할 수도 있다.

개념 15 곱셈 공식의 응용 (1) – 식의 계산 ·54~55쪽

·개념 확인하기

1 답 (1) $5+2\sqrt{6}$ (2) $11-2\sqrt{30}$ (3) 3 (4) 6
　(5) $11+6\sqrt{3}$ (6) $7+7\sqrt{2}$

(1) $(\sqrt{3}+\sqrt{2})^2=(\sqrt{3})^2+2\times\sqrt{3}\times\sqrt{2}+(\sqrt{2})^2$
$\qquad\qquad=3+2\sqrt{6}+2=5+2\sqrt{6}$

(2) $(\sqrt{6}-\sqrt{5})^2=(\sqrt{6})^2-2\times\sqrt{6}\times\sqrt{5}+(\sqrt{5})^2$
$\qquad\qquad=6-2\sqrt{30}+5=11-2\sqrt{30}$

(3) $(\sqrt{5}+\sqrt{2})(\sqrt{5}-\sqrt{2})=(\sqrt{5})^2-(\sqrt{2})^2=5-2=3$

(4) $(\sqrt{7}-1)(\sqrt{7}+1)=(\sqrt{7})^2-1^2=7-1=6$

(5) $(\sqrt{3}+2)(\sqrt{3}+4)=(\sqrt{3})^2+(2+4)\times\sqrt{3}+2\times4$
$\qquad\qquad=3+6\sqrt{3}+8=11+6\sqrt{3}$

(6) $(2\sqrt{2}+1)(\sqrt{2}+3)$
$\quad=(2\times1)\times(\sqrt{2})^2+(2\times3+1\times1)\times\sqrt{2}+1\times3$
$\quad=4+7\sqrt{2}+3=7+7\sqrt{2}$

2 답 풀이 참조

(1) $\dfrac{1}{\sqrt{2}+1}=\dfrac{1\times(\boxed{\sqrt{2}-1})}{(\sqrt{2}+1)\times(\boxed{\sqrt{2}-1})}$
$\qquad\quad=\dfrac{\sqrt{2}-1}{(\sqrt{2})^2-1^2}=\boxed{\sqrt{2}-1}$

(2) $\dfrac{4}{\sqrt{7}-\sqrt{3}}=\dfrac{4\times(\boxed{\sqrt{7}+\sqrt{3}})}{(\sqrt{7}-\sqrt{3})\times(\boxed{\sqrt{7}+\sqrt{3}})}$
$\qquad\quad=\dfrac{4(\sqrt{7}+\sqrt{3})}{(\sqrt{7})^2-(\sqrt{3})^2}=\dfrac{4(\sqrt{7}+\sqrt{3})}{7-3}=\boxed{\sqrt{7}+\sqrt{3}}$

(3) $\dfrac{\sqrt{2}}{2+\sqrt{2}}=\dfrac{\sqrt{2}\times(\boxed{2-\sqrt{2}})}{(2+\sqrt{2})\times(\boxed{2-\sqrt{2}})}$
$\qquad\quad=\dfrac{2\sqrt{2}-2}{2^2-(\sqrt{2})^2}=\dfrac{2\sqrt{2}-2}{4-2}=\boxed{\sqrt{2}-1}$

(4) $\dfrac{\sqrt{3}}{\sqrt{3}-\sqrt{2}}=\dfrac{\sqrt{3}\times(\boxed{\sqrt{3}+\sqrt{2}})}{(\sqrt{3}-\sqrt{2})\times(\boxed{\sqrt{3}+\sqrt{2}})}$
$\qquad\quad=\dfrac{3+\sqrt{6}}{(\sqrt{3})^2-(\sqrt{2})^2}=\boxed{3+\sqrt{6}}$

(5) $\dfrac{\sqrt{5}-2}{\sqrt{5}+2}=\dfrac{(\sqrt{5}-2)\times(\boxed{\sqrt{5}-2})}{(\sqrt{5}+2)\times(\boxed{\sqrt{5}-2})}$
$\qquad\quad=\dfrac{(\sqrt{5}-2)^2}{(\sqrt{5})^2-2^2}=\boxed{9-4\sqrt{5}}$

(6) $\dfrac{\sqrt{3}+\sqrt{2}}{\sqrt{3}-\sqrt{2}}=\dfrac{(\sqrt{3}+\sqrt{2})\times(\boxed{\sqrt{3}+\sqrt{2}})}{(\sqrt{3}-\sqrt{2})\times(\boxed{\sqrt{3}+\sqrt{2}})}$
$\qquad\quad=\dfrac{(\sqrt{3}+\sqrt{2})^2}{(\sqrt{3})^2-(\sqrt{2})^2}=\boxed{5+2\sqrt{6}}$

⟨ 대표 예제로 개념 익히기 ⟩

예제 1 답 ⑤

$(\sqrt{2}+1)^2-(2-\sqrt{3})(2+\sqrt{3})$
$=\{(\sqrt{2})^2+2\times\sqrt{2}\times1+1^2\}-\{2^2-(\sqrt{3})^2\}$
$=(2+2\sqrt{2}+1)-(4-3)$
$=3+2\sqrt{2}-1=2+2\sqrt{2}$

1-1 답 ④

$(\sqrt{2}-3)^2-(3+\sqrt{5})(3-\sqrt{5})$
$=\{(\sqrt{2})^2-2\times\sqrt{2}\times3+3^2\}-\{3^2-(\sqrt{5})^2\}$
$=(2-6\sqrt{2}+9)-(9-5)$
$=11-6\sqrt{2}-4=7-6\sqrt{2}$

1-2 답 $a=4$, $b=-2$

$(2-3\sqrt{2})(a+5\sqrt{2})$
$=2\times a+\{2\times5+(-3)\times a\}\times\sqrt{2}+\{(-3)\times5\}\times(\sqrt{2})^2$
$=2a+(10-3a)\sqrt{2}-30$
$=2a-30+(10-3a)\sqrt{2}$

$2a-30+(10-3a)\sqrt{2}=-22+b\sqrt{2}$에서
$2a-30=-22$이므로 $2a=8$ $\quad\therefore a=4$
$10-3a=b$이므로 $b=10-3\times4=-2$

$$\frac{3}{\sqrt{3}+\sqrt{2}}=\frac{3(\sqrt{3}-\sqrt{2})}{(\sqrt{3}+\sqrt{2})(\sqrt{3}-\sqrt{2})}$$
$$=\frac{3(\sqrt{3}-\sqrt{2})}{(\sqrt{3})^2-(\sqrt{2})^2}=3\sqrt{3}-3\sqrt{2}$$

$3\sqrt{3}-3\sqrt{2}=a\sqrt{3}+b\sqrt{2}$에서 $a=3$, $b=-3$

$\therefore 2a+b=2\times3+(-3)=3$

2-1 답 ③

$$\frac{3-2\sqrt{2}}{3+2\sqrt{2}}=\frac{(3-2\sqrt{2})^2}{(3+2\sqrt{2})(3-2\sqrt{2})}$$
$$=\frac{9-12\sqrt{2}+8}{3^2-(2\sqrt{2})^2}=17-12\sqrt{2}$$

$17-12\sqrt{2}=A+B\sqrt{2}$에서 $A=17$, $B=-12$

$\therefore A+B=17+(-12)=5$

2-2 답 ②

$$\frac{1}{x}=\frac{1}{2-\sqrt{11}}=\frac{2+\sqrt{11}}{(2-\sqrt{11})(2+\sqrt{11})}$$
$$=\frac{2+\sqrt{11}}{2^2-(\sqrt{11})^2}=\frac{-2-\sqrt{11}}{7}$$

$$\frac{1}{y}=\frac{1}{2+\sqrt{11}}=\frac{2-\sqrt{11}}{(2+\sqrt{11})(2-\sqrt{11})}$$
$$=\frac{2-\sqrt{11}}{2^2-(\sqrt{11})^2}=\frac{-2+\sqrt{11}}{7}$$

$$\therefore \frac{1}{x}-\frac{1}{y}=\frac{-2-\sqrt{11}}{7}-\frac{-2+\sqrt{11}}{7}=-\frac{2\sqrt{11}}{7}$$

개념 **16** 곱셈 공식의 응용 (2) – 수의 계산 · 56~57쪽

· 개념 확인하기

1 답 풀이 참조

(1) $198^2=(200-2)^2$에서 $a=200$, $b=2$로 놓으면
$$(a-b)^2=a^2-2ab+b^2$$
$$=200^2-2\times200\times2+2^2$$
$$=40000-800+4$$
$$=39204$$
로 계산하는 것이 가장 편리하다.

(2) $102^2=(100+2)^2$에서 $a=100$, $b=2$로 놓으면
$$(a+b)^2=a^2+2ab+b^2$$
$$=100^2+2\times100\times2+2^2$$
$$=10000+400+4$$
$$=10404$$
로 계산하는 것이 가장 편리하다.

(3) $103\times97=(100+3)(100-3)$에서
$a=100$, $b=3$으로 놓으면

$$(a+b)(a-b)=a^2-b^2$$
$$=100^2-3^2$$
$$=10000-9$$
$$=9991$$
로 계산하는 것이 가장 편리하다.

(4) $201\times204=(200+1)(200+4)$에서
$x=200$, $a=1$, $b=4$로 놓으면
$$(x+a)(x+b)=x^2+(a+b)x+ab$$
$$=200^2+(1+4)\times200+1\times4$$
$$=40000+1000+4$$
$$=41004$$
로 계산하는 것이 가장 편리하다.

따라서 수를 계산할 때 가장 편리한 곱셈 공식을 찾아 선으로 연결하면 다음과 같다.

(1) 198^2 ㄱ. $(a+b)(a-b)=a^2-b^2$
(2) 102^2 ㄴ. $(a+b)^2=a^2+2ab+b^2$
(3) 103×97 ㄷ. $(a-b)^2=a^2-2ab+b^2$
(4) 201×204 ㄹ. $(x+a)(x+b)$
$$=x^2+(a+b)x+ab$$

2 답 풀이 참조

(1) $103^2=(100+3)^2$ ··· ①
$$=100^2+2\times100\times3+3^2 \quad ··· ②$$
$$=10000+600+9 \quad ··· ③$$
$$=10609 \quad ··· ④$$

(2) $199^2=(200-1)^2$ ··· ①
$$=200^2-2\times200\times1+1^2 \quad ··· ②$$
$$=40000-400+1 \quad ··· ③$$
$$=39601 \quad ··· ④$$

(3) $82\times78=(80+2)(80-2)$ ··· ①
$$=80^2-2^2 \quad ··· ②$$
$$=6400-4 \quad ··· ③$$
$$=6396 \quad ··· ④$$

(4) $51\times53=(50+1)(50+3)$ ··· ①
$$=50^2+(1+3)\times50+1\times3 \quad ··· ②$$
$$=2500+200+3 \quad ··· ③$$
$$=2703 \quad ··· ④$$

대표 예제로 개념 익히기

예제 **1** 답 (1) ㄱ (2) ㄴ

(1) $203^2=(200+3)^2$에서 $a=200$, $b=3$으로 놓으면
$$(a+b)^2=a^2+2ab+b^2$$
$$=200^2+2\times200\times3+3^2$$
$$=40000+1200+9$$
$$=41209$$
로 계산하는 것이 가장 편리하다.

(2) $398^2=(400-2)^2$에서 $a=400$, $b=2$로 놓으면
$$\begin{aligned}(a-b)^2&=a^2-2ab+b^2\\&=400^2-2\times400\times2+2^2\\&=160000-1600+4\\&=158404\end{aligned}$$
로 계산하는 것이 가장 편리하다.

1-1 답 ①

$302^2=(300+2)^2$에서 $a=300$, $b=2$로 놓으면
$$\begin{aligned}(a+b)^2&=a^2+2ab+b^2\\&=300^2+2\times300\times2+2^2\\&=90000+1200+4\\&=91204\end{aligned}$$
로 계산하는 것이 가장 편리하다.

1-2 답 97682

$$\begin{aligned}&91^2+299^2\\&=(90+1)^2+(300-1)^2\\&=(90^2+2\times90\times1+1^2)+(300^2-2\times300\times1+1^2)\\&=8281+89401\\&=97682\end{aligned}$$

예제 2 답 (1) ㄹ (2) ㄷ

(1) $302\times304=(300+2)(300+4)$에서
$x=300$, $a=2$, $b=4$로 놓으면
$$\begin{aligned}(x+a)(x+b)&=x^2+(a+b)x+ab\\&=300^2+(2+4)\times300+2\times4\\&=90000+1800+8\\&=91808\end{aligned}$$
로 계산하는 것이 가장 편리하다.
(2) $7.2\times6.8=(7+0.2)(7-0.2)$에서 $a=7$, $b=0.2$로 놓으면
$$\begin{aligned}(a+b)(a-b)&=a^2-b^2=7^2-0.2^2\\&=49-0.04=48.96\end{aligned}$$
으로 계산하는 것이 가장 편리하다.

2-1 답 ③

$4.02\times3.98=(4+0.02)(4-0.02)$에서
$a=4$, $b=0.02$로 놓으면
$$\begin{aligned}(a+b)(a-b)&=a^2-b^2=4^2-0.02^2\\&=16-0.0004=15.9996\end{aligned}$$
으로 계산하는 것이 가장 편리하다.

2-2 답 1010

$$\begin{aligned}\frac{1009\times1011+1}{1010}&=\frac{(1010-1)(1010+1)+1}{1010}\\&=\frac{(1010^2-1^2)+1}{1010}\\&=\frac{1010^2}{1010}=1010\end{aligned}$$

· 개념 확인하기

1 답 (1) 2, 2, 30 (2) 4, 4, 24

2 답 (1) 2, 2, 6 (2) 4, 4, 8

3 답 (1) 2, 2, 14 (2) 4, 4, 12

4 답 (1) 2, 2, 11 (2) 4, 4, 13

5 답 풀이 참조

(1) $x=-1+\sqrt{3}$에서 $x+\boxed{1}=\sqrt{3}$이므로
이 식의 양변을 제곱하면
$$(x+\boxed{1})^2=(\sqrt{3})^2$$
$$x^2+2x+\boxed{1}=3$$
$$\therefore\ x^2+2x=3-1=\boxed{2}$$
(2) $x=3+\sqrt{2}$에서 $x-\boxed{3}=\sqrt{2}$이므로
이 식의 양변을 제곱하면
$$(x-\boxed{3})^2=(\sqrt{2})^2$$
$$x^2-6x+\boxed{9}=2,\ x^2-6x=\boxed{-7}$$
$$\therefore\ x^2-6x+11=-7+11=\boxed{4}$$

대표 예제로 개념 익히기

예제 1 답 ③

$x^2+y^2=(x+y)^2-2xy=7^2-2\times10=29$

1-1 답 ④

$$\begin{aligned}(x+y)^2&=(x-y)^2+4xy\\&=(2\sqrt{3})^2+4\times5=32\end{aligned}$$

예제 2 답 ③

$$x^2+\frac{1}{x^2}=\left(x-\frac{1}{x}\right)^2+2=3^2+2=11$$

참고 두 수의 곱이 1인 경우 다음과 같은 곱셈 공식의 변형을 이용한다.

(1) $a^2+\dfrac{1}{a^2}=\left(a+\dfrac{1}{a}\right)^2-2$

$a^2+\dfrac{1}{a^2}=\left(a-\dfrac{1}{a}\right)^2+2$

(2) $\left(a+\dfrac{1}{a}\right)^2=\left(a-\dfrac{1}{a}\right)^2+4$

$\left(a-\dfrac{1}{a}\right)^2=\left(a+\dfrac{1}{a}\right)^2-4$

2-1 답 (1) 7 (2) 5

(1) $x^2+\dfrac{1}{x^2}=\left(x+\dfrac{1}{x}\right)^2-2=3^2-2=7$

(2) $\left(x-\dfrac{1}{x}\right)^2=\left(x+\dfrac{1}{x}\right)^2-4=3^2-4=5$

예제 3 답 8

$x=\sqrt{2}-1$에서 $x+1=\sqrt{2}$이므로

이 식의 양변을 제곱하면

$(x+1)^2=(\sqrt{2})^2,\ x^2+2x+1=2$

$x^2+2x=1$

$\therefore\ x^2+2x+7=1+7=8$

3-1 답 -2

$x=4+\sqrt{6}$에서 $x-4=\sqrt{6}$이므로

이 식의 양변을 제곱하면

$(x-4)^2=(\sqrt{6})^2,\ x^2-8x+16=6$

$x^2-8x=-10$

$\therefore\ x^2-8x+8=-10+8=-2$

개념 **18** 인수분해

•60~61쪽

• 개념 확인하기

1 답 (1) a^2+2a (2) x^2-6x+9
  (3) x^2-1 (4) $6x^2-7xy+2y^2$

2 답

다항식	공통인 인수	인수분해한 식
a^2-a	a	$a(a-1)$
$ax+ay$	a	$a(x+y)$
x^2y+xy	xy	$xy(x+1)$
$ax-bx+cx$	x	$x(a-b+c)$

3 답 (1) $x(x+2y)$ (2) $xy(3x-5)$
  (3) $4a(a-2)$ (4) $2z(x+3y)$

(1) x^2과 $2xy$의 공통인 인수는 x이므로
  $x^2+2xy=x(x+2y)$

(2) $3x^2y$와 $-5xy$의 공통인 인수는 xy이므로
  $3x^2y-5xy=xy(3x-5)$

(3) $4a^2$과 $-8a$의 공통인 인수는 $4a$이므로
  $4a^2-8a=4a(a-2)$

(4) $2xz$와 $6yz$의 공통인 인수는 $2z$이므로
  $2xz+6yz=2z(x+3y)$

예제 1 답 ㄴ, ㄷ, ㅁ

$x(x+1)(x-1)$의 인수는 $1,\ x,\ x+1,\ x-1,\ x(x+1)$,
$x(x-1),\ (x+1)(x-1),\ x(x+1)(x-1)$이다.
따라서 인수인 것은 ㄴ, ㄷ, ㅁ이다.

1-1 답 ①, ④

$by(x-1)$의 인수는
$1,\ b,\ y,\ x-1,\ by,\ b(x-1),\ y(x-1),\ by(x-1)$이다.

1-2 답 ⑤

①, ② ㉠의 과정은 전개, ㉡의 과정은 인수분해이다.
③ ㉠의 과정에서 분배법칙이 이용된다.
④ $x^2y,\ 3xy^2$의 공통인 인수는 xy이다.
따라서 옳은 것은 ⑤이다.

예제 2 답 (1) $5y(x-2y)$ (2) $2xy(2x-4y+3)$
  (3) $(x+y)(a+b)$ (4) $(x-2)(x+5)$

(1) $5xy-10y^2=5y\times x-5y\times 2y=5y(x-2y)$

(2) $4x^2y-8xy^2+6xy=2xy\times 2x-2xy\times 4y+2xy\times 3$
  $=2xy(2x-4y+3)$

(3) $a(x+y)+b(x+y)=(x+y)(a+b)$

(4) $x(x-2)+5(x-2)=(x-2)(x+5)$

✏️ 오개념 바로잡기

(1) $5xy-10y^2$을 인수분해하기

$\xrightarrow{(\times)}\ 5xy-10y^2=y\times 5x-y\times 10y=y(5x-10y)$

$\xrightarrow{(\times)}\ 5xy-10y^2=5\times xy-5\times 2y^2=5(xy-2y^2)$

$\xrightarrow{(\bigcirc)}\ 5xy-10y^2=5y\times x-5y\times 2y=5y(x-2y)$

➡ 인수분해할 때는 각 항에 공통인 인수가 남아 있지 않도록
  모두 묶어 내야 해!

2-1 답 ③

① $3x^2+6x=3x\times x+3x\times 2=3x(x+2)$

② $5x^2y+10xy^2=5xy\times x+5xy\times 2y=5xy(x+2y)$

③ $-2x^2+6x=-2x\times x-2x\times(-3)=-2x(x-3)$

④ $y(x-1)+3(x-1)=(x-1)(y+3)$

⑤ $(x+y)-5xy(x+y)=(x+y)(1-5xy)$

따라서 바르게 인수분해한 것은 ③이다.

2-2 답 $2x-1$

$(x-2)(x+4)+3(2-x)=(x-2)(x+4)-3(x-2)$
  $=(x-2)\{(x+4)-3\}$
  $=(x-2)(x+1)$

따라서 두 일차식은 $x-2$와 $x+1$이므로 그 합은
$(x-2)+(x+1)=x-2+x+1=2x-1$

•개념 확인하기

1 답 (1) 4, 4, 4　(2) 풀이 참조　(3) $(x-7)^2$　(4) $(3x+5)^2$
　　　(5) $2(a+2)^2$　(6) $-3(x-1)^2$

(2) $4x^2-12x+9=(\boxed{2}x)^2-2\times\boxed{2}x\times\boxed{3}+\boxed{3}^2$
　　　　　　　　　$=(\boxed{2}x-\boxed{3})^2$

(3) $x^2-14x+49=x^2-2\times x\times7+7^2$
　　　　　　　　$=(x-7)^2$

(4) $9x^2+30x+25=(3x)^2+2\times3x\times5+5^2$
　　　　　　　　　$=(3x+5)^2$

(5) $2a^2+8a+8=2(a^2+4a+4)$
　　　　　　　$=2(a^2+2\times a\times2+2^2)$
　　　　　　　$=2(a+2)^2$

(6) $-3x^2+6x-3=-3(x^2-2x+1)$
　　　　　　　　$=-3(x^2-2\times x\times1+1^2)$
　　　　　　　　$=-3(x-1)^2$

2 답 (1) 3, 9　(2) ±6, ±12　(3) 25　(4) ±14

(3) $x^2-10x+A=x^2-2\times x\times5+A$
　　∴ $A=5^2=25$

(4) $x^2+Ax+49=x^2+Ax+(\pm7)^2$
　　∴ $A=2\times(\pm7)=\pm14$

참고

(1) x^2+ax+b가 완전제곱식이 되려면
　➡ $x^2+2\times x\times\dfrac{a}{2}+b$에서 $b=\left(\dfrac{a}{2}\right)^2$

(2) $x^2+ax+(\pm b)^2$이 완전제곱식이 되려면
　➡ $a=2\times(\pm b)=\pm2b$

3 답 (1) 5, 25　(2) 4, ±24　(3) 1　(4) ±40

(3) $9x^2-6x+A=(3x)^2-2\times3x\times1+A$
　　∴ $A=1^2=1$

(4) $25x^2+Ax+16=(5x)^2+Ax+(\pm4)^2$
　　∴ $A=2\times5\times(\pm4)=\pm40$

4 답 (1) 4, 4　(2) 5, 5　(3) 7, 7, 7　(4) 2, 1, 2, 1
　　　(5) 6, 6, 6　(6) $\dfrac{1}{3}$, $\dfrac{1}{4}$, $\dfrac{1}{3}$, $\dfrac{1}{4}$, $\dfrac{1}{3}$, $\dfrac{1}{4}$

대표 예제로 개념 익히기

예제 1 답 ⑤

$3x^2-24xy+48y^2=3(x^2-8xy+16y^2)$
　　　　　　　　　$=3\{x^2-2\times x\times4y+(4y)^2\}$
　　　　　　　　　$=3(x-4y)^2$

1-1 답 ④

④ $-9x^2+6x-1=-(9x^2-6x+1)$
　　　　　　　　$=-\{(3x)^2-2\times3x\times1+1^2\}$
　　　　　　　　$=-(3x-1)^2$

1-2 답 20

$\left(\dfrac{1}{5}x+b\right)^2=\dfrac{1}{25}x^2+\dfrac{2}{5}bx+b^2$이므로

$\dfrac{1}{25}x^2-2x+a=\dfrac{1}{25}x^2+\dfrac{2}{5}bx+b^2$에서

$-2=\dfrac{2}{5}b$, $a=b^2$

∴ $b=-5$, $a=(-5)^2=25$

∴ $a+b=25+(-5)=20$

예제 2 답 (1) 4, $(x-2)^2$　(2) 25, $(x+5)^2$
　　　　　　(3) 8, $(x+4)^2$　(4) 24, $4(x-3y)^2$

(1) $x^2-4x+\square=x^2-2\times x\times2+\square$이므로
　　$\square=2^2=4$
　　x^2-4x+4를 인수분해하면 $(x-2)^2$

(2) $x^2+10x+\square=x^2+2\times x\times5+\square$이므로
　　$\square=5^2=25$
　　$x^2+10x+25$를 인수분해하면 $(x+5)^2$

(3) $x^2+\square x+16=x^2+\square x+(\pm4)^2$이므로
　　$\square=2\times4=8\ (\because\square$는 양수$)$
　　$x^2+8x+16$을 인수분해하면 $(x+4)^2$

(4) $4x^2-\square xy+36y^2=(2x)^2-\square xy+(\pm6y)^2$
　　$\square=2\times2\times6=24\ (\because\square$는 양수$)$
　　$4x^2-24xy+36y^2$을 인수분해하면 $4(x-3y)^2$

2-1 답 ①

① $x^2-12x+\square=x^2-2\times x\times6+\square$이므로
　　$\square=6^2=36$

② $x^2+\square x+81=x^2+\square x+(\pm9)^2$이므로
　　$\square=2\times9=18\ (\because\square$는 양수$)$

③ $4x^2+\square x+25=(2x)^2+\square x+(\pm5)^2$이므로
　　$\square=2\times2\times5=20\ (\because\square$는 양수$)$

④ $9x^2-12x+\square=(3x)^2-2\times3x\times2+\square$이므로
　　$\square=2^2=4$

⑤ $\square x^2+6x+1=\square x^2+2\times3x\times1+1^2$이므로
　　$\square=3^2=9$

따라서 $\square$ 안에 알맞은 양수 중 가장 큰 것은 ①이다.

2-2 답 36

$(x-2)(x+10)+k=x^2+8x-20+k$
　　　　　　　　　　$=x^2+2\times x\times4-20+k$

이 식이 완전제곱식이 되려면

$-20+k=4^2$　∴ $k=36$

예제 3 답 ②, ④

① $a^2-4=a^2-2^2=(a+2)(a-2)$

③ $25x^2-16=(5x)^2-4^2=(5x+4)(5x-4)$

④ $-36x^2+y^2=y^2-36x^2=y^2-(6x)^2$

$\qquad\qquad =(y+6x)(y-6x)$

⑤ $x^2y-\dfrac{1}{4}y=y\left(x^2-\dfrac{1}{4}\right)=y\left\{x^2-\left(\dfrac{1}{2}\right)^2\right\}$

$\qquad\qquad =y\left(x+\dfrac{1}{2}\right)\left(x-\dfrac{1}{2}\right)$

따라서 옳은 것은 ②, ④이다.

3-1 답 동주: $(y+x)(y-x)$, 찬우: $2(x+5y)(x-5y)$

동주는 인수분해할 식의 부호를 잘못 보았으므로 잘못 인수분해
하였다. 동주의 식을 바르게 인수분해하면

$-x^2+y^2=y^2-x^2=(y+x)(y-x)$

찬우는 공통인 인수를 남겼으므로 잘못 인수분해하였다. 찬우의
식을 바르게 인수분해하면

$2x^2-50y^2=2(x^2-25y^2)=2\{x^2-(5y)^2\}$

$\qquad\qquad\quad =2(x+5y)(x-5y)$

3-2 답 $8x$

$16x^2-9=(4x)^2-3^2=(4x+3)(4x-3)$

따라서 두 일차식은 $4x+3$과 $4x-3$이므로 그 합은

$(4x+3)+(4x-3)=4x+3+4x-3=8x$

✏️ 오개념 바로잡기

$16x^2-9$를 인수분해하기

$\overset{(\times)}{\rightarrow}$ $16x^2-9=(8x+3)(8x-3)$

$\overset{(\times)}{\rightarrow}$ $16x^2-9=(4x+9)(4x-9)$

$\overset{(\bigcirc)}{\rightarrow}$ $16x^2-9=(4x)^2-3^2=(4x+3)(4x-3)$

➡ a^2-b^2의 꼴의 식을 인수분해할 때는 주어진 다항식의
각 항을 제곱의 꼴로 고친 후 인수분해하도록 해!

예제 4 답 $(x^2+y^2)(x+y)(x-y)$

$x^4-y^4=(x^2)^2-(y^2)^2$

$\qquad\quad =(x^2+y^2)(x^2-y^2)$

$\qquad\quad =(x^2+y^2)(x+y)(x-y)$

4-1 답 $(x^4+1)(x^2+1)(x+1)(x-1)$

$x^8-1=(x^4)^2-1^2$

$\qquad =(x^4+1)(x^4-1)$

$\qquad =(x^4+1)(x^2+1)(x^2-1)$

$\qquad =(x^4+1)(x^2+1)(x+1)(x-1)$

4-2 답 ②

$x^4-1=(x^2+1)(x^2-1)=(x^2+1)(x+1)(x-1)$

따라서 인수가 아닌 것은 ② x^4+1이다.

개념 20 인수분해 공식 ③, ④

· 67~69쪽

· 개념 확인하기

1 답 (1) 2, 5 (2) -1, -7 (3) -2, 4 (4) 3, -4

(1)

곱이 10인 두 정수	두 정수의 합
-1, -10	-11
1, 10	11
-2, -5	-7
2, 5	7

따라서 곱이 10이고 합이 7인 두 정수는
2와 5이다.

(2)

곱이 7인 두 정수	두 정수의 합
-1, -7	-8
1, 7	8

따라서 곱이 7이고 합이 -8인 두 정수는
-1과 -7이다.

(3)

곱이 -8인 두 정수	두 정수의 합
-1, 8	7
1, -8	-7
-2, 4	2
2, -4	-2

따라서 곱이 -8이고 합이 2인 두 정수는
-2와 4이다.

(4)

곱이 -12인 두 정수	두 정수의 합
-1, 12	11
1, -12	-11
-2, 6	4
2, -6	-4
-3, 4	1
3, -4	-1

따라서 곱이 -12이고 합이 -1인 두 정수는
3과 -4이다.

2 답 (1) 2, 3, $(x+2)(x+3)$

$\qquad$ (2) -1, -11, $(x-1)(x-11)$

$\qquad$ (3) -2, 7, $(x-2)(x+7)$

$\qquad$ (4) 3, -5, $(x+3)(x-5)$

(1)

곱이 6인 두 정수	두 정수의 합
-1, -6	-7
1, 6	7
-2, -3	-5
2, 3	5

곱이 6이고 합이 5인 두 정수는 $\boxed{2}$와 $\boxed{3}$이다.

따라서 주어진 식을 인수분해하면

$x^2+5x+6=(x+2)(x+3)$

(2)

곱이 11인 두 정수	두 정수의 합
−1, −11	−12
1, 11	12

곱이 11이고 합이 −12인 두 정수는 $\boxed{-1}$과 $\boxed{-11}$이다.
따라서 주어진 식을 인수분해하면
$$x^2-12x+11=(x-1)(x-11)$$

(3)

곱이 −14인 두 정수	두 정수의 합
−1, 14	13
1, −14	−13
−2, 7	5
2, −7	−5

곱이 −14이고 합이 5인 두 정수는 $\boxed{-2}$와 $\boxed{7}$이다.
따라서 주어진 식을 인수분해하면
$$x^2+5x-14=(x-2)(x+7)$$

(4)

곱이 −15인 두 정수	두 정수의 합
−1, 15	14
1, −15	−14
−3, 5	2
3, −5	−2

곱이 −15이고 합이 −2인 두 정수는 $\boxed{3}$과 $\boxed{-5}$이다.
따라서 주어진 식을 인수분해하면
$$x^2-2x-15=(x+3)(x-5)$$

3 답 풀이 참조

(1) $2x^2\underline{+7x}+3 = (x+\boxed{3})(\boxed{2}x+\boxed{1})$

$$
\begin{array}{lll}
x & \boxed{3} \to & \boxed{6}x \\
2x & \boxed{1} \to & \underline{x}\,(+ \\
\hline
& & 7x
\end{array}
$$

(2) $3x^2\underline{+7x}-6 = (x+3)(3x-2)$

$$
\begin{array}{lll}
x & 3 \to & 9x \\
3x & -2 \to & \underline{-2x}\,(+ \\
\hline
& & 7x
\end{array}
$$

(3) $6x^2\underline{-11x}+5 = (x-1)(6x-5)$

$$
\begin{array}{lll}
x & -1 \to & -6x \\
6x & -5 \to & \underline{-5x}\,(+ \\
\hline
& & -11x
\end{array}
$$

(4) $2x^2\underline{-3x}-9 = (x-3)(2x+3)$

$$
\begin{array}{lll}
x & -3 \to & -6x \\
2x & 3 \to & \underline{3x}\,(+ \\
\hline
& & -3x
\end{array}
$$

(5) $4x^2\underline{-13xy}+9y^2 = (x-y)(4x-9y)$

$$
\begin{array}{lll}
x & -y \to & -4xy \\
4x & -9y \to & \underline{-9xy}\,(+ \\
\hline
& & -13xy
\end{array}
$$

(6) $3x^2\underline{+2xy}-8y^2 = (x+2y)(3x-4y)$

$$
\begin{array}{lll}
x & 2y \to & 6xy \\
3x & -4y \to & \underline{-4xy}\,(+ \\
\hline
& & 2xy
\end{array}
$$

4 답 (1) $(x+2)(2x+1)$ (2) $(x+1)(3x-1)$
  (3) $(2x-1)(2x-3)$ (4) $(2x-3)(3x+1)$
  (5) $(x-5)(2x+1)$ (6) $(2a-b)(3a+2b)$

(1) $2x^2\underline{+5x}+2 = (x+2)(2x+1)$

$$
\begin{array}{lll}
x & 2 \to & 4x \\
2x & 1 \to & \underline{x}\,(+ \\
\hline
& & 5x
\end{array}
$$

(2) $3x^2\underline{+2x}-1 = (x+1)(3x-1)$

$$
\begin{array}{lll}
x & 1 \to & 3x \\
3x & -1 \to & \underline{-x}\,(+ \\
\hline
& & 2x
\end{array}
$$

(3) $4x^2\underline{-8x}+3 = (2x-1)(2x-3)$

$$
\begin{array}{lll}
2x & -1 \to & -2x \\
2x & -3 \to & \underline{-6x}\,(+ \\
\hline
& & -8x
\end{array}
$$

(4) $6x^2\underline{-7x}-3 = (2x-3)(3x+1)$

$$
\begin{array}{lll}
2x & -3 \to & -9x \\
3x & 1 \to & \underline{2x}\,(+ \\
\hline
& & -7x
\end{array}
$$

(5) $2x^2\underline{-9x}-5 = (x-5)(2x+1)$

$$
\begin{array}{lll}
x & -5 \to & -10x \\
2x & 1 \to & \underline{x}\,(+ \\
\hline
& & -9x
\end{array}
$$

(6) $6a^2\underline{+ab}-2b^2 = (2a-b)(3a+2b)$

$$
\begin{array}{lll}
2a & -b \to & -3ab \\
3a & 2b \to & \underline{4ab}\,(+ \\
\hline
& & ab
\end{array}
$$

예제 1 답 ⑤

① 곱이 28이고 합이 −11인 두 정수는 −4와 −7이므로
  $a^2-11a+28=(a-4)(a-7)$

② 곱이 −24이고 합이 2인 두 정수는 −4와 6이므로
  $x^2+2x-24=(x-4)(x+6)$

③ 곱이 6이고 합이 −5인 두 정수는 −2와 −3이므로
  $x^2-5xy+6y^2=(x-2y)(x-3y)$

④ 곱이 −3이고 합이 2인 두 정수는 −1과 3이므로
  $a^2+2ab-3b^2=(a-b)(a+3b)$

⑤ 곱이 −18이고 합이 −3인 두 정수는 3과 −6이므로
  $x^2-3xy-18y^2=(x+3y)(x-6y)$

따라서 옳지 않은 것은 ⑤이다.

③ $x^2-5xy+6y^2$을 인수분해하기

$\xrightarrow{(\times)}\ x^2-5xy+6y^2=(x+2y)(x+3y)$

$\xrightarrow{(\times)}\ x^2-5xy+6y^2=(x-2)(x-3)$

$\xrightarrow{(\bigcirc)}\ x^2-5xy+6y^2=(x-2y)(x-3y)$

➡ $x^2+(a+b)x+ab$의 꼴의 식을 인수분해할 때는 일차항의 계수와 상수항의 부호에 주의하여 식을 인수분해해야 해. 또 $x^2+Axy+By^2$의 꼴의 식을 인수분해할 때는 y를 빠뜨리지 않도록 주의해야 해!

1-1 답 $x-4$

곱이 8이고 합이 -6인 두 정수는 -2와 -4이므로

$x^2-6x+8=(x-2)(x-4)$

곱이 -4이고 합이 -3인 두 정수는 1과 -4이므로

$x^2-3x-4=(x+1)(x-4)$

따라서 두 다항식의 일차 이상의 공통인 인수는 $x-4$이다.

1-2 답 $2x-3$

$(x+6)(x-9)+26=(x^2-3x-54)+26$
$\qquad\qquad\qquad\quad =x^2-3x-28$

곱이 -28이고 합이 -3인 두 정수는 4와 -7이므로

$x^2-3x-28=(x+4)(x-7)$

따라서 두 일차식은 $x+4$와 $x-7$이므로 그 합은

$(x+4)+(x-7)=x+4+x-7=2x-3$

예제 2 답 11

$(x+3)(x+b)=x^2+(3+b)x+3b$

$x^2+ax+12=x^2+(3+b)x+3b$에서

$12=3b$이므로 $b=4$

$a=3+b=3+4=7$

$\therefore a+b=7+4=11$

2-1 답 ⑤

$(x+2)(x+B)=x^2+(2+B)x+2B$

$x^2+Ax-6=x^2+(2+B)x+2B$에서

$-6=2B$이므로 $B=-3$

$A=2+B=2+(-3)=-1$

$\therefore A+B=-1+(-3)=-4$

2-2 답 1

$x^2+(2a-4)xy-15y^2=(x+3y)(x-5y)$
$\qquad\qquad\qquad\qquad\quad =x^2-2xy-15y^2$

$2a-4=-2$이므로 $2a=2$

$\therefore a=1$

예제 3 답 9

$4x^2+5xy-6y^2=(x+2y)(4x-3y)$

$(x+2y)(4x-3y)=(x+ay)(bx-cy)$에서

$a=2,\ b=4,\ c=3$

$\therefore a+b+c=2+4+3=9$

3-1 답 ②

$9x^2-21xy+6y^2=3(3x^2-7xy+2y^2)$
$\qquad\qquad\qquad\quad =3(3x-y)(x-2y)$

$3(3x-y)(x-2y)=3(ax+by)(cx+dy)$에서

$a=3,\ b=-1,\ c=1,\ d=-2$ 또는

$a=1,\ b=-2,\ c=3,\ d=-1$

$\therefore a+b+c+d=3+(-1)+1+(-2)=1$

3-2 답 $4x-3$

$3x^2-7x+2=(x-2)(3x-1)$

따라서 두 일차식은 $x-2$와 $3x-1$이므로 그 합은

$(x-2)+(3x-1)=x-2+3x-1=4x-3$

예제 4 답 8

$(2x+b)(cx-3)=2cx^2+(-6+bc)x-3b$

$8x^2-ax-3=2cx^2+(-6+bc)x-3b$에서

$8=2c$이므로 $c=4$

$-3=-3b$이므로 $b=1$

$-a=-6+bc$이므로 $a=6-bc=6-1\times4=2$

$\therefore abc=2\times1\times4=8$

4-1 답 -10

$2x^2-x+a=(x+2)(2x+m)\ (m$은 상수$)$으로 놓으면

$2x^2-x+a=2x^2+(m+4)x+2m$

$-1=m+4$ $\quad \therefore m=-5$

$\therefore a=2m=2\times(-5)=-10$

4-2 답 ②

$3x^2+kx-1=(x-1)(3x+m)\ (m$은 상수$)$으로 놓으면

$3x^2+kx-1=3x^2+(m-3)x-m$

$-1=-m$ $\quad \therefore m=1$

$\therefore k=m-3=1-3=-2$

개념 21 인수분해 공식의 응용 – 수와 식의 계산 ·70∼71쪽

· 개념 확인하기

1 답 (1) ㄷ, 30
　　　(2) ㄱ, $(11+9)^2$, 400
　　　(3) ㄴ, $(53-3)^2$, 2500
　　　(4) ㄹ, $(37+27)(37-27)$, 640

(1) $15\times96-15\times94$ 공식 $ma-mb=m(a-b)$ 이용 ㄷ
$$=15(96-94)$$
$$=15\times2=30$$

(2) $11^2+2\times11\times9+81$ 공식 $a^2+2ab+b^2=(a+b)^2$ 이용 ㄱ
$$=(11+9)^2$$
$$=20^2=400$$

(3) $53^2-2\times53\times3+9$ 공식 $a^2-2ab+b^2=(a-b)^2$ 이용 ㄴ
$$=(53-3)^2$$
$$=50^2=2500$$

(4) 37^2-27^2 공식 $a^2-b^2=(a+b)(a-b)$ 이용 ㄹ
$$=(37+27)(37-27)$$
$$=64\times10=640$$

2 답 (1) 2, 2, 20, 360   (2) $x+y$, $1-\sqrt{2}$, 2, 4

대표 예제로 **개념 익히기**

예제 **1** 답 (1) 900   (2) 900   (3) 3600   (4) 7

(1) $9\times57+9\times43=9(57+43)=9\times100=900$

(2) $18^2+2\times18\times12+12^2=(18+12)^2=30^2=900$

(3) $61^2-2\times61+1=61^2-2\times61\times1+1^2$
$$=(61-1)^2=60^2=3600$$

(4) $\sqrt{25^2-24^2}=\sqrt{(25+24)(25-24)}=\sqrt{49}=7$

1-1 답 138

$3\times12.5^2-3\times10.5^2=3(12.5^2-10.5^2)$
$$\qquad=3(12.5+10.5)(12.5-10.5)$$
$$\qquad=3\times23\times2=138$$

1-2 답 1

$$\frac{50\times93+50\times7}{75^2-25^2}=\frac{50(93+7)}{(75+25)(75-25)}$$
$$=\frac{50\times100}{100\times50}=1$$

예제 **2** 답 (1) 2   (2) $2-2\sqrt{2}$ (3) $2+2\sqrt{2}$

(1) $x^2+2x+1=(x+1)^2$
$$=\{(\sqrt{2}-1)+1\}^2=(\sqrt{2})^2=2$$

(2) $x^2-1=(x+1)(x-1)$
$$=\{(\sqrt{2}-1)+1\}\{(\sqrt{2}-1)-1\}$$
$$=\sqrt{2}(\sqrt{2}-2)$$
$$=2-2\sqrt{2}$$

(3) $x^2+4x+3=(x+3)(x+1)$
$$=\{(\sqrt{2}-1)+3\}\{(\sqrt{2}-1)+1\}$$
$$=(\sqrt{2}+2)\times\sqrt{2}$$
$$=2+2\sqrt{2}$$

2-1 답 (1) 8   (2) $3\sqrt{5}+5$ (3) $-4\sqrt{5}$

(1) $x^2+6x+9=(x+3)^2=\{(-3+2\sqrt{2})+3\}^2$
$$=(2\sqrt{2})^2=8$$

(2) $x^2-x-2=(x+1)(x-2)$
$$=\{(2+\sqrt{5})+1\}\{(2+\sqrt{5})-2\}$$
$$=(3+\sqrt{5})\times\sqrt{5}=3\sqrt{5}+5$$

(3) $x^2-y^2=(x+y)(x-y)$
$$=\{(-1+\sqrt{5})+(1+\sqrt{5})\}\{(-1+\sqrt{5})-(1+\sqrt{5})\}$$
$$=2\sqrt{5}\times(-2)=-4\sqrt{5}$$

2-2 답 $-8\sqrt{3}$

$$a=\frac{1}{2+\sqrt{3}}=\frac{2-\sqrt{3}}{(2+\sqrt{3})(2-\sqrt{3})}=2-\sqrt{3}$$
$$b=\frac{1}{2-\sqrt{3}}=\frac{2+\sqrt{3}}{(2-\sqrt{3})(2+\sqrt{3})}=2+\sqrt{3}$$
$$\therefore a^2-b^2=(a+b)(a-b)$$
$$=\{(2-\sqrt{3})+(2+\sqrt{3})\}\{(2-\sqrt{3})-(2+\sqrt{3})\}$$
$$=4\times(-2\sqrt{3})=-8\sqrt{3}$$

개념 **22** 복잡한 식의 인수분해
•72~73쪽

• 개념 확인하기

1 답 풀이 참조

(1) $(x+1)^2-3(x+1)-10=A^2-3A-10$
$$=(A+2)(A-\boxed{5})$$
$$=(\boxed{x+1}+2)(x+1-\boxed{5})$$
$$=(x+\boxed{3})(x-\boxed{4})$$

(2) $(x-3)^2-16=A^2-4^2$
$$=(A+\boxed{4})(A-4)$$
$$=(x-3+\boxed{4})(\boxed{x-3}-4)$$
$$=(x+\boxed{1})(x-\boxed{7})$$

2 답 풀이 참조

(1) $a^2-ab+ac-bc$
$$=(a^2-ab)+(ac-bc)$$
$$=a(a-\boxed{b})+c(a-\boxed{b})$$
$$=(a-\boxed{b})(a+\boxed{c})$$

(2) $xy-x-y+1$
$$=(xy-x)-(y-1)$$
$$=x(\boxed{y-1})-(\boxed{y-1})$$
$$=(x-1)(\boxed{y-1})$$

3 답 풀이 참조

(1) $x^2+2xy+y^2-4$
$=(x^2+2xy+y^2)-4$
$=(\boxed{x+y})^2-2^2$
$=(\boxed{x+y}+2)(\boxed{x+y}-2)$

(2) $x^2-4xy-9+4y^2$
$=(x^2-4xy+4y^2)-9$
$=(x-2y)^2-\boxed{3}^2$
$=(x-2y+\boxed{3})(x-2y-\boxed{3})$

예제 1 답 (1) $(a-1)^2$
　　　　(2) $(x+y+5)(x+y-5)$
　　　　(3) $(x-y+1)(x-y+2)$

(1) $a+2=A$로 놓으면
$(a+2)^2-6(a+2)+9=A^2-6A+9$
　　　　　　　　　　$=(A-3)^2$
　　　　　　　　　　$=(a+2-3)^2$
　　　　　　　　　　$=(a-1)^2$

(2) $x+y=A$로 놓으면
$(x+y)^2-25=A^2-5^2$
　　　　　　$=(A+5)(A-5)$
　　　　　　$=(x+y+5)(x+y-5)$

(3) $x-y=A$로 놓으면
$(x-y)(x-y+3)+2=A(A+3)+2$
　　　　　　　　　$=A^2+3A+2$
　　　　　　　　　$=(A+1)(A+2)$
　　　　　　　　　$=(x-y+1)(x-y+2)$

1-1 답 (1) $(x-y+7)^2$
　　　　(2) $(4+a-b)(4-a+b)$
　　　　(3) $(x+2y-6)(x+2y+2)$

(1) $x-y=A$로 놓으면
$(x-y)^2+14(x-y)+49=A^2+14A+49$
　　　　　　　　　　$=(A+7)^2$
　　　　　　　　　　$=(x-y+7)^2$

(2) $a-b=A$로 놓으면
$16-(a-b)^2=4^2-A^2$
　　　　　　$=(4+A)(4-A)$
　　　　　　$=(4+a-b)(4-a+b)$

(3) $x+2y=A$로 놓으면
$(x+2y)(x+2y-4)-12=A(A-4)-12$
　　　　　　　　　　$=A^2-4A-12$
　　　　　　　　　　$=(A-6)(A+2)$
　　　　　　　　　　$=(x+2y-6)(x+2y+2)$

1-2 답 $(3x+y-1)^2$

$3x+1=A$, $y-2=B$로 놓으면
$(3x+1)^2+2(3x+1)(y-2)+(y-2)^2$
$=A^2+2AB+B^2$
$=(A+B)^2$
$=(3x+1+y-2)^2$
$=(3x+y-1)^2$

예제 2 답 (1) $(a+1)(a-1)(b+1)$
　　　　(2) $(1+x-y)(1-x+y)$

(1) $a^2b-b+a^2-1=b(a^2-1)+(a^2-1)$
　　　　　　　　$=(a^2-1)(b+1)$
　　　　　　　　$=(a+1)(a-1)(b+1)$

(2) $2xy+1-x^2-y^2=1-(x^2-2xy+y^2)$
　　　　　　　　$=1^2-(x-y)^2$
　　　　　　　　$=(1+x-y)(1-x+y)$

2-1 답 (1) $(y-1)(x-2)$
　　　　(2) $(x-y)(x+y-2)$
　　　　(3) $(y+x+3)(y-x-3)$

(1) $xy-x-2y+2=x(y-1)-2(y-1)$
　　　　　　　$=(y-1)(x-2)$

(2) $x^2-y^2-2x+2y=(x+y)(x-y)-2(x-y)$
　　　　　　　　$=(x-y)(x+y-2)$

(3) $-x^2-6x-9+y^2=y^2-(x^2+6x+9)$
　　　　　　　　$=y^2-(x+3)^2$
　　　　　　　　$=(y+x+3)(y-x-3)$

2-2 답 ③

$x^2+x-3y-9y^2=x^2-9y^2+x-3y$
　　　　　　　$=(x+3y)(x-3y)+(x-3y)$
　　　　　　　$=(x-3y)(x+3y+1)$
$(x-3y)(x+3y+1)=(x+ay)(x+by+1)$에서
$a=-3$, $b=3$
$\therefore a+b=-3+3=0$

•74~76쪽

1 -1	**2** ③, ⑤	**3** 14	**4** ⑤	**5** 14
6 ①, ⑤	**7** 144	**8** 7	**9** $a=4$, $b=36$	
10 $2x-1$	**11** ⑤	**12** ②, ⑤	**13** ③	**14** C
15 6	**16** $2x+4$	**17** 49	**18** 8	**19** ⑤

서술형
20 $(x-3)(x+6)$　　**21** $a+b$

1 탑 -1

$$(x-2y)(x+y-3)=x^2+xy-3x-2xy-2y^2+6y$$
$$=x^2-xy-3x-2y^2+6y$$

따라서 xy의 계수는 -1이다.

다른 풀이

xy항이 나오는 부분만 전개하면 $(x-2y)(x+y-3)$에서

$xy-2xy=-xy$이므로 xy의 계수는 -1이다.

2 탑 ③, ⑤

① $(a-6)^2=a^2-12a+36$

② $(3x-4y)^2=9x^2-24xy+16y^2$

④ $(x+4)(x-2)=x^2+2x-8$

따라서 옳은 것은 ③, ⑤이다.

3 탑 14

$(5x-2)(ax+4)=5ax^2+(20-2a)x-8$이므로

$20-2a=-8,\ -2a=-28$ $\therefore a=14$

4 탑 ⑤

$(a-1)(a+1)(a^2+1)(a^4+1)(a^8+1)$

$=(a^2-1)(a^2+1)(a^4+1)(a^8+1)$

$=(a^4-1)(a^4+1)(a^8+1)$

$=(a^8-1)(a^8+1)$

$=a^{16}-1$

따라서 $x=16,\ y=1$이므로

$x+y=16+1=17$

5 탑 14

$$\frac{2+\sqrt{3}}{2-\sqrt{3}}+\frac{2-\sqrt{3}}{2+\sqrt{3}}$$

$$=\frac{(2+\sqrt{3})(2+\sqrt{3})}{(2-\sqrt{3})(2+\sqrt{3})}+\frac{(2-\sqrt{3})(2-\sqrt{3})}{(2+\sqrt{3})(2-\sqrt{3})}$$

$$=\frac{(2+\sqrt{3})^2}{2^2-(\sqrt{3})^2}+\frac{(2-\sqrt{3})^2}{2^2-(\sqrt{3})^2}$$

$$=(4+4\sqrt{3}+3)+(4-4\sqrt{3}+3)$$

$$=14$$

6 탑 ①, ⑤

① $104^2=(100+4)^2 \Rightarrow (a+b)^2=a^2+2ab+b^2$ (단, $b>0$)

② $399^2=(400-1)^2 \Rightarrow (a-b)^2=a^2-2ab+b^2$ (단, $b>0$)

③ $201^2=(200+1)^2 \Rightarrow (a+b)^2=a^2+2ab+b^2$ (단, $b>0$)

④ $25.1\times24.9=(25+0.1)(25-0.1)$

   $\Rightarrow (a+b)(a-b)=a^2-b^2$

⑤ $997^2=(1000-3)^2$

   $\Rightarrow (a-b)^2=a^2-2ab+b^2$ (단, $b>0$)

따라서 옳지 않은 것은 ①, ⑤이다.

7 탑 144

직사각형의 둘레의 길이가 32이므로

$2(a+b)=32$ $\therefore a+b=16$

직사각형의 넓이가 28이므로

$ab=28$

$\therefore (a-b)^2=(a+b)^2-4ab$

$\qquad\quad =16^2-4\times28=144$

8 탑 7

$x=\dfrac{1}{1+\sqrt{2}}=\dfrac{1-\sqrt{2}}{(1+\sqrt{2})(1-\sqrt{2})}=\sqrt{2}-1$이므로

$x+1=\sqrt{2}$

이 식의 양변을 제곱하면

$(x+1)^2=(\sqrt{2})^2,\ x^2+2x+1=2$

$x^2+2x=1$

$\therefore x^2+2x+6=1+6=7$

9 탑 $a=4,\ b=36$

$x^2+ax+4=x^2+ax+(\pm2)^2$

이 식이 완전제곱식이 되려면

$a=2\times2=4\,(\because a>0)$

$4x^2+24x+b=(2x)^2+2\times2x\times6+b$

이 식이 완전제곱식이 되려면

$b=6^2=36$

10 탑 $2x-1$

$0<x<5$이므로 $x+4>0,\ x-5<0$

$\therefore \sqrt{x^2+8x+16}-\sqrt{x^2-10x+25}$

$\quad =\sqrt{(x+4)^2}-\sqrt{(x-5)^2}$

$\quad =(x+4)-\{-(x-5)\}$

$\quad =x+4+x-5$

$\quad =2x-1$

11 탑 ⑤

$x^3-xy^2=x(x^2-y^2)=x(x+y)(x-y)$

따라서 인수가 아닌 것은 ⑤ x^2+y^2이다.

12 탑 ②, ⑤

① $xy+x=x(y+1)$

③ x^2+4는 인수분해되지 않는다.

④ $x^2-5x-6=(x+1)(x-6)$

따라서 옳은 것은 ②, ⑤이다.

13 탑 ③

$x^2+ax+10=(x+b)(x+c)$

$\qquad\qquad\quad =x^2+(b+c)x+bc$

$\therefore b+c=a,\ bc=10$

곱이 10인 두 정수의 합은 다음과 같다.

곱이 10인 두 정수	두 정수의 합
$-1, -10$	-11
$1, 10$	11
$-2, -5$	-7
$2, 5$	7

따라서 a의 값이 될 수 없는 것은 ③이다.

14 답 C

주어진 그림의 미로에서 지나는 칸을 색칠하면 다음 그림과 같
으므로 나오는 출구는 C이다.

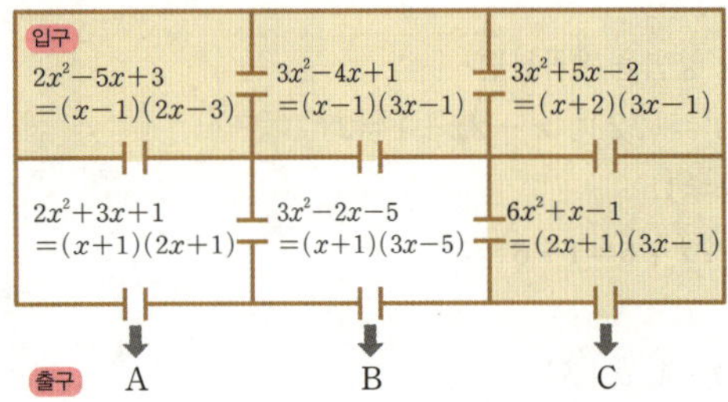

15 답 6

$$4x^2+(3a-4)x-12=(2x-3)(2x+b)$$
$$=4x^2+(2b-6)x-3b$$

$-12=-3b$이므로 $b=4$

$3a-4=2b-6$이므로 $3a-4=2\times4-6$, $3a=6$ $\qquad \therefore a=2$

$\therefore a+b=2+4=6$

16 답 $2x+4$

$2x^2+9x+9=(2x+3)(x+3)$이고, 직사각형의 세로의 길이는
$x+3$이므로 직사각형의 가로의 길이는 $2x+3$이다.

즉, 직사각형의 둘레의 길이는

$$2\{(2x+3)+(x+3)\}=2(3x+6)=6x+12$$

따라서 정삼각형의 둘레의 길이가 $6x+12$이므로 정삼각형의 한
변의 길이는

$$\frac{6x+12}{3}=2x+4$$

17 답 49

$$A=\sqrt{41^2-40^2}=\sqrt{(41+40)(41-40)}=\sqrt{81}=9$$
$$B=\sqrt{38^2+4\times38+2^2}=\sqrt{38^2+2\times38\times2+2^2}$$
$$=\sqrt{(38+2)^2}=\sqrt{40^2}=40$$

$\therefore A+B=9+40=49$

18 답 8

$x+4=A$로 놓으면

$$(x+4)^2-6(x+4)+9=A^2-6A+9=(A-3)^2$$
$$=(x+4-3)^2=(x+1)^2$$
$$=\{(2\sqrt{2}-1)+1\}^2=(2\sqrt{2})^2=8$$

19 답 ⑤

$$a^2-b^2-14a+49=(a^2-14a+49)-b^2$$
$$=(a-7)^2-b^2$$
$$=(a-7+b)(a-7-b)$$
$$=(a+b-7)(a-b-7)$$
$$=(-4-7)\times(6-7)$$
$$=-11\times(-1)=11$$

20 답 $(x-3)(x+6)$

$(x-2)(x+9)=x^2+7x-18$에서 x의 계수를 잘못 본 것이므
로 상수항은 -18이다. $\qquad \cdots$ (i)

$(x+1)(x+2)=x^2+3x+2$에서 상수항을 잘못 본 것이므로
x의 계수는 3이다. $\qquad \cdots$ (ii)

따라서 처음 이차식은 $x^2+3x-18$이므로

바르게 인수분해하면

$$x^2+3x-18=(x-3)(x+6) \qquad \cdots \text{(iii)}$$

채점 기준	배점
(i) 처음 이차식의 상수항 구하기	40%
(ii) 처음 이차식의 x의 계수 구하기	40%
(iii) 처음 이차식 인수분해하기	20%

21 답 $a+b$

$$a^2+ab-a-b=a(a+b)-(a+b)$$
$$=(a+b)(a-1) \qquad \cdots \text{(i)}$$
$$a^2-ac-b^2-bc=(a^2-b^2)-(ac+bc)$$
$$=(a+b)(a-b)-c(a+b)$$
$$=(a+b)(a-b-c) \qquad \cdots \text{(ii)}$$

따라서 두 다항식의 일차 이상의 공통인 인수는 $a+b$이다.

$$\cdots \text{(iii)}$$

채점 기준	배점
(i) $a^2+ab-a-b$ 인수분해하기	40%
(ii) a^2-ac-b^2-bc 인수분해하기	40%
(iii) 두 다항식의 일차 이상의 공통인 인수 구하기	20%

❷ $(x+5)(x-5)=x^2-25$

❺ $x^2+6x+\square=x^2+2\times x\times3+\square$이므로 $\square=3^2=9$

❻ $x^2+3x-10=(x-2)(x+5)$

❽ $67^2-57^2=(67+57)(67-57)$

$\quad \Rightarrow a^2-b^2=(a+b)(a-b)$를 이용하면 편리하다.

4 이차방정식

• **개념 확인하기**

1 답 (1) × (2) × (3) ○ (4) ○

(1) $2x+1=0$ ⇨ 일차방정식

(2) x^2-3x+5 ⇨ 이차식

(3) $x(x^2+x)=x^3-4$에서 $x^3+x^2=x^3-4$

  ∴ $x^2+4=0$ ⇨ 이차방정식

(4) $x^2+1=2x(x-3)$에서 $x^2+1=2x^2-6x$

  ∴ $-x^2+6x+1=0$ ⇨ 이차방정식

2 답 풀이 참조

x의 값	좌변 x^2-x-2의 값	우변 0	참 / 거짓
-1	$(-1)^2-(-1)-2=0$	0	참
0	$0^2-0-2=-2$	0	거짓
1	$1^2-1-2=-2$	0	거짓
2	$2^2-2-2=0$	0	참

⇨ 해: $x=-1$ 또는 $x=2$

3 답 (1) 2, 2, 2 (2) -1, -1, -9

(1) $x^2+ax-8=0$에 $x=2$를 대입하면

  $\boxed{2}^2+a\times\boxed{2}-8=0$

  $4+2a-8=0$, $2a-4=0$

  ∴ $a=\boxed{2}$

(2) $ax^2-4x+5=0$에 $x=-1$을 대입하면

  $a\times(\boxed{-1})^2-4\times(\boxed{-1})+5=0$

  $a+4+5=0$, $a+9=0$

  ∴ $a=\boxed{-9}$

(대표 예제로 개념 익히기)

예제 1 답 ㄱ, ㄷ, ㅂ

ㄱ. $x^2=x$에서 $x^2-x=0$ ⇨ 이차방정식

ㄴ. $2x^2+3x-5$ ⇨ 이차식

ㄷ. $x^2-3x=-2$에서

  $x^2-3x+2=0$ ⇨ 이차방정식

ㄹ. $x^2+x+4=x^2-3x$에서

  $4x+4=0$ ⇨ 일차방정식

ㅁ. $x^2+4=(x+1)^2$에서 $x^2+4=x^2+2x+1$

  ∴ $-2x+3=0$ ⇨ 일차방정식

ㅂ. $x^2(x+1)=x^3-5$에서 $x^3+x^2=x^3-5$

  ∴ $x^2+5=0$ ⇨ 이차방정식

따라서 이차방정식인 것은 ㄱ, ㄷ, ㅂ이다.

1-1 답 ⑤

ㄷ. $(x+3)^2=(x-3)^2-5$에서

  $x^2+6x+9=x^2-6x+9-5$

  ∴ $12x+5=0$ ⇨ 일차방정식

ㄹ. $(x-2)(x+2)=x^2+2x-1$에서

  $x^2-4=x^2+2x-1$

  ∴ $-2x-3=0$ ⇨ 일차방정식

1-2 답 ②

$kx^2+3x+1=2x^2-x$에서

$(k-2)x^2+4x+1=0$

이때 x^2의 계수는 0이 아니어야 하므로

$k-2\ne0$ ∴ $k\ne2$

예제 2 답 1

$x^2+ax-6a=0$에 $x=2$를 대입하면

$2^2+2a-6a=0$

$-4a+4=0$ ∴ $a=1$

2-1 답 -3

$2x^2+5x+k=0$에 $x=-3$을 대입하면

$2\times(-3)^2+5\times(-3)+k=0$

$18-15+k=0$, $k+3=0$

∴ $k=-3$

2-2 답 ②

[ ] 안의 수를 주어진 이차방정식의 x에 각각 대입하면

① $4^2-16=0$ ② $(-2)^2+(-2)+2\ne0$

③ $(-3)^2+3\times(-3)=0$ ④ $3^2-2\times3-3=0$

⑤ $2\times(-1)^2+5\times(-1)+3=0$

따라서 [ ] 안의 수가 주어진 이차방정식의 해가 아닌 것은 ②이다.

• **개념 확인하기**

1 답 (1) 0, 4 (2) $x=-3$ 또는 $x=6$

   (3) $x-1=0$ 또는 $x-5=0$ / $x=1$ 또는 $x=5$

   (4) $3x+1=0$ 또는 $2x-5=0$ / $x=-\dfrac{1}{3}$ 또는 $x=\dfrac{5}{2}$

(1) $x(x-4)=0$에서

  $x=0$ 또는 $x-4=0$ ∴ $x=\boxed{0}$ 또는 $x=\boxed{4}$

(2) $(x+3)(x-6)=0$에서

$\quad x+3=0$ 또는 $x-6=0$ $\quad\therefore x=-3$ 또는 $x=6$

(3) $(x-1)(x-5)=0$에서

$\quad x-1=0$ 또는 $x-5=0$ $\quad\therefore x=1$ 또는 $x=5$

(4) $(3x+1)(2x-5)=0$에서

$\quad 3x+1=0$ 또는 $2x-5=0$ $\quad\therefore x=-\dfrac{1}{3}$ 또는 $x=\dfrac{5}{2}$

2 답 (1) 풀이 참조 (2) 풀이 참조

$\qquad$ (3) $x=-3$ 또는 $x=1$ (4) $x=-3$ 또는 $x=3$

$\qquad$ (5) $x=-2$ 또는 $x=\dfrac{3}{2}$ (6) $x=-2$ 또는 $x=\dfrac{1}{3}$

(1) $x^2+x-6=0$의 좌변을 인수분해하면

$\quad (\boxed{x+3})(x-2)=0$

$\quad \boxed{x+3}=0$ 또는 $\boxed{x-2}=0$

$\quad \therefore x=\boxed{-3}$ 또는 $x=\boxed{2}$

(2) $x^2-3x=0$의 좌변을 인수분해하면

$\quad x(\boxed{x-3})=0$

$\quad \boxed{x}=0$ 또는 $\boxed{x-3}=0$

$\quad \therefore x=\boxed{0}$ 또는 $x=\boxed{3}$

(3) $x^2+2x-3=0$의 좌변을 인수분해하면

$\quad (x+3)(x-1)=0$

$\quad x+3=0$ 또는 $x-1=0$

$\quad \therefore x=-3$ 또는 $x=1$

(4) $x^2-9=0$의 좌변을 인수분해하면

$\quad (x+3)(x-3)=0$

$\quad x+3=0$ 또는 $x-3=0$

$\quad \therefore x=-3$ 또는 $x=3$

(5) $2x^2+x-6=0$의 좌변을 인수분해하면

$\quad (x+2)(2x-3)=0$

$\quad x+2=0$ 또는 $2x-3=0$

$\quad \therefore x=-2$ 또는 $x=\dfrac{3}{2}$

(6) $3x^2+5x-2=0$의 좌변을 인수분해하면

$\quad (x+2)(3x-1)=0$

$\quad x+2=0$ 또는 $3x-1=0$

$\quad \therefore x=-2$ 또는 $x=\dfrac{1}{3}$

대표 예제로 개념 익히기

예제 1 답 ③

주어진 이차방정식의 해를 각각 구하면 다음과 같다.

① $x=0$ 또는 $x=-2$ $\qquad$ ② $x=-3$ 또는 $x=2$

③ $x=-2$ 또는 $x=3$ $\qquad$ ④ $x=-\dfrac{2}{3}$ 또는 $x=3$

⑤ $x=-\dfrac{3}{2}$ 또는 $x=-2$

따라서 이차방정식의 해가 $x=-2$ 또는 $x=3$인 것은 ③이다.

1-1 답 ④

주어진 이차방정식의 해를 각각 구하면 다음과 같다.

① $x=\dfrac{1}{2}$ 또는 $x=-\dfrac{1}{5}$ $\qquad$ ② $x=-\dfrac{1}{5}$ 또는 $x=\dfrac{1}{2}$

③ $x=\dfrac{1}{2}$ 또는 $x=-\dfrac{1}{5}$ $\qquad$ ④ $x=-\dfrac{1}{2}$ 또는 $x=\dfrac{1}{5}$

⑤ $x=\dfrac{1}{2}$ 또는 $x=-\dfrac{1}{5}$

따라서 해가 나머지 넷과 다른 하나는 ④이다.

✏ 오개념 바로잡기

이차방정식 $(2x+1)(5x-1)=0$을 풀기

$\xrightarrow{(\times)}$ $x=\dfrac{1}{2}$ 또는 $x=1$

$\xrightarrow{(\times)}$ $x=\dfrac{1}{2}$ 또는 $x=\dfrac{1}{5}$

$\xrightarrow{(\bigcirc)}$ $x=-\dfrac{1}{2}$ 또는 $x=\dfrac{1}{5}$

➡ 인수분해를 이용하여 이차방정식을 풀 때는 인수분해해서 나온 두 일차식을 각각 0이 되게 하는 x의 값을 구해야 해. 이때 부호에 주의해야 해.

1-2 답 8

$(x-5)(3-x)=0$에서 $x-5=0$ 또는 $3-x=0$

$\therefore x=5$ 또는 $x=3$

따라서 $a=5,\ b=3$ 또는 $a=3,\ b=5$이므로

$a+b=5+3=8$

예제 2 답 2

$x^2-4x-2=1-3x^2$에서 $4x^2-4x-3=0$

$(2x+1)(2x-3)=0$

$\therefore x=-\dfrac{1}{2}$ 또는 $x=\dfrac{3}{2}$

따라서 $a=\dfrac{3}{2},\ b=-\dfrac{1}{2}\,(\because a>b)$이므로

$a-b=\dfrac{3}{2}-\left(-\dfrac{1}{2}\right)=2$

2-1 답 -4

$x^2+7x+12=-x$에서 $x^2+8x+12=0$

$(x+2)(x+6)=0$ $\quad \therefore x=-2$ 또는 $x=-6$

따라서 $a=-6,\ b=-2\,(\because a<b)$이므로

$a-b=-6-(-2)=-4$

2-2 답 $x=1$

$x^2+4x-5=0$에서 $(x-1)(x+5)=0$

$\therefore x=1$ 또는 $x=-5$

$x^2-7x+6=0$에서 $(x-1)(x-6)=0$

$\therefore x=1$ 또는 $x=6$

따라서 두 이차방정식의 공통인 근은 $x=1$이다.

•개념 확인하기

1 답 (1) $x=-5$　(2) $x=3$　(3) $x=-\dfrac{1}{2}$　(4) $x=\dfrac{4}{3}$

2 답 (1) $x+2$, -2　(2) $x-4$, 4　(3) $x=-\dfrac{1}{3}$　(4) $x=\dfrac{5}{2}$

(1) $x^2+4x+4=0$의 좌변을 인수분해하면
$(\boxed{x+2})^2=0$　　$\therefore x=\boxed{-2}$

(2) $x^2-8x+16=0$의 좌변을 인수분해하면
$(\boxed{x-4})^2=0$　　$\therefore x=\boxed{4}$

(3) $9x^2+6x+1=0$의 좌변을 인수분해하면
$(3x+1)^2=0$　　$\therefore x=-\dfrac{1}{3}$

(4) $4x^2-20x+25=0$의 좌변을 인수분해하면
$(2x-5)^2=0$　　$\therefore x=\dfrac{5}{2}$

3 답 (1) 6, 9　(2) 36, 6　(3) 36　(4) ±8

(1) 좌변이 완전제곱식이어야 하므로
$k=\left(\dfrac{\boxed{6}}{2}\right)^2=\boxed{9}$

(2) 좌변이 완전제곱식이어야 하므로
$9=\left(\dfrac{k}{2}\right)^2$에서 $k^2=\boxed{36}$　　$\therefore k=\pm\boxed{6}$

(3) 좌변이 완전제곱식이어야 하므로
$k=\left(\dfrac{-12}{2}\right)^2=36$

(4) 좌변이 완전제곱식이어야 하므로
$16=\left(\dfrac{k}{2}\right)^2$에서 $k^2=64$　　$\therefore k=\pm8$

(대표 예제로 개념 익히기)

예제 1 답 ㄴ, ㅁ, ㅂ

ㄱ. $x^2+4x=0$의 좌변을 인수분해하면
$x(x+4)=0$　　$\therefore x=0$ 또는 $x=-4$

ㄴ. $x^2+9=-6x$에서 $x^2+6x+9=0$
좌변을 인수분해하면
$(x+3)^2=0$　　$\therefore x=-3$

ㄷ. $x^2=1$에서 $x^2-1=0$
좌변을 인수분해하면
$(x+1)(x-1)=0$
$\therefore x=-1$ 또는 $x=1$

ㄹ. $(x+2)^2=1$에서 $x^2+4x+4=1$
$x^2+4x+3=0$의 좌변을 인수분해하면
$(x+3)(x+1)=0$
$\therefore x=-3$ 또는 $x=-1$

ㅁ. $4x^2-12x+9=0$에서 $x^2-3x+\dfrac{9}{4}=0$
좌변을 인수분해하면
$\left(x-\dfrac{3}{2}\right)^2=0$　　$\therefore x=\dfrac{3}{2}$

ㅂ. $x^2-3x=-5x-1$에서 $x^2+2x+1=0$
좌변을 인수분해하면
$(x+1)^2=0$　　$\therefore x=-1$

따라서 중근을 갖는 것은 ㄴ, ㅁ, ㅂ이다.

1-1 답 ④

① $x^2-6x+9=0$에서 $(x-3)^2=0$　　$\therefore x=3$

② $3x^2=-x^2$에서 $4x^2=0$　　$\therefore x=0$

③ $x^2-\dfrac{1}{2}x+\dfrac{1}{16}=0$에서 $\left(x-\dfrac{1}{4}\right)^2=0$　　$\therefore x=\dfrac{1}{4}$

④ $x(x-4)=36-4x$에서 $x^2-4x=36-4x$
$x^2-36=0$, $(x+6)(x-6)=0$
$\therefore x=-6$ 또는 $x=6$

⑤ $(x-2)^2=4x-12$에서 $x^2-4x+4=4x-12$
$x^2-8x+16=0$, $(x-4)^2=0$　　$\therefore x=4$

따라서 중근을 갖지 않는 것은 ④이다.

1-2 답 $a=10$, $b=25$

$x^2+ax+b=0$의 중근이 $x=-5$이므로 주어진 이차방정식은
$(x+5)^2=0$과 같다.
즉, $x^2+10x+25=0$이므로
$a=10$, $b=25$

예제 2 답 ①

$x^2+8x+13-m=0$이 중근을 가지려면 좌변이 완전제곱식이
어야 하므로
$13-m=\left(\dfrac{8}{2}\right)^2$이므로 $13-m=16$　　$\therefore m=-3$

2-1 답 2, -2

$x^2+2kx+4=0$이 중근을 가지려면 좌변이 완전제곱식이어야
하므로
$4=\left(\dfrac{2k}{2}\right)^2$에서 $k^2=4$
$\therefore k=\pm2$

2-2 답 ⑤

$x^2-18x+8k+25=0$이 중근을 가지므로 좌변은 완전제곱식이다.
즉, $8k+25=\left(\dfrac{-18}{2}\right)^2$에서 $8k+25=81$
$8k=56$　　$\therefore k=7$
따라서 $x^2-18x+8k+25=0$에 $k=7$을 대입하면
$x^2-18x+81=0$, $(x-9)^2=0$
$\therefore x=9$　　$\therefore a=9$
$\therefore a+k=9+7=16$

·개념 확인하기

1 답 (1) 2 (2) $x=\pm\sqrt{10}$ (3) $x=\pm\sqrt{5}$ (4) $x=\pm3\sqrt{3}$

(2) $x^2-10=0$에서 $x^2=10$ ∴ $x=\pm\sqrt{10}$

(3) $3x^2=15$에서 $x^2=5$ ∴ $x=\pm\sqrt{5}$

(4) $3x^2-81=0$에서 $3x^2=81$

$x^2=27$ ∴ $x=\pm3\sqrt{3}$

2 답 (1) $\sqrt{5}$, 4, $\sqrt{5}$ (2) $x=-5$ 또는 $x=3$
(3) $x=6\pm2\sqrt{2}$ (4) $x=-3\pm\sqrt{7}$
(5) $x=\dfrac{4\pm2\sqrt{3}}{3}$ (6) $x=\dfrac{3}{2}$ 또는 $x=-\dfrac{1}{2}$

(1) $(x-4)^2=5$에서 $x-4=\pm\boxed{\sqrt{5}}$

∴ $x=\boxed{4}\pm\boxed{\sqrt{5}}$

(2) $2(x+1)^2=32$에서 $(x+1)^2=16$

$x+1=\pm4$, $x=-1\pm4$

∴ $x=-5$ 또는 $x=3$

(3) $(x-6)^2-8=0$에서 $(x-6)^2=8$

$x-6=\pm2\sqrt{2}$ ∴ $x=6\pm2\sqrt{2}$

(4) $-2(x+3)^2+14=0$에서 $-2(x+3)^2=-14$

$(x+3)^2=7$, $x+3=\pm\sqrt{7}$

∴ $x=-3\pm\sqrt{7}$

(5) $(3x-4)^2=12$에서 $3x-4=\pm2\sqrt{3}$

$3x=4\pm2\sqrt{3}$ ∴ $x=\dfrac{4\pm2\sqrt{3}}{3}$

(6) $4(2x-1)^2-16=0$에서 $4(2x-1)^2=16$

$(2x-1)^2=4$, $2x-1=\pm2$

$2x=3$ 또는 $2x=-1$

∴ $x=\dfrac{3}{2}$ 또는 $x=-\dfrac{1}{2}$

3 답 (1) 1, 1, 1, 4 (2) 36, 36, 6, 21

4 답 풀이 참조

(1) $x^2-4x-3=0$

$x^2-4x=3$

$x^2-4x+\boxed{4}=3+\boxed{4}$

$(x-\boxed{2})^2=\boxed{7}$, $x-2=\pm\sqrt{7}$

∴ $x=\boxed{2\pm\sqrt{7}}$

(2) $3x^2+24x+15=0$

$x^2+8x+5=0$

$x^2+8x=-5$

$x^2+8x+\boxed{16}=-5+\boxed{16}$

$(x+\boxed{4})^2=\boxed{11}$, $x+4=\pm\sqrt{11}$

∴ $x=\boxed{-4\pm\sqrt{11}}$

(대표 예제로 개념 익히기)

예제 1 답 ⑤

$(x-1)^2=3$에서 $x-1=\pm\sqrt{3}$

∴ $x=1\pm\sqrt{3}$

∴ $a=1$, $b=3$

1-1 답 0

$4(x+2)^2-8=0$에서 $4(x+2)^2=8$

$(x+2)^2=2$, $x+2=\pm\sqrt{2}$ ∴ $x=-2\pm\sqrt{2}$

따라서 $a=-2$, $b=2$이므로 $a+b=-2+2=0$

1-2 답 $a=-2$, $b=5$

$3(x+a)^2=15$에서 $(x+a)^2=5$

$x+a=\pm\sqrt{5}$ ∴ $x=-a\pm\sqrt{5}$

따라서 $-a\pm\sqrt{5}=2\pm\sqrt{b}$이므로 $a=-2$, $b=5$

예제 2 답 ③

$b>0$이면 서로 다른 두 근을 갖고, $b=0$이면 중근을 가지므로
해를 가질 조건은 $b\geq0$이다.

2-1 답 ㄱ, ㄴ

ㄷ. $(x+p)^2=q$에서 $x=-p\pm\sqrt{q}$이므로 이차방정식
$(x+p)^2=q$의 두 근의 절댓값은 다르다.

따라서 옳은 것은 ㄱ, ㄴ이다.

2-2 답 ③, ⑤

이차방정식 $(x+p)^2=q$에서 $q<0$이면 해를 갖지 않는다.

① $4x^2-3=0$에서 $4x^2=3$

$x^2=\dfrac{3}{4}$ ∴ $x=\pm\dfrac{\sqrt{3}}{2}$

② $2(x-2)^2=10$에서 $(x-2)^2=5$

$x-2=\pm\sqrt{5}$ ∴ $x=2\pm\sqrt{5}$

③ $3x^2+25=0$에서 $3x^2=-25$

∴ $x^2=-\dfrac{25}{3}$ (해가 없다.)

④ $-4(x+2)^2+2=0$에서 $-4(x+2)^2=-2$

$(x+2)^2=\dfrac{1}{2}$, $x+2=\pm\dfrac{\sqrt{2}}{2}$ ∴ $x=-2\pm\dfrac{\sqrt{2}}{2}$

⑤ $-(x-8)^2=36$에서 $(x-8)^2=-36$ (해가 없다.)

따라서 해를 갖지 않는 것은 ③, ⑤이다.

예제 3 답 9

$3x^2+18x+9=0$에서 $x^2+6x+3=0$

$x^2+6x=-3$, $x^2+6x+9=-3+9$

∴ $(x+3)^2=6$

따라서 $p=3$, $q=6$이므로 $p+q=3+6=9$

$3x^2+18x+9=0$을 완전제곱식을 이용하여 풀기

(×) → $3x^2+18x+9=0$
$3x^2+18x=-9$
$3x^2+18x+9^2=-9+9^2$

(○) → $3x^2+18x+9=0$
$x^2+6x+3=0$
$x^2+6x=-3$
$x^2+6x+3^2=-3+3^2$

➡️ 완전제곱식을 이용하여 이차방정식을 풀 때는 먼저 x^2의 계수로 양변을 나누어 x^2의 계수를 1로 만들어야 해!

3-1 답 ④

$-x^2+8x-15=0$에서 $x^2-8x+15=0$
$x^2-8x=-15$, $x^2-8x+16=-15+16$
$\therefore (x-4)^2=1$
따라서 $p=4$, $q=1$이므로 $pq=4\times1=4$

3-2 답 $\dfrac{5}{2}$

$2x^2-6x+a=0$에서 $2x^2-6x=-a$
$2(x^2-3x)=-a$, $2\left(x^2-3x+\dfrac{9}{4}\right)=-a+\dfrac{9}{2}$
$2\left(x-\dfrac{3}{2}\right)^2=-a+\dfrac{9}{2}$
따라서 $b=\dfrac{3}{2}$, $-a+\dfrac{9}{2}=\dfrac{1}{2}$에서 $a=4$, $b=\dfrac{3}{2}$이므로
$a-b=4-\dfrac{3}{2}=\dfrac{5}{2}$

예제 4 답 6

$x^2-5x+8=3x$에서 $x^2-8x=-8$
$x^2-8x+16=-8+16$, $(x-4)^2=8$
$x-4=\pm2\sqrt{2}$ $\therefore x=4\pm2\sqrt{2}$
따라서 $a=4$, $b=2$이므로 $a+b=4+2=6$

4-1 답 4

$3x^2-18x+6=0$에서 $x^2-6x+2=0$
$x^2-6x=-2$, $x^2-6x+9=-2+9$
$(x-3)^2=7$, $x-3=\pm\sqrt{7}$
$\therefore x=3\pm\sqrt{7}$
따라서 $a=3$, $b=7$이므로 $b-a=7-3=4$

4-2 답 1

$x^2+8x=p$에서 $x^2+8x+16=p+16$
$(x+4)^2=p+16$, $x+4=\pm\sqrt{p+16}$
$\therefore x=-4\pm\sqrt{p+16}$
따라서 $q=-4$, $p+16=21$에서 $p=5$, $q=-4$이므로
$p+q=5+(-4)=1$

·개념 확인하기

1 답 풀이 참조

(1) 근의 공식에 $a=\boxed{1}$, $b=\boxed{-3}$, $c=\boxed{-2}$를 대입하면
$$x=\dfrac{-(\boxed{-3})\pm\sqrt{(\boxed{-3})^2-4\times\boxed{1}\times(\boxed{-2})}}{2\times\boxed{1}}$$
$$=\boxed{\dfrac{3\pm\sqrt{17}}{2}}$$

(2) 근의 공식에 $a=\boxed{3}$, $b=\boxed{-7}$, $c=\boxed{1}$을 대입하면
$$x=\dfrac{-(\boxed{-7})\pm\sqrt{(\boxed{-7})^2-4\times\boxed{3}\times\boxed{1}}}{2\times\boxed{3}}$$
$$=\boxed{\dfrac{7\pm\sqrt{37}}{6}}$$

(3) 짝수 근의 공식에 $a=\boxed{1}$, $b'=\boxed{2}$, $c=\boxed{-3}$을 대입하면
$$x=\dfrac{-\boxed{2}\pm\sqrt{\boxed{2}^2-\boxed{1}\times(\boxed{-3})}}{\boxed{1}}$$
$$=\boxed{-2\pm\sqrt{7}}$$

(4) 짝수 근의 공식에 $a=\boxed{2}$, $b'=\boxed{-5}$, $c=\boxed{5}$를 대입하면
$$x=\dfrac{-(\boxed{-5})\pm\sqrt{(\boxed{-5})^2-\boxed{2}\times\boxed{5}}}{\boxed{2}}$$
$$=\boxed{\dfrac{5\pm\sqrt{15}}{2}}$$

대표 예제로 개념 익히기

예제 1 답 $A=2$, $B=3$

근의 공식에 $a=1$, $b=-3$, $c=1$을 대입하면
$$x=\dfrac{-(-3)\pm\sqrt{(-3)^2-4\times1\times1}}{2\times1}=\dfrac{3\pm\sqrt{5}}{2}$$
$\therefore A=2$, $B=3$

1-1 답 39

짝수 근의 공식에 $a=2$, $b'=-3$, $c=-2$를 대입하면
$$x=\dfrac{-(-3)\pm\sqrt{(-3)^2-2\times(-2)}}{2}=\dfrac{3\pm\sqrt{13}}{2}$$
따라서 $p=3$, $q=13$이므로 $pq=3\times13=39$

다른 풀이

근의 공식에 $a=2$, $b=-6$, $c=-2$를 대입하면
$$x=\dfrac{-(-6)\pm\sqrt{(-6)^2-4\times2\times(-2)}}{2\times2}$$
$$=\dfrac{6\pm\sqrt{52}}{4}=\dfrac{6\pm2\sqrt{13}}{4}=\dfrac{3\pm\sqrt{13}}{2}$$
따라서 $p=3$, $q=13$이므로 $pq=3\times13=39$

1-2 답 $\sqrt{13}$

근의 공식에 $a=1$, $b=-1$, $c=-3$을 대입하면

$$x=\frac{-(-1)\pm\sqrt{(-1)^2-4\times1\times(-3)}}{2\times1}$$

$$=\frac{1\pm\sqrt{13}}{2}$$

따라서 $\alpha=\dfrac{1+\sqrt{13}}{2}$, $\beta=\dfrac{1-\sqrt{13}}{2}$ $(\because \alpha>\beta)$이므로

$$\alpha-\beta=\frac{1+\sqrt{13}}{2}-\frac{1-\sqrt{13}}{2}=\frac{2\sqrt{13}}{2}=\sqrt{13}$$

✏️ 오개념 바로잡기

$x^2-x-3=0$을 근의 공식을 이용하여 풀 때, a, b, c의 값 구하기

$\xrightarrow{(\times)}$ $a=0$, $b=0$, $c=3$

$\xrightarrow{(\times)}$ $a=1$, $b=1$, $c=3$

$\xrightarrow{(\bigcirc)}$ $a=1$, $b=-1$, $c=-3$

➡ 근의 공식을 이용하여 이차방정식을 풀 때는 계수가 1 또는 -1인 경우 생략되어 있으므로 계수가 0이라 생각하지 않아야 하고, 계수가 음수인 경우 '$-$' 부호를 빠뜨리지 않도록 주의해야 해!

예제 2 답 1

근의 공식에 $a=2$, $b=-5$, $c=k$를 대입하면

$$x=\frac{-(-5)\pm\sqrt{(-5)^2-4\times2\times k}}{2\times2}$$

$$=\frac{5\pm\sqrt{25-8k}}{4}$$

$\dfrac{5\pm\sqrt{25-8k}}{4}=\dfrac{5\pm\sqrt{17}}{4}$에서

$25-8k=17$, $-8k=-8$

$\therefore k=1$

2-1 답 ④

근의 공식에 $a=2$, $b=-k$, $c=3$을 대입하면

$$x=\frac{-(-k)\pm\sqrt{(-k)^2-4\times2\times3}}{2\times2}$$

$$=\frac{k\pm\sqrt{k^2-24}}{4}$$

따라서 $\dfrac{k\pm\sqrt{k^2-24}}{4}=\dfrac{3\pm\sqrt{3}}{2}=\dfrac{6\pm\sqrt{12}}{4}$이므로

$k=6$, $k^2-24=12$　　$\therefore k=6$

2-2 답 2

짝수 근의 공식에 $a=4$, $b=-3$, $c=p$를 대입하면

$$x=\frac{-(-3)\pm\sqrt{(-3)^2-4\times p}}{4}$$

$$=\frac{3\pm\sqrt{9-4p}}{4}$$

$\dfrac{3\pm\sqrt{9-4p}}{4}=\dfrac{q\pm\sqrt{13}}{4}$에서

$3=q$, $9-4p=13$

따라서 $p=-1$, $q=3$이므로

$p+q=-1+3=2$

다른 풀이

근의 공식에 $a=4$, $b=-6$, $c=p$를 대입하면

$$x=\frac{-(-6)\pm\sqrt{(-6)^2-4\times4\times p}}{2\times4}$$

$$=\frac{6\pm\sqrt{36-16p}}{8}=\frac{6\pm2\sqrt{9-4p}}{8}=\frac{3\pm\sqrt{9-4p}}{4}$$

$\dfrac{3\pm\sqrt{9-4p}}{4}=\dfrac{q\pm\sqrt{13}}{4}$에서

$3=q$, $9-4p=13$

따라서 $p=-1$, $q=3$이므로

$p+q=-1+3=2$

개념 28 복잡한 이차방정식의 풀이 ·92~93쪽

• 개념 확인하기

1 답 풀이 참조

(1) 주어진 이차방정식의 좌변을 전개하면

$x^2+x-2=-x+6$

우변에 있는 모든 항을 좌변으로 이항하여 정리하면

$x^2+\boxed{2}x-\boxed{8}=0$

$(x+\boxed{4})(x-2)=0$

$\therefore x=\boxed{-4}$ 또는 $x=2$

(2) 주어진 이차방정식의 양변에 분모의 최소공배수인 $\boxed{6}$을 곱하면

$\boxed{3}x^2+5x-\boxed{2}=0$

$(x+2)(\boxed{3x-1})=0$

$\therefore x=-2$ 또는 $x=\boxed{\dfrac{1}{3}}$

(3) 주어진 이차방정식의 양변에 $\boxed{10}$을 곱하면

$2x^2-\boxed{3}x+\boxed{1}=0$

$(x-1)(\boxed{2x-1})=0$

$\therefore x=1$ 또는 $x=\boxed{\dfrac{1}{2}}$

(4) $x-2=A$로 놓으면 $A^2-\boxed{4}A-\boxed{5}=0$

$(A+1)(A-\boxed{5})=0$

$\therefore A=-1$ 또는 $A=\boxed{5}$

(i) $A=-1$일 때, $x-2=-1$　　$\therefore x=\boxed{1}$

(ii) $A=\boxed{5}$일 때, $x-2=5$　　$\therefore x=\boxed{7}$

따라서 (i), (ii)에서 $x=\boxed{1}$ 또는 $x=\boxed{7}$

예제 1 답 (1) $x=-3$ 또는 $x=1$ (2) $x=\dfrac{-2\pm\sqrt{22}}{3}$

(3) $x=-\dfrac{1}{2}$ 또는 $x=\dfrac{5}{6}$

(1) $2x^2-2=(x-1)^2$에서

$2x^2-2=x^2-2x+1$

$x^2+2x-3=0$, $(x+3)(x-1)=0$

$\therefore x=-3$ 또는 $x=1$

(2) 주어진 이차방정식의 양변에 12를 곱하면

$3x^2+4x-6=0$에서 짝수 근의 공식에 의하여

$x=\dfrac{-2\pm\sqrt{2^2-3\times(-6)}}{3}=\dfrac{-2\pm\sqrt{22}}{3}$

(3) 주어진 이차방정식의 양변에 10을 곱하면

$12x^2-4x-5=0$

$(2x+1)(6x-5)=0$

$\therefore x=-\dfrac{1}{2}$ 또는 $x=\dfrac{5}{6}$

1-1 답 2

$(x+2)(x-3)=-3x-4$에서

$x^2-x-6=-3x-4$

$x^2+2x-2=0$에서 짝수 근의 공식에 의하여

$x=\dfrac{-1\pm\sqrt{1^2-1\times(-2)}}{1}=-1\pm\sqrt{3}$

$-1\pm\sqrt{3}=A\pm\sqrt{B}$에서 $A=-1$, $B=3$

$\therefore A+B=-1+3=2$

1-2 답 $x=-1$ 또는 $x=\dfrac{5}{2}$

주어진 이차방정식의 양변에 10을 곱하면

$2x^2-3x-5=0$, $(x+1)(2x-5)=0$

$\therefore x=-1$ 또는 $x=\dfrac{5}{2}$

예제 2 답 (1) $x=-2$ 또는 $x=6$ (2) $x=-\dfrac{8}{3}$ 또는 $x=-1$

(1) $(x-1)^2-2(x-1)-15=0$에서 $x-1=A$로 놓으면

$A^2-2A-15=0$, $(A+3)(A-5)=0$

$\therefore A=-3$ 또는 $A=5$

즉, $x-1=-3$ 또는 $x-1=5$

$\therefore x=-2$ 또는 $x=6$

(2) $3(x+2)^2-(x+2)-2=0$에서 $x+2=A$로 놓으면

$3A^2-A-2=0$, $(3A+2)(A-1)=0$

$\therefore A=-\dfrac{2}{3}$ 또는 $A=1$

즉, $x+2=-\dfrac{2}{3}$ 또는 $x+2=1$

$\therefore x=-\dfrac{8}{3}$ 또는 $x=-1$

2-1 답 -1

$(x+3)^2-5(x+3)+4=0$에서 $x+3=A$로 놓으면

$A^2-5A+4=0$

$(A-1)(A-4)=0$

$\therefore A=1$ 또는 $A=4$

즉, $x+3=1$ 또는 $x+3=4$

$\therefore x=-2$ 또는 $x=1$

따라서 $\alpha=-2$, $\beta=1$ 또는 $\alpha=1$, $\beta=-2$이므로

$\alpha+\beta=-2+1=-1$

2-2 답 ①

$(2x-y+1)(2x-y+5)+4=0$에서 $2x-y=A$로 놓으면

$(A+1)(A+5)+4=0$

$A^2+6A+9=0$

$(A+3)^2=0$ $\therefore A=-3$ (중근)

즉, $2x-y=-3$이므로

$4x-2y=2(2x-y)=2\times(-3)=-6$

개념 29 이차방정식의 근의 개수 / 이차방정식 구하기 ·94~97쪽

· 개념 확인하기

1 답 풀이 참조

	$a,\ b,\ c$의 값	b^2-4ac의 값	근의 개수
(1)	$a=3,\ b=\boxed{4},\ c=\boxed{-1}$	$\boxed{4}^2-4\times3\times(\boxed{-1})=\boxed{28}$	$\boxed{2}$개
(2)	$a=1,\ b=-6,\ c=9$	$(-6)^2-4\times1\times9=0$	1개
(3)	$a=2,\ b=1,\ c=3$	$1^2-4\times2\times3=-23$	0개
(4)	$a=1,\ b=2,\ c=2$	$2^2-4\times1\times2=-4$	0개
(5)	$a=4,\ b=-4,\ c=1$	$(-4)^2-4\times4\times1=0$	1개
(6)	$a=2,\ b=5,\ c=-2$	$5^2-4\times2\times(-2)=41$	2개

2 답 (1) $k<\dfrac{25}{4}$ (2) $k=\dfrac{25}{4}$ (3) $k>\dfrac{25}{4}$

(1) $5^2-4\times1\times k>0$이므로

$25-4k>0$ $\therefore k<\dfrac{25}{4}$

(2) $5^2-4\times1\times k=0$이므로

$25-4k=0$ $\therefore k=\dfrac{25}{4}$

(3) $5^2-4\times1\times k<0$이므로

$25-4k<0$ $\therefore k>\dfrac{25}{4}$

3 답 (1) $k>-\dfrac{1}{3}$ (2) $k=-\dfrac{1}{3}$ (3) $k<-\dfrac{1}{3}$

(1) $1^2-3\times(-k)>0$이므로

$\qquad 1+3k>0 \qquad \therefore k>-\dfrac{1}{3}$

(2) $1^2-3\times(-k)=0$이므로

$\qquad 1+3k=0 \qquad \therefore k=-\dfrac{1}{3}$

(3) $1^2-3\times(-k)<0$이므로

$\qquad 1+3k<0 \qquad \therefore k<-\dfrac{1}{3}$

4 답 (1) $x^2+5x+6=0$ (2) $2x^2+6x-8=0$

$\qquad$ (3) $-3x^2+9x+30=0$ (4) $x^2-\dfrac{7}{2}x+\dfrac{3}{2}=0$

(1) 두 근이 -2, -3이고 x^2의 계수가 1인 이차방정식은

$\qquad (x+2)(x+3)=0 \qquad \therefore x^2+5x+6=0$

(2) 두 근이 -4, 1이고 x^2의 계수가 2인 이차방정식은

$\qquad 2(x+4)(x-1)=0,\ 2(x^2+3x-4)=0$

$\qquad \therefore 2x^2+6x-8=0$

(3) 두 근이 -2, 5이고 x^2의 계수가 -3인 이차방정식은

$\qquad -3(x+2)(x-5)=0,\ -3(x^2-3x-10)=0$

$\qquad \therefore -3x^2+9x+30=0$

(4) 두 근이 $\dfrac{1}{2}$, 3이고 x^2의 계수가 1인 이차방정식은

$\qquad \left(x-\dfrac{1}{2}\right)(x-3)=0 \qquad \therefore x^2-\dfrac{7}{2}x+\dfrac{3}{2}=0$

5 답 (1) $x^2+16x+64=0$ (2) $3x^2+12x+12=0$

$\qquad$ (3) $-x^2+6x-9=0$ (4) $2x^2-3x+\dfrac{9}{8}=0$

(1) 중근이 -8이고 x^2의 계수가 1인 이차방정식은

$\qquad (x+8)^2=0 \qquad \therefore x^2+16x+64=0$

(2) 중근이 -2이고 x^2의 계수가 3인 이차방정식은

$\qquad 3(x+2)^2=0,\ 3(x^2+4x+4)=0$

$\qquad \therefore 3x^2+12x+12=0$

(3) 중근이 3이고 x^2의 계수가 -1인 이차방정식은

$\qquad -(x-3)^2=0,\ -(x^2-6x+9)=0$

$\qquad \therefore -x^2+6x-9=0$

(4) 중근이 $\dfrac{3}{4}$이고 x^2의 계수가 2인 이차방정식은

$\qquad 2\left(x-\dfrac{3}{4}\right)^2=0,\ 2\left(x^2-\dfrac{3}{2}x+\dfrac{9}{16}\right)=0$

$\qquad \therefore 2x^2-3x+\dfrac{9}{8}=0$

대표 예제로 개념 익히기

예제 1 답 ①, ③

① $(-6)^2-4\times1\times(-7)=64>0$이므로 서로 다른 두 근을

$\quad$ 갖는다.

② $5^2-4\times1\times7=-3<0$이므로 근이 없다.

③ $(-1)^2-4\times3\times(-1)=13>0$이므로 서로 다른 두 근을

$\quad$ 갖는다.

④ $12^2-4\times9\times4=0$이므로 중근을 갖는다.

⑤ $20^2-4\times2\times50=0$이므로 중근을 갖는다.

따라서 서로 다른 두 근을 갖는 것은 ①, ③이다.

1-1 답 ⑤

① $(-8)^2-4\times1\times10=24>0$

$\quad$ 이므로 서로 다른 두 근을 갖는다.

② $(-2)^2-4\times2\times(-3)=28>0$

$\quad$ 이므로 서로 다른 두 근을 갖는다.

③ $2^2-4\times3\times(-1)=16>0$

$\quad$ 이므로 서로 다른 두 근을 갖는다.

④ $6^2-4\times4\times(-1)=52>0$

$\quad$ 이므로 서로 다른 두 근을 갖는다.

⑤ $(-7)^2-4\times5\times3=-11<0$

$\quad$ 이므로 근이 없다.

따라서 근의 개수가 나머지 넷과 다른 하나는 ⑤이다.

예제 2 답 (1) $k<11$ (2) $k=11$ (3) $k>11$

$(-4)^2-4\times1\times(k-7)=-4k+44$

(1) $-4k+44>0$이므로 $k<11$

(2) $-4k+44=0$이므로 $k=11$

(3) $-4k+44<0$이므로 $k>11$

2-1 답 $k<0$

$6^2-4\times3\times(k+3)>0$이므로

$36-12k-36>0,\ -12k>0 \qquad \therefore k<0$

2-2 답 -6, 2

$k^2-4\times1\times(3-k)=0$이므로

$k^2+4k-12=0$

$(k+6)(k-2)=0$

$\therefore k=-6$ 또는 $k=2$

2-3 답 ②

$5^2-4\times3\times(-k)<0$이어야 하므로

$25+12k<0,\ 12k<-25$

$\therefore k<-\dfrac{25}{12}$

따라서 상수 k의 값 중 가장 큰 정수는 -3이다.

예제 3 답 $a=8$, $b=6$

두 근이 -1, -3이고 x^2의 계수가 2인 이차방정식은

$2(x+1)(x+3)=0,\ 2(x^2+4x+3)=0$

$\therefore 2x^2+8x+6=0$

$\therefore a=8,\ b=6$

3-1 답 44

두 근이 $-\dfrac{1}{3}$, 4이고 x^2의 계수가 3인 이차방정식은

$$3\left(x+\dfrac{1}{3}\right)(x-4)=0,\ 3\left(x^2-\dfrac{11}{3}x-\dfrac{4}{3}\right)=0$$

$$\therefore 3x^2-11x-4=0$$

따라서 $a=-11$, $b=-4$이므로

$$ab=-11\times(-4)=44$$

3-2 답 $x=-\dfrac{1}{3}$ 또는 $x=1$

두 근이 -1, $\dfrac{1}{4}$이고 x^2의 계수가 4인 이차방정식은

$$4(x+1)\left(x-\dfrac{1}{4}\right)=0,\ 4\left(x^2+\dfrac{3}{4}x-\dfrac{1}{4}\right)=0$$

$$\therefore 4x^2+3x-1=0$$

즉, $a=3$, $b=-1$이므로

$3x^2-2x-1=0$에서

$$(3x+1)(x-1)=0$$

$$\therefore x=-\dfrac{1}{3}\ \text{또는}\ x=1$$

예제 4 답 -6

중근이 3이고 x^2의 계수가 -2인 이차방정식은

$$-2(x-3)^2=0,\ -2(x^2-6x+9)=0$$

$$\therefore -2x^2+12x-18=0$$

따라서 $a=12$, $b=-18$이므로

$$a+b=12+(-18)=-6$$

4-1 답 ⑤

중근이 $-\dfrac{1}{2}$이고 x^2의 계수가 5인 이차방정식은

$$5\left(x+\dfrac{1}{2}\right)^2=0,\ 5\left(x^2+x+\dfrac{1}{4}\right)=0$$

$$\therefore 5x^2+5x+\dfrac{5}{4}=0$$

따라서 $a=5$, $b=\dfrac{5}{4}$이므로

$$a-b=5-\dfrac{5}{4}=\dfrac{15}{4}$$

4-2 답 $x^2-x-72=0$

중근이 3이고 x^2의 계수가 4인 이차방정식은

$$4(x-3)^2=0,\ 4(x^2-6x+9)=0$$

$$\therefore 4x^2-24x+36=0$$

즉, $3a=-24$, $4b=36$이므로

$$a=-8,\ b=9$$

따라서 두 근이 -8, 9이고 x^2의 계수가 1인 이차방정식은

$$(x+8)(x-9)=0$$

$$\therefore x^2-x-72=0$$

---

1 답 풀이 참조

❶ 연속하는 두 자연수 중 작은 수를 x라 하면 두 자연수는 x, $\boxed{x+1}$이다.

❷ 연속하는 두 자연수의 제곱의 합이 85이므로 이차방정식을 세우면

$$x^2+(x+1)^2=85$$

❸ 이 이차방정식을 풀면

$$x^2+x^2+2x+1=85,\ 2x^2+2x-84=0$$

$$x^2+x-42=0,\ (x+\boxed{7})(x-\boxed{6})=0$$

$$\therefore x=\boxed{-7}\ \text{또는}\ x=6$$

그런데 x는 자연수이므로 $x=\boxed{6}$

따라서 구하는 두 자연수는 $\boxed{6}$, $\boxed{7}$이다.

❹ $\boxed{6}^{2}\times\boxed{7}^{2}=85$이므로 문제의 뜻에 맞는다.

2 답 풀이 참조

❶ 동생의 나이를 x세라 하면 언니는 동생보다 2세가 많으므로 언니의 나이는 $(\boxed{x+2})$세이다.

❷ 언니의 나이의 10배가 동생의 나이의 제곱보다 4세만큼 적으므로 이차방정식을 세우면

$$10(\boxed{x+2})=x^2-\boxed{4}$$

❸ 이 이차방정식을 풀면

$$10x+20=x^2-4,\ x^2-10x-24=0$$

$$(x+\boxed{2})(x-\boxed{12})=0$$

$$\therefore x=\boxed{-2}\ \text{또는}\ x=\boxed{12}$$

그런데 $x>0$이므로 $x=\boxed{12}$

따라서 구하는 동생의 나이는 $\boxed{12}$세이다.

❹ $10(\boxed{12}+2)=\boxed{12}^{2}-4$이므로 문제의 뜻에 맞는다.

3 답 풀이 참조

❶ 주어진 식을 이용하여 이차방정식을 세우면

$$\dfrac{n(n+1)}{2}=\boxed{190},\ \text{즉}\ n(n+1)=\boxed{380}$$

❷ 이 이차방정식을 풀면

$$n^2+n=380,\ n^2+n-380=0$$

$$(n+\boxed{20})(n-\boxed{19})=0$$

$$\therefore n=\boxed{-20}\ \text{또는}\ n=\boxed{19}$$

그런데 n은 자연수이므로 $n=\boxed{19}$

따라서 1부터 $\boxed{19}$까지의 자연수를 더해야 190이 된다.

❸ $\dfrac{\boxed{19}\times(\boxed{19}+1)}{2}=190$이므로 문제의 뜻에 맞는다.

4 답 풀이 참조

❶ 직사각형의 가로의 길이를 x cm라 하면 세로의 길이는
$(\boxed{x+3})$ cm이다.

❷ 직사각형의 넓이가 108 cm²이므로 이차방정식을 세우면
$x(\boxed{x+3})=108$

❸ 이 이차방정식을 풀면 $x^2+3x=108$에서
$x^2+3x-108=0,\ (x+\boxed{12})(x-\boxed{9})=0$
$\therefore\ x=\boxed{-12}$ 또는 $x=\boxed{9}$
그런데 $x>0$이므로 $x=\boxed{9}$
따라서 직사각형의 가로의 길이는 $\boxed{9}$ cm이다.

❹ $\boxed{9}\times(\boxed{9}+3)=108$이므로 문제의 뜻에 맞는다.

예제 1 답 (1) $x^2=2x+15$　(2) 5

(2) $x^2=2x+15$에서 $x^2-2x-15=0$
$(x+3)(x-5)=0$
$\therefore\ x=-3$ 또는 $x=5$
그런데 x는 자연수이므로 $x=5$
따라서 어떤 자연수는 5이다.

1-1 답 9, 10, 11

연속하는 세 자연수를 $x,\ x+1,\ x+2$라 하면
$9(x+2)=x(x+1)+9,\ 9x+18=x^2+x+9$
$x^2-8x-9=0,\ (x+1)(x-9)=0$
$\therefore\ x=-1$ 또는 $x=9$
그런데 x는 자연수이므로 $x=9$
따라서 연속하는 세 자연수는 9, 10, 11이다.

1-2 답 8세

딸의 나이를 x세라 하면 어머니의 나이는 $(x+26)$세이므로
$x^2=2(x+26)-4$
$x^2-2x-48=0,\ (x+6)(x-8)=0$
$\therefore\ x=-6$ 또는 $x=8$
그런데 $x>0$이므로 $x=8$
따라서 딸의 나이는 8세이다.

예제 2 답 (1) 1초 후 또는 4초 후　(2) 5초 후

(1) $-5t^2+25t=20$에서 $t^2-5t+4=0$
$(t-1)(t-4)=0$
$\therefore\ t=1$ 또는 $t=4$
따라서 물 로켓의 높이가 20 m가 되는 것은 쏘아 올린 지
1초 후 또는 4초 후이다.

(2) 지면에 떨어지는 것은 높이가 0 m일 때이므로
$-5t^2+25t=0$에서 $t^2-5t=0$
$t(t-5)=0$　$\therefore\ t=0$ 또는 $t=5$
그런데 $t>0$이므로 $t=5$
따라서 물 로켓이 지면에 떨어지는 것은 쏘아 올린 지 5초 후
이다.

2-1 답 1초 후

$-5t^2+30t+40=65$에서 $-5t^2+30t-25=0$
$t^2-6t+5=0,\ (t-1)(t-5)=0$
$\therefore\ t=1$ 또는 $t=5$
따라서 이 물체의 지면으로부터의 높이가 처음으로 65 m가 되는
것은 쏘아 올린 지 1초 후이다.

2-2 답 11명

악수한 총 횟수가 55번이므로
$\dfrac{n(n-1)}{2}=55$에서 $n^2-n-110=0$
$(n+10)(n-11)=0$　$\therefore\ n=-10$ 또는 $n=11$
그런데 $n>1$이므로 $n=11$
따라서 이 모임에 참가한 회원 수는 11명이다.

예제 3 답 10 cm

처음 정사각형의 한 변의 길이를 x cm라 하면 2 cm만큼 늘인
가로의 길이는 $(x+2)$ cm, 4 cm만큼 줄인 세로의 길이는
$(x-4)$ cm이다.
직사각형의 넓이가 72 cm²이므로
$(x+2)(x-4)=72,\ x^2-2x-8=72$
$x^2-2x-80=0,\ (x+8)(x-10)=0$
$\therefore\ x=-8$ 또는 $x=10$
그런데 $x>4$이므로 $x=10$
따라서 처음 정사각형의 한 변의 길이는 10 cm이다.

3-1 답 3

$\pi\times(2x)^2-\pi x^2=27\pi$에서 $3\pi x^2=27\pi$
$x^2-9=0,\ (x+3)(x-3)=0$
$\therefore\ x=-3$ 또는 $x=3$
그런데 $x>0$이므로 $x=3$

3-2 답 10

직각삼각형이 되려면 피타고라스 정리에 의하여
$(2x)^2=(x+6)^2+(x+2)^2$이 성립해야 하므로
$4x^2=x^2+12x+36+x^2+4x+4$
$2x^2-16x-40=0,\ x^2-8x-20=0$
$(x+2)(x-10)=0$
$\therefore\ x=-2$ 또는 $x=10$
그런데 $x>0$이므로 $x=10$

예제 4 답 2 m

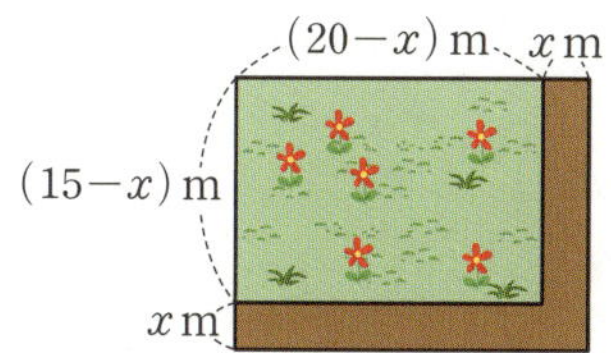

길의 폭을 x m라 하면 길을 제외한 꽃밭의 넓이는 가로의 길이가 $(20-x)$ m, 세로의 길이가 $(15-x)$ m인 직사각형의 넓이와 같으므로

$(20-x)(15-x)=234$

$300-35x+x^2=234,\ x^2-35x+66=0$

$(x-2)(x-33)=0$ $\therefore x=2$ 또는 $x=33$

그런데 $0<x<15$이므로 $x=2$

따라서 길의 폭은 2 m이다.

4-1 답 3 m

길의 폭을 x m라 하면 길을 제외한 잔디밭의 넓이는 가로의 길이가 $(50-2x)$ m, 세로의 길이가 $(30-x)$ m인 직사각형의 넓이와 같으므로

$(50-2x)(30-x)=1188,\ 1500-110x+2x^2=1188$

$2x^2-110x+312=0,\ x^2-55x+156=0$

$(x-3)(x-52)=0$ $\therefore x=3$ 또는 $x=52$

그런데 $0<x<25$이므로 $x=3$

따라서 길의 폭은 3 m이다.

4-2 답 30 cm

처음 정사각형 모양의 종이의 한 변의 길이를 x cm라 하면 상자의 밑면은 한 변의 길이가 $(x-10)$ cm인 정사각형이므로

$5(x-10)^2=2000,\ (x-10)^2=400$

$x^2-20x-300=0,\ (x+10)(x-30)=0$

$\therefore x=-10$ 또는 $x=30$

그런데 $x>10$이므로 $x=30$

따라서 처음 정사각형 모양의 종이의 한 변의 길이는 30 cm이다.

실전 문제로 단원 마무리하기

•102~104쪽

1 ①, ③	**2** ②	**3** ④	**4** $x=-6$ 또는 $x=2$
5 ④	**6** ②	**7** 4	**8** ②
9 $x=\dfrac{-2\pm\sqrt{6}}{2}$	**10** $\dfrac{13}{3}$	**11** ⑤	**12** ⑤
13 4	**14** ③	**15** 5일과 12일	**16** 10명
17 5개			

서술형

18 10	**19** 4초 후

1 답 ①, ③

① $\dfrac{1}{x^2}=0 \Rightarrow$ 방정식이 아니다.

② $(x-4)^2=3x$에서 $x^2-8x+16=3x$

  $\therefore x^2-11x+16=0 \Rightarrow$ 이차방정식

③ $9x^2=(1-3x)^2$에서 $9x^2=1-6x+9x^2$

  $\therefore 6x-1=0 \Rightarrow$ 일차방정식

④ $(x-1)(x+2)=x$에서 $x^2+x-2=x$

  $x^2-2=0 \Rightarrow$ 이차방정식

⑤ $x^3-2x=-2+x^2+x^3$에서 $-x^2-2x+2=0$

  $\Rightarrow$ 이차방정식

따라서 이차방정식이 아닌 것은 ①, ③이다.

2 답 ②

$(ax+1)(2x-1)=-x^2+2x$에서

$2ax^2-ax+2x-1=-x^2+2x$

$(2a+1)x^2-ax-1=0$

따라서 x^2의 계수는 0이 아니어야 하므로

$2a+1\neq 0$ $\therefore a\neq -\dfrac{1}{2}$

3 답 ④

[   ] 안의 수를 주어진 이차방정식의 x에 각각 대입하면

① $(-1)^2+1\neq 0$

② $2\times(-1)^2\neq -(-1)-1$

③ $25\neq 9\times\left(\dfrac{3}{5}\right)^2$

④ $(-4+2)^2=4$

⑤ $-3\times(-3+3)\neq -3\times(-3)$

따라서 [   ] 안의 수가 주어진 이차방정식의 해인 것은 ④이다.

4 답 $x=-6$ 또는 $x=2$

$x^2+6x+k=0$이 중근을 가지므로 좌변은 완전제곱식이다.

즉, $k=\left(\dfrac{6}{2}\right)^2=9$

$x^2+(k-5)x-12=0$에 $k=9$를 대입하면

$x^2+4x-12=0,\ (x+6)(x-2)=0$

$\therefore x=-6$ 또는 $x=2$

5 답 ④

$x^2-5x+3=0$에서 $x^2-5x=-3$

$x^2-5x+\boxed{\dfrac{25}{4}}=-3+\boxed{\dfrac{25}{4}}$

$\left(x-\boxed{\dfrac{5}{2}}\right)^2=\boxed{\dfrac{13}{4}}$

$x-\boxed{\dfrac{5}{2}}=\boxed{\pm\dfrac{\sqrt{13}}{2}}$

$\therefore x=\boxed{\dfrac{5\pm\sqrt{13}}{2}}$

따라서 옳지 않은 것은 ④이다.

6 답 ②

$2(x+1)(x-2)=(x+4)^2+4$에서

$2(x^2-x-2)=x^2+8x+16+4$

$x^2-10x-24=0,\ (x+2)(x-12)=0$

$\therefore\ x=-2$ 또는 $x=12$

7 답 4

마방진의 규칙에 의하여

$9+(x+1)+A=1.5x+A+\dfrac{1}{2}x^2$

<table>
<tr><td></td><td></td><td>$1.5x$</td></tr>
<tr><td>9</td><td>$x+1$</td><td>A</td></tr>
<tr><td></td><td></td><td>$\dfrac{1}{2}x^2$</td></tr>
</table>

에서 $x+10=\dfrac{1}{2}x^2+1.5x$

$\dfrac{1}{2}x^2+0.5x-10=0$

양변에 2를 곱하면

$x^2+x-20=0,\ (x+5)(x-4)=0$

$\therefore\ x=-5$ 또는 $x=4$

이때 $x=-5$이면 $x+1=-5+1=-4$이므로 1부터 9까지의 숫자를 한 번씩만 사용한다는 규칙을 만족시키지 않는다.

$\therefore\ x=4$

8 답 ②

$4x^2-Ax+1=0$에서

$x=\dfrac{-(-A)\pm\sqrt{(-A)^2-4\times4\times1}}{2\times4}$

$\quad=\dfrac{A\pm\sqrt{A^2-16}}{8}$

$\dfrac{A\pm\sqrt{A^2-16}}{8}=\dfrac{5\pm\sqrt{B}}{8}$에서

$A=5,\ A^2-16=B$이므로 $B=5^2-16=9$

$\therefore\ A+B=5+9=14$

9 답 $x=\dfrac{-2\pm\sqrt{6}}{2}$

주어진 이차방정식의 양변에 8을 곱하면

$2x(x+4)-4x=1$

$2x^2+8x-4x=1,\ 2x^2+4x-1=0$

$\therefore\ x=\dfrac{-2\pm\sqrt{2^2-2\times(-1)}}{2}$

$\quad\quad=\dfrac{-2\pm\sqrt{6}}{2}$

10 답 $\dfrac{13}{3}$

$3\left(x+\dfrac{1}{3}\right)^2+5\left(x+\dfrac{1}{3}\right)=12$에서 $x+\dfrac{1}{3}=A$로 놓으면

$3A^2+5A=12,\ 3A^2+5A-12=0$

$(A+3)(3A-4)=0\quad\therefore\ A=-3$ 또는 $A=\dfrac{4}{3}$

즉, $x+\dfrac{1}{3}=-3$ 또는 $x+\dfrac{1}{3}=\dfrac{4}{3}$

$\therefore\ x=-\dfrac{10}{3}$ 또는 $x=1$

따라서 두 근의 차는

$1-\left(-\dfrac{10}{3}\right)=1+\dfrac{10}{3}=\dfrac{13}{3}$

11 답 ⑤

① $(-6)^2-4\times1\times5=16>0$이므로 서로 다른 두 근을 갖는다.

② $(-4)^2-4\times2\times(-3)=40>0$이므로 서로 다른 두 근을 갖는다.

③ $(-2)^2-4\times5\times(-1)=24>0$이므로 서로 다른 두 근을 갖는다.

④ $1^2-4\times6\times8=-191<0$이므로 근이 없다.

⑤ $(-3)^2-4\times9\times\dfrac{1}{4}=0$이므로 중근을 갖는다.

따라서 중근을 갖는 것은 ⑤이다.

12 답 ⑤

해를 갖지 않도록 하려면

$2^2-4\times1\times(2k-5)<0$이어야 하므로

$-8k+24<0,\ -8k<-24$

$\therefore\ k>3$

13 답 4

한 근이 다른 근의 3배이므로 두 근을 α, 3α라 하자.

두 근이 α, 3α이고 x^2의 계수가 3인 이차방정식은

$3(x-\alpha)(x-3\alpha)=0,\ 3(x^2-4\alpha x+3\alpha^2)=0$

$\therefore\ 3x^2-12\alpha x+9\alpha^2=0$

$3x^2-8x+k=3x^2-12\alpha x+9\alpha^2$에서

$-8=-12\alpha,\ k=9\alpha^2$

$\therefore\ \alpha=\dfrac{2}{3},\ k=9\times\left(\dfrac{2}{3}\right)^2=9\times\dfrac{4}{9}=4$

14 답 ③

두준: $(x+9)(x-2)=0$, 즉 $x^2+7x-18=0$

　　　두준이는 상수항을 바르게 본 것이므로

　　　상수항은 -18이다.

보람: $(x+2)(x+1)=0$, 즉 $x^2+3x+2=0$

　　　보람이는 일차항의 계수를 바르게 본 것이므로

　　　일차항의 계수는 3이다.

즉, 처음 이차방정식은 $x^2+3x-18=0$이므로

$(x+6)(x-3)=0$

$\therefore\ x=-6$ 또는 $x=3$

따라서 두 근의 합은

$-6+3=-3$

15 답 5일과 12일

달력에서 위, 아래로 이웃하는 두 날짜를 x일, $(x+7)$일이라
하면 두 날짜를 각각 제곱하여 더한 값이 169이므로
$x^2+(x+7)^2=169$, $2x^2+14x+49=169$
$x^2+7x-60=0$, $(x+12)(x-5)=0$
$\therefore x=-12$ 또는 $x=5$
그런데 $1\leq x\leq 24$이므로 $x=5$
따라서 구하는 두 날짜는 5일과 12일이다.

16 답 10명

학생 수를 x명이라 하면 한 학생이 받는 귤의 개수는
$(x-3)$개이므로
$x(x-3)=70$, $x^2-3x=70$
$x^2-3x-70=0$, $(x+7)(x-10)=0$
$\therefore x=-7$ 또는 $x=10$
그런데 $x>3$이므로 $x=10$
따라서 학생 수는 10명이다.

✏️ **오개념 바로잡기**

$(x+7)(x-10)=0$을 풀어 답(학생 수) 구하기

$\xrightarrow{(\times)}$ $x=-7$ 또는 $x=10$이므로 학생 수는 -7명 또는 10명이다.

$\xrightarrow{(\bigcirc)}$ $x=-7$ 또는 $x=10$이지만 학생 수는 음수가 될 수 없으므로 10명이다.

➡️ 이차방정식의 모든 해가 문제의 답이 되지 않는 경우도 있으므로 이차방정식을 풀어 해를 구한 후, 그 해가 문제에서 주어진 상황에 맞는지 확인해야 해!

17 답 5개

$16+2n-\dfrac{1}{10}n^2=23.5$에서 $n^2-20n+75=0$
$(n-5)(n-15)=0$ $\therefore n=5$ 또는 $n=15$
그런데 $0\leq n\leq 10$이므로 $n=5$
따라서 만들 수 있는 제품의 개수는 5개이다.

18 답 10

$x^2+3x-10=0$에서 $(x+5)(x-2)=0$
$\therefore x=-5$ 또는 $x=2$ $\qquad\qquad\cdots$ (i)
$x^2+6x+5=0$에서 $(x+1)(x+5)=0$
$\therefore x=-1$ 또는 $x=-5$ $\qquad\qquad\cdots$ (ii)
따라서 $3x^2+(a+3)x-a=0$의 한 근이 $x=-5$이므로
$3\times(-5)^2+(a+3)\times(-5)-a=0$
$-6a=-60$ $\therefore a=10$ $\qquad\qquad\cdots$ (iii)

채점 기준	배점
(i) 이차방정식 $x^2+3x-10=0$의 해 구하기	30 %
(ii) 이차방정식 $x^2+6x+5=0$의 해 구하기	30 %
(iii) a의 값 구하기	40 %

19 답 4초 후

x초 후에 $\triangle PBQ$의 넓이가 $48\,\mathrm{cm}^2$가 된다고 하면
$\overline{PB}=(16-x)\,\mathrm{cm}$, $\overline{BQ}=2x\,\mathrm{cm}$
x초 후 $\triangle PBQ$의 넓이는
$\dfrac{1}{2}\times 2x\times(16-x)=48$ $\qquad\cdots$ (i)
$x^2-16x+48=0$
$(x-4)(x-12)=0$
$\therefore x=4$ 또는 $x=12$ $\qquad\cdots$ (ii)
그런데 $0<x\leq 10$이므로 $x=4$
따라서 출발한 지 4초 후에 $\triangle PBQ$의 넓이가 처음으로 $48\,\mathrm{cm}^2$가 된다. $\qquad\cdots$ (iii)

채점 기준	배점
(i) 이차방정식 세우기	40 %
(ii) 이차방정식 풀기	40 %
(iii) $\triangle PBQ$의 넓이가 처음으로 $48\,\mathrm{cm}^2$가 되는 것은 몇 초 후인지 구하기	20 %

OX 문제로 개념 점검! •105쪽

❶ × ❷ ○ ❸ × ❹ ○ ❺ ○ ❻ ○ ❼ × ❽ ×

❶ $2x^2-x=x(2x+3)$에서 $2x^2-x=2x^2+3x$
$\therefore -4x=0$ ⇨ 일차방정식

❸ 이차방정식 $(x+3)(x+9)=0$의 해는 $x=-3$ 또는 $x=-9$이다.

❻ $2x^2-0.6x=\dfrac{1}{5}$에서 $2x^2-0.6x-\dfrac{1}{5}=0$
$10x^2-3x-1=0$, $(5x+1)(2x-1)=0$
$\therefore x=-\dfrac{1}{5}$ 또는 $x=\dfrac{1}{2}$

❼ $(-2)^2-4\times 3\times 1=-8<0$이므로 근이 없다.

❽ $x+x^2=56$에서 $x^2+x-56=0$

5 이차함수와 그 그래프

개념 31 이차함수

·108~109쪽

1 답 (1) × (2) ○ (3) × (4) ○ (5) ○ (6) ×

(1) $y=2x-4$ ➡ 일차함수

(2) $y=2x^2$ ➡ 이차함수

(3) $y=\dfrac{1}{x}$ ➡ 이차함수가 아니다.

(4) $y=3x(x-2)=3x^2-6x$ ➡ 이차함수

(5) $y=\dfrac{1}{5}x^2+1$ ➡ 이차함수

(6) $y=x^3+(x-1)^2=x^3+x^2-2x+1$
   ➡ 이차함수가 아니다.

2 답 (1) $y=1000x$ (2) $y=10x$ (3) $y=x^2$ (4) $y=x^2+x$
   이차함수인 것: (3), (4)

(1) $y=1000\times x=1000x$ ➡ 일차함수

(2) $y=10\times x=10x$ ➡ 일차함수

(3) $y=x\times x=x^2$ ➡ 이차함수

(4) $y=x\times(x+1)=x^2+x$ ➡ 이차함수

따라서 이차함수인 것은 (3), (4)이다.

3 답 (1) 5 (2) 1 (3) -1 (4) 0

(1) $f(-1)=(-1)^2-3\times(-1)+1=5$

(2) $f(0)=0^2-3\times0+1=1$

(3) $f(2)=2^2-3\times2+1=-1$

(4) $f(1)=1^2-3\times1+1=-1$
   $f(3)=3^2-3\times3+1=1$
   $\therefore f(1)+f(3)=-1+1=0$

대표 예제로 개념 익히기

예제 1 답 2개

ㄱ. $y=2x$ ➡ 일차함수

ㄴ. $y=x(4-x)=4x-x^2$ ➡ 이차함수

ㄷ. $y=(x+3)^2=x^2+6x+9$ ➡ 이차함수

ㄹ. $y=5-x$ ➡ 일차함수

ㅁ. $y=\dfrac{2}{x^2}$ ➡ 이차함수가 아니다.

ㅂ. $y=x^2-x(x+1)=x^2-x^2-x=-x$
   ➡ 일차함수

따라서 이차함수인 것은 ㄴ, ㄷ의 2개이다.

ㅂ. $y=x^2-x(x+1)$이 이차함수인지 판단하기

$\underset{\longrightarrow}{(\times)}$ 우변에 x^2항이 있으므로 이차함수이다.

$\underset{\longrightarrow}{(○)}$ 우변을 간단히 정리하면
   $y=x^2-x(x+1)=x^2-x^2-x=-x$
   즉, $y=-x$이므로 이차함수가 아니다.

➡ 주어진 식이 이차함수인지 판단할 때는 먼저 주어진 식을
   $y=(x$에 대한 식)으로 간단히 정리하고 우변이 이차식인지
   확인해야 해!

1-1 답 ①, ②

① $y=x(x+2)-1=x^2+2x-1$
   ➡ 이차함수

⑤ $y=2x(x+3)-2x^2-3$
   $=2x^2+6x-2x^2-3=6x-3$
   ➡ 일차함수

따라서 이차함수인 것은 ①, ②이다.

1-2 답 ②, ④

① $y=\dfrac{1}{2}\times x\times2x=x^2$ ➡ 이차함수

② $y=4\times x=4x$ ➡ 일차함수

③ $y=6\times(x\times x)=6x^2$ ➡ 이차함수

④ $y=2\pi\times x=2\pi x$ ➡ 일차함수

⑤ $y=x(x+2)=x^2+2x$ ➡ 이차함수

따라서 이차함수가 아닌 것은 ②, ④이다.

예제 2 답 29

$f(-2)=(-2)^2-6\times(-2)+5=21$

$f(3)=3^2-6\times3+5=-4$

$\therefore f(-2)-2f(3)=21-2\times(-4)$
$\qquad\qquad\qquad\quad=21+8=29$

2-1 답 6

$f(2)=-\dfrac{1}{2}\times2^2+3=1$

$f(-4)=-\dfrac{1}{2}\times(-4)^2+3=-5$

$\therefore f(2)-f(-4)=1-(-5)=6$

2-2 답 4

$f(-2)=a\times(-2)^2+3\times(-2)-6$
$\qquad\quad=4a-12$

이때 $f(-2)=4$이므로
$4a-12=4,\ 4a=16$
$\therefore a=4$

•**개념 확인하기**

1 답 풀이 참조

x	$\cdots$	-3	-2	-1	0	1	2	3	$\cdots$
$y=x^2$	$\cdots$	9	4	1	0	1	4	9	$\cdots$

표에서 순서쌍 (x, y)를 좌표로 하는 점을 좌표평면 위에 나타내고, 이 점들을 매끄러운 곡선으로 연결하면 이차함수 $y=x^2$의 그래프를 그릴 수 있다.

따라서 x의 값의 범위가 실수 전체일 때 이차함수 $y=x^2$의 그래프는 다음 그림과 같다.

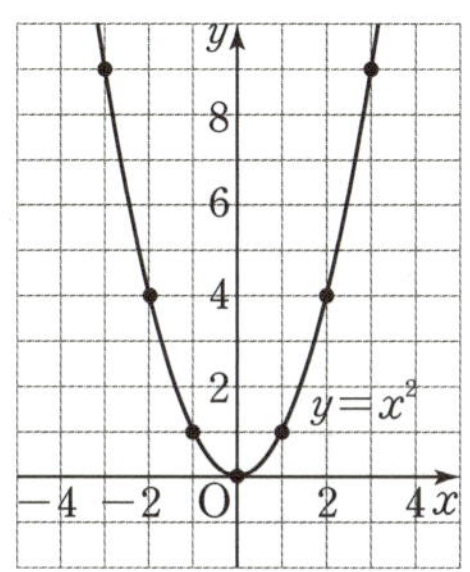

2 답 풀이 참조

x	$\cdots$	-3	-2	-1	0	1	2	3	$\cdots$
$y=-x^2$	$\cdots$	-9	-4	-1	0	-1	-4	-9	$\cdots$

표에서 순서쌍 (x, y)를 좌표로 하는 점을 좌표평면 위에 나타내고, 이 점들을 매끄러운 곡선으로 연결하면 이차함수 $y=-x^2$의 그래프를 그릴 수 있다.

따라서 x의 값의 범위가 실수 전체일 때 이차함수 $y=-x^2$의 그래프는 다음 그림과 같다.

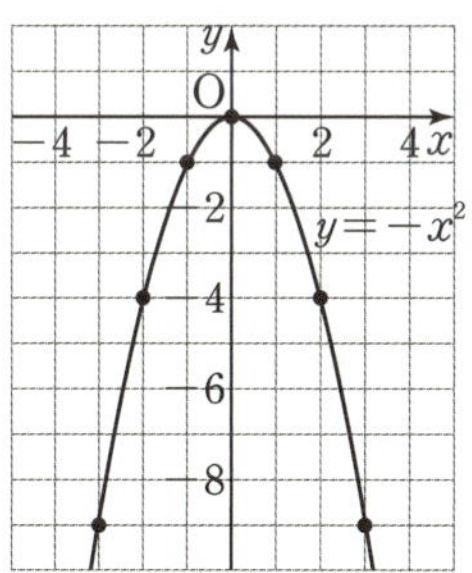

◖ 대표 예제로 개념 익히기 ◗

예제**1** 답 ①

ㄷ. 아래로 볼록한 곡선이다.

ㄹ. $x<0$일 때, x의 값이 증가하면 y의 값은 감소한다.

따라서 옳은 것은 ㄱ, ㄴ이다.

1-1 답 ①, ⑤

① 점 $(0, 0)$을 지나며 위로 볼록한 포물선이다.

⑤ 이차함수 $y=x^2$의 그래프와 x축에 서로 대칭이다.

예제**2** 답 ③

$y=x^2$에 주어진 점의 좌표를 각각 대입하면 다음과 같다.

① $4=(-2)^2$　　② $\dfrac{9}{4}=\left(-\dfrac{3}{2}\right)^2$　　③ $-1\neq 1^2$

④ $\dfrac{1}{4}=\left(\dfrac{1}{2}\right)^2$　　⑤ $9=3^2$

따라서 이차함수 $y=x^2$의 그래프 위의 점이 아닌 것은 ③이다.

2-1 답 ⑤

$y=-x^2$에 주어진 점의 좌표를 각각 대입하면 다음과 같다.

① $-8\neq -4^2$　　　　② $4\neq -(-2)^2$

③ $1\neq -(-1)^2$　　　　④ $2\neq -\left(\dfrac{1}{2}\right)^2$

⑤ $-\dfrac{4}{9}=-\left(-\dfrac{2}{3}\right)^2$

따라서 이차함수 $y=-x^2$의 그래프 위의 점인 것은 ⑤이다.

2-2 답 7

$y=x^2$에 $x=2$, $y=a$를 대입하면

$a=2^2=4$

$y=x^2$에 $x=b$, $y=9$를 대입하면

$9=b^2$

그런데 $b>0$이므로 $b=3$

$\therefore a+b=4+3=7$

개념**33** 이차함수 $y=ax^2$의 그래프 ·112~114쪽

•**개념 확인하기**

1 답 (1) 풀이 참조

(2) $(0, 0)$, $(0, 0)$, $(0, 0)$

(3) $x=0$, $x=0$, $x=0$

(4) $y=2x^2$, $y=x^2$, $y=\dfrac{1}{2}x^2$

(5) $y=-x^2$, $y=-2x^2$, $y=-\dfrac{1}{2}x^2$

(1)

x	$\cdots$	-2	-1	0	1	2	$\cdots$
$y=x^2$	$\cdots$	4	1	0	1	4	$\cdots$
$y=2x^2$	$\cdots$	8	2	0	2	8	$\cdots$
$y=\dfrac{1}{2}x^2$	$\cdots$	2	$\dfrac{1}{2}$	0	$\dfrac{1}{2}$	2	$\cdots$

표에서 순서쌍 (x, y)를 좌표로 하는 점을 각각 좌표평면 위에 나타내고, 이 점들을 각각 매끄러운 곡선으로 연결하면 세 이차함수 $y=x^2$, $y=2x^2$, $y=\dfrac{1}{2}x^2$의 그래프를 그릴 수 있다.

따라서 x의 값의 범위가 실수 전체
일 때 세 이차함수 $y=x^2$, $y=2x^2$,
$y=\dfrac{1}{2}x^2$의 그래프는 오른쪽 그림
과 같다.

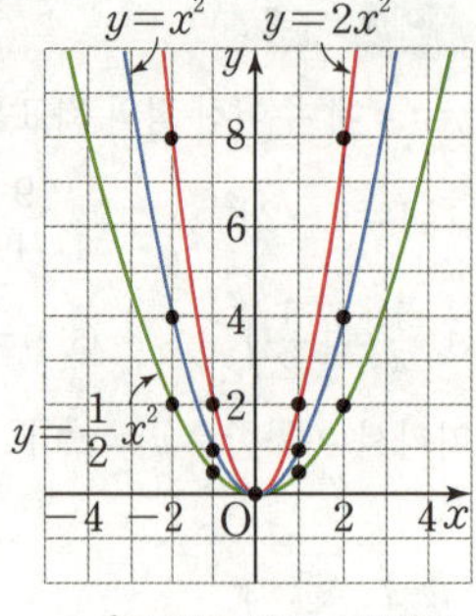

참고 x의 각 값에 대하여 이차함수 $y=2x^2$의 함숫값은 이차함수
$y=x^2$의 함숫값의 2배이므로 이차함수 $y=2x^2$의 그래프는 이차
함수 $y=x^2$의 그래프 위의 각 점에 대하여 y좌표를 2배로 하는 점
을 잡아서 그릴 수 있다.

같은 방법으로 이차함수 $y=\dfrac{1}{2}x^2$의 그래프는 이차함수 $y=x^2$의
그래프 위의 각 점에 대하여 y좌표를 $\dfrac{1}{2}$배로 하는 점을 잡아서 그
릴 수 있다.

(4) x^2의 계수의 절댓값이 클수록 그래프의 폭은 좁아진다.

   세 이차함수 $y=x^2$, $y=2x^2$, $y=\dfrac{1}{2}x^2$의 x^2의 계수의 절댓값

   은 각각 1, 2, $\dfrac{1}{2}$이므로 그래프의 폭이 좁은 것부터 차례로

   나열하면 $y=2x^2$, $y=x^2$, $y=\dfrac{1}{2}x^2$이다.

(5) 이차함수 $y=ax^2$의 그래프는 이차함수 $y=-ax^2$의 그래프
   와 x축에 서로 대칭이다.

   따라서 세 이차함수 $y=x^2$, $y=2x^2$, $y=\dfrac{1}{2}x^2$의 그래프와 x축

   에 서로 대칭인 그래프를 나타내는 이차함수의 식은 각각

   $y=-x^2$, $y=-2x^2$, $y=-\dfrac{1}{2}x^2$이다.

대표 예제로 개념 익히기

예제 1   답 ①, ⑤

② 직선 $x=0$을 축으로 한다.

③ $y=-\dfrac{2}{3}x^2$에 $x=-3$, $y=6$을 대입하면

   $6\neq-\dfrac{2}{3}\times(-3)^2$이므로 점 $(-3,\ 6)$을 지나지 않는다.

④ 이차함수 $y=\dfrac{2}{3}x^2$의 그래프와 x축에 서로 대칭이다.

따라서 옳은 것은 ①, ⑤이다.

1-1   답 ②

① 꼭짓점의 좌표는 $(0,\ 0)$이다.

③ 아래로 볼록한 포물선이다.

④ $x>0$일 때, x의 값이 증가하면 y의 값도 증가한다.

⑤ 이차함수 $y=-\dfrac{1}{5}x^2$의 그래프와 x축에 서로 대칭이다.

따라서 옳은 것은 ②이다.

예제 2   답 ③

주어진 이차함수의 x^2의 계수의 절댓값을 구하면

   ㄱ. $\dfrac{1}{3}$ ㄴ. $\dfrac{1}{5}$ ㄷ. 5   ㄹ. 3

따라서 그래프의 폭이 가장 넓은 것은 x^2의 계수의 절댓값이 가장
작은 ㄴ이고, 그래프의 폭이 가장 좁은 것은 x^2의 계수의 절댓값이
가장 큰 ㄷ이다.

2-1   답 ①

위로 볼록한 그래프는 ①, ③, ⑤이고, 이 중 그래프의 폭이 가장
넓은 것은 x^2의 계수의 절댓값이 가장 작은 ①이다.

2-2   답 ⑤

$y=ax^2$의 그래프가 $y=\dfrac{7}{4}x^2$의 그래프보다 폭이 좁으므로

   $|a|>\dfrac{7}{4}$ $\cdots$ ㉠

$y=ax^2$의 그래프가 $y=-4x^2$의 그래프보다 폭이 넓으므로

   $|a|<|-4|$ $\cdots$ ㉡

㉠, ㉡에서 $\dfrac{7}{4}<|a|<4$이므로

   $-4<a<-\dfrac{7}{4}$ 또는 $\dfrac{7}{4}<a<4$

따라서 a의 값이 될 수 없는 것은 ⑤ $\dfrac{14}{3}$이다.

예제 3   답 ③

$y=2x^2$에 주어진 점의 좌표를 각각 대입하면 다음과 같다.

① $0=2\times0^2$ ② $2=2\times1^2$

③ $4\neq2\times(-2)^2$ ④ $\dfrac{1}{2}=2\times\left(\dfrac{1}{2}\right)^2$

⑤ $\dfrac{2}{9}=2\times\left(-\dfrac{1}{3}\right)^2$

따라서 이차함수 $y=2x^2$의 그래프 위의 점이 아닌 것은 ③이다.

3-1   답 ④

$y=-3x^2$에 주어진 점의 좌표를 각각 대입하면 다음과 같다.

① $-3=-3\times(-1)^2$

② $-12=-3\times(-2)^2$

③ $-\dfrac{1}{3}=-3\times\left(-\dfrac{1}{3}\right)^2$

④ $12\neq-3\times2^2$

⑤ $-\dfrac{4}{3}=-3\times\left(-\dfrac{2}{3}\right)^2$

따라서 이차함수 $y=-3x^2$의 그래프 위의 점이 아닌 것은 ④이다.

3-2   답 4

$y=\dfrac{5}{4}x^2$의 그래프와 x축에 서로 대칭인 그래프를 나타내는 이차
함수의 식은

   $y=-\dfrac{5}{4}x^2$

$y=-\dfrac{5}{4}x^2$의 그래프는 점 $(a,\ -20)$을 지나므로

$$-20=-\frac{5}{4}a^2,\ a^2=16$$

그런데 $a>0$이므로 $a=4$

예제 4 답 $y=\dfrac{1}{2}x^2$

원점을 꼭짓점으로 하는 포물선이므로 구하는 이차함수의 식을 $y=ax^2$으로 놓자.

이 그래프가 점 $(4,\ 8)$을 지나므로

$$8=a\times4^2 \qquad \therefore a=\frac{1}{2}$$

따라서 구하는 이차함수의 식은 $y=\dfrac{1}{2}x^2$이다.

4-1 답 $y=-\dfrac{3}{2}x^2$

원점을 꼭짓점으로 하는 포물선이므로 구하는 이차함수의 식을 $y=ax^2$으로 놓자.

이 그래프가 점 $(2,\ -6)$을 지나므로

$$-6=a\times2^2 \qquad \therefore a=-\frac{3}{2}$$

따라서 구하는 이차함수의 식은 $y=-\dfrac{3}{2}x^2$이다.

4-2 답 $\sqrt{7}$

원점을 꼭짓점으로 하는 포물선의 식을 $y=ax^2$으로 놓자.

이 그래프가 점 $(-2,\ 8)$을 지나므로

$$8=a\times(-2)^2 \qquad \therefore a=2$$

$$\therefore y=2x^2$$

$y=2x^2$의 그래프가 점 $(k,\ 14)$를 지나므로

$$14=2\times k^2,\ k^2=7$$

그런데 $k>0$이므로 $k=\sqrt{7}$

개념 **34** 이차함수 $y=ax^2+q$의 그래프 · 115~116쪽

· 개념 확인하기

1 답 풀이 참조

(1)

x	$\cdots$	-2	-1	0	1	2	$\cdots$
$y=x^2$	$\cdots$	4	1	0	1	4	$\cdots$
$y=x^2+3$	$\cdots$	7	4	3	4	7	$\cdots$

표에서 순서쌍 $(x,\ y)$를 좌표로 하는 점을 각각 좌표평면 위에 나타내고, 이 점들을 각각 매끄러운 곡선으로 연결하면 두 이차함수 $y=x^2$, $y=x^2+3$의 그래프를 그릴 수 있다.

따라서 x의 값의 범위가 실수 전체일 때 두 이차함수 $y=x^2$, $y=x^2+3$의 그래프는 오른쪽 그림과 같다.

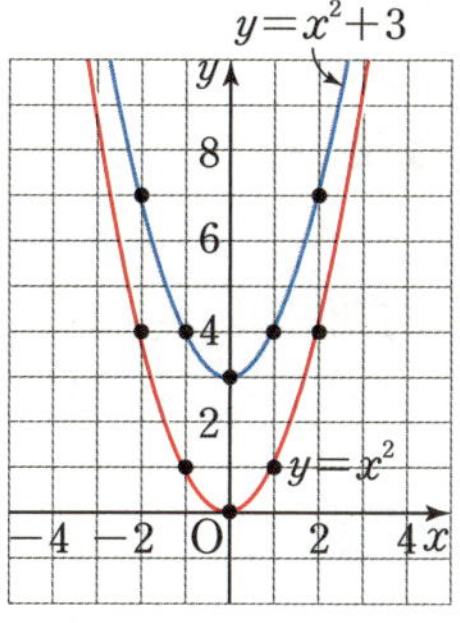

(2) 이차함수 $y=x^2+3$의 그래프는 이차함수 $y=x^2$의 그래프를 $\boxed{y}$축의 방향으로 $\boxed{3}$만큼 평행이동한 것이다.

(3)

이차함수	꼭짓점의 좌표	축의 방정식
$y=x^2$	$(0,\ 0)$	$x=0$
$y=x^2+3$	$(0,\ 3)$	$x=0$

2 답 (1) 이차함수의 식: $y=2x^2-5$
　　축의 방정식: $x=0$
　　꼭짓점의 좌표: $(0,\ -5)$

(2) 이차함수의 식: $y=-x^2+4$
　　축의 방정식: $x=0$
　　꼭짓점의 좌표: $(0,\ 4)$

(3) 이차함수의 식: $y=-3x^2+2$
　　축의 방정식: $x=0$
　　꼭짓점의 좌표: $(0,\ 2)$

(4) 이차함수의 식: $y=\dfrac{2}{3}x^2-1$
　　축의 방정식: $x=0$
　　꼭짓점의 좌표: $(0,\ -1)$

대표 예제로 개념 익히기

예제 1 답 ①, ⑤

$y=5x^2-1$의 그래프는 $y=5x^2$의 그래프를 y축의 방향으로 -1만큼 평행이동한 것으로 오른쪽 그림과 같다.

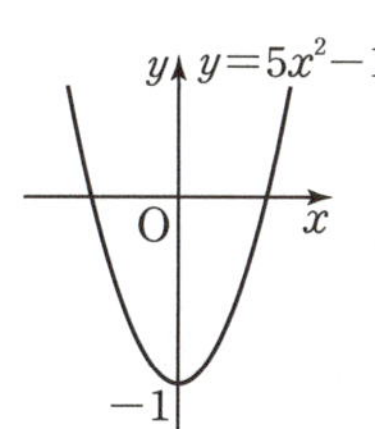

① $y=5x^2-1$에 $x=1$, $y=-4$를 대입하면 $-4\neq5\times1^2-1$이므로 점 $(1,\ -4)$를 지나지 않는다.

⑤ $y=5x^2-1$의 그래프가 지나지 않는 사분면은 없다.

1-1 답 -6

$y=4x^2$의 그래프를 y축의 방향으로 -6만큼 평행이동한 그래프의 식은

$$y=4x^2-6$$

따라서 $y=4x^2-6$의 그래프의 꼭짓점의 좌표는 $(0, -6)$,
축의 방정식은 $x=0$이므로
$p=0, q=-6, r=0$
$\therefore p+q+r=0+(-6)+0=-6$

1-2 답 ②

$y=2x^2-1$에서 x^2의 계수가 양수이므로 그래프는 아래로 볼록하고,
꼭짓점의 좌표는 $(0, -1)$이다.
따라서 $y=2x^2-1$의 그래프로 알맞은 것은 ②이다.

예제2 답 -30

주어진 그래프의 꼭짓점의 좌표가 $(0, 10)$이므로 주어진 그래프
는 $y=-\dfrac{2}{5}x^2$의 그래프를 y축의 방향으로 10만큼 평행이동한
것이다.
즉, 주어진 그래프의 식은
$y=-\dfrac{2}{5}x^2+10$
이 그래프가 점 $(10, k)$를 지나므로
$k=-\dfrac{2}{5}\times 10^2+10=-30$

2-1 답 2

$y=-2x^2$의 그래프를 y축의 방향으로 4만큼 평행이동한 그래프
의 식은
$y=-2x^2+4$
이 그래프가 점 $(-1, a)$를 지나므로
$a=-2\times(-1)^2+4=2$

2-2 답 -1

$y=\dfrac{1}{2}x^2$의 그래프를 y축의 방향으로 q만큼 평행이동한 그래프의
식은
$y=\dfrac{1}{2}x^2+q$
이 그래프가 점 $(2, 1)$을 지나므로
$1=\dfrac{1}{2}\times 2^2+q$　　$\therefore q=-1$

개념 **35**　이차함수 $y=a(x-p)^2$의 그래프　·117~118쪽

·개념 확인하기

1 답 풀이 참조

(1)

x	…	-2	-1	0	1	2	…
$y=x^2$	…	4	1	0	1	4	…
$y=(x-1)^2$	…	9	4	1	0	1	…

표에서 순서쌍 (x, y)를 좌표로 하는 점을 각각 좌표평면 위
에 나타내고, 이 점들을 각각 매끄러운 곡선으로 연결하면
두 이차함수 $y=x^2$, $y=(x-1)^2$의 그래프를 그릴 수 있다.
따라서 x의 값의 범위가 실수
전체일 때 두 이차함수 $y=x^2$,
$y=(x-1)^2$의 그래프는 오
른쪽 그림과 같다.

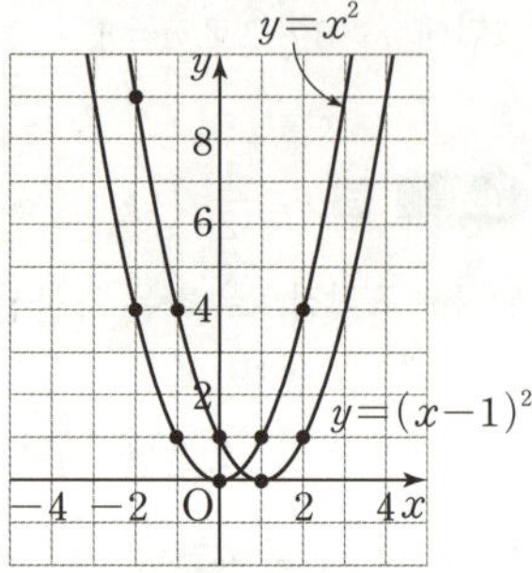

(2) 이차함수 $y=(x-1)^2$의 그래프는 이차함수 $y=x^2$의 그래프
를 $\boxed{x}$축의 방향으로 $\boxed{1}$만큼 평행이동한 것이다.

(3)

이차함수	꼭짓점의 좌표	축의 방정식
$y=x^2$	$(0, 0)$	$x=0$
$y=(x-1)^2$	$(1, 0)$	$x=1$

2 답 (1) 이차함수의 식: $y=3(x+1)^2$
　　　축의 방정식: $x=-1$
　　　꼭짓점의 좌표: $(-1, 0)$
　　(2) 이차함수의 식: $y=-(x-3)^2$
　　　축의 방정식: $x=3$
　　　꼭짓점의 좌표: $(3, 0)$
　　(3) 이차함수의 식: $y=-5(x-2)^2$
　　　축의 방정식: $x=2$
　　　꼭짓점의 좌표: $(2, 0)$
　　(4) 이차함수의 식: $y=-\dfrac{3}{2}(x+2)^2$
　　　축의 방정식: $x=-2$
　　　꼭짓점의 좌표: $(-2, 0)$

대표 예제로 **개념 익히기**

예제1 답 ㄷ, ㄹ

이차함수 $y=\dfrac{1}{5}(x-2)^2$의 그래프는

ㄱ. 직선 $x=2$를 축으로 한다.

ㄴ. 점 $(2, 0)$을 꼭짓점으로 한다.

ㄷ. $y=\dfrac{1}{5}(x-2)^2$에 $x=-3$, $y=5$를 대입하면

　　$5=\dfrac{1}{5}\times(-3-2)^2$이므로 점 $(-3, 5)$를 지난다.

따라서 옳은 것은 ㄷ, ㄹ이다.

1-1 답 은아, 성원

은아: 꼭짓점의 좌표는 $(-1, 0)$이므로 꼭짓점이 x축 위에 있다.
수지: 축의 방정식은 $x=-1$이다.

선주: $y=-3(x+1)^2$에 $x=2$, $y=-3$을 대입하면
$\quad -3\neq-3\times(2+1)^2$이므로 점 $(2, -3)$을 지나지 않는다.
성원: $|-3|=|3|$이므로 그래프의 폭은 서로 같다.
따라서 바르게 말한 사람은 은아, 성원이다.

1-2 답 ①

$y=2(x+1)^2$의 그래프는 오른쪽 그림과 같으므로 x의 값이 증가할 때, y의 값도 증가하는 x의 값의 범위는 $x>-1$이다.

예제 2 답 -3, -1

$y=-3x^2$의 그래프를 x축의 방향으로 -2만큼 평행이동한 그래프의 식은
$$y=-3(x+2)^2$$
이 그래프가 점 $(k, -3)$을 지나므로
$$-3=-3(k+2)^2, \quad (k+2)^2=1$$
$$k^2+4k+3=0, \quad (k+3)(k+1)=0$$
$$\therefore k=-3 \text{ 또는 } k=-1$$

2-1 답 $-\dfrac{1}{2}$

$y=ax^2$의 그래프를 x축의 방향으로 -3만큼 평행이동한 그래프의 식은
$$y=a(x+3)^2$$
이 그래프가 점 $(5, -32)$를 지나므로
$$-32=a\times(5+3)^2 \quad \therefore a=-\frac{1}{2}$$

2-2 답 ①, ⑤

$y=-2x^2$의 그래프를 x축의 방향으로 m만큼 평행이동한 그래프의 식은
$$y=-2(x-m)^2$$
이 그래프가 점 $(3, -8)$을 지나므로
$$-8=-2(3-m)^2, \quad (3-m)^2=4$$
$$m^2-6m+5=0, \quad (m-1)(m-5)=0$$
$$\therefore m=1 \text{ 또는 } m=5$$

개념 **36** 이차함수 $y=a(x-p)^2+q$의 그래프 (1) ·119~120쪽

· 개념 확인하기

1 답 (1) 1, 4 (2) -5, -3 (3) 1, $-\dfrac{2}{3}$

2 답 (1) 축의 방정식: $x=2$, 꼭짓점의 좌표: $(2, 7)$
(2) 축의 방정식: $x=-1$, 꼭짓점의 좌표: $(-1, 3)$
(3) 축의 방정식: $x=5$, 꼭짓점의 좌표: $(5, -2)$
(4) 축의 방정식: $x=-\dfrac{1}{2}$, 꼭짓점의 좌표: $\left(-\dfrac{1}{2}, -4\right)$
(5) 축의 방정식: $x=4$, 꼭짓점의 좌표: $\left(4, -\dfrac{5}{6}\right)$
(6) 축의 방정식: $x=-\dfrac{1}{3}$, 꼭짓점의 좌표: $\left(-\dfrac{1}{3}, 5\right)$

예제 1 답 -9

$y=2x^2$의 그래프를 x축의 방향으로 p만큼, y축의 방향으로 q만큼 평행이동한 그래프의 식은
$$y=2(x-p)^2+q$$
이 식이 $y=2(x+4)^2-5$와 일치하므로
$$p=-4, \quad q=-5$$
$$\therefore p+q=-4+(-5)=-9$$

1-1 답 -3

$y=-\dfrac{1}{4}x^2$의 그래프를 x축의 방향으로 3만큼, y축의 방향으로 -2만큼 평행이동한 그래프의 식은
$$y=-\frac{1}{4}(x-3)^2-2$$
이 그래프가 점 $(5, k)$를 지나므로
$$k=-\frac{1}{4}(5-3)^2-2=-3$$

1-2 답 ④

$y=-\dfrac{1}{2}(x+2)^2+3$의 그래프는 위로 볼록하고 꼭짓점의 좌표는 $(-2, 3)$이다.

또 $y=-\dfrac{1}{2}(x+2)^2+3$에 $x=0$을 대입하면
$$y=-\frac{1}{2}\times2^2+3=1$$
즉, y축과 만나는 점의 좌표는 $(0, 1)$이다.

따라서 $y=-\dfrac{1}{2}(x+2)^2+3$의 그래프로 알맞은 것은 ④이다.

예제 2 답 은정

은정: $y=\dfrac{2}{3}(x+3)^2-1$의 그래프는
오른쪽 그림과 같으므로 제4사분면을 지나지 않는다.

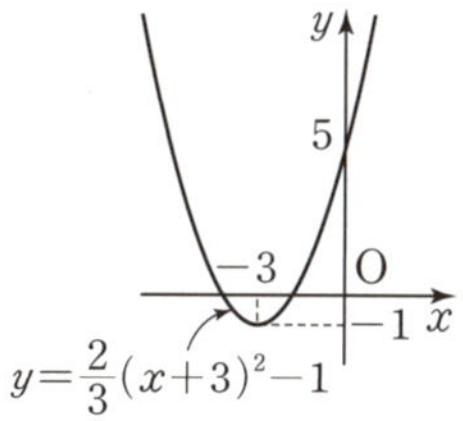

이차함수 $y=\dfrac{2}{3}(x+3)^2-1$의 그래프의 축의 방정식과

꼭짓점의 좌표 구하기

$\overset{(\times)}{\longrightarrow}$ 축의 방정식: $x=3$, 꼭짓점의 좌표: $(3,\,-1)$

$\overset{(\bigcirc)}{\longrightarrow}$ $y=\dfrac{2}{3}(x+3)^2-1$에서 $y=\dfrac{2}{3}\{x-(-3)\}^2-1$

　　　즉, 축의 방정식: $x=-3$, 꼭짓점의 좌표: $(-3,\,-1)$

➡ 축의 방정식과 꼭짓점의 좌표는

　　$y=\dfrac{2}{3}\{x-(-3)\}^2-1$과 같이 $y=a(x-p)^2+q$의 꼴로

　　정리해서 구해야 해!

2-1 답 ③, ⑤

$y=-2x^2$의 그래프를 x축의 방향으로 -5

만큼, y축의 방향으로 2만큼 평행이동한 그

래프의 식은

$y=-2(x+5)^2+2$ (④)

이고, 그래프는 오른쪽 그림과 같다. 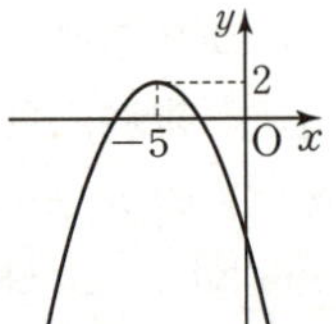

① 제2, 3, 4사분면을 지난다.

② 모든 실수 x에 대하여 $y\leq2$이다.

따라서 옳은 것은 ③, ⑤이다.

개념 37　이차함수 $y=a(x-p)^2+q$의 그래프 (2)　·121~122쪽

·개념 확인하기

1 답 풀이 참조

❶ 꼭짓점의 좌표가 $(1,\,3)$이므로 이차함수의 식을

$y=a(x-\boxed{1})^2+\boxed{3}$으로 놓자.

❷ 이 그래프가 점 $(2,\,5)$를 지나므로

❶의 식에 $x=\boxed{2}$, $y=\boxed{5}$를 대입하면

$5=a(2-1)^2+3$　∴ $a=\boxed{2}$

따라서 구하는 이차함수의 식은 $y=\boxed{2(x-1)^2+3}$이다.

2 답 풀이 참조

	a의 부호	$p,\,q$의 부호
(1)	그래프가 아래로 볼록 ⇨ $a\boxed{>}0$	꼭짓점이 제4사분면 위에 있으면 $(+,\,-)$ ⇨ $p\boxed{>}0$, $q\boxed{<}0$
(2)	그래프가 위로 볼록 ⇨ $a<0$	꼭짓점이 제1사분면 위에 있으면 $(+,\,+)$ ⇨ $p>0$, $q>0$

예제 1 답 $a=4$, $p=3$, $q=-2$

$y=a(x-p)^2+q$의 그래프의 꼭짓점의 좌표가 $(3,\,-2)$이므로

$p=3$, $q=-2$

∴ $y=a(x-3)^2-2$

이 그래프가 점 $(4,\,2)$를 지나므로

$2=a(4-3)^2-2$　∴ $a=4$

1-1 답 $y=-(x+2)^2+7$

꼭짓점의 좌표가 $(-2,\,7)$이므로 이차함수의 식을

$y=a(x+2)^2+7$로 놓자.

이 그래프가 점 $(1,\,-2)$를 지나므로

$-2=a(1+2)^2+7$, $9a=-9$

∴ $a=-1$

따라서 구하는 이차함수의 식은 $y=-(x+2)^2+7$이다.

꼭짓점의 좌표가 $(-2,\,7)$인 포물선을 그래프로 하는 이차함수의

식 세우기

$\overset{(\times)}{\longrightarrow}$ $y=a(x-2)^2+7$

$\overset{(\bigcirc)}{\longrightarrow}$ $y=a\{x-(-2)\}^2+7$, 즉 $y=a(x+2)^2+7$

➡ 꼭짓점의 좌표가 $(p,\,q)$인 포물선을 그래프로 하는 이차함수

　의 식은 $y=a(x-p)^2+q$의 꼴이므로 꼭짓점의 좌표를 대입

　할 때 부호에 주의해야 해!

1-2 답 -36

$y=a(x-p)^2+q$의 그래프의 축의 방정식이 $x=4$이므로

$p=4$　∴ $y=a(x-4)^2+q$

이 그래프가 점 $(7,\,0)$을 지나므로

$0=a(7-4)^2+q$

∴ $0=9a+q$　　…㉠

또 이 그래프가 점 $(0,\,7)$을 지나므로

$7=a(0-4)^2+q$

∴ $7=16a+q$　　…㉡

㉠, ㉡을 연립하여 풀면

$a=1$, $q=-9$

따라서 $a=1$, $p=4$, $q=-9$이므로

$apq=1\times4\times(-9)=-36$

예제 2 답 (1) $a<0$, $p<0$, $q>0$　(2) $a>0$, $p>0$, $q>0$

(1) 그래프가 위로 볼록하므로 $a<0$

　꼭짓점 $(p,\,q)$가 제2사분면 위에 있으므로

　$p<0$, $q>0$

(2) 그래프가 아래로 볼록하므로 $a>0$

　꼭짓점 $(p,\,q)$가 제1사분면 위에 있으므로

　$p>0$, $q>0$

$a<0$이므로 그래프는 위로 볼록하고, $p<0$, $q<0$이므로
꼭짓점은 제3사분면 위에 있다.
따라서 그래프로 적당한 것은 ③이다.

실전 문제로 단원 마무리하기

•123~126쪽

1 ⑤	**2** ③	**3** 4	**4** ③, ④	**5** ①
6 9	**7** $\frac{1}{4}$	**8** $y=\frac{1}{3}x^2$		**9** ③
10 2개	**11** ⑤	**12** ④	**13** ⑤	**14** ㄷ, ㅁ
15 $a\le-\frac{5}{9}$		**16** -3	**17** ⑤	**18** ④
19 ㄱ, ㄷ				

서술형

20 $\frac{23}{8}$	**21** $(0, 2)$	**22** -2	**23** $-\frac{2}{3}$

1 답 ⑤

① $y=\dfrac{5}{x}$ ⇨ 이차함수가 아니다.

② $y=3x-2$ ⇨ 일차함수

③ $y=2(x-1)^2-2x^2=-4x+2$ ⇨ 일차함수

④ $y=4x^3-(2x+1)^2=4x^3-4x^2-4x-1$
　　⇨ 이차함수가 아니다.

⑤ $y=x^2+(1-x)^2=2x^2-2x+1$ ⇨ 이차함수

따라서 이차함수인 것은 ⑤이다.

2 답 ③

$y=(2k+1)x^2+x-3$이 이차함수이려면
x^2의 계수는 0이 아니어야 하므로

$2k+1\ne0$　　∴ $k\ne-\dfrac{1}{2}$

따라서 k의 값이 될 수 없는 것은 ③이다.

3 답 4

$f(-1)=(-1)^2+a\times(-1)+2a=a+1$
이때 $f(-1)=2$이므로
$a+1=2$　　∴ $a=1$
따라서 $f(x)=x^2+x+2$이므로
$f(1)=1^2+1+2=4$

4 답 ③, ④

③ 이차함수 $y=x^2$의 그래프는 아래로 볼록한 포물선이다.

④ 이차함수 $y=x^2$의 그래프는 $x<0$일 때, x의 값이 증가하면
　 y의 값은 감소한다.

5 답 ①

a의 값의 범위는 $0<a<2$ 또는 $-\dfrac{1}{5}<a<0$이므로

a의 값이 될 수 없는 것은 ① $-\dfrac{5}{2}$이다.

6 답 9

$y=ax^2$의 그래프가 점 $(-2, 2)$를 지나므로

$2=a\times(-2)^2$　　∴ $a=\dfrac{1}{2}$

즉, $y=\dfrac{1}{2}x^2$의 그래프가 점 $(6, b)$를 지나므로

$b=\dfrac{1}{2}\times6^2=18$

∴ $ab=\dfrac{1}{2}\times18=9$

7 답 $\frac{1}{4}$

점 D의 x좌표를 $k\,(k>0)$라 하면
D(k, k^2)
이때 점 D의 y좌표는 9이므로
$k^2=9$
그런데 $k>0$이므로 $k=3$
즉, 점 D의 좌표는 $(3, 9)$이다.
$\overline{\text{DE}}=\overline{\text{CD}}=3$이므로 점 E의 x좌표는
$3+3=6$
즉, 점 E의 좌표는 $(6, 9)$이다.
이때 점 E는 $y=ax^2$의 그래프 위의 점이므로

$9=a\times6^2$　　∴ $a=\dfrac{1}{4}$

8 답 $y=\frac{1}{3}x^2$

원점을 꼭짓점으로 하는 포물선의 식을 $y=ax^2$으로 놓자.
이 포물선이 점 $(-3, 3)$을 지나므로

$3=a\times(-3)^2$　　∴ $a=\dfrac{1}{3}$

따라서 구하는 포물선의 식은

$y=\dfrac{1}{3}x^2$

9 답 ③

$y=ax+b$의 그래프에서 $a<0$, $b<0$
∴ $a<0$, $-b>0$
따라서 $y=ax^2-b$의 그래프는 위로 볼록하고, 꼭짓점 $(0, -b)$
가 원점의 위쪽에 있으므로 그래프로 알맞은 것은 ③이다.

10 답 2개

ㄴ. $y=\dfrac{4}{3}x^2$의 그래프를 y축의 방향으로 6만큼 평행이동하면

　 $y=\dfrac{4}{3}x^2+6$의 그래프와 완전히 포개어진다.

ㅂ. $y=\dfrac{4}{3}x^2$의 그래프를 x축의 방향으로 -1만큼 평행이동하면

$y=\dfrac{4}{3}(x+1)^2$의 그래프와 완전히 포개어진다.

따라서 완전히 포갤 수 있는 것은 ㄴ, ㅂ의 2개이다.

11 답 ⑤

$y=-\dfrac{1}{2}x^2$의 그래프를 x축의 방향으로 2만큼 평행이동한 그래

프의 식은 $y=-\dfrac{1}{2}(x-2)^2$이므로 $x>2$이면 x의 값이 증가할 때

y의 값은 감소한다.

12 답 ④

$y=-(x-2)^2+1$의 그래프는 꼭짓점의 좌표가 $(2, 1)$이고

위로 볼록한 포물선이다.

$y=-(x-2)^2+1$에 $x=0$을 대입하면

$y=-(0-2)^2+1=-3$

즉, y축과 만나는 점의 좌표는 $(0, -3)$이다.

따라서 $y=-(x-2)^2+1$의 그래프는 ④이다.

13 답 ⑤

주어진 이차함수의 그래프의 꼭짓점의 좌표를 각각 구하면 다음

과 같다.

① $(0, 3)$ ② $(1, 0)$ ③ $(-2, -7)$

④ $(4, -2)$ ⑤ $(-1, 4)$

따라서 꼭짓점이 제2사분면 위에 있는 것은 ⑤이다.

14 답 ㄷ, ㅁ

ㄷ. $x<-1$일 때, x의 값이 증가하면 y의 값도 증가한다.

ㅁ. 이차함수 $y=-4x^2$의 그래프를 x축의 방향으로 -1만큼,

 y축의 방향으로 -2만큼 평행이동한 것이다.

15 답 $a\leq-\dfrac{5}{9}$

꼭짓점의 좌표가 $(3, 5)$이므로 그래프가 제2사분면을 지나지

않으려면 위로 볼록한 포물선이어야 한다.

$\therefore a<0$ ⋯ ㉠

또 y축과 원점 또는 원점의 아래쪽에서 만나야 한다.

즉, $x=0$일 때 $y=a(0-3)^2+5\leq0$이어야 하므로

$9a+5\leq0$, $9a\leq-5$

$\therefore a\leq-\dfrac{5}{9}$ ⋯ ㉡

따라서 ㉠, ㉡에서 $a\leq-\dfrac{5}{9}$

16 답 -3

$y=a(x-p)^2+q$의 그래프의 꼭짓점의 좌표가 $(3, 3)$이므로

$p=3$, $q=3$ $\therefore y=a(x-3)^2+3$

이 그래프가 원점 O를 지나므로

$0=a(0-3)^2+3$

$9a=-3$ $\therefore a=-\dfrac{1}{3}$

$\therefore apq=-\dfrac{1}{3}\times3\times3=-3$

17 답 ⑤

축의 방정식이 $x=-2$이므로 이차함수의 식을

$y=a(x+2)^2+q$로 놓자.

이 그래프가 점 $(4, -12)$를 지나므로

$-12=a(4+2)^2+q$

$\therefore -12=36a+q$ ⋯ ㉠

또 이 그래프가 점 $(-4, 4)$를 지나므로

$4=a(-4+2)^2+q$

$\therefore 4=4a+q$ ⋯ ㉡

㉠, ㉡을 연립하여 풀면

$a=-\dfrac{1}{2}$, $q=6$

$\therefore y=-\dfrac{1}{2}(x+2)^2+6$

이 이차함수의 식에 주어진 점의 좌표를 각각 대입하면 다음과

같다.

① $\dfrac{11}{2}=-\dfrac{1}{2}(-1+2)^2+6$

② $4=-\dfrac{1}{2}(0+2)^2+6$

③ $\dfrac{3}{2}=-\dfrac{1}{2}(1+2)^2+6$

④ $-2=-\dfrac{1}{2}(2+2)^2+6$

⑤ $-6\neq-\dfrac{1}{2}(3+2)^2+6$

따라서 주어진 이차함수의 그래프 위의 점이 아닌 것은 ⑤이다.

18 답 ④

그래프가 위로 볼록하므로 $a<0$

꼭짓점 (p, q)가 제3사분면 위에 있으므로 $p<0$, $q<0$

③ $ap>0$ ④ $a+q<0$ ⑤ $a+p+q<0$

따라서 옳지 않은 것은 ④이다.

19 답 ㄱ, ㄷ

이차함수 $y=a(x-p)^2+q$의 그래프가

제1, 2, 3사분면만 지나려면 오른쪽 그림과

같아야 하므로

$a>0$, $p<0$, $q<0$

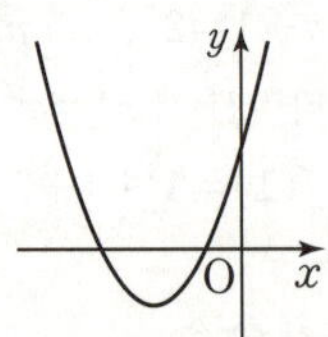

ㄱ. 그래프는 아래로 볼록한 포물선이다.

ㄷ. 그래프의 꼭짓점은 제3사분면 위에 있다.

ㄹ. $a>0$, $p<0$, $q<0$이므로 $apq>0$

따라서 옳지 않은 것은 ㄱ, ㄷ이다.

20 답 $\dfrac{23}{8}$

$y=-\dfrac{1}{2}x^2$의 그래프를 y축의 방향으로 3만큼 평행이동한

그래프의 식은

$y=-\dfrac{1}{2}x^2+3$ $\qquad\qquad\qquad$ … (i)

이 그래프가 점 $\left(-\dfrac{1}{2},\ k\right)$를 지나므로

$k=-\dfrac{1}{2}\times\left(-\dfrac{1}{2}\right)^2+3=\dfrac{23}{8}$ $\qquad$ … (ii)

채점 기준	배점
(i) 이차함수의 식 구하기	50 %
(ii) k의 값 구하기	50 %

21 답 $(0,\ 2)$

$y=2(x+1)^2$의 그래프와 모양이 같고, 꼭짓점의 좌표가 $(1,\ 0)$
인 그래프의 식은

$y=2(x-1)^2$ $\qquad\qquad\qquad$ … (i)

$y=2(x-1)^2$에 $x=0$을 대입하면

$y=2(0-1)^2=2$

따라서 그래프가 y축과 만나는 점의 좌표는 $(0,\ 2)$이다. … (ii)

채점 기준	배점
(i) 이차함수의 식 구하기	50 %
(ii) 그래프가 y축과 만나는 점의 좌표 구하기	50 %

22 답 -2

$y=2(x-5)^2+1$의 그래프를 x축의 방향으로 m만큼 평행이동
한 그래프의 식은

$y=2(x-m-5)^2+1$ $\qquad\qquad$ … (i)

이 그래프의 꼭짓점의 좌표는 $(m+5,\ 1)$이므로

$m+5=2,\ 1=n$

$\therefore m=-3,\ n=1$ $\qquad\qquad\qquad$ … (ii)

$\therefore m+n=-3+1=-2$ $\qquad\qquad$ … (iii)

채점 기준	배점
(i) 이차함수의 식 구하기	30 %
(ii) $m,\ n$의 값 각각 구하기	60 %
(iii) $m+n$의 값 구하기	10 %

23 답 $-\dfrac{2}{3}$

$y=-(x+4p)^2-\dfrac{1}{2}p$의 그래프의 꼭짓점의 좌표는

$\left(-4p,\ -\dfrac{1}{2}p\right)$ $\qquad\qquad\qquad$ … (i)

꼭짓점이 직선 $y=2x-5$ 위에 있으므로

$-\dfrac{1}{2}p=2\times(-4p)-5$

$\dfrac{15}{2}p=-5$ $\qquad \therefore p=-\dfrac{2}{3}$ $\qquad$ … (ii)

채점 기준	배점
(i) 꼭짓점의 좌표 구하기	50 %
(ii) p의 값 구하기	50 %

•127쪽

❶○ ❷× ❸○ ❹× ❺○ ❻○ ❼× ❽×

❶ $y=x(x+1)-2x^2=-x^2+x$이므로 이차함수이다.

❷ 이차함수 $y=-x^2$의 그래프는 위로 볼록한 포물선이다.

❹ 이차함수 $y=-\dfrac{1}{2}x^2$의 그래프보다 이차함수 $y=4x^2$의 그래프
가 폭이 더 좁다.

❻ 이차함수 $y=-5(x+1)^2$의 그래프의 꼭짓점의 좌표는
$(-1,\ 0)$이므로 x축 위에 있다.

❼ 이차함수 $y=3(x-1)^2+2$의 그래프는 직선 $x=1$을 축으로
한다.

❽ 꼭짓점의 좌표가 $(2,\ 1)$이므로 이차함수의 식을
$y=a(x-2)^2+1$로 놓자.
이 그래프가 점 $(3,\ 5)$를 지나므로
$5=a(3-2)^2+1 \qquad \therefore a=4$
따라서 구하는 이차함수의 식은 $y=4(x-2)^2+1$이다.

6 이차함수 $y=ax^2+bx+c$의 그래프

개념 38 이차함수 $y=ax^2+bx+c$의 그래프 (1) ·131~132쪽

· 개념 확인하기

1 답 (1) 풀이 참조 (2) $y=(x+3)^2-7$

(1) $y=x^2-8x+8$

$=(x^2-8x)+8$

$=(x^2-8x+\boxed{16}-\boxed{16})+8$

$=(x^2-8x+\boxed{16})-\boxed{16}+8$

$=(x-\boxed{4})^2-\boxed{8}$

(2) $y=x^2+6x+2$

$=(x^2+6x)+2$

$=(x^2+6x+9-9)+2$

$=(x^2+6x+9)-9+2$

$=(x+3)^2-7$

2 답 (1) 풀이 참조

(2) $y=3(x-1)^2-2$

(3) $y=-(x-2)^2-1$

(4) $y=\dfrac{1}{2}(x+1)^2-2$

(1) $y=2x^2+8x-3$

$=2(x^2+4x)-3$

$=2(x^2+4x+\boxed{4}-\boxed{4})-3$

$=2(x^2+4x+\boxed{4})-\boxed{8}-3$

$=2(x+\boxed{2})^2-\boxed{11}$

(2) $y=3x^2-6x+1$

$=3(x^2-2x)+1$

$=3(x^2-2x+1-1)+1$

$=3(x^2-2x+1)-3+1$

$=3(x-1)^2-2$

(3) $y=-x^2+4x-5$

$=-(x^2-4x)-5$

$=-(x^2-4x+4-4)-5$

$=-(x^2-4x+4)+4-5$

$=-(x-2)^2-1$

(4) $y=\dfrac{1}{2}x^2+x-\dfrac{3}{2}$

$=\dfrac{1}{2}(x^2+2x)-\dfrac{3}{2}$

$=\dfrac{1}{2}(x^2+2x+1-1)-\dfrac{3}{2}$

$=\dfrac{1}{2}(x^2+2x+1)-\dfrac{1}{2}-\dfrac{3}{2}$

$=\dfrac{1}{2}(x+1)^2-2$

3 답 (1) $(2, -1)$, $(0, 3)$, 아래로 볼록, 그래프는 풀이 참조

(2) $(-1, 3)$, $(0, 0)$, 위로 볼록, 그래프는 풀이 참조

(3) $(-3, -2)$, $(0, 1)$, 아래로 볼록, 그래프는 풀이 참조

(1) $y=x^2-4x+3$

$=(x^2-4x)+3$

$=(x^2-4x+4-4)+3$

$=(x^2-4x+4)-4+3$

$=(x-2)^2-1$

따라서 꼭짓점의 좌표는 $(2, -1)$, y축과 만나는 점의 좌표는 $(0, 3)$ 이고, 그래프의 모양은 아래로 볼록하므로 이차함수 $y=x^2-4x+3$ 의 그래프는 오른쪽 그림과 같다.

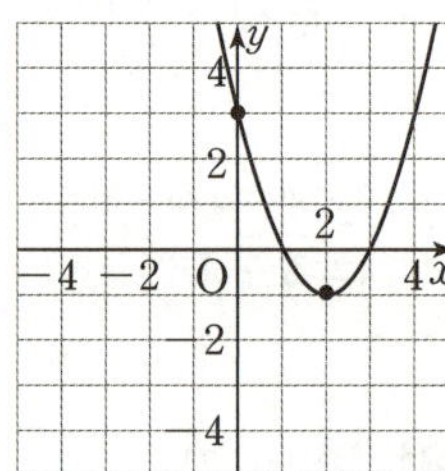

(2) $y=-3x^2-6x$

$=-3(x^2+2x)$

$=-3(x^2+2x+1-1)$

$=-3(x^2+2x+1)+3$

$=-3(x+1)^2+3$

따라서 꼭짓점의 좌표는 $(-1, 3)$, y축과 만나는 점의 좌표는 $(0, 0)$ 이고, 그래프의 모양은 위로 볼록하므로 이차함수 $y=-3x^2-6x$ 의 그래프는 오른쪽 그림과 같다.

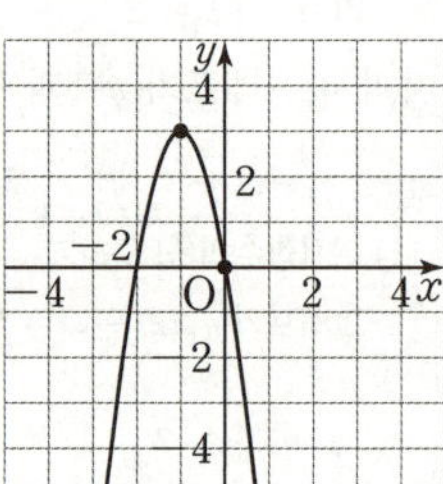

(3) $y=\dfrac{1}{3}x^2+2x+1$

$=\dfrac{1}{3}(x^2+6x)+1$

$=\dfrac{1}{3}(x^2+6x+9-9)+1$

$=\dfrac{1}{3}(x^2+6x+9)-3+1$

$=\dfrac{1}{3}(x+3)^2-2$

따라서 꼭짓점의 좌표는 $(-3, -2)$, y축과 만나는 점의 좌표는 $(0, 1)$이고, 그래프의 모양은 아래로 볼록하므로 이차함수 $y=\dfrac{1}{3}x^2+2x+1$의 그래프는 오른쪽 그림과 같다.

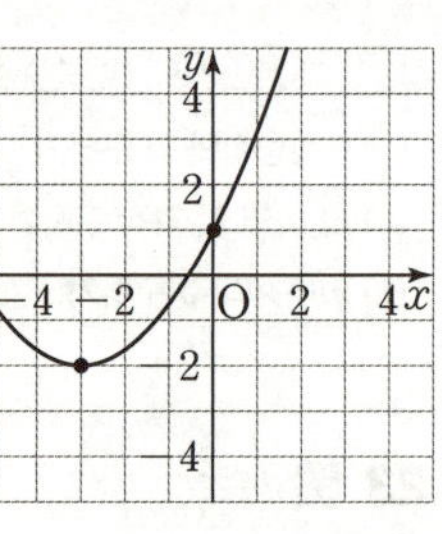

4 답 풀이 참조

(1) $y=x^2+7x+12$에 $y=\boxed{0}$을 대입하면

$\boxed{0}=x^2+7x+12$

$(x+3)(x+\boxed{4})=0$

$\therefore x=-3$ 또는 $x=\boxed{-4}$

$\Rightarrow (-3, \boxed{0})$, $(\boxed{-4}, \boxed{0})$

(2) $y=-x^2-x+20$에 $y=\boxed{0}$을 대입하면

$\boxed{0}=-x^2-x+20$

$x^2+x-20=0$, $(x+5)(x-\boxed{4})=0$

$\therefore x=-5$ 또는 $x=\boxed{4}$

$\Rightarrow (-5,\ \boxed{0}),\ (\boxed{4},\ \boxed{0})$

예제 1 답 (1) $y=2(x+3)^2-5$, $x=-3$, $(-3,\ -5)$

　　　　(2) $y=-\dfrac{1}{4}(x-2)^2+4$, $x=2$, $(2,\ 4)$

(1) $y=2x^2+12x+13$

$=2(x^2+6x)+13$

$=2(x^2+6x+9-9)+13$

$=2(x^2+6x+9)-18+13$

$=2(x+3)^2-5$

따라서 축의 방정식은 $x=-3$, 꼭짓점의 좌표는 $(-3,\ -5)$이다.

(2) $y=-\dfrac{1}{4}x^2+x+3$

$=-\dfrac{1}{4}(x^2-4x)+3$

$=-\dfrac{1}{4}(x^2-4x+4-4)+3$

$=-\dfrac{1}{4}(x^2-4x+4)+1+3$

$=-\dfrac{1}{4}(x-2)^2+4$

따라서 축의 방정식은 $x=2$, 꼭짓점의 좌표는 $(2,\ 4)$이다.

오개념 바로잡기

(2) $y=-\dfrac{1}{4}x^2+x+3$을 $y=a(x-p)^2+q$의 꼴로 나타내기

$\xrightarrow{(\times)}\ y=-\dfrac{1}{4}(x^2+x)+3$

$\xrightarrow{(\times)}\ y=-\dfrac{1}{4}(x^2+4x)+3$

$\xrightarrow{(\bigcirc)}\ y=-\dfrac{1}{4}(x^2-4x)+3$

➡ 이차함수 $y=ax^2+bx+c$를 $y=a\!\left(x^2+\dfrac{b}{a}x\right)+c$의 꼴로 나타내는 과정에서는 x의 계수와 부호에 주의해서 묶어야 해!

1-1 답 ④

③ $y=-x^2-6x-5$

$=-(x^2+6x)-5$

$=-(x^2+6x+9-9)-5$

$=-(x^2+6x+9)+9-5$

$=-(x+3)^2+4$

이므로 축의 방정식은 $x=-3$, 꼭짓점의 좌표는 $(-3,\ 4)$이다.

④ $y=\dfrac{1}{5}x^2-2x+6=\dfrac{1}{5}(x^2-10x)+6$

$=\dfrac{1}{5}(x^2-10x+25-25)+6$

$=\dfrac{1}{5}(x^2-10x+25)-5+6$

$=\dfrac{1}{5}(x-5)^2+1$

이므로 축의 방정식은 $x=5$, 꼭짓점의 좌표는 $(5,\ 1)$이다.

⑤ $y=-2x^2+4x+3=-2(x^2-2x)+3$

$=-2(x^2-2x+1-1)+3$

$=-2(x^2-2x+1)+2+3$

$=-2(x-1)^2+5$

이므로 축의 방정식은 $x=1$, 꼭짓점의 좌표는 $(1,\ 5)$이다.

따라서 옳지 않은 것은 ④이다.

예제 2 답 $(2,\ 0),\ (6,\ 0)$

$y=x^2-8x+12$에 $y=0$을 대입하면

$0=x^2-8x+12$, $(x-2)(x-6)=0$

$\therefore x=2$ 또는 $x=6$

따라서 주어진 이차함수의 그래프와 x축의 교점의 좌표는 $(2,\ 0)$, $(6,\ 0)$이다.

2-1 답 $\left(-\dfrac{1}{2},\ 0\right),\ (2,\ 0)$

$y=-2x^2+3x+2$에 $y=0$을 대입하면

$0=-2x^2+3x+2$, $2x^2-3x-2=0$

$(2x+1)(x-2)=0\qquad \therefore x=-\dfrac{1}{2}$ 또는 $x=2$

따라서 x축과 만나는 점의 좌표는 $\left(-\dfrac{1}{2},\ 0\right)$, $(2,\ 0)$이다.

예제 3 답 ③

$y=4x^2-8x+2=4(x^2-2x)+2$

$=4(x^2-2x+1-1)+2$

$=4(x^2-2x+1)-4+2$

$=4(x-1)^2-2$

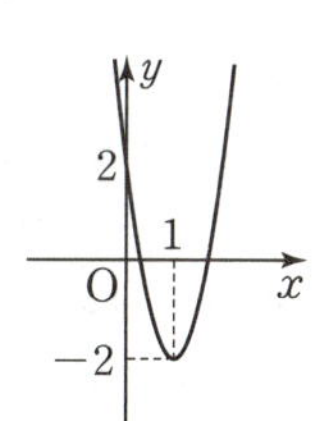

이므로 그래프는 오른쪽 그림과 같다.

① 아래로 볼록하다.

② 꼭짓점의 좌표는 $(1,\ -2)$이다.

④ 이차함수 $y=4x^2$의 그래프를 평행이동한 그래프이다.

⑤ $x>1$일 때, x의 값이 증가하면 y의 값도 증가한다.

따라서 옳은 것은 ③이다.

3-1 답 ③, ⑤

$y=-x^2+4x+5=-(x^2-4x)+5$

$=-(x^2-4x+4-4)+5$

$=-(x^2-4x+4)+4+5$

$=-(x-2)^2+9$

③ 축의 방정식은 $x=2$이다.

⑤ $x>2$일 때, x의 값이 증가하면 y의 값은 감소한다.

• 개념 확인하기

1 답 풀이 참조

	a의 부호	b의 부호	c의 부호
(1)	그래프가 아래로 볼록 ⇨ $a \bigcirc 0$	축이 y축의 오른쪽 ⇨ $ab \bigcirc 0$ ⇨ $b \bigcirc 0$	y축과의 교점이 x축보다 위쪽 ⇨ $c \bigcirc 0$
(2)	그래프가 위로 볼록 ⇨ $a<0$	축이 y축의 오른쪽 ⇨ $ab<0$ ⇨ $b>0$	y축과의 교점이 x축보다 위쪽 ⇨ $c>0$
(3)	그래프가 아래로 볼록 ⇨ $a>0$	축이 y축의 왼쪽 ⇨ $ab>0$ ⇨ $b>0$	y축과의 교점이 x축보다 아래쪽 ⇨ $c<0$
(4)	그래프가 위로 볼록 ⇨ $a<0$	축이 y축의 왼쪽 ⇨ $ab>0$ ⇨ $b<0$	y축과의 교점이 x축보다 아래쪽 ⇨ $c<0$

2 답 풀이 참조

❶ 구하는 이차함수의 식을 $y=ax^2+bx+c$로 놓자.

❷ 이 그래프가 점 $(0, 5)$를 지나므로 $c=\boxed{5}$

즉, 이차함수 $y=ax^2+bx+\boxed{5}$의 그래프가 두 점 $(2, 3)$, $(-1, 9)$를 지나므로

$3=4a+2b+\boxed{5}$ ∴ $4a+2b=-2$ … ㉠

$9=a-b+\boxed{5}$ ∴ $a-b=4$ … ㉡

㉠, ㉡을 연립하여 풀면

$a=\boxed{1}$, $b=\boxed{-3}$

따라서 구하는 이차함수의 식은 $y=\boxed{x^2-3x+5}$이다.

3 답 풀이 참조

❶ x축과 두 점 $(1, 0)$, $(4, 0)$에서 만나므로

구하는 이차함수의 식을 $y=a(x-1)(x-\boxed{4})$로 놓자.

❷ 이 그래프가 점 $(3, -4)$를 지나므로

$-4=a(3-1)(3-\boxed{4})$, $-2a=-4$

∴ $a=\boxed{2}$

따라서 구하는 이차함수의 식은

$y=\boxed{2}(x-1)(x-\boxed{4})=\boxed{2x^2-10x+8}$

대표 예제로 개념 익히기

예제 1 답 ③

그래프가 아래로 볼록하므로 $a>0$

축이 y축의 왼쪽에 있으므로 $ab>0$ ∴ $b>0$

y축과의 교점이 x축보다 위쪽에 있으므로 $c>0$

∴ $ac>0$, $bc>0$, $abc>0$

따라서 옳지 않은 것은 ③이다.

1-1 답 (1) $a>0$, $b<0$, $c>0$ (2) $a<0$, $b<0$, $c<0$

(1) 그래프가 아래로 볼록하므로 $a>0$

축이 y축의 오른쪽에 있으므로

$ab<0$ ∴ $b<0$

y축과의 교점이 x축보다 위쪽에 있으므로

$c>0$

(2) 그래프가 위로 볼록하므로 $a<0$

축이 y축의 왼쪽에 있으므로

$ab>0$ ∴ $b<0$

y축과의 교점이 x축보다 아래쪽에 있으므로

$c<0$

1-2 답 ㄱ, ㄹ

ㄱ. 그래프가 아래로 볼록하므로 $a>0$

ㄴ. 축이 y축의 오른쪽에 있으므로 $ab<0$ ∴ $b<0$

ㄷ. y축과의 교점이 x축보다 아래쪽에 있으므로 $c<0$

ㄹ. $x=-1$일 때, $y=a-b+c$

주어진 그래프에서 $x=-1$일 때의 함숫값이 양수이므로

$a-b+c>0$

ㅁ. $x=1$일 때, $y=a+b+c$

주어진 그래프에서 $x=1$일 때의 함숫값이 음수이므로

$a+b+c<0$

따라서 옳은 것은 ㄱ, ㄹ이다.

예제 2 답 $y=-4x^2+24x-35$

꼭짓점의 좌표가 $(3, 1)$이므로 구하는 이차함수의 식을

$y=a(x-3)^2+1$로 놓자.

이 그래프가 점 $(2, -3)$을 지나므로

$-3=a(2-3)^2+1$

$-3=a+1$ ∴ $a=-4$

따라서 구하는 이차함수의 식은

$y=-4(x-3)^2+1=-4x^2+24x-35$

2-1 답 -1

꼭짓점의 좌표가 $(2, -2)$이므로 이차함수의 식을

$y=a(x-2)^2-2$로 놓자.

이 그래프가 점 $(0, 2)$를 지나므로

$2=a(0-2)^2-2$

$2=4a-2$ ∴ $a=1$

즉, $y=(x-2)^2-2=x^2-4x+2$이므로

$b=-4$, $c=2$

∴ $a+b+c=1+(-4)+2=-1$

2-2 답 $(0, 0)$

꼭짓점의 좌표가 $(-1, 2)$이므로 이차함수의 식을

$y=a(x+1)^2+2$로 놓자.

이 그래프가 점 $(-3, -6)$을 지나므로
$-6=a(-3+1)^2+2$
$-6=4a+2$ $\therefore a=-2$
즉, $y=-2(x+1)^2+2$이므로 이 식에 $x=0$을 대입하면
$y=-2(0+1)^2+2=0$
따라서 y축과 만나는 점의 좌표는 $(0, 0)$이다.

예제 3 **답** $a=3$, $b=-12$, $c=11$

축의 방정식이 $x=2$이므로 구하는 이차함수의 식을
$y=a(x-2)^2+q$로 놓자.
이 그래프가 두 점 $(3, 2)$, $(5, 26)$을 지나므로
$2=a(3-2)^2+q$ $\therefore a+q=2$ $\cdots$ ㉠
$26=a(5-2)^2+q$ $\therefore 9a+q=26$ $\cdots$ ㉡
㉠, ㉡을 연립하여 풀면
$a=3$, $q=-1$
즉, $y=3(x-2)^2-1=3x^2-12x+11$
$\therefore a=3$, $b=-12$, $c=11$

3-1 **답** $y=-x^2-4x-3$

축의 방정식이 $x=-2$이므로 구하는 이차함수의 식을
$y=a(x+2)^2+q$로 놓자.
이 그래프가 두 점 $(-1, 0)$, $(0, -3)$을 지나므로
$0=a(-1+2)^2+q$ $\therefore a+q=0$ $\cdots$ ㉠
$-3=a(0+2)^2+q$ $\therefore 4a+q=-3$ $\cdots$ ㉡
㉠, ㉡을 연립하여 풀면
$a=-1$, $q=1$
따라서 구하는 이차함수의 식은
$y=-(x+2)^2+1=-x^2-4x-3$

예제 4 **답** $y=2x^2+5x-3$

구하는 이차함수의 식을 $y=ax^2+bx+c$로 놓자.
이 그래프가 점 $(0, -3)$을 지나므로 $c=-3$
즉, $y=ax^2+bx-3$의 그래프가 두 점 $(-3, 0)$, $(-2, -5)$
를 지나므로
$0=9a-3b-3$ $\therefore 3a-b=1$ $\cdots$ ㉠
$-5=4a-2b-3$ $\therefore 2a-b=-1$ $\cdots$ ㉡
㉠, ㉡을 연립하여 풀면
$a=2$, $b=5$
따라서 구하는 이차함수의 식은 $y=2x^2+5x-3$이다.

4-1 **답** 4

$y=ax^2+bx+c$의 그래프가 점 $(0, -2)$를 지나므로
$c=-2$
즉, $y=ax^2+bx-2$의 그래프가 두 점 $(1, 4)$, $(-2, -8)$을
지나므로
$4=a+b-2$ $\therefore a+b=6$ $\cdots$ ㉠
$-8=4a-2b-2$ $\therefore 2a-b=-3$ $\cdots$ ㉡

㉠, ㉡을 연립하여 풀면
$a=1$, $b=5$
$\therefore a+b+c=1+5+(-2)=4$

예제 5 **답** 18

x축과 두 점 $(-4, 0)$, $(2, 0)$에서 만나므로 이차함수의 식을
$y=a(x+4)(x-2)$로 놓자.
이 그래프가 점 $(1, 10)$을 지나므로
$10=a(1+4)(1-2)$
$-5a=10$ $\therefore a=-2$
$\therefore y=-2(x+4)(x-2)=-2x^2-4x+16$
따라서 $y=-2x^2-4x+16$의 그래프가 점 $(-1, k)$를 지나므로
$k=-2+4+16=18$

오개념 바로잡기

x축과 두 점 $(-4, 0)$, $(2, 0)$에서 만나는 이차함수의 그래프
의 식 구하기
$\xrightarrow{(\times)} y=a(x-4)(x+2)$
$\xrightarrow{(\times)} y=(x+4)(x-2)$
$\xrightarrow{(\bigcirc)} y=a(x+4)(x-2)$

➡ x축과 만나는 두 점 $(\alpha, 0)$, $(\beta, 0)$을 이용하여 이차함수의
식을 구할 때는 α, β의 부호에 주의해야 해.
또 x^2의 계수에 대한 언급이 없으면 미지수 a로 놓고 식을
세워야 해!

5-1 **답** $(3, 4)$

x축과 두 점 $(1, 0)$, $(5, 0)$에서 만나므로 이차함수의 식을
$y=a(x-1)(x-5)$로 놓자.
이 그래프가 점 $(4, 3)$을 지나므로
$3=a(4-1)(4-5)$
$-3a=3$ $\therefore a=-1$
$\therefore y=-(x-1)(x-5)=-x^2+6x-5$
$y=-x^2+6x-5=-(x^2-6x)-5$
$\quad =-(x^2-6x+9-9)-5$
$\quad =-(x^2-6x+9)+9-5$
$\quad =-(x-3)^2+4$
따라서 구하는 꼭짓점의 좌표는 $(3, 4)$이다.

개념 40 **이차함수의 최댓값과 최솟값** ·137~139쪽

·개념 확인하기

1 **답** (1) 최댓값은 2, 최솟값은 없다.
(2) 최솟값은 1, 최댓값은 없다.
(3) 최댓값은 0, 최솟값은 없다.

2 답 (1) 최댓값: $x=0$에서 0, 최솟값: 없다.

(2) 최댓값: 없다., 최솟값: $x=2$에서 0

(3) 최댓값: 없다., 최솟값: $x=-1$에서 5

(4) 최댓값: $x=-2$에서 $-\dfrac{4}{3}$, 최솟값: 없다.

3 답 (1) 4, 9, 없다., -9

(2) $y=-2(x-2)^2+5$, 5, 없다.

(3) 6, 없다.

(4) 없다., 4

(3) $y=-3x^2-6x+3$
$$=-3(x^2+2x)+3$$
$$=-3(x^2+2x+1-1)+3$$
$$=-3(x^2+2x+1)+3+3$$
$$=-3(x+1)^2+6$$
따라서 $x=-1$에서 최댓값은 6이고, 최솟값은 없다.

(4) $y=4x^2+4x+5$
$$=4(x^2+x)+5$$
$$=4\left(x^2+x+\dfrac{1}{4}-\dfrac{1}{4}\right)+5$$
$$=4\left(x^2+x+\dfrac{1}{4}\right)-1+5$$
$$=4\left(x+\dfrac{1}{2}\right)^2+4$$
따라서 $x=-\dfrac{1}{2}$에서 최솟값은 4이고, 최댓값은 없다.

(대표 예제로 개념 익히기)

예제 **1** 답 (1) $x=1$에서 최솟값은 -2, 최댓값은 없다.

(2) $x=-1$에서 최댓값은 $\dfrac{1}{2}$, 최솟값은 없다.

(1) $y=3x^2-6x+1$
$$=3(x^2-2x+1-1)+1$$
$$=3(x^2-2x+1)-3+1$$
$$=3(x-1)^2-2$$
따라서 $x=1$에서 최솟값은 -2이고, 최댓값은 없다.

(2) $y=-\dfrac{1}{2}x^2-x$
$$=-\dfrac{1}{2}(x^2+2x+1-1)$$
$$=-\dfrac{1}{2}(x^2+2x+1)+\dfrac{1}{2}$$
$$=-\dfrac{1}{2}(x+1)^2+\dfrac{1}{2}$$
따라서 $x=-1$에서 최댓값은 $\dfrac{1}{2}$이고, 최솟값은 없다.

1-1 답 (1) $x=\dfrac{3}{2}$에서 최솟값은 $-\dfrac{9}{2}$, 최댓값은 없다.

(2) $x=-4$에서 최댓값은 5, 최솟값은 없다.

(1) $y=2x^2-6x$
$$=2\left(x^2-3x+\dfrac{9}{4}-\dfrac{9}{4}\right)$$
$$=2\left(x^2-3x+\dfrac{9}{4}\right)-\dfrac{9}{2}$$
$$=2\left(x-\dfrac{3}{2}\right)^2-\dfrac{9}{2}$$
따라서 $x=\dfrac{3}{2}$에서 최솟값은 $-\dfrac{9}{2}$이고, 최댓값은 없다.

(2) $y=-\dfrac{1}{4}x^2-2x+1$
$$=-\dfrac{1}{4}(x^2+8x+16-16)+1$$
$$=-\dfrac{1}{4}(x^2+8x+16)+4+1$$
$$=-\dfrac{1}{4}(x+4)^2+5$$
따라서 $x=-4$에서 최댓값은 5이고, 최솟값은 없다.

1-2 답 -8

$y=x^2-5$의 그래프를 x축의 방향으로 2만큼, y축의 방향으로 -3만큼 평행이동한 그래프의 식은
$y=(x-2)^2-5-3$, 즉 $y=(x-2)^2-8$
따라서 구하는 최솟값은 -8이다.

예제 **2** 답 -1

$y=x^2+4x-m$
$$=(x^2+4x+4-4)-m$$
$$=(x+2)^2-4-m$$
따라서 $x=-2$에서 최솟값은 $-4-m$이므로
$-4-m=-3$ ∴ $m=-1$

2-1 답 ②

$y=-3x^2+18x+a$
$$=-3(x^2-6x+9-9)+a$$
$$=-3(x-3)^2+27+a$$
따라서 $x=3$에서 최댓값은 $27+a$이므로
$27+a=25$ ∴ $a=-2$

예제 **3** 답 2

$x=2$에서 최솟값이 -3이므로 꼭짓점의 좌표는 $(2, -3)$이다.

이때 x^2의 계수가 $\dfrac{1}{2}$이므로
$$y=\dfrac{1}{2}(x-2)^2-3=\dfrac{1}{2}x^2-2x-1$$
따라서 $m=-2$, $n=-1$이므로
$mn=-2\times(-1)=2$

3-1 답 ②

$x=1$에서 최댓값이 9이므로 꼭짓점의 좌표는 $(1, 9)$이다.

이때 x^2의 계수는 -1이므로
$$y=-(x-1)^2+9=-x^2+2x+8$$
따라서 $8a=2$, $-b=8$이므로 $a=\dfrac{1}{4}$, $b=-8$

$$\therefore ab=\dfrac{1}{4}\times(-8)=-2$$

예제 4 답 $12\,\text{m}$

$$y=-5x^2+10x+7$$
$$=-5(x^2-2x+1-1)+7$$
$$=-5(x-1)^2+12$$
즉, $x=1$에서 최댓값은 12이다.
따라서 구하는 높이는 $12\,\text{m}$이다.

4-1 답 ④

두 수를 x, $16-x$라 하고, 두 수의 곱을 y라 하면
$$y=x(16-x)=-x^2+16$$
$$=-(x^2-16x+64-64)$$
$$=-(x-8)^2+64$$
즉, $x=8$에서 최댓값은 64이다.
따라서 두 수의 곱의 최댓값은 64이다.

4-2 답 ④

직사각형의 가로의 길이를 $x\,\text{cm}$라 하면 세로의 길이는
$(24-x)\,\text{cm}$이고, 직사각형의 넓이를 $y\,\text{cm}^2$라 하면
$$y=x(24-x)=-x^2+24x$$
$$=-(x^2-24x+144-144)$$
$$=-(x-12)^2+144$$
즉, $x=12$에서 최댓값은 144이다.
따라서 직사각형의 넓이의 최댓값은 $144\,\text{cm}^2$이다.

실전 문제로 단원 마무리하기

•140~143쪽

1 ㄴ, ㄷ	**2** ③	**3** ①	**4** 8	**5** ③
6 4	**7** -5	**8** ④, ⑤	**9** ③	**10** 3
11 제2사분면	**12** ⑤	**13** -2		
14 $(0, -6)$	**15** ①	**16** ④	**17** ②	
18 $-3, 3$				

서술형

19 5	**20** 0	**21** 4	**22** 2

1 답 ㄴ, ㄷ

ㄱ. $y=2x^2-4x$
$$=2(x^2-2x)$$
$$=2(x^2-2x+1-1)$$
$$=2(x^2-2x+1)-2$$
$$=2(x-1)^2-2$$

ㄴ. $y=x^2+6x+7$
$$=(x^2+6x)+7$$
$$=(x^2+6x+9-9)+7$$
$$=(x^2+6x+9)-9+7$$
$$=(x+3)^2-2$$

ㄷ. $y=3x^2-6x+4$
$$=3(x^2-2x)+4$$
$$=3(x^2-2x+1-1)+4$$
$$=3(x^2-2x+1)-3+4$$
$$=3(x-1)^2+1$$

ㄹ. $y=\dfrac{1}{4}x^2+x-2$
$$=\dfrac{1}{4}(x^2+4x)-2$$
$$=\dfrac{1}{4}(x^2+4x+4-4)-2$$
$$=\dfrac{1}{4}(x^2+4x+4)-1-2$$
$$=\dfrac{1}{4}(x+2)^2-3$$

따라서 $y=a(x-p)^2+q$의 꼴로 바르게 나타낸 것은 ㄴ, ㄷ이다.

2 답 ③

$y=x^2-4x+c$의 그래프가 점 $(-1, 8)$을 지나므로
$$8=(-1)^2-4\times(-1)+c \qquad \therefore c=3$$
$$\therefore y=x^2-4x+3$$
$$=(x^2-4x)+3$$
$$=(x^2-4x+4-4)+3$$
$$=(x^2-4x+4)-4+3$$
$$=(x-2)^2-1$$
따라서 꼭짓점의 좌표는 $(2, -1)$이다.

3 답 ①

$$y=-x^2+2px+1$$
$$=-(x^2-2px)+1$$
$$=-(x^2-2px+p^2-p^2)+1$$
$$=-(x^2-2px+p^2)+p^2+1$$
$$=-(x-p)^2+p^2+1$$
따라서 축의 방정식은 $x=p$이므로
$$p=-2$$

4 답 8

$$y=x^2-6x+a$$
$$=(x^2-6x)+a$$
$$=(x^2-6x+9-9)+a$$
$$=(x^2-6x+9)-9+a$$
$$=(x-3)^2-9+a$$
이므로 꼭짓점의 좌표는 $(3, -9+a)$

$y=-x^2+bx-4$

$\quad=-(x^2-bx)-4$

$\quad=-\left(x^2-bx+\dfrac{b^2}{4}-\dfrac{b^2}{4}\right)-4$

$\quad=-\left(x^2-bx+\dfrac{b^2}{4}\right)+\dfrac{b^2}{4}-4$

$\quad=-\left(x-\dfrac{b}{2}\right)^2+\dfrac{b^2}{4}-4$

이므로 꼭짓점의 좌표는 $\left(\dfrac{b}{2},\ \dfrac{b^2}{4}-4\right)$

두 이차함수의 그래프의 꼭짓점이 일치하므로

$3=\dfrac{b}{2}$에서 $b=6$

$-9+a=\dfrac{b^2}{4}-4$에서 $a=14$

$\therefore a-b=14-6=8$

5 답 ③

$y=3x^2+6x$

$\quad=3(x^2+2x)$

$\quad=3(x^2+2x+1-1)$

$\quad=3(x^2+2x+1)-3$

$\quad=3(x+1)^2-3$

따라서 $y=3x^2+6x$의 그래프는 오른쪽 그림과 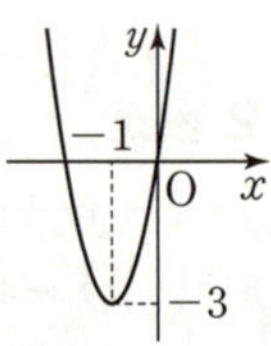
같으므로 제1, 2, 3사분면을 지난다.

6 답 4

다음 그림과 같이 두 점 A, B에서 x축에 내린 수선의 발을
각각 C, D라 하자.

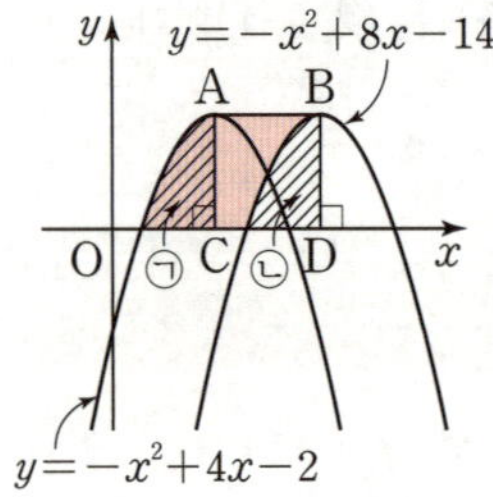

$y=-x^2+4x-2$

$\quad=-(x^2-4x)-2$

$\quad=-(x^2-4x+4-4)-2$

$\quad=-(x^2-4x+4)+4-2$

$\quad=-(x-2)^2+2$

$\therefore\ \mathrm{A}(2,\,2)$

$y=-x^2+8x-14$

$\quad=-(x^2-8x)-14$

$\quad=-(x^2-8x+16-16)-14$

$\quad=-(x^2-8x+16)+16-14$

$\quad=-(x-4)^2+2$

$\therefore\ \mathrm{B}(4,\,2)$

이때 $y=-x^2+8x-14$의 그래프는 $y=-x^2+4x-2$의 그래
프를 x축의 방향으로 2만큼 평행이동한 것과 같으므로 ㉠부분과
㉡부분의 넓이는 서로 같다.

따라서 색칠한 부분의 넓이는

$\square\mathrm{ACDB}=\overline{\mathrm{CD}}\times\overline{\mathrm{AC}}=(4-2)\times2=4$

7 답 -5

$y=x^2+kx-5$의 그래프가 점 $(1,\,0)$을 지나므로

$0=1+k-5$ $\quad\therefore k=4$

$\therefore\ y=x^2+4x-5$

$y=x^2+4x-5$에 $y=0$을 대입하면

$0=x^2+4x-5,\ (x+5)(x-1)=0$

$\therefore\ x=-5$ 또는 $x=1$

그런데 $a<0$이므로 $a=-5$

8 답 ④, ⑤

$y=\dfrac{1}{2}x^2+4x+3=\dfrac{1}{2}(x^2+8x)+3$

$\quad=\dfrac{1}{2}(x^2+8x+16-16)+3$

$\quad=\dfrac{1}{2}(x^2+8x+16)-8+3$

$\quad=\dfrac{1}{2}(x+4)^2-5$

이므로 그래프는 오른쪽 그림과 같다.

④ y축과 만나는 점의 좌표는 $(0,\,3)$이다.

⑤ 주어진 이차함수의 그래프는 이차함수 $y=\dfrac{1}{2}x^2$의 그래프를
x축의 방향으로 -4만큼, y축의 방향으로 -5만큼 평행이동
하면 완전히 포개어진다.

9 답 ③

위로 볼록하므로 이차항의 계수는 음수이다. ⇨ ①, ②, ③

이차항의 계수의 절댓값이 가장 작은 것이 가장 폭이 넓다. ⇨ ③

10 답 3

$y=-x^2+2x+8$에 $y=0$을 대입하면

$0=-x^2+2x+8,\ x^2-2x-8=0$

$(x+2)(x-4)=0$ $\quad\therefore\ x=-2$ 또는 $x=4$

$\therefore\ \mathrm{A}(-2,\,0),\ \mathrm{B}(4,\,0)$

$y=-x^2+2x+8$에 $x=0$을 대입하면

$y=-0+2\times0+8=8$

$\therefore\ \mathrm{C}(0,\,8)$

$y=-x^2+2x+8=-(x^2-2x)+8$

$\quad=-(x^2-2x+1-1)+8$

$\quad=-(x^2-2x+1)+1+8$

$\quad=-(x-1)^2+9$

$\therefore\ \mathrm{D}(1,\,9)$

따라서 $\triangle ABC=\dfrac{1}{2}\times\{4-(-2)\}\times8=24$,

$\triangle ABD=\dfrac{1}{2}\times\{4-(-2)\}\times9=27$이므로

$\triangle ABD-\triangle ABC=27-24=3$

11 답 제2사분면

$a<0$이므로 그래프는 위로 볼록하고, $c>0$이므로 y축과의 교점
이 x축보다 위쪽에 있다.

$a<0$, $b<0$에서 $ab>0$이므로 축은 y축의 왼쪽에 있다.

따라서 이차함수 $y=ax^2+bx+c$의 그래프는
오른쪽 그림과 같으므로 꼭짓점은 제2사분면
위에 있다.

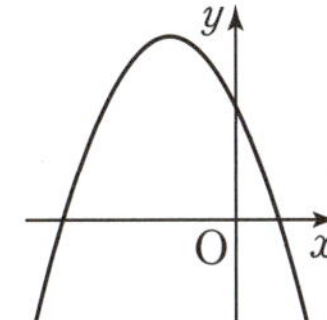

12 답 ⑤

일차함수 $y=ax+b$의 그래프에서
$a<0$, $b<0$

이차함수 $y=x^2+ax+b$의 그래프는
(x^2의 계수)$=1>0$이므로 아래로 볼록하다.

또 x^2의 계수와 x의 계수의 부호가 다르므로 축이 y축의 오른쪽
에 있고, $b<0$이므로 y축과의 교점이 x축보다 아래쪽에 있다.

따라서 이차함수 $y=x^2+ax+b$의 그래프로 알맞은 것은 ⑤이다.

13 답 -2

꼭짓점의 좌표가 $(3,\,0)$이므로 이차함수의 식을
$y=a(x-3)^2$으로 놓자.

이 그래프가 점 $(1,\,-2)$를 지나므로

$-2=a(1-3)^2,\ 4a=-2$ $\therefore a=-\dfrac{1}{2}$

$\therefore y=-\dfrac{1}{2}(x-3)^2$

이 그래프가 점 $(5,\,k)$를 지나므로

$k=-\dfrac{1}{2}\times(5-3)^2=-2$

14 답 $(0,\,-6)$

축의 방정식이 $x=-2$이므로 이차함수의 식을
$y=a(x+2)^2+q$로 놓자.

이 그래프가 점 $(-3,\,3)$을 지나므로
$3=a(-3+2)^2+q$ $\therefore 3=a+q$ $\cdots\ \bigcirc$

또 이 그래프가 점 $(1,\,-21)$을 지나므로
$-21=a(1+2)^2+q$ $\therefore -21=9a+q$ $\cdots\ \bigcirc$

$\bigcirc$, $\bigcirc$을 연립하여 풀면 $a=-3$, $q=6$

즉, $y=-3(x+2)^2+6$이므로 이 식에 $x=0$을 대입하면
$y=-3\times(0+2)^2+6=-6$

따라서 y축과 만나는 점의 좌표는 $(0,\,-6)$이다.

15 답 ①

이차함수의 식을 $y=ax^2+bx+c$로 놓자.

이 그래프가 점 $(0,\,3)$을 지나므로 $c=3$

즉, $y=ax^2+bx+3$의 그래프가 점 $(-1,\,9)$를 지나므로
$9=a-b+3$ $\therefore a-b=6$ $\cdots\ \bigcirc$

또 이 그래프가 점 $(2,\,3)$을 지나므로
$3=4a+2b+3$ $\therefore 2a+b=0$ $\cdots\ \bigcirc$

$\bigcirc$, $\bigcirc$을 연립하여 풀면
$a=2$, $b=-4$

즉, $y=2x^2-4x+3$의 그래프가 점 $(k,\,19)$를 지나므로
$19=2k^2-4k+3,\ 2k^2-4k-16=0$
$k^2-2k-8=0,\ (k+2)(k-4)=0$
$\therefore k=-2$ 또는 $k=4$

그런데 $k>0$이므로 $k=4$

16 답 ④

$y=-2(x-4)^2+5$는 $x=4$에서 최댓값이 5이므로
$M=5$

$y=5x^2-4x+4$

$\quad=5\left(x^2-\dfrac{4}{5}x+\dfrac{4}{25}-\dfrac{4}{25}\right)+4$

$\quad=5\left(x-\dfrac{2}{5}\right)^2+\dfrac{16}{5}$

따라서 $x=\dfrac{2}{5}$에서 최솟값은 $\dfrac{16}{5}$이므로 $m=\dfrac{16}{5}$

$\therefore Mm=5\times\dfrac{16}{5}=16$

17 답 ②

$y=x^2+2kx+k$

$\quad=(x^2+2kx+k^2-k^2)+k$

$\quad=(x+k)^2-k^2+k$

즉, $x=-k$에서 최솟값은 $-k^2+k$이므로

$m=-k^2+k=-\left(k^2-k+\dfrac{1}{4}-\dfrac{1}{4}\right)$

$\quad=-\left(k-\dfrac{1}{2}\right)^2+\dfrac{1}{4}$

따라서 m의 최댓값은 $\dfrac{1}{4}$이다.

참고 이차함수의 최댓값의 최솟값 또는 최솟값의 최댓값 구하기
❶ 이차함수의 식을 $y=a(x-p)^2+q$의 꼴로 고친다.
❷ ❶에서 q의 최솟값 또는 최댓값을 구한다.

18 답 $-3,\,3$

두 수를 x, $x+6$이라 하고, 두 수의 제곱의 합을 y라 하면
$y=x^2+(x+6)^2=2x^2+12x+36=2(x+3)^2+18$

따라서 $x=-3$일 때 두 수의 제곱의 합은 최소이므로 구하는 두
수는 $-3,\,3$이다.

19 답 5

$y=2x^2-8x+5$

$\quad=2(x^2-4x)+5$

$\quad=2(x^2-4x+4-4)+5$

$\quad=2(x^2-4x+4)-8+5$

$\quad=2(x-2)^2-3$

이므로 꼭짓점의 좌표는 $(2, -3)$이다. $\qquad$ ··· (i)

이때 꼭짓점이 직선 $y=x-m$ 위에 있으므로

$-3=2-m \qquad \therefore m=5 \qquad$ ··· (ii)

채점 기준	배점
(i) 꼭짓점의 좌표 구하기	70 %
(ii) m의 값 구하기	30 %

20 답 0

$y=-2x^2+5x-3$의 그래프를 평행이동하면 완전히 포갤 수 있고, x축과 두 점 $(-5, 0)$, $(1, 0)$에서 만나므로

$y=-2(x+5)(x-1)$

$\quad=-2x^2-8x+10 \qquad$ ··· (i)

따라서 $a=-2$, $b=-8$, $c=10$이므로

$a+b+c=-2+(-8)+10=0 \qquad$ ··· (ii)

채점 기준	배점
(i) 이차함수의 식 구하기	60 %
(ii) $a+b+c$의 값 구하기	40 %

21 답 4

$x=2$에서 최댓값이 3이므로 꼭짓점의 좌표는 $(2, 3)$이다.

즉, 이차함수의 식을 $y=a(x-2)^2+3$으로 놓자.

이 그래프가 점 $(0, -1)$을 지나므로

$-1=a(0-2)^2+3$

$-1=4a+3 \qquad \therefore a=-1 \qquad$ ··· (i)

따라서 $y=-(x-2)^2+3=-x^2+4x-1$이므로

$b=4$, $c=-1 \qquad$ ··· (ii)

$\therefore abc=-1\times4\times(-1)=4 \qquad$ ··· (iii)

채점 기준	배점
(i) a의 값 구하기	40 %
(ii) b, c의 값 각각 구하기	40 %
(iii) abc의 값 구하기	20 %

22 답 2

새로운 직사각형의 가로의 길이는 $(10-x)\,\text{cm}$, 세로의 길이는 $(6+x)\,\text{cm}$이므로 이 직사각형의 넓이 $y\,\text{cm}^2$는

$y=(10-x)(6+x)$

$\quad=-x^2+4x+60$

$\quad=-(x^2-4x+4-4)+60$

$\quad=-(x-2)^2+64 \qquad$ ··· (i)

따라서 $x=2$일 때 새로운 직사각형의 넓이 $y\,\text{cm}^2$가 최대가 된다.

$\qquad$ ··· (ii)

채점 기준	배점
(i) 주어진 조건에 따라 이차함수의 식을 $y=a(x-p)^2+q$의 꼴로 세우기	70 %
(ii) 새로운 직사각형의 넓이 $y\,\text{cm}^2$가 최대가 되도록 하는 x의 값 구하기	30 %

OX 문제로 개념 점검! •144쪽

❶ × ❷ ○ ❸ × ❹ ○ ❺ ○ ❻ ○

❶ $y=2x^2-4x+1$

$\quad=2(x^2-2x+1-1)+1$

$\quad=2(x^2-2x+1)-2+1$

$\quad=2(x-1)^2-1$

❷ $y=x^2+6x+7$

$\quad=(x^2+6x+9-9)+7$

$\quad=(x^2+6x+9)-9+7$

$\quad=(x+3)^2-2$

이므로 꼭짓점의 좌표는 $(-3, -2)$이다.

❸ $y=x^2-2x+3$

$\quad=(x^2-2x+1-1)+3$

$\quad=(x^2-2x+1)-1+3$

$\quad=(x-1)^2+2$

이므로 축의 방정식은 $x=1$이다.

❺ $y=x^2-7x+12$에 $y=0$을 대입하면

$0=x^2-7x+12$, $(x-3)(x-4)=0$

$\therefore x=3$ 또는 $x=4$

따라서 x축과의 교점의 좌표는 $(3, 0)$, $(4, 0)$이다.

❻ 구하는 이차함수의 식을 $y=ax^2+bx+c$로 놓자.

이 그래프가 점 $(0, 5)$를 지나므로 $c=5$

즉, $y=ax^2+bx+5$의 그래프가 두 점 $(1, 1)$, $(-2, 7)$을 지나므로

$1=a+b+5 \qquad \therefore a+b=-4 \qquad$ ··· ㉠

$7=4a-2b+5 \qquad \therefore 2a-b=1 \qquad$ ··· ㉡

㉠, ㉡을 연립하여 풀면

$a=-1$, $b=-3$

따라서 구하는 이차함수의 식은 $y=-x^2-3x+5$이다.

1 제곱근과 실수

개념 01 제곱근 ·3쪽

1 답 (1) 2, -2 (2) 3, -3 (3) 9, -9 (4) 11, -11

(5) $\dfrac{2}{7}$, $-\dfrac{2}{7}$ (6) 0.4, -0.4

(1) $2^2=4$, $(-2)^2=4$이므로 제곱하여 4가 되는 수는
2, -2이다.

(2) $3^2=9$, $(-3)^2=9$이므로 제곱하여 9가 되는 수는
3, -3이다.

(3) $9^2=81$, $(-9)^2=81$이므로 제곱하여 81이 되는 수는
9, -9이다.

(4) $11^2=121$, $(-11)^2=121$이므로 제곱하여 121이 되는 수는
11, -11이다.

(5) $\left(\dfrac{2}{7}\right)^2=\dfrac{4}{49}$, $\left(-\dfrac{2}{7}\right)^2=\dfrac{4}{49}$이므로 제곱하여 $\dfrac{4}{49}$가 되는 수는
$\dfrac{2}{7}$, $-\dfrac{2}{7}$이다.

(6) $0.4^2=0.16$, $(-0.4)^2=0.16$이므로 제곱하여 0.16이 되는 수
는 0.4, -0.4이다.

2 답 (1) 25, 25, 5, -5 (2) 144, 144, 12, -12

3 답 (1) 0 (2) 1, -1 (3) 7, -7 (4) 없다.

(5) 0.6, -0.6 (6) $\dfrac{9}{5}$, $-\dfrac{9}{5}$

(1) $0^2=0$이므로 0의 제곱근은 0이다.

(2) $1^2=1$, $(-1)^2=1$이므로 1의 제곱근은
1, -1이다.

(3) $7^2=49$, $(-7)^2=49$이므로 49의 제곱근은
7, -7이다.

(4) 제곱하여 음수가 되는 수는 없으므로 -16의 제곱근은 없다.

(5) $0.6^2=0.36$, $(-0.6)^2=0.36$이므로 0.36의 제곱근은
0.6, -0.6이다.

(6) $\left(\dfrac{9}{5}\right)^2=\dfrac{81}{25}$, $\left(-\dfrac{9}{5}\right)^2=\dfrac{81}{25}$이므로 $\dfrac{81}{25}$의 제곱근은
$\dfrac{9}{5}$, $-\dfrac{9}{5}$이다.

4 답 20

$A^2=7$, $B^2=13$이므로
$A^2+B^2=7+13=20$

5 답 ㄱ, ㄴ, ㄹ

ㄱ. $6^2=36$이므로 6은 36의 제곱근이다.

ㄴ. $7^2=49$, $(-7)^2=49$이므로
49의 제곱근은 7, -7의 2개이다.

ㄷ. 0의 제곱근은 0이다.

ㄹ. $(-8)^2=8^2=64$이므로
$(-8)^2$과 8^2의 제곱근은 같다.

ㅁ. $5^2=25$, $(-5)^2=25$이므로
25의 제곱근은 5, -5이다.

ㅂ. 제곱하여 음수가 되는 수는 없으므로
-64의 제곱근은 없다.

따라서 옳은 것은 ㄱ, ㄴ, ㄹ이다.

개념 02 제곱근의 표현 ·4쪽

1 답

a	a의 양의 제곱근	a의 음의 제곱근	a의 제곱근
7	$\sqrt{7}$	$-\sqrt{7}$	$\pm\sqrt{7}$
$\dfrac{1}{10}$	$\sqrt{\dfrac{1}{10}}$	$-\sqrt{\dfrac{1}{10}}$	$\pm\sqrt{\dfrac{1}{10}}$
5^2	5	-5	± 5
$(-2)^2$	2	-2	± 2
$\left(\dfrac{2}{3}\right)^2$	$\dfrac{2}{3}$	$-\dfrac{2}{3}$	$\pm\dfrac{2}{3}$
0.09	0.3	-0.3	± 0.3
169	13	-13	± 13

2 답 (1) $\sqrt{15}$ (2) $-\sqrt{15}$ (3) $\pm\sqrt{15}$ (4) $\sqrt{15}$

3 답 (1) 2 (2) -6 (3) ± 12 (4) 0.5 (5) -0.1 (6) $\pm\dfrac{5}{11}$

4 답 ④

① 제곱근 36은 6이다.

② -7은 49의 음의 제곱근이다.

③ $\sqrt{225}=15$의 제곱근은 $\pm\sqrt{15}$이다.

④ 64의 제곱근은 ± 8이므로 두 수의 합은 $8+(-8)=0$이다.

⑤ 제곱근 2는 $\sqrt{2}$, 2의 제곱근은 $\pm\sqrt{2}$이므로 서로 같지 않다.

따라서 옳은 것은 ④이다.

5 답 ⑤

① 6의 제곱근은 $\pm\sqrt{6}$

② $0.\dot{5}=\dfrac{5}{9}$의 제곱근은 $\pm\sqrt{\dfrac{5}{9}}$

③ 14.4의 제곱근은 $\pm\sqrt{14.4}$

④ $\dfrac{7}{25}$의 제곱근은 $\pm\sqrt{\dfrac{7}{25}}$

⑤ $\dfrac{9}{49}$의 제곱근은 $\pm\sqrt{\dfrac{9}{49}}=\pm\dfrac{3}{7}$

따라서 근호를 사용하지 않고 나타낼 수 있는 것은 ⑤이다.

1 답 (1) 3 (2) $\dfrac{5}{4}$ (3) -11 (4) -1.5

(5) 6 (6) 17 (7) $-\dfrac{2}{5}$ (8) -0.3

2 답 (1) 6, 3, 9 (2) 10, 7, 3

3 답 (1) 11 (2) 9 (3) 21 (4) 4

(1) $(\sqrt{5})^2+(-\sqrt{6})^2=5+6=11$

(2) $\sqrt{13^2}-\sqrt{(-4)^2}=13-4=9$

(3) $(\sqrt{3})^2\times\sqrt{(-7)^2}=3\times7=21$

(4) $\sqrt{12^2}\div(\sqrt{3})^2=12\div3=4$

4 답 (1) $A,\ -A$ (2) $A,\ -A$

5 답 (1) $3a$ (2) $-3a$ (3) $-3a,\ 3a$ (4) $-3a$

6 답 (1) $\dfrac{2}{5}a$ (2) $-\dfrac{2}{5}a$ (3) $-6a,\ 6a$ (4) $-6a$

7 답 (1) $>,\ a-1$ (2) $<,\ a-1,\ -a+1$

(3) $>,\ a-1,\ -a+1$

(4) $<,\ -(a-1),\ a-1$

8 답

$\sqrt{(제곱인\ 수)}$	$\sqrt{(자연수)^2}$	자연수
$\sqrt{9}$	$\sqrt{3^2}$	3
$\sqrt{36}$	$\sqrt{6^2}$	6
$\sqrt{144}$	$\sqrt{12^2}$	12
$\sqrt{169}$	$\sqrt{13^2}$	13
$\sqrt{900}$	$\sqrt{30^2}$	30

9 답 (1) 2, 5, 2, 2, 5, 2, 2

(2) 3, 7, 7, 3, 7, 7, 7

(3) 9, 16, 25, 9, 16, 25, 2, 9, 18, 2

(4) 1, 4, 9, 1, 4, 9, 14, 11, 6, 6

10 답 ⑤

①, ②, ③, ④ 2

⑤ -2

따라서 나머지 넷과 다른 하나는 ⑤이다.

11 답 ②

$\sqrt{11^2}-(-\sqrt{12})^2\div\sqrt{\left(-\dfrac{3}{5}\right)^2}+\sqrt{169}$

$=11-12\div\dfrac{3}{5}+13=11-12\times\dfrac{5}{3}+13$

$=11-20+13=4$

12 답 ②

② $-a>0$이므로 $\sqrt{(-a)^2}=-a$

③ $-a>0$이므로 $(\sqrt{-a})^2=-a$

④ $-a>0$이므로 $(-\sqrt{-a})^2=-a$

⑤ $(\sqrt{-a})^2=-a$이므로 $-(\sqrt{-a})^2=-(-a)=a$

따라서 옳지 않은 것은 ②이다.

13 답 ①

$a<0$에서 $-a>0$, $5a<0$이므로

$\sqrt{(-a)^2}-\sqrt{(5a)^2}=-a-(-5a)$

$\qquad\qquad\qquad\quad =-a+5a=4a$

14 답 2

$1<x<3$에서 $x-1>0$, $x-3<0$이므로

$\sqrt{(x-1)^2}+\sqrt{(x-3)^2}=(x-1)-(x-3)$

$\qquad\qquad\qquad\qquad\quad =x-1-x+3$

$\qquad\qquad\qquad\qquad\quad =2$

15 답 ④

$\sqrt{252a}=\sqrt{2^2\times3^2\times7\times a}$가 자연수가 되려면 각 소인수의 지수가 모두 짝수이어야 하므로 $a=7\times(자연수)^2$ 꼴이어야 한다.

따라서 가장 작은 자연수 a의 값은 7이다.

16 답 ③

$\sqrt{28-x}$가 정수가 되려면 $28-x$는 0 또는 28보다 작은 제곱수이어야 한다.

즉, $28-x=0,\ 1,\ 4,\ 9,\ 16,\ 25$

$\therefore\ x=28,\ 27,\ 24,\ 19,\ 12,\ 3$

따라서 자연수 x의 개수는 6개이다.

개념 **04** 제곱근의 대소 관계 •8쪽

1 답 (1) $<,\ <$ (2) $>,\ >$ (3) $<,\ >$ (4) $>,\ <$

2 답 (가) 25, (나) $>$, (다) 24, (라) $>$

3 답 (1) $>$ (2) $>$ (3) $<$ (4) $<$

(1) $3=\sqrt{9}$이고 $\sqrt{9}>\sqrt{6}$이므로 $3>\sqrt{6}$

(2) $0.2=\sqrt{0.04}$이고 $\sqrt{0.2}>\sqrt{0.04}$이므로 $\sqrt{0.2}>0.2$

(3) $2=\sqrt{4}$이고 $\sqrt{10}>\sqrt{4}$이므로 $\sqrt{10}>2$

$\quad\therefore\ -\sqrt{10}<-2$

(4) $5=\sqrt{25}$이고 $\sqrt{25}>\sqrt{20}$이므로 $5>\sqrt{20}$

$\quad\therefore\ -5<-\sqrt{20}$

4 답 ④

① $4=\sqrt{16}$이고 $\sqrt{8}<\sqrt{16}$이므로
　　$\sqrt{8}<4$

② $17<18$이므로 $\sqrt{17}<\sqrt{18}$

③ $13<15$이므로 $\sqrt{13}<\sqrt{15}$
　　$\therefore -\sqrt{13}>-\sqrt{15}$

④ $\dfrac{1}{5}=\sqrt{\dfrac{1}{25}}$이고 $\sqrt{\dfrac{1}{6}}>\sqrt{\dfrac{1}{25}}$이므로
　　$\sqrt{\dfrac{1}{6}}>\dfrac{1}{5}$

⑤ $0.6<0.7$이므로 $\sqrt{0.6}<\sqrt{0.7}$

따라서 옳은 것은 ④이다.

5 답 ③

$6<\sqrt{3n}<7$에서 $\sqrt{36}<\sqrt{3n}<\sqrt{49}$

$36<3n<49$　　$\therefore 12<n<\dfrac{49}{3}\,(=16.\times\times\times)$

따라서 자연수 n은 13, 14, 15, 16의 4개이다.

1 답 (1) 유　(2) 무　(3) 유　(4) 무　(5) 유
　　　(6) 무　(7) 유　(8) 유　(9) 무　(10) 무

(3) $2.0\dot{8}=\dfrac{206}{99}$이므로 유리수이다.

(5) $\sqrt{0.36}=0.6$이므로 유리수이다.

(7) $0.\dot{6}=\dfrac{2}{3}$이므로 유리수이다.

(8) $\sqrt{(-11)^2}=11$이므로 유리수이다.

2 답 (1) ○　(2) ×　(3) ○　(4) ○　(5) ○　(6) ×

(2) 무한소수 중 순환소수는 유리수이다.

(5) $\sqrt{4}=2$, $\sqrt{\dfrac{1}{9}}=\dfrac{1}{3}$과 같이 근호 안의 수가 어떤 유리수의 제곱

　　인 수이면 유리수이다.

(6) 실수는 유리수와 무리수로 이루어져 있다.

3 답 ③

$\sqrt{0.\dot{4}}=\sqrt{\dfrac{4}{9}}=\dfrac{2}{3}$, $-\sqrt{1.21}=-\sqrt{1.1^2}=-1.1$, $\sqrt{(-2)^2}=2$는

유리수이다.

따라서 무리수는 $\sqrt{13}$, $0.1121231234\cdots$, π의 3개이다.

4 답 ③, ⑤

③ $\dfrac{1}{2}$은 정수가 아니면서 유리수이다.

⑤ 실수 중 무리수는 순환소수로 나타낼 수 없다.

1 답 1, 3, 10, $\sqrt{10}$, $-\sqrt{10}$

2 답 1, 1, 2, $\sqrt{2}$, $\sqrt{2}$, $3+\sqrt{2}$, $3-\sqrt{2}$

3 답 (1) ×　(2) ×　(3) ○　(4) ×　(5) ○　(6) ×

(2) 두 유리수 0과 2 사이에 있는 유리수는 무수히 많다.

(3) 두 무리수 $\sqrt{3}$과 $\sqrt{5}$ 사이의 자연수는 2의 한 개이다.

(4) 수직선 위의 점은 실수에 대응한다.

(6) 실수는 모두 수직선 위의 점으로 나타낼 수 있다.

4 답 P: $1+\sqrt{2}$, Q: $1-\sqrt{2}$

정사각형 ABCD의 한 변의 길이는

$\sqrt{1^2+1^2}=\sqrt{2}$

$\overline{AP}=\overline{AB}=\sqrt{2}$이므로 점 P에 대응하는 수는

$1+\sqrt{2}$

$\overline{AQ}=\overline{AD}=\sqrt{2}$이므로 점 Q에 대응하는 수는

$1-\sqrt{2}$

5 답 ㄴ

ㄱ. 두 무리수 $\sqrt{2}$와 $\sqrt{5}$ 사이에는 유리수 2가 있다.

ㄷ. 수직선은 유리수와 무리수, 즉 실수에 대응하는 점으로 완전
　　히 메울 수 있다.

따라서 옳은 것은 ㄴ이다.

1 답 (1) >, >, >, >　(2) >, >　(3) 3, 2, >

2 답 (1) >　(2) <　(3) <　(4) >

(1) $(2+\sqrt{10})-5=2+\sqrt{10}-5=\sqrt{10}-3$

　　이때 $\sqrt{10}>3$에서 $\sqrt{10}-3>0$이므로

　　$(2+\sqrt{10})-5>0$　　$\therefore 2+\sqrt{10}>5$

(2) $(4+\sqrt{11})-8=4+\sqrt{11}-8=\sqrt{11}-4$

　　이때 $\sqrt{11}<4$에서 $\sqrt{11}-4<0$이므로

　　$(4+\sqrt{11})-8<0$　　$\therefore 4+\sqrt{11}<8$

(3) $\sqrt{5}<\sqrt{6}$이므로 양변에 2를 더하면

　　$2+\sqrt{5}<2+\sqrt{6}$

(4) $\sqrt{2}>1$이므로 양변에서 $\sqrt{7}$을 빼면

　　$\sqrt{2}-\sqrt{7}>1-\sqrt{7}$

3 답 >, >, >, >, <, <

4 답 ①, ④

① $1-(4-\sqrt{11})=1-4+\sqrt{11}=-3+\sqrt{11}$
　이때 $3<\sqrt{11}$에서 $-3+\sqrt{11}>0$이므로
　$1-(4-\sqrt{11})>0$　∴ $1>4-\sqrt{11}$
② $(\sqrt{6}-2)-1=\sqrt{6}-2-1=\sqrt{6}-3$
　이때 $\sqrt{6}<3$에서 $\sqrt{6}-3<0$이므로
　$(\sqrt{6}-2)-1<0$　∴ $\sqrt{6}-2<1$
③ $2<\sqrt{5}$이므로 양변에서 $\sqrt{3}$을 빼면
　$2-\sqrt{3}<\sqrt{5}-\sqrt{3}$
④ $\sqrt{7}<\sqrt{10}$에서 $-\sqrt{7}>-\sqrt{10}$이므로 양변에서 3을 빼면
　$-\sqrt{7}-3>-\sqrt{10}-3$
⑤ $\sqrt{3}<\sqrt{7}$이므로 양변에 $\sqrt{5}$를 더하면
　$\sqrt{3}+\sqrt{5}<\sqrt{5}+\sqrt{7}$
따라서 옳은 것은 ①, ④이다.

5 답 ⑤

$a-b=(\sqrt{6}+4)-6=\sqrt{6}-2>0$이므로
$a>b$　$\cdots$ ㉠
$b-c=6-(6-\sqrt{2})=\sqrt{2}>0$이므로
$b>c$　$\cdots$ ㉡
따라서 ㉠, ㉡에서 $c<b<a$

---

2 근호를 포함한 식의 계산

개념 08 제곱근의 곱셈과 나눗셈
·12쪽

1 답 (1) $\sqrt{14}$　(2) $\sqrt{15}$　(3) $-\sqrt{42}$　(4) $15\sqrt{22}$

(1) $\sqrt{2}\times\sqrt{7}=\sqrt{2}\sqrt{7}=\sqrt{2\times7}=\sqrt{14}$
(2) $\sqrt{5}\sqrt{3}=\sqrt{5\times3}=\sqrt{15}$
(3) $-\sqrt{6}\times\sqrt{7}=-\sqrt{6}\sqrt{7}=-\sqrt{6\times7}=-\sqrt{42}$
(4) $3\sqrt{2}\times5\sqrt{11}=(3\times5)\times\sqrt{2\times11}=15\sqrt{22}$

2 답 (1) $\dfrac{18}{5}$, 6　(2) 3, 5, 7, 105

3 답 (1) $\sqrt{7}$　(2) $\sqrt{3}$　(3) $-\sqrt{7}$　(4) $2\sqrt{5}$

(1) $\sqrt{42}\div\sqrt{6}=\dfrac{\sqrt{42}}{\sqrt{6}}=\sqrt{\dfrac{42}{6}}=\sqrt{7}$
(2) $\dfrac{\sqrt{33}}{\sqrt{11}}=\sqrt{\dfrac{33}{11}}=\sqrt{3}$
(3) $\sqrt{56}\div(-\sqrt{8})=-\dfrac{\sqrt{56}}{\sqrt{8}}=-\sqrt{\dfrac{56}{8}}=-\sqrt{7}$
(4) $4\sqrt{30}\div2\sqrt{6}=\dfrac{4\sqrt{30}}{2\sqrt{6}}=\dfrac{4}{2}\sqrt{\dfrac{30}{6}}=2\sqrt{5}$

4 답 13, $\dfrac{13}{7}$, 39

5 답 ④

① $\sqrt{5}\sqrt{6}=\sqrt{5\times6}=\sqrt{30}$
② $-\sqrt{3}\sqrt{27}=-\sqrt{3\times27}=-\sqrt{81}=-9$
③ $2\sqrt{2}\sqrt{3}=2\sqrt{2\times3}=2\sqrt{6}$
④ $\sqrt{\dfrac{3}{7}}\times\sqrt{\dfrac{14}{3}}=\sqrt{\dfrac{3}{7}\times\dfrac{14}{3}}=\sqrt{2}$
⑤ $\sqrt{\dfrac{2}{3}}\times7\sqrt{\dfrac{11}{10}}=7\sqrt{\dfrac{2}{3}\times\dfrac{11}{10}}=7\sqrt{\dfrac{11}{15}}$
따라서 옳지 않은 것은 ④이다.

6 답 ③

$\sqrt{27}\div\dfrac{\sqrt{3}}{\sqrt{2}}\div(-3\sqrt{2})=\sqrt{27}\times\dfrac{\sqrt{2}}{\sqrt{3}}\times\left(-\dfrac{1}{3\sqrt{2}}\right)$

$=-\dfrac{1}{3}\sqrt{27\times\dfrac{2}{3}\times\dfrac{1}{2}}$

$=-\dfrac{1}{3}\sqrt{9}=-\dfrac{1}{3}\times3=-1$

∴ $a=-1$

개념 09 근호가 있는 식의 변형
·13쪽

1 답 2^2, 2^2, 2

2 답 (1) 2, 2 (2) 5, 5 (3) 10, 10 (4) 12, 12
　　 (5) 10, 10 (6) 7, 7 (7) 18, 3, 3

3 답 (1) 5, 125 (2) 12, $\dfrac{35}{144}$ (3) 5, $\dfrac{7}{25}$

4 답 ㄱ, ㄷ

ㄴ. $\sqrt{\dfrac{20}{25}}=\sqrt{\dfrac{2^2\times5}{5^2}}=\dfrac{2\sqrt5}{5}$

ㄹ. $\sqrt{0.12}=\sqrt{\dfrac{12}{100}}=\sqrt{\dfrac{2^2\times3}{10^2}}=\dfrac{2\sqrt3}{10}=\dfrac{\sqrt3}{5}$

ㅁ. $-\sqrt{\dfrac{24}{49}}=-\sqrt{\dfrac{2^2\times6}{7^2}}=-\dfrac{2\sqrt6}{7}$

따라서 옳은 것은 ㄱ, ㄷ이다.

5 답 ③

$\sqrt{45}=\sqrt{3^2\times5}=(\sqrt3)^2\times\sqrt5=a^2b$

개념 10 　 분모의 유리화
•14쪽

1 답 (가) $\sqrt5$, (나) $\sqrt5$, (다) 15, (라) 15

2 답 (1) $\sqrt5$, $\sqrt5$, $\dfrac{\sqrt5}{5}$ (2) $\sqrt{13}$, $\sqrt{13}$, $\dfrac{7\sqrt{13}}{13}$

　　 (3) $\sqrt3$, $\sqrt3$, $\dfrac{\sqrt3}{6}$ (4) $\sqrt3$, $\sqrt3$, $\dfrac{11\sqrt3}{12}$

　　 (5) $\sqrt7$, $\sqrt7$, $\dfrac{\sqrt{35}}{14}$ (6) $\sqrt7$, $\sqrt7$, $\dfrac{\sqrt{14}}{21}$

3 답 (1) $\dfrac{\sqrt7}{7}$ (2) $\dfrac{3\sqrt5}{5}$ (3) $-\dfrac{\sqrt{51}}{3}$ (4) $\dfrac{3\sqrt5}{20}$

　　 (5) $\dfrac{\sqrt{14}}{7}$ (6) $\dfrac{7\sqrt3}{18}$

(1) $\dfrac{1}{\sqrt7}=\dfrac{1\times\sqrt7}{\sqrt7\times\sqrt7}=\dfrac{\sqrt7}{7}$

(2) $\dfrac{3}{\sqrt5}=\dfrac{3\times\sqrt5}{\sqrt5\times\sqrt5}=\dfrac{3\sqrt5}{5}$

(3) $-\dfrac{\sqrt{17}}{\sqrt3}=-\dfrac{\sqrt{17}\times\sqrt3}{\sqrt3\times\sqrt3}=-\dfrac{\sqrt{51}}{3}$

(4) $\dfrac{3\sqrt3}{4\sqrt{15}}=\dfrac{3}{4\sqrt5}=\dfrac{3\times\sqrt5}{4\sqrt5\times\sqrt5}=\dfrac{3\sqrt5}{20}$

(5) $\dfrac{2}{\sqrt{14}}=\dfrac{2\times\sqrt{14}}{\sqrt{14}\times\sqrt{14}}=\dfrac{2\sqrt{14}}{14}=\dfrac{\sqrt{14}}{7}$

(6) $\dfrac{7}{2\sqrt{27}}=\dfrac{7}{2\times3\sqrt3}=\dfrac{7}{6\sqrt3}=\dfrac{7\times\sqrt3}{6\sqrt3\times\sqrt3}=\dfrac{7\sqrt3}{18}$

4 답 ③

③ $\dfrac{\sqrt6}{\sqrt{20}}=\dfrac{\sqrt6}{2\sqrt5}=\dfrac{\sqrt6\times\sqrt5}{2\sqrt5\times\sqrt5}=\dfrac{\sqrt{30}}{10}$

5 답 ④

$\dfrac{3\sqrt3}{\sqrt2}\times\dfrac{5}{\sqrt6}\div\dfrac{\sqrt{18}}{8}=\dfrac{3\sqrt3}{\sqrt2}\times\dfrac{5}{\sqrt6}\div\dfrac{3\sqrt2}{8}=\dfrac{3\sqrt3}{\sqrt2}\times\dfrac{5}{\sqrt6}\times\dfrac{8}{3\sqrt2}$

$=\dfrac{40}{2\sqrt2}=\dfrac{20}{\sqrt2}=\dfrac{20\times\sqrt2}{\sqrt2\times\sqrt2}=\dfrac{20\sqrt2}{2}=10\sqrt2$

개념 11 　 제곱근표
•15~16쪽

1 답 (1) 2.126 (2) 2.177 (3) 2.145 (4) 2.216

2 답 (1) 3.225 (2) 3.564 (3) 3.808 (4) 3.975

3 답 (1) 1.556 (2) 2.53 (3) 2.61 (4) 1.655

4 답 (1) 100, 10, 10, 26.46
　　 (2) 100, 10, 10, 83.67
　　 (3) 100, 10, 10, 0.2646
　　 (4) 10000, 100, 100, 0.08367

5 답 (1) 22.63 (2) 71.55 (3) 0.7155 (4) 0.2263

(1) $\sqrt{512}=\sqrt{5.12\times100}=10\sqrt{5.12}=10\times2.263=22.63$

(2) $\sqrt{5120}=\sqrt{51.2\times100}=10\sqrt{51.2}=10\times7.155=71.55$

(3) $\sqrt{0.512}=\sqrt{\dfrac{51.2}{100}}=\dfrac{\sqrt{51.2}}{10}=\dfrac{7.155}{10}=0.7155$

(4) $\sqrt{0.0512}=\sqrt{\dfrac{5.12}{100}}=\dfrac{\sqrt{5.12}}{10}=\dfrac{2.263}{10}=0.2263$

6 답 (1) 3, 1.732, 3.464 (2) 2, 2, 0.866

7 답 (1) 4.472 (2) 0.559 (3) 1.118

(1) $\sqrt{20}=2\sqrt5=2\times2.236=4.472$

(2) $\sqrt{\dfrac{5}{16}}=\dfrac{\sqrt5}{4}=\dfrac{2.236}{4}=0.559$

(3) $\sqrt{1.25}=\sqrt{\dfrac{125}{100}}=\dfrac{5\sqrt5}{10}=\dfrac{\sqrt5}{2}=\dfrac{2.236}{2}=1.118$

8 답 ⑤

① $\sqrt{3800}=\sqrt{38\times100}=10\sqrt{38}=10\times6.164=61.64$

② $\sqrt{380}=\sqrt{3.8\times100}=10\sqrt{3.8}=10\times1.949=19.49$

③ $\sqrt{0.38}=\sqrt{\dfrac{38}{100}}=\dfrac{\sqrt{38}}{10}=\dfrac{6.164}{10}=0.6164$

④ $\sqrt{0.038}=\sqrt{\dfrac{3.8}{100}}=\dfrac{\sqrt{3.8}}{10}=\dfrac{1.949}{10}=0.1949$

⑤ $\sqrt{0.0038}=\sqrt{\dfrac{38}{10000}}=\dfrac{\sqrt{38}}{100}=\dfrac{6.164}{100}=0.06164$

따라서 옳지 않은 것은 ⑤이다.

9 답 0.5292

$$\sqrt{0.28}=\sqrt{\frac{28}{100}}=\frac{2\sqrt{7}}{10}=\frac{\sqrt{7}}{5}=\frac{2.646}{5}=0.5292$$

개념 **12** 제곱근의 덧셈과 뺄셈 · 17~18쪽

1 답 (1) $5\sqrt{3}$ (2) $11\sqrt{2}$ (3) $14\sqrt{7}$
(4) $-5\sqrt{3}$ (5) $-3\sqrt{6}$ (6) $-11\sqrt{5}$

(1) $2\sqrt{3}+3\sqrt{3}=(2+3)\sqrt{3}=5\sqrt{3}$
(2) $\sqrt{2}+10\sqrt{2}=(1+10)\sqrt{2}=11\sqrt{2}$
(3) $12\sqrt{7}+2\sqrt{7}=(12+2)\sqrt{7}=14\sqrt{7}$
(4) $\sqrt{3}-6\sqrt{3}=(1-6)\sqrt{3}=-5\sqrt{3}$
(5) $7\sqrt{6}-10\sqrt{6}=(7-10)\sqrt{6}=-3\sqrt{6}$
(6) $-3\sqrt{5}-8\sqrt{5}=(-3-8)\sqrt{5}=-11\sqrt{5}$

2 답 (1) $3\sqrt{3}$ (2) $-2\sqrt{7}$ (3) $-4\sqrt{17}$
(4) $-14\sqrt{3}$ (5) $-\dfrac{\sqrt{5}}{3}$ (6) $-\dfrac{11\sqrt{2}}{12}$

(1) $4\sqrt{3}+5\sqrt{3}-6\sqrt{3}=(4+5-6)\sqrt{3}=3\sqrt{3}$
(2) $6\sqrt{7}-15\sqrt{7}+7\sqrt{7}=(6-15+7)\sqrt{7}=-2\sqrt{7}$
(3) $-2\sqrt{17}+4\sqrt{17}-6\sqrt{17}=(-2+4-6)\sqrt{17}=-4\sqrt{17}$
(4) $-2\sqrt{3}-7\sqrt{3}-5\sqrt{3}=(-2-7-5)\sqrt{3}=-14\sqrt{3}$
(5) $\dfrac{\sqrt{5}}{3}-\dfrac{\sqrt{5}}{2}-\dfrac{\sqrt{5}}{6}=\left(\dfrac{1}{3}-\dfrac{1}{2}-\dfrac{1}{6}\right)\sqrt{5}=-\dfrac{\sqrt{5}}{3}$
(6) $-\sqrt{2}+\dfrac{\sqrt{2}}{3}-\dfrac{\sqrt{2}}{4}=\left(-1+\dfrac{1}{3}-\dfrac{1}{4}\right)\sqrt{2}=-\dfrac{11\sqrt{2}}{12}$

3 답 (1) $-8\sqrt{2}+6\sqrt{3}$ (2) $7\sqrt{6}+2\sqrt{7}$
(3) $\dfrac{\sqrt{2}}{4}-5\sqrt{5}$ (4) $-\dfrac{\sqrt{3}}{2}+\dfrac{7\sqrt{11}}{6}$

(1) $2\sqrt{3}-9\sqrt{2}+4\sqrt{3}+\sqrt{2}=(-9+1)\sqrt{2}+(2+4)\sqrt{3}$
$\qquad\qquad\qquad\quad=-8\sqrt{2}+6\sqrt{3}$
(2) $-2\sqrt{6}+5\sqrt{7}+9\sqrt{6}-3\sqrt{7}=(-2+9)\sqrt{6}+(5-3)\sqrt{7}$
$\qquad\qquad\qquad\qquad=7\sqrt{6}+2\sqrt{7}$
(3) $\dfrac{7\sqrt{2}}{4}+\sqrt{5}-\dfrac{3\sqrt{2}}{2}-6\sqrt{5}$
$\quad=\left(\dfrac{7}{4}-\dfrac{3}{2}\right)\sqrt{2}+(1-6)\sqrt{5}$
$\quad=\dfrac{\sqrt{2}}{4}-5\sqrt{5}$
(4) $-3\sqrt{3}+\dfrac{4\sqrt{11}}{3}+\dfrac{5\sqrt{3}}{2}-\dfrac{\sqrt{11}}{6}$
$\quad=\left(-3+\dfrac{5}{2}\right)\sqrt{3}+\left(\dfrac{4}{3}-\dfrac{1}{6}\right)\sqrt{11}$
$\quad=-\dfrac{\sqrt{3}}{2}+\dfrac{7\sqrt{11}}{6}$

4 답 (1) $5\sqrt{5}$ (2) $-2\sqrt{3}$ (3) $7\sqrt{3}$
(4) $6\sqrt{6}$ (5) $-2\sqrt{2}$ (6) $2\sqrt{2}$

(1) $\sqrt{45}+\sqrt{20}=3\sqrt{5}+2\sqrt{5}=5\sqrt{5}$
(2) $\sqrt{27}-\sqrt{75}=3\sqrt{3}-5\sqrt{3}=-2\sqrt{3}$
(3) $\sqrt{75}+\sqrt{12}=5\sqrt{3}+2\sqrt{3}=7\sqrt{3}$
(4) $\sqrt{24}+\sqrt{96}=2\sqrt{6}+4\sqrt{6}=6\sqrt{6}$
(5) $\sqrt{18}-\sqrt{50}=3\sqrt{2}-5\sqrt{2}=-2\sqrt{2}$
(6) $\sqrt{72}-\sqrt{32}=6\sqrt{2}-4\sqrt{2}=2\sqrt{2}$

5 답 (1) $3\sqrt{2}$ (2) $\dfrac{5\sqrt{2}}{2}$ (3) $\sqrt{5}$
(4) $-3\sqrt{3}$ (5) $3\sqrt{2}$ (6) $-3\sqrt{5}$

(1) $4\sqrt{2}-\dfrac{2}{\sqrt{2}}=4\sqrt{2}-\sqrt{2}=3\sqrt{2}$
(2) $\dfrac{3}{\sqrt{2}}+\dfrac{\sqrt{6}}{\sqrt{3}}=\dfrac{3\sqrt{2}}{2}+\sqrt{2}=\dfrac{5\sqrt{2}}{2}$
(3) $\dfrac{4}{\sqrt{5}}+\dfrac{\sqrt{2}}{\sqrt{10}}=\dfrac{4\sqrt{5}}{5}+\dfrac{1}{\sqrt{5}}=\dfrac{4\sqrt{5}}{5}+\dfrac{\sqrt{5}}{5}$
$\qquad\qquad\quad=\dfrac{5\sqrt{5}}{5}=\sqrt{5}$
(4) $\dfrac{3}{\sqrt{3}}-\sqrt{48}=\sqrt{3}-4\sqrt{3}=-3\sqrt{3}$
(5) $\sqrt{32}-\dfrac{4}{\sqrt{8}}=4\sqrt{2}-\dfrac{4}{2\sqrt{2}}=4\sqrt{2}-\sqrt{2}=3\sqrt{2}$
(6) $\dfrac{30}{\sqrt{45}}-\sqrt{125}=\dfrac{30}{3\sqrt{5}}-5\sqrt{5}=2\sqrt{5}-5\sqrt{5}=-3\sqrt{5}$

6 답 (1) $-4\sqrt{2}$ (2) $-\sqrt{5}$ (3) $-\sqrt{3}+12\sqrt{5}$
(4) $-10\sqrt{2}+2\sqrt{5}$

(1) $4\sqrt{2}-\sqrt{50}-\sqrt{18}=4\sqrt{2}-5\sqrt{2}-3\sqrt{2}=-4\sqrt{2}$
(2) $-\sqrt{5}+2\sqrt{45}-3\sqrt{20}=-\sqrt{5}+6\sqrt{5}-6\sqrt{5}=-\sqrt{5}$
(3) $\dfrac{6}{\sqrt{3}}+7\sqrt{5}-\sqrt{27}+\sqrt{125}=2\sqrt{3}+7\sqrt{5}-3\sqrt{3}+5\sqrt{5}$
$\qquad\qquad\qquad\qquad=-\sqrt{3}+12\sqrt{5}$
(4) $-\sqrt{18}-\dfrac{10}{\sqrt{5}}-\dfrac{14}{\sqrt{2}}+\sqrt{80}=-3\sqrt{2}-2\sqrt{5}-7\sqrt{2}+4\sqrt{5}$
$\qquad\qquad\qquad\qquad=-10\sqrt{2}+2\sqrt{5}$

7 답 ③

$2\sqrt{5}+\sqrt{7}-7\sqrt{5}+4\sqrt{7}=(2-7)\sqrt{5}+(1+4)\sqrt{7}$
$\qquad\qquad\qquad\quad=-5\sqrt{5}+5\sqrt{7}$

8 답 ②

$3\sqrt{24}-\dfrac{\sqrt{32}}{4}+\sqrt{96}+\dfrac{12}{\sqrt{8}}$

$=6\sqrt{6}-\dfrac{4\sqrt{2}}{4}+4\sqrt{6}+\dfrac{12}{2\sqrt{2}}$
$=6\sqrt{6}-\sqrt{2}+4\sqrt{6}+3\sqrt{2}$
$=2\sqrt{2}+10\sqrt{6}$
따라서 $a=2$, $b=10$이므로
$b-a=10-2=8$

1 답 (1) $2+2\sqrt{3}$ (2) $2\sqrt{30}+8\sqrt{3}$ (3) $\sqrt{22}-2\sqrt{6}$
  (4) $3\sqrt{35}-4\sqrt{15}$ (5) $2\sqrt{14}+2\sqrt{42}$ (6) $5\sqrt{6}-2\sqrt{5}$

(1) $\sqrt{2}(\sqrt{2}+\sqrt{6})=\sqrt{2}\sqrt{2}+\sqrt{2}\sqrt{6}$
$\qquad\qquad\quad =2+\sqrt{12}=2+2\sqrt{3}$

(2) $2\sqrt{6}(\sqrt{5}+\sqrt{8})=2\sqrt{6}\sqrt{5}+2\sqrt{6}\sqrt{8}$
$\qquad\qquad\qquad =2\sqrt{30}+2\sqrt{48}$
$\qquad\qquad\qquad =2\sqrt{30}+8\sqrt{3}$

(3) $\sqrt{2}(\sqrt{11}-2\sqrt{3})=\sqrt{2}\sqrt{11}-\sqrt{2}\times 2\sqrt{3}$
$\qquad\qquad\qquad =\sqrt{22}-2\sqrt{6}$

(4) $\sqrt{5}(3\sqrt{7}-4\sqrt{3})=\sqrt{5}\times 3\sqrt{7}-\sqrt{5}\times 4\sqrt{3}$
$\qquad\qquad\qquad =3\sqrt{35}-4\sqrt{15}$

(5) $(\sqrt{2}+\sqrt{6})\times 2\sqrt{7}=\sqrt{2}\times 2\sqrt{7}+\sqrt{6}\times 2\sqrt{7}$
$\qquad\qquad\qquad =2\sqrt{14}+2\sqrt{42}$

(6) $(5\sqrt{3}-\sqrt{10})\times\sqrt{2}=5\sqrt{3}\times\sqrt{2}-\sqrt{10}\times\sqrt{2}$
$\qquad\qquad\qquad =5\sqrt{6}-\sqrt{20}$
$\qquad\qquad\qquad =5\sqrt{6}-2\sqrt{5}$

2 답 (1) $\sqrt{3}+5$ (2) $2\sqrt{2}-\sqrt{5}$ (3) $\sqrt{6}+4\sqrt{2}$
  (4) $2\sqrt{6}-4$ (5) $3+2\sqrt{2}$ (6) -1

(1) $(\sqrt{15}+5\sqrt{5})\div\sqrt{5}=(\sqrt{15}+5\sqrt{5})\times\dfrac{1}{\sqrt{5}}$
$\qquad\qquad =\dfrac{\sqrt{15}}{\sqrt{5}}+\dfrac{5\sqrt{5}}{\sqrt{5}}=\sqrt{3}+5$

(2) $(\sqrt{48}-\sqrt{30})\div\sqrt{6}=(\sqrt{48}-\sqrt{30})\times\dfrac{1}{\sqrt{6}}$
$\qquad\qquad =\dfrac{\sqrt{48}}{\sqrt{6}}-\dfrac{\sqrt{30}}{\sqrt{6}}=\sqrt{8}-\sqrt{5}-2\sqrt{2}-\sqrt{5}$

(3) $(3\sqrt{2}+4\sqrt{6})\div\sqrt{3}=(3\sqrt{2}+4\sqrt{6})\times\dfrac{1}{\sqrt{3}}$
$\qquad\qquad =\dfrac{3\sqrt{2}}{\sqrt{3}}+\dfrac{4\sqrt{6}}{\sqrt{3}}=\sqrt{6}+4\sqrt{2}$

(4) $(2\sqrt{3}-\sqrt{8})\div\dfrac{1}{\sqrt{2}}=(2\sqrt{3}-\sqrt{8})\times\sqrt{2}$
$\qquad\qquad =2\sqrt{6}-\sqrt{16}=2\sqrt{6}-4$

(5) $(3\sqrt{3}+\sqrt{24})\div\sqrt{3}=(3\sqrt{3}+\sqrt{24})\times\dfrac{1}{\sqrt{3}}$
$\qquad\qquad =\dfrac{3\sqrt{3}}{\sqrt{3}}+\dfrac{\sqrt{24}}{\sqrt{3}}=3+\sqrt{8}=3+2\sqrt{2}$

(6) $(\sqrt{20}-3\sqrt{5})\div\sqrt{5}=(\sqrt{20}-3\sqrt{5})\times\dfrac{1}{\sqrt{5}}$
$\qquad\qquad =\dfrac{\sqrt{20}}{\sqrt{5}}-\dfrac{3\sqrt{5}}{\sqrt{5}}=\sqrt{4}-3=2-3=-1$

3 답 (1) $\sqrt{7}$, $\sqrt{7}$, $\dfrac{\sqrt{35}+\sqrt{21}}{7}$ (2) $\sqrt{3}$, $\sqrt{3}$, $\dfrac{3\sqrt{2}-2\sqrt{3}}{3}$
  (3) $\sqrt{2}$, $\sqrt{2}$, $\dfrac{\sqrt{22}+6}{2}$ (4) $\sqrt{5}$, $\sqrt{5}$, $2-\sqrt{2}$
  (5) $\sqrt{6}$, $\sqrt{6}$, $\sqrt{2}+\sqrt{3}$

4 답 (1) $\dfrac{\sqrt{15}+\sqrt{6}}{3}$ (2) $\dfrac{\sqrt{6}-\sqrt{10}}{2}$
  (3) $\dfrac{3-2\sqrt{3}}{6}$ (4) $\dfrac{6\sqrt{5}+5}{15}$

(1) $\dfrac{\sqrt{5}+\sqrt{2}}{\sqrt{3}}=\dfrac{(\sqrt{5}+\sqrt{2})\times\sqrt{3}}{\sqrt{3}\times\sqrt{3}}=\dfrac{\sqrt{15}+\sqrt{6}}{3}$

(2) $\dfrac{\sqrt{3}-\sqrt{5}}{\sqrt{2}}=\dfrac{(\sqrt{3}-\sqrt{5})\times\sqrt{2}}{\sqrt{2}\times\sqrt{2}}=\dfrac{\sqrt{6}-\sqrt{10}}{2}$

(3) $\dfrac{\sqrt{3}-2}{2\sqrt{3}}=\dfrac{(\sqrt{3}-2)\times\sqrt{3}}{2\sqrt{3}\times\sqrt{3}}=\dfrac{3-2\sqrt{3}}{6}$

(4) $\dfrac{6+\sqrt{5}}{3\sqrt{5}}=\dfrac{(6+\sqrt{5})\times\sqrt{5}}{3\sqrt{5}\times\sqrt{5}}=\dfrac{6\sqrt{5}+5}{15}$

5 답 (1) $6\sqrt{2}$ (2) $-\sqrt{2}$ (3) $2\sqrt{10}$ (4) $\dfrac{7\sqrt{15}}{5}$
  (5) $4\sqrt{3}$ (6) $-\sqrt{2}-2\sqrt{3}$ (7) $5\sqrt{3}-8\sqrt{5}$
  (8) $\dfrac{\sqrt{6}}{2}-1$ (9) $\dfrac{5\sqrt{2}}{2}-2$ (10) $-\dfrac{\sqrt{6}}{3}-3$

(1) $\sqrt{10}\times\sqrt{5}+\sqrt{2}=\sqrt{50}+\sqrt{2}$
$\qquad\qquad =5\sqrt{2}+\sqrt{2}=6\sqrt{2}$

(2) $2\sqrt{6}\div\sqrt{3}-3\sqrt{2}=\dfrac{2\sqrt{6}}{\sqrt{3}}-3\sqrt{2}$
$\qquad\qquad\qquad =2\sqrt{2}-3\sqrt{2}=-\sqrt{2}$

(3) $5\sqrt{10}-\sqrt{18}\times\sqrt{5}=5\sqrt{10}-\sqrt{90}$
$\qquad\qquad\qquad =5\sqrt{10}-3\sqrt{10}=2\sqrt{10}$

(4) $\sqrt{15}+4\sqrt{3}\div 2\sqrt{5}=\sqrt{15}+\dfrac{4\sqrt{3}}{2\sqrt{5}}=\sqrt{15}+\dfrac{2\sqrt{3}}{\sqrt{5}}$
$\qquad\qquad =\sqrt{15}+\dfrac{2\sqrt{15}}{5}=\dfrac{7\sqrt{15}}{5}$

(5) $\sqrt{5}\times\sqrt{15}-\sqrt{24}\times\dfrac{1}{\sqrt{8}}=\sqrt{75}-\sqrt{3}$
$\qquad\qquad\qquad =5\sqrt{3}-\sqrt{3}=4\sqrt{3}$

(6) $\sqrt{2}(3-\sqrt{6})-8\div\sqrt{2}=3\sqrt{2}-\sqrt{12}-\dfrac{8}{\sqrt{2}}$
$\qquad\qquad\qquad =3\sqrt{2}-2\sqrt{3}-4\sqrt{2}$
$\qquad\qquad\qquad =-\sqrt{2}-2\sqrt{3}$

(7) $\dfrac{3}{\sqrt{3}}(5-\sqrt{60})-\dfrac{10}{\sqrt{5}}=\dfrac{15}{\sqrt{3}}-3\sqrt{20}-2\sqrt{5}$
$\qquad\qquad\qquad =5\sqrt{3}-6\sqrt{5}-2\sqrt{5}$
$\qquad\qquad\qquad =5\sqrt{3}-8\sqrt{5}$

(8) $\sqrt{3}(\sqrt{2}-\sqrt{3})-\dfrac{\sqrt{3}-\sqrt{8}}{\sqrt{2}}=\sqrt{6}-3-\dfrac{\sqrt{6}-\sqrt{16}}{2}$
$\qquad\qquad\qquad =\sqrt{6}-3-\dfrac{\sqrt{6}}{2}+2$
$\qquad\qquad\qquad =\dfrac{\sqrt{6}}{2}-1$

(9) $\dfrac{\sqrt{6}-\sqrt{3}}{\sqrt{3}}+\dfrac{3-\sqrt{2}}{\sqrt{2}}=\dfrac{\sqrt{18}-3}{3}+\dfrac{3\sqrt{2}-2}{2}$
$\qquad\qquad =\dfrac{3\sqrt{2}}{3}-1+\dfrac{3\sqrt{2}}{2}-1$
$\qquad\qquad =\sqrt{2}+\dfrac{3\sqrt{2}}{2}-2=\dfrac{5\sqrt{2}}{2}-2$

⑩ $-\sqrt{12}\left(\dfrac{1}{\sqrt{2}}+\dfrac{1}{\sqrt{3}}\right)+\sqrt{3}\left(\dfrac{2\sqrt{2}}{3}-\dfrac{1}{\sqrt{3}}\right)$

$=-\sqrt{6}-2+\dfrac{2\sqrt{6}}{3}-1$

$=-\dfrac{\sqrt{6}}{3}-3$

6 답 ②

$\sqrt{3}(\sqrt{18}-\sqrt{12})-\sqrt{2}(\sqrt{8}+\sqrt{12})$
$=\sqrt{3}(3\sqrt{2}-2\sqrt{3})-\sqrt{2}(2\sqrt{2}+2\sqrt{3})$
$=3\sqrt{6}-6-4-2\sqrt{6}$
$=-10+\sqrt{6}$
따라서 $a=-10$, $b=1$이므로
$a+b=-10+1=-9$

7 답 $-\dfrac{\sqrt{6}}{2}$

$\dfrac{\sqrt{3}-2\sqrt{2}}{\sqrt{2}}-\dfrac{3\sqrt{2}-2\sqrt{3}}{\sqrt{3}}$

$=\dfrac{(\sqrt{3}-2\sqrt{2})\times\sqrt{2}}{\sqrt{2}\times\sqrt{2}}-\dfrac{(3\sqrt{2}-2\sqrt{3})\times\sqrt{3}}{\sqrt{3}\times\sqrt{3}}$

$=\dfrac{\sqrt{6}-4}{2}-\dfrac{3\sqrt{6}-6}{3}$

$=\dfrac{\sqrt{6}}{2}-2-\sqrt{6}+2$

$=-\dfrac{\sqrt{6}}{2}$

3 다항식의 곱셈과 인수분해

개념 14 다항식의 곱셈 / 곱셈 공식 ·21~23쪽

1 답 (1) $4a$, 12 (2) $4x$, 4 (3) 4, 20, 9, 20
  (4) 5, 5, 4, 5 (5) xy, 3, 4, $3y^2$ (6) $6xy$, 2, 5, $2y^2$

2 답 (1) 1, 2, 1 (2) 3, 3, 6, 9
  (3) $x^2+10x+25$ (4) $y^2+14y+49$
(3) $(x+5)^2=x^2+2\times x\times 5+5^2=x^2+10x+25$
(4) $(y+7)^2=y^2+2\times y\times 7+7^2=y^2+14y+49$

3 답 (1) 2, 4, 4 (2) 3, 3, 6, 9
  (3) $a^2-14a+49$ (4) $x^2-18x+81$
(3) $(a-7)^2=a^2-2\times a\times 7+7^2=a^2-14a+49$
(4) $(x-9)^2=x^2-2\times x\times 9+9^2=x^2-18x+81$

4 답 (1) 1, 1 (2) 2, 4 (3) $\dfrac{1}{3}$, $\dfrac{1}{9}$ (4) $9a^2-4$
  (5) $\dfrac{1}{16}x^2-25$ (6) x^2-4y^2 (7) $25a^2-9b^2$
(4) $(3a+2)(3a-2)=(3a)^2-2^2=9a^2-4$
(5) $\left(\dfrac{1}{4}x+5\right)\left(\dfrac{1}{4}x-5\right)=\left(\dfrac{1}{4}x\right)^2-5^2=\dfrac{1}{16}x^2-25$
(6) $(x+2y)(x-2y)=x^2-(2y)^2=x^2-4y^2$
(7) $(5a+3b)(5a-3b)=(5a)^2-(3b)^2=25a^2-9b^2$

5 답 (1) a, a^2 (2) a, a^2 (3) x^2-36 (4) $4y^2-x^2$
  (5) $-x$, x, 9 (6) $49x^2-y^2$ (7) a^2-64
(3) $(-6+x)(6+x)=(x-6)(x+6)=x^2-6^2=x^2-36$
(4) $(x+2y)(-x+2y)=(2y+x)(2y-x)$
$\qquad\qquad\qquad\quad =(2y)^2-x^2=4y^2-x^2$
(6) $(-7x+y)(-7x-y)=(-7x)^2-y^2=49x^2-y^2$
(7) $(8-a)(-8-a)=(-a+8)(-a-8)$
$\qquad\qquad\qquad\quad =(-a)^2-8^2=a^2-64$

6 답 (1) 4, 6, 4, 6, $x^2+10x+24$ (2) x^2+6x+5
  (3) -1, -7, -1, -7, x^2-8x+7
  (4) $x^2-9x+18$ (5) $x^2+4x-21$ (6) $x^2+5x-24$
  (7) $x^2-9xy+18y^2$ (8) $x^2-3xy-28y^2$
(2) $(x+1)(x+5)=x^2+(1+5)x+1\times 5=x^2+6x+5$
(4) $(x-6)(x-3)=x^2+\{-6+(-3)\}x+(-6)\times(-3)$
$\qquad\qquad\qquad =x^2-9x+18$
(5) $(x-3)(x+7)=x^2+(-3+7)x+(-3)\times 7$
$\qquad\qquad\qquad =x^2+4x-21$
(6) $(x+8)(x-3)=x^2+\{8+(-3)\}x+8\times(-3)$
$\qquad\qquad\qquad =x^2+5x-24$

(7) $(x-6y)(x-3y)$
$$=x^2+\{-6y+(-3y)\}x+(-6y)\times(-3y)$$
$$=x^2-9xy+18y^2$$
(8) $(x-7y)(x+4y)=x^2+(-7y+4y)x+(-7y)\times4y$
$$=x^2-3xy-28y^2$$

7 답 (1) 3, 4, $12x^2+13x+3$　(2) $8x^2+26x+15$
　　　(3) $12x^2-10x+2$　(4) $6x^2-37x+45$
　　　(5) $6x^2-13x-5$　(6) $8x^2-6x-35$
　　　(7) $8x^2-22xy+15y^2$　(8) $15x^2-7xy-36y^2$

(2) $(4x+3)(2x+5)$
$$=(4\times2)x^2+(4\times5+3\times2)x+3\times5$$
$$=8x^2+26x+15$$
(3) $(3x-1)(4x-2)$
$$=(3\times4)x^2+\{3\times(-2)+(-1)\times4\}x+(-1)\times(-2)$$
$$=12x^2-10x+2$$
(4) $(2x-9)(3x-5)$
$$=(2\times3)x^2+\{2\times(-5)+(-9)\times3\}x+(-9)\times(-5)$$
$$=6x^2-37x+45$$
(5) $(2x-5)(3x+1)$
$$=(2\times3)x^2+\{2\times1+(-5)\times3\}x+(-5)\times1$$
$$=6x^2-13x-5$$
(6) $(4x+7)(2x-5)$
$$=(4\times2)x^2+\{4\times(-5)+7\times2\}x+7\times(-5)$$
$$=8x^2-6x-35$$
(7) $(2x-3y)(4x-5y)$
$$=(2\times4)x^2+\{2\times(-5y)+(-3y)\times4\}x$$
$$+(-3y)\times(-5y)$$
$$=8x^2-22xy+15y^2$$
(8) $(5x-9y)(3x+4y)$
$$=(5\times3)x^2+\{5\times4y+(-9y)\times3\}x+(-9y)\times4y$$
$$=15x^2-7xy-36y^2$$

8 답 ③

③ $(3x-5)^2=(3x)^2-2\times3x\times5+5^2=9x^2-30x+25$

9 답 73

$3(x-5)(x+5)-(2x-1)(2x+1)=3(x^2-25)-(4x^2-1)$
$$=3x^2-75-4x^2+1$$
$$=-x^2-74$$

따라서 $a=-1$, $b=-74$이므로
$a-b=-1-(-74)=73$

10 답 ③

$\left(x-\dfrac{1}{3}y\right)\left(x+\dfrac{1}{2}y\right)=x^2+\left(-\dfrac{1}{3}y+\dfrac{1}{2}y\right)x+\left(-\dfrac{1}{3}y\right)\times\dfrac{1}{2}y$
$$=x^2+\dfrac{1}{6}xy-\dfrac{1}{6}y^2$$

따라서 $a=\dfrac{1}{6}$, $b=-\dfrac{1}{6}$이므로

$a+b=\dfrac{1}{6}+\left(-\dfrac{1}{6}\right)=0$

11 답 26

$(3x+a)(bx-1)=3bx^2+(-3+ab)x-a$
$3bx^2+(-3+ab)x-a=12x^2+cx-5$에서
$3b=12$이므로 $b=4$
$-a=-5$이므로 $a=5$
$-3+ab=c$이므로 $c=-3+5\times4=17$
$\therefore a+b+c=5+4+17=26$

개념15 **곱셈 공식의 응용(1) – 식의 계산** ·24쪽

1 답 (1) $10-2\sqrt{21}$　(2) $14-4\sqrt6$　(3) 2　(4) -25
　　　(5) -5　(6) $5-3\sqrt3$　(7) $-7+\sqrt{10}$

(1) $(\sqrt3-\sqrt7)^2=(\sqrt3)^2-2\times\sqrt3\times\sqrt7+(\sqrt7)^2$
$$=3-2\sqrt{21}+7=10-2\sqrt{21}$$
(2) $(2\sqrt3-\sqrt2)^2=(2\sqrt3)^2-2\times2\sqrt3\times\sqrt2+(\sqrt2)^2$
$$=12-4\sqrt6+2=14-4\sqrt6$$
(3) $(\sqrt5+\sqrt3)(\sqrt5-\sqrt3)=(\sqrt5)^2-(\sqrt3)^2$
$$=5-3=2$$
(4) $(\sqrt3-2\sqrt7)(\sqrt3+2\sqrt7)=(\sqrt3)^2-(2\sqrt7)^2$
$$=3-28=-25$$
(5) $(\sqrt{10}+\sqrt5)(\sqrt5-\sqrt{10})=(\sqrt5+\sqrt{10})(\sqrt5-\sqrt{10})$
$$=(\sqrt5)^2-(\sqrt{10})^2$$
$$=5-10=-5$$
(6) $(\sqrt3-1)(\sqrt3-2)$
$$=(\sqrt3)^2+\{-1+(-2)\}\sqrt3+(-1)\times(-2)$$
$$=3-3\sqrt3+2=5-3\sqrt3$$
(7) $(\sqrt5+3\sqrt2)(\sqrt5-2\sqrt2)$
$$=(\sqrt5)^2+(-2\sqrt2+3\sqrt2)\sqrt5+3\sqrt2\times(-2\sqrt2)$$
$$=5+\sqrt{10}-12=-7+\sqrt{10}$$

2 답 (1) $\sqrt2-1$, $\sqrt2-1$, $\sqrt6-\sqrt3$
　　　(2) $2-\sqrt3$, $2-\sqrt3$, $4-2\sqrt3$
　　　(3) $\sqrt2-\sqrt5$, $\sqrt2-\sqrt5$, $-\dfrac{\sqrt2-\sqrt5}{3}$
　　　(4) $\sqrt3-\sqrt2$, $\sqrt3-\sqrt2$, $\sqrt{15}-\sqrt{10}$
　　　(5) $\sqrt7+\sqrt5$, $\sqrt7+\sqrt5$, $\dfrac{3\sqrt7+3\sqrt5}{2}$
　　　(6) $2\sqrt2+\sqrt7$, $2\sqrt2+\sqrt7$, $2\sqrt2+\sqrt7$
　　　(7) $2\sqrt3-\sqrt{10}$, $2\sqrt3-\sqrt{10}$, $2\sqrt3-\sqrt{10}$
　　　(8) $\sqrt6+\sqrt5$, $\sqrt6+\sqrt5$, $11+2\sqrt{30}$

3 답 ⑤

$(\sqrt{3}+1)^2-(2-\sqrt{5})(2+\sqrt{5})$
$=\{(\sqrt{3})^2+2\times\sqrt{3}\times1+1^2\}-\{2^2-(\sqrt{5})^2\}$
$=(3+2\sqrt{3}+1)-(4-5)$
$=4+2\sqrt{3}+1$
$=5+2\sqrt{3}$

4 답 1

$\dfrac{2}{\sqrt{7}+\sqrt{3}}=\dfrac{2\times(\sqrt{7}-\sqrt{3})}{(\sqrt{7}+\sqrt{3})\times(\sqrt{7}-\sqrt{3})}$
$\qquad\qquad=\dfrac{2(\sqrt{7}-\sqrt{3})}{7-3}=\dfrac{\sqrt{7}-\sqrt{3}}{2}$
$\qquad\qquad=\dfrac{\sqrt{7}}{2}-\dfrac{\sqrt{3}}{2}$

따라서 $\dfrac{\sqrt{7}}{2}-\dfrac{\sqrt{3}}{2}=a\sqrt{3}+b\sqrt{7}$이므로

$a=-\dfrac{1}{2},\ b=\dfrac{1}{2}$

$\therefore 2a+4b=2\times\left(-\dfrac{1}{2}\right)+4\times\dfrac{1}{2}=1$

개념 **16** 곱셈 공식의 응용 (2) – 수의 계산 ·25쪽

1 답 (1) ㄹ (2) ㄱ (3) ㄴ (4) ㄷ

(1) $21^2=(20+1)^2$에서 $a=20$, $b=1$로 놓으면
$\quad (a+b)^2=a^2+2ab+b^2$
$\qquad\qquad\ \ =20^2+2\times20\times1+1^2$
$\qquad\qquad\ \ =400+40+1=441$
로 계산하는 것이 가장 편리하다.

(2) $59^2=(60-1)^2$에서 $a=60$, $b=1$로 놓으면
$\quad (a-b)^2=a^2-2ab+b^2$
$\qquad\qquad\ \ =60^2-2\times60\times1+1^2$
$\qquad\qquad\ \ =3600-120+1=3481$
로 계산하는 것이 가장 편리하다.

(3) $41\times39=(40+1)(40-1)$에서
$\quad a=40$, $b=1$로 놓으면
$\quad (a+b)(a-b)=a^2-b^2$
$\qquad\qquad\qquad=40^2-1^2$
$\qquad\qquad\qquad=1600-1=1599$
로 계산하는 것이 가장 편리하다.

(4) $81\times83=(80+1)(80+3)$에서
$\quad x=80$, $a=1$, $b=3$으로 놓으면
$\quad (x+a)(x+b)=x^2+(a+b)x+ab$
$\qquad\qquad\qquad=80^2+(1+3)\times80+1\times3$
$\qquad\qquad\qquad=6400+320+3=6723$
으로 계산하는 것이 가장 편리하다.

2 답 (1) ③ 2601

(2) ① $60^2+2\times60\times2+2^2$
$\qquad$② $3600+240+4$ ③ 3844

(3) ① $90^2-2\times90\times2+2^2$
$\qquad$② $8100-360+4$ ③ 7744

(4) ① $400^2-2\times400\times1+1^2$
$\qquad$② $160000-800+1$ ③ 159201

(5) ① 30^2-1^2 ② $900-1$ ③ 899

(6) ① 100^2-1^2 ② $10000-1$ ③ 9999

(7) ① $60^2+(2+4)\times60+2\times4$
$\qquad$② $3600+360+8$ ③ 3968

(8) ① $40^2+\{-2+(-1)\}\times40+(-2)\times(-1)$
$\qquad$② $1600-120+2$ ③ 1482

3 답 200.08

$10.2^2+9.8^2=(10+0.2)^2+(10-0.2)^2$
$\qquad\qquad\ \ =(100+4+0.04)+(100-4+0.04)$
$\qquad\qquad\ \ =200.08$

4 답 ③, ④

① $98^2=(100-2)^2 \Rightarrow (a-b)^2$
② $103\times104=(100+3)(100+4) \Rightarrow (x+a)(x+b)$
③ $3.03\times2.97=(3+0.03)(3-0.03) \Rightarrow (a+b)(a-b)$
④ $86\times94=(90-4)(90+4) \Rightarrow (a+b)(a-b)$
⑤ $43\times33=(40+3)(40-7) \Rightarrow (x+a)(x+b)$
따라서 곱셈 공식 $(a+b)(a-b)=a^2-b^2$을 이용하면 편리한
수의 계산은 ③, ④이다.

개념 **17** 곱셈 공식의 변형 ·26~27쪽

1 답 (1) 2, 2, 10 (2) 4, 4, 4

2 답 (1) 2, 2, 10 (2) 4, 4, 16

3 답 (1) 2, 2, 23 (2) 4, 4, 21

4 답 (1) 2, 2, 18 (2) 4, 4, 20

5 답 (1) 2, 2, 4, -1
$\qquad$(2) 5, 5, 10, -18, -25
$\qquad$(3) 3, 3, 9, -4
$\qquad$(4) 5, 5, 25, -19, -9

6 답 (1) 13 (2) 25 (3) $-\dfrac{13}{6}$

(1) $x^2+y^2=(x+y)^2-2xy$
$\qquad\qquad=1^2-2\times(-6)=13$

(2) $(x-y)^2=(x+y)^2-4xy$
$$=1^2-4\times(-6)=25$$
(3) (1)에서 $x^2+y^2=13$이므로
$$\frac{y}{x}+\frac{x}{y}=\frac{x^2+y^2}{xy}=-\frac{13}{6}$$

7 답 ④

$\left(x+\dfrac{1}{x}\right)^2=\left(x-\dfrac{1}{x}\right)^2+4$
$$=2^2+4=8$$

8 답 ②

$x=3\sqrt{2}-3$에서 $x+3=3\sqrt{2}$이므로
$(x+3)^2=(3\sqrt{2})^2$에서 $x^2+6x+9=18$, $x^2+6x=9$
$\therefore x^2+6x-3=9-3=6$

개념 18 **인수분해** ·28쪽

1 답 (1) $3x^2+6x$ (2) x^2+3x+2 (3) x^2+x-12
(4) x^2-4x+4 (5) $6x^2+7x-5$ (6) $3x^2-xy-2y^2$

2 답 (1) ① a ② $a(6a-1)$
(2) ① b ② $b(x+z)$
(3) ① xy ② $xy(x+2)$
(4) ① m ② $m(x-y+z)$

3 답 (1) $4xy^2(1-2xy)$
(2) $-x^2(x-7)$
(3) $xy(x-y)$
(4) $2y(3x+4z)$

(1) $4xy^2$과 $-8x^2y^3$의 공통인 인수는 $4xy^2$이므로
$$4xy^2-8x^2y^3=4xy^2(1-2xy)$$
(2) $-x^3$과 $7x^2$의 공통인 인수는 $-x^2$이므로
$$-x^3+7x^2=-x^2(x-7)$$
(3) x^2y와 $-xy^2$의 공통인 인수는 xy이므로
$$x^2y-xy^2=xy(x-y)$$
(4) $6xy$와 $8yz$의 공통인 인수는 $2y$이므로
$$6xy+8yz=2y(3x+4z)$$

4 답 ④

$x(x+2)(x-2)=\underset{①}{\underline{x}}\times\underset{②}{\underline{(x+2)}}\times\underset{③}{\underline{(x-2)}}$
$$=x\times\underset{⑤}{\underline{(x^2-4)}}$$
따라서 인수가 아닌 것은 ④ x^2+4이다.

5 답 $2x+y$

$3xy^2+6x^2y=3xy\times y+3xy\times 2x=3xy(y+2x)$
$3(2x+y)+y(2x+y)=(2x+y)(3+y)$
따라서 두 다항식의 일차 이상의 공통인 인수는 $2x+y$이다.

개념 19 **인수분해 공식 ①, ②** ·29~30쪽

1 답 (1) 5, 5, 5 (2) 3, 3, 4, 4, 3, 4
(3) $(x+6)^2$ (4) $(5x-2)^2$
(5) $2(2x+1)^2$ (6) $3(x+5)^2$

(3) $x^2+12x+36=x^2+2\times x\times 6+6^2$
$$=(x+6)^2$$
(4) $25x^2-20x+4=(5x)^2-2\times 5x\times 2+2^2$
$$=(5x-2)^2$$
(5) $8x^2+8x+2=2(4x^2+4x+1)$
$$=2\{(2x)^2+2\times 2x\times 1+1^2\}$$
$$=2(2x+1)^2$$
(6) $3x^2+30x+75=3(x^2+10x+25)$
$$=3(x^2+2\times x\times 5+5^2)$$
$$=3(x+5)^2$$

2 답 (1) 11, 11, 121 (2) ±7, ±14
(3) 100 (4) ±18

(3) $x^2-20x+A=x^2-2\times x\times 10+A$
$\Rightarrow A=10^2=100$
(4) $x^2+Ax+81=x^2+Ax+(\pm9)^2$
$\Rightarrow A=2\times(\pm9)=\pm18$

3 답 (1) 2, 4 (2) 3, ±24
(3) 36 (4) ±60

(3) $4x^2-24x+A=(2x)^2-2\times 2x\times 6+A$
$\Rightarrow A=6^2=36$
(4) $36x^2+Ax+25=(6x)^2+Ax+(\pm5)^2$
$\Rightarrow A=2\times 6\times(\pm5)=\pm60$

4 답 (1) 7, 7 (2) $(a+6)(a-6)$
(3) 3, 1, 3, 1 (4) $(4x+7)(4x-7)$
(5) 5, 5, 5 (6) $(b+2a)(b-2a)$

(2) $a^2-36=a^2-6^2=(a+6)(a-6)$
(4) $16x^2-49=(4x)^2-7^2=(4x+7)(4x-7)$
(6) $-4a^2+b^2=b^2-4a^2=b^2-(2a)^2$
$$=(b+2a)(b-2a)$$

5 답 (1) $8, 9, 9, 8$ (2) $(5x+6y)(5x-6y)$

(3) $\left(9x+\dfrac{1}{10}y\right)\left(9x-\dfrac{1}{10}y\right)$ (4) $4(x+2y)(x-2y)$

(5) $\dfrac{3}{5}, \dfrac{1}{6}, \dfrac{1}{6}, \dfrac{1}{6}$ (6) $\left(\dfrac{3}{2}x+\dfrac{7}{8}y\right)\left(\dfrac{3}{2}x-\dfrac{7}{8}y\right)$

(2) $25x^2-36y^2=(5x)^2-(6y)^2$

$\qquad\qquad\quad =(5x+6y)(5x-6y)$

(3) $81x^2-\dfrac{1}{100}y^2=(9x)^2-\left(\dfrac{1}{10}y\right)^2$

$\qquad\qquad\quad =\left(9x+\dfrac{1}{10}y\right)\left(9x-\dfrac{1}{10}y\right)$

(4) $4x^2-16y^2=4(x^2-4y^2)=4\{x^2-(2y)^2\}$

$\qquad\qquad\quad =4(x+2y)(x-2y)$

(6) $\dfrac{9}{4}x^2-\dfrac{49}{64}y^2=\left(\dfrac{3}{2}x\right)^2-\left(\dfrac{7}{8}y\right)^2$

$\qquad\qquad\quad =\left(\dfrac{3}{2}x+\dfrac{7}{8}y\right)\left(\dfrac{3}{2}x-\dfrac{7}{8}y\right)$

6 답 ③, ⑤

③ $\dfrac{4}{9}x^2-2x+\dfrac{9}{4}=\left(\dfrac{2}{3}x-\dfrac{3}{2}\right)^2$

⑤ $16x^2+16xy+4y^2=4(4x^2+4xy+y^2)=4(2x+y)^2$

7 답 ㄱ, ㄹ

$x^2+ax+64=x^2+ax+(\pm8)^2$

이 식이 완전제곱식이 되려면

$a=2\times(\pm8)=\pm16$

따라서 상수 a의 값은 ㄱ, ㄹ이다.

8 답 $10x$

$25x^2-4=(5x+2)(5x-2)$이므로 두 일차식의 합은

$(5x+2)+(5x-2)=5x+2+5x-2=10x$

9 답 $(x^8+1)(x^4+1)(x^2+1)(x+1)(x-1)$

$x^{16}-1=(x^8+1)(x^8-1)$

$\qquad\quad =(x^8+1)(x^4+1)(x^4-1)$

$\qquad\quad =(x^8+1)(x^4+1)(x^2+1)(x^2-1)$

$\qquad\quad =(x^8+1)(x^4+1)(x^2+1)(x+1)(x-1)$

개념 **20** 인수분해 공식 ③, ④   ·31~32쪽

1 답 (1) $1, 5$ (2) $-2, 3$ (3) $1, -12$ (4) $-5, -7$

2 답 (1) $2, -3, (x+2)(x-3)$

(2) $2, 4, (x+2)(x+4)$

(3) $-2, 5, (x-2)(x+5)$

(4) $2, -6, (x+2)(x-6)$

(5) $-7, -8, (x-7)(x-8)$

(6) $2, -9, (x+2)(x-9)$

3 답 풀이 참조

(1) $3x^2+8x+4=(x+2)(3x+2)$

$$\begin{array}{cc} x & 2 \rightarrow 6x \\ 3x & 2 \rightarrow \underline{2x}\;(+ \\ & 8x \end{array}$$

(2) $4x^2+x-3=(x+1)(4x-3)$

$$\begin{array}{cc} x & 1 \rightarrow 4x \\ 4x & -3 \rightarrow \underline{-3x}\;(+ \\ & x \end{array}$$

(3) $2x^2-9x+7=(x-1)(2x-7)$

$$\begin{array}{cc} x & -1 \rightarrow -2x \\ 2x & -7 \rightarrow \underline{-7x}\;(+ \\ & -9x \end{array}$$

(4) $6x^2-5xy-6y^2=(2x-3y)(3x+2y)$

$$\begin{array}{cc} 2x & -3y \rightarrow -9xy \\ 3x & 2y \rightarrow \underline{4xy}\;(+ \\ & -5xy \end{array}$$

4 답 (1) $(x-5)(3x-1)$ (2) $(x-1)(5x+3)$

(3) $(x+1)(7x-5)$ (4) $(2x-1)(3x+1)$

(5) $(x+y)(4x+3y)$ (6) $(3x+y)(3x-2y)$

5 답 ②, ④

② $x^2+9x-36=(x-3)(x+12)$

④ $x^2-4xy-12y^2=(x+2y)(x-6y)$

6 답 -7

$(x+3)(x-b)=x^2+(3-b)x-3b$

$x^2+ax-15=x^2+(3-b)x-3b$에서

$-15=-3b$이므로 $b=5$

$a=3-b=3-5=-2$

$\therefore a-b=-2-5=-7$

7 답 ①

$8x^2-18xy-5y^2=(2x-5y)(4x+y)$

$(2x-5y)(4x+y)=(ax+by)(cx+y)$에서

$a=2, b=-5, c=4$

$\therefore a+b+c=2+(-5)+4=1$

8 답 16

$(2x-y)(3x+by)=6x^2+(2b-3)xy-by^2$

$6x^2+5xy-ay^2=6x^2+(2b-3)xy-by^2$에서

$5=2b-3$이므로 $b=4$

$-a=-b=-4$이므로 $a=4$

$\therefore ab=4\times4=16$

1 답 (1) ㄷ, 1600　(2) ㄴ, 9600　(3) ㄹ, 2500

　　(4) ㄷ, 210　(5) ㄱ, 10000　(6) ㄴ, $10\sqrt{2}$

(1) $16\times48+16\times52=16\times(48+52)$
$$=16\times100=1600$$

(2) $98^2-2^2=(98+2)(98-2)$
$$=100\times96=9600$$

(3) $49^2+2\times49\times1+1=(49+1)^2$
$$=50^2=2500$$

(4) $105\times55-105\times53=105\times(55-53)$
$$=105\times2=210$$

(5) $103^2-2\times103\times3+9=(103-3)^2$
$$=100^2=10000$$

(6) $\sqrt{51^2-49^2}=\sqrt{(51+49)(51-49)}$
$$=\sqrt{100\times2}=10\sqrt{2}$$

2 답 (1) 5, 5, 90, 8100

　　(2) 32, 68, 36, 3600

　　(3) $x+y$, $\sqrt{5}-\sqrt{2}$, $2\sqrt{5}$, 20

3 답 ㄱ, ㄴ

$6\times31^2-12\times31+6$

$=6(31^2-2\times31+1)$　⟵ $ma+mb=m(a+b)$ 이용 (ㄱ)

$=6(31^2-2\times31\times1+1^2)$

$=6(31-1)^2$　⟵ $a^2-2ab+b^2=(a-b)^2$ 이용 (ㄴ)

$=6\times900$

$=5400$

따라서 주어진 수를 계산할 때 가장 편리한 인수분해 공식은 ㄱ, ㄴ이다.

4 답 $4\sqrt{5}$

$x+y=4$, $x-y=\sqrt{5}$이므로

$x^2-y^2=(x+y)(x-y)$
$$=4\times\sqrt{5}$$
$$=4\sqrt{5}$$

3 답 (1) $y-5$, $y-5$, $x-y+5$

　　(2) 3, 3, $x-y-3$

4 답 -6

$x+5=A$로 놓으면

$(x+5)^2-9(x+5)+14=A^2-9A+14$
$$=(A-2)(A-7)$$
$$=(x+5-2)(x+5-7)$$
$$=(x+3)(x-2)$$

따라서 $a=3$, $b=-2$ 또는 $a=-2$, $b=3$이므로

$ab=3\times(-2)=-6$

5 답 ②

$a^2-b^2+ac-bc$

$=(a^2-b^2)+(ac-bc)$

$=(a+b)(a-b)+c(a-b)$

$=(a-b)(a+b+c)$

개념 **22**　**복잡한 식의 인수분해**　·34쪽

1 답 (1) 2, $x-2$, 4

　　(2) 8, $x-2y$, 8

　　(3) 5, 5, 5, $x+6$, 11

2 답 (1) y, y, y

　　(2) $2x+1$, $2x+1$, $2x+1$

4 이차방정식

개념 23 이차방정식과 그 해
·35쪽

1 답 (1) ◯ (2) ✕ (3) ◯ (4) ✕ (5) ◯ (6) ◯

(2) $2x^2+3x-1 \Rightarrow$ 이차식

(4) $x^2=(x+5)^2$에서 $x^2=x^2+10x+25$

$\therefore -10x-25=0 \Rightarrow$ 일차방정식

(5) $x^2-3=5x-4$에서 $x^2-5x+1=0 \Rightarrow$ 이차방정식

(6) $x^3-1=x^2(x+2)$에서 $x^3-1=x^3+2x^2$

$\therefore -2x^2-1=0 \Rightarrow$ 이차방정식

2 답 (1) ✕ (2) ◯ (3) ✕ (4) ◯ (5) ✕ (6) ✕

(1) $1^2 \neq 0$

(2) $3^2-3\times3=0$

(3) $(-2)^2+2\times(-2)+1 \neq 0$

(4) $0^2-2\times0=0$

(5) $2\times(-1)^2-3\times(-1)+1 \neq 0$

(6) $(1-1)\times(1+1) \neq 2$

3 답 (1) $-3,\ -3,\ 9$ (2) 3 (3) 6

(2) $ax^2+7x-10=0$에 $x=1$을 대입하면

$a+7-10=0$ $\quad \therefore a=3$

(3) $2x^2-7x+a=0$에 $x=2$를 대입하면

$2\times2^2-7\times2+a=0$ $\quad \therefore a=6$

4 답 ㄱ, ㄴ

ㄱ. 이차식이다.

ㄴ. $2x^2+1=2x^2-2x$에서 $2x+1=0 \Rightarrow$ 일차방정식

ㄷ. $x^2+5x=9$에서 $x^2+5x-9=0 \Rightarrow$ 이차방정식

ㄹ. $2x(x-1)=(3x+1)(x-1)$에서

$2x^2-2x=3x^2-2x-1$

$\therefore -x^2+1=0 \Rightarrow$ 이차방정식

따라서 이차방정식이 아닌 것은 ㄱ, ㄴ이다.

5 답 ①

$x^2+ax-a-1=0$에 $x=6$을 대입하면

$6^2+6a-a-1=0$

$5a=-35$ $\quad \therefore a=-7$

개념 24 인수분해를 이용한 이차방정식의 풀이
·36쪽

1 답 (1) $0,\ 3$

(2) $x=-1$ 또는 $x=2$

(3) $x=2$ 또는 $x=5$

(4) $x=9$ 또는 $x=-10$

(5) $x=\dfrac{1}{2}$ 또는 $x=\dfrac{5}{3}$

(6) $x=-\dfrac{1}{5}$ 또는 $x=\dfrac{3}{5}$

(2) $(x+1)(x-2)=0$

$\Rightarrow x+1=0$ 또는 $x-2=0$

$\therefore x=-1$ 또는 $x=2$

(3) $(x-2)(x-5)=0$

$\Rightarrow x-2=0$ 또는 $x-5=0$

$\therefore x=2$ 또는 $x=5$

(4) $(x-9)(x+10)=0$

$\Rightarrow x-9=0$ 또는 $x+10=0$

$\therefore x=9$ 또는 $x=-10$

(5) $(2x-1)(3x-5)=0$

$\Rightarrow 2x-1=0$ 또는 $3x-5=0$

$\therefore x=\dfrac{1}{2}$ 또는 $x=\dfrac{5}{3}$

(6) $(5x+1)(5x-3)=0$

$\Rightarrow 5x+1=0$ 또는 $5x-3=0$

$\therefore x=-\dfrac{1}{5}$ 또는 $x=\dfrac{3}{5}$

2 답 (1) $x=-3$ 또는 $x=-4$

(2) $x=-7$ 또는 $x=4$

(3) $x=-3$ 또는 $x=8$

(4) $x=-5$ 또는 $x=9$

(5) $x=\dfrac{1}{3}$ 또는 $x=5$

(6) $x=-2$ 또는 $x=\dfrac{3}{5}$

(1) $x^2+7x+12=0$에서

$(x+3)(x+4)=0$

$\therefore x=-3$ 또는 $x=-4$

(2) $x^2+3x-28=0$에서

$(x+7)(x-4)=0$

$\therefore x=-7$ 또는 $x=4$

(3) $x^2-5x-24=0$에서

$(x+3)(x-8)=0$

$\therefore x=-3$ 또는 $x=8$

(4) $x^2-4x-45=0$에서

$(x+5)(x-9)=0$

$\therefore x=-5$ 또는 $x=9$

(5) $3x^2-16x+5=0$에서

$(3x-1)(x-5)=0$

$\therefore x=\dfrac{1}{3}$ 또는 $x=5$

(6) $5x^2+7x-6=0$에서

$(x+2)(5x-3)=0$

$\therefore x=-2$ 또는 $x=\dfrac{3}{5}$

3 답 ⑤

주어진 이차방정식의 해를 구하면

① $x=-3$ 또는 $x=9$

② $x=-\dfrac{1}{3}$ 또는 $x=\dfrac{9}{4}$

③ $x=-3$ 또는 $x=-\dfrac{9}{4}$

④ $x=\dfrac{1}{3}$ 또는 $x=\dfrac{4}{9}$

⑤ $x=3$ 또는 $x=\dfrac{9}{4}$

4 답 ②

$2x^2-7x-11=x^2+3x$에서

$x^2-10x-11=0$

$(x+1)(x-11)=0$

$\therefore x=-1$ 또는 $x=11$

개념 **25** 이차방정식의 중근
•37쪽

1 답 (1) $x=2$ (2) $x=-9$

(3) $x=\dfrac{1}{3}$ (4) $x=-\dfrac{7}{6}$

2 답 (1) $x=-6$ (2) $x=10$

(3) $x=\dfrac{5}{4}$ (4) $x=-\dfrac{8}{5}$

(1) $x^2+12x+36=0$에서

$(x+6)^2=0$ $\therefore x=-6$

(2) $x^2-20x+100=0$에서

$(x-10)^2=0$ $\therefore x=10$

(3) $16x^2-40x+25=0$에서

$(4x-5)^2=0$ $\therefore x=\dfrac{5}{4}$

(4) $25x^2+80x+64=0$에서

$(5x+8)^2=0$ $\therefore x=-\dfrac{8}{5}$

3 답 (1) 8, 16 (2) 225 (3) 144, 12 (4) ±10

(2) 좌변이 완전제곱식이어야 하므로

$k=\left(\dfrac{30}{2}\right)^2=225$

(4) 좌변이 완전제곱식이어야 하므로

$25=\left(\dfrac{k}{2}\right)^2$에서 $k^2=100$

$\therefore k=\pm10$

4 답 ⑤

① $x^2=0$에서 $x=0$

② $x^2+10x+25=0$에서

$(x+5)^2=0$ $\therefore x=-5$

③ $4x^2+x+4=5x+3$에서

$4x^2-4x+1=0$

$(2x-1)^2=0$ $\therefore x=\dfrac{1}{2}$

④ $12x^2+3=3x^2-12x-1$에서

$9x^2+12x+4=0$

$(3x+2)^2=0$ $\therefore x=-\dfrac{2}{3}$

⑤ $(x+5)^2=4$에서

$x^2+10x+21=0$

$(x+3)(x+7)=0$

$\therefore x=-3$ 또는 $x=-7$

따라서 중근을 갖지 않는 것은 ⑤이다.

5 답 $\dfrac{8}{5}$

$x^2+6x+5k+1=0$이 중근을 가지려면

좌변이 완전제곱식이어야 하므로

$5k+1=\left(\dfrac{6}{2}\right)^2$에서 $5k+1=9$

$5k=8$ $\therefore k=\dfrac{8}{5}$

개념 **26** 제곱근 또는 완전제곱식을 이용한 이차방정식의 풀이
•38~39쪽

1 답 (1) $x=\pm\sqrt{10}$ (2) $x=\pm2\sqrt{6}$ (3) $x=1\pm\sqrt{3}$

(4) $x=-2\pm\sqrt{5}$ (5) $x=2\pm\sqrt{10}$ (6) $x=-7\pm2\sqrt{3}$

(7) $x=-5\pm2\sqrt{2}$ (8) $x=6\pm3\sqrt{2}$

(3) $(x-1)^2=3$에서 $x-1=\pm\sqrt{3}$ $\therefore x=1\pm\sqrt{3}$

(4) $(x+2)^2=5$에서 $x+2=\pm\sqrt{5}$ $\therefore x=-2\pm\sqrt{5}$

(5) $3(x-2)^2=30$에서 $(x-2)^2=10$

$x-2=\pm\sqrt{10}$ $\therefore x=2\pm\sqrt{10}$

(6) $2(x+7)^2=24$에서 $(x+7)^2=12$

$x+7=\pm2\sqrt{3}$ $\therefore x=-7\pm2\sqrt{3}$

(7) $4(x+5)^2=32$에서 $(x+5)^2=8$

$x+5=\pm2\sqrt{2}$ $\therefore x=-5\pm2\sqrt{2}$

(8) $5(x-6)^2=90$에서 $(x-6)^2=18$

$x-6=\pm3\sqrt{2}$ $\therefore x=6\pm3\sqrt{2}$

2 답 (1) -1, 4, 4, 2, 3

(2) 4, 1, 1, 1, 5

3 답 (1) 16, 16, 4, 10, $4\pm\sqrt{10}$

　　(2) 36, 36, 6, 40, $-6\pm2\sqrt{10}$

　　(3) 4, 4, 2, 10, $-2\pm\sqrt{10}$

　　(4) 1, 1, 1, 12, $1\pm2\sqrt{3}$

4 답 -1

$7(x+4)^2=21$에서 $(x+4)^2=3$

$x+4=\pm\sqrt{3}$　$\therefore x=-4\pm\sqrt{3}$

따라서 $-4\pm\sqrt{3}=a\pm\sqrt{b}$이므로

$a=-4$, $b=3$

$\therefore a+b=-4+3=-1$

5 답 ①

$\left(x+\dfrac{4}{3}\right)^2-k+4=0$에서 $\left(x+\dfrac{4}{3}\right)^2=k-4$

이 이차방정식이 해를 가지려면 $k-4\geq0$이어야 하므로

$k\geq4$

따라서 상수 k의 값으로 옳지 않은 것은 ① 2이다.

6 답 ⑤

$\dfrac{1}{3}x^2-2x-1=0$에서 $x^2-6x-3=0$

$x^2-6x=3$, $x^2-6x+9=3+9$

$\therefore (x-3)^2=12$

따라서 $a=-3$, $b=12$이므로

$a+b=-3+12=9$

7 답 $x=-2\pm\sqrt{10}$

$12x-10=-3x^2+8$에서 $3x^2+12x-18=0$

$x^2+4x-6=0$, $x^2+4x=6$

$x^2+4x+4=6+4$

$(x+2)^2=10$, $x+2=\pm\sqrt{10}$

$\therefore x=-2\pm\sqrt{10}$

개념 27　이차방정식의 근의 공식

・40쪽

1 답 (1) 1, 7, 4, 7, 7, 1, 4, 1, $\dfrac{-7\pm\sqrt{33}}{2}$

　　(2) 1, -9, -7, -9, -9, 1, -7, 1, $\dfrac{9\pm\sqrt{109}}{2}$

　　(3) 3, -11, 7, -11, -11, 3, 7, 3, $\dfrac{11\pm\sqrt{37}}{6}$

2 답 (1) 1, 2, 2, 2, 2, 1, 2, 1, $-2\pm\sqrt{2}$

　　(2) 1, -3, 7, -3, -3, 1, 7, 1, $3\pm\sqrt{2}$

　　(3) 5, 1, -1, 1, 1, 5, -1, 5, $\dfrac{-1\pm\sqrt{6}}{5}$

---

3 답 30

근의 공식에 $a=1$, $b=3$, $c=-6$을 대입하면

$x=\dfrac{-3\pm\sqrt{3^2-4\times1\times(-6)}}{2\times1}$

$=\dfrac{-3\pm\sqrt{33}}{2}$

따라서 $\dfrac{-3\pm\sqrt{33}}{2}=\dfrac{a\pm\sqrt{b}}{2}$이므로

$a=-3$, $b=33$

$\therefore a+b=-3+33=30$

4 답 ④

짝수 근의 공식에 $a=2$, $b'=-5$, $c=k$를 대입하면

$x=\dfrac{-(-5)\pm\sqrt{(-5)^2-2\times k}}{2}=\dfrac{5\pm\sqrt{25-2k}}{2}$

$\dfrac{5\pm\sqrt{25-2k}}{2}=\dfrac{5\pm\sqrt{11}}{2}$에서

$25-2k=11$, $-2k=-14$

$\therefore k=7$

개념 28　복잡한 이차방정식의 풀이

・41쪽

1 답 (1) 5, 14, 7, 7

　　(2) 12, 4, 4

　　(3) 4, 6, 1, 3, $-\dfrac{1}{3}$

　　(4) 12, 16, 1, $8x-1$, $\dfrac{1}{8}$

　　(5) 10, 5, 2, 5, 1, $\dfrac{2}{5}$

　　(6) 10, 10, 4, 5, 2, 1, $\dfrac{1}{2}$

　　(7) 2, 8, 4, 4, $-\dfrac{4}{3}$, 4, $\dfrac{2}{3}$, $-\dfrac{4}{3}$, $\dfrac{2}{3}$

2 답 $\dfrac{3}{14}$

주어진 이차방정식의 양변에 10을 곱하면

$14x^2-3x-5=0$

$(2x+1)(7x-5)=0$

$\therefore x=-\dfrac{1}{2}$ 또는 $x=\dfrac{5}{7}$

따라서 두 근의 합은

$-\dfrac{1}{2}+\dfrac{5}{7}=\dfrac{3}{14}$

---

3 답 $x=\dfrac{3\pm\sqrt{10}}{2}$

$2\left(x-\dfrac{1}{2}\right)^2-3=4\left(x-\dfrac{1}{2}\right)$에서 $x-\dfrac{1}{2}=A$로 놓으면

$2A^2-3=4A$

$2A^2-4A-3=0$

$\therefore A=\dfrac{-(-2)\pm\sqrt{(-2)^2-2\times(-3)}}{2}=\dfrac{2\pm\sqrt{10}}{2}$

따라서 $x-\dfrac{1}{2}=\dfrac{2\pm\sqrt{10}}{2}$이므로 $x=\dfrac{3\pm\sqrt{10}}{2}$

개념 29 이차방정식의 근의 개수 / 이차방정식 구하기 · 42~43쪽

1 답 (1) ① 9 ② 2개 (2) ① -39 ② 0개

(3) ① 41 ② 2개 (4) ① 0 ② 1개

(5) ① -87 ② 0개 (6) ① 0 ② 1개

	a, b, c의 값	b^2-4ac의 값	근의 개수
(1)	$a=1$, $b=1$, $c=-2$	$1^2-4\times1\times(-2)=9$	2개
(2)	$a=5$, $b=1$, $c=2$	$1^2-4\times5\times2=-39$	0개
(3)	$a=2$, $b=-3$, $c=-4$	$(-3)^2-4\times2\times(-4)=41$	2개
(4)	$a=4$, $b=12$, $c=9$	$12^2-4\times4\times9=0$	1개
(5)	$a=7$, $b=-5$, $c=4$	$(-5)^2-4\times7\times4=-87$	0개
(6)	$a=\dfrac{1}{2}$, $b=3$, $c=\dfrac{9}{2}$	$3^2-4\times\dfrac{1}{2}\times\dfrac{9}{2}=0$	1개

2 답 (1) ① $k<\dfrac{9}{4}$ ② $k=\dfrac{9}{4}$ ③ $k>\dfrac{9}{4}$

(2) ① $k>-4$ ② $k=-4$ ③ $k<-4$

(3) ① $k<3$ ② $k=3$ ③ $k>3$

(4) ① $k>-\dfrac{9}{28}$ ② $k=-\dfrac{9}{28}$ ③ $k<-\dfrac{9}{28}$

(1) $b^2-4ac=(-3)^2-4\times1\times k=9-4k$

① $b^2-4ac>0$이므로 $9-4k>0$ $\quad\therefore k<\dfrac{9}{4}$

② $b^2-4ac=0$이므로 $9-4k=0$ $\quad\therefore k=\dfrac{9}{4}$

③ $b^2-4ac<0$이므로 $9-4k<0$ $\quad\therefore k>\dfrac{9}{4}$

(2) $b^2-4ac=(-4)^2-4\times1\times(-k)=16+4k$

① $b^2-4ac>0$이므로 $16+4k>0$ $\quad\therefore k>-4$

② $b^2-4ac=0$이므로 $16+4k=0$ $\quad\therefore k=-4$

③ $b^2-4ac<0$이므로 $16+4k<0$ $\quad\therefore k<-4$

(3) $b^2-4ac=(-6)^2-4\times3\times k=36-12k$

① $b^2-4ac>0$이므로 $36-12k>0$ $\quad\therefore k<3$

② $b^2-4ac=0$이므로 $36-12k=0$ $\quad\therefore k=3$

③ $b^2-4ac<0$이므로 $36-12k<0$ $\quad\therefore k>3$

(4) $b^2-4ac=(-3)^2-4\times7\times(-k)=9+28k$

① $b^2-4ac>0$이므로 $9+28k>0$ $\quad\therefore k>-\dfrac{9}{28}$

② $b^2-4ac=0$이므로 $9+28k=0$ $\quad\therefore k=-\dfrac{9}{28}$

③ $b^2-4ac<0$이므로 $9+28k<0$ $\quad\therefore k<-\dfrac{9}{28}$

3 답 (1) $x^2-2x-8=0$

(2) $x^2-8x+15=0$

(3) $-x^2-7x-6=0$

(4) $2x^2-6x+4=0$

(5) $-2x^2+4x+96=0$

(6) $12x^2-7x+1=0$

(1) 두 근이 -2, 4이고 x^2의 계수가 1인 이차방정식은

$(x+2)(x-4)=0$ $\quad\therefore x^2-2x-8=0$

(2) 두 근이 3, 5이고 x^2의 계수가 1인 이차방정식은

$(x-3)(x-5)=0$ $\quad\therefore x^2-8x+15=0$

(3) 두 근이 -1, -6이고 x^2의 계수가 -1인 이차방정식은

$-(x+1)(x+6)=0$ $\quad\therefore -x^2-7x-6=0$

(4) 두 근이 1, 2이고 x^2의 계수가 2인 이차방정식은

$2(x-1)(x-2)=0$ $\quad\therefore 2x^2-6x+4=0$

(5) 두 근이 -6, 8이고 x^2의 계수가 -2인 이차방정식은

$-2(x+6)(x-8)=0$ $\quad\therefore -2x^2+4x+96=0$

(6) 두 근이 $\dfrac{1}{3}$, $\dfrac{1}{4}$이고 x^2의 계수가 12인 이차방정식은

$12\left(x-\dfrac{1}{3}\right)\left(x-\dfrac{1}{4}\right)=0$ $\quad\therefore 12x^2-7x+1=0$

4 답 (1) $x^2+8x+16=0$

(2) $-x^2+10x-25=0$

(3) $-x^2-12x-36=0$

(4) $3x^2+48x+192=0$

(5) $-4x^2+4x-1=0$

(6) $\dfrac{1}{4}x^2-2x+4=0$

(1) 중근이 -4이고 x^2의 계수가 1인 이차방정식은

$(x+4)^2=0$ $\quad\therefore x^2+8x+16=0$

(2) 중근이 5이고 x^2의 계수가 -1인 이차방정식은

$-(x-5)^2=0$ $\quad\therefore -x^2+10x-25=0$

(3) 중근이 -6이고 x^2의 계수가 -1인 이차방정식은

$-(x+6)^2=0$ $\quad\therefore -x^2-12x-36=0$

(4) 중근이 -8이고 x^2의 계수가 3인 이차방정식은

$3(x+8)^2=0$ $\quad\therefore 3x^2+48x+192=0$

(5) 중근이 $\dfrac{1}{2}$이고 x^2의 계수가 -4인 이차방정식은

$-4\left(x-\dfrac{1}{2}\right)^2=0$ $\quad\therefore -4x^2+4x-1=0$

(6) 중근이 4이고 x^2의 계수가 $\dfrac{1}{4}$인 이차방정식은

$\dfrac{1}{4}(x-4)^2=0$ $\quad\therefore \dfrac{1}{4}x^2-2x+4=0$

5 답 ㄱ, ㄷ

ㄱ. $(-3)^2-4\times1\times0=9>0$이므로 서로 다른 두 근을 갖는다.

ㄴ. $4^2-4\times4\times1=0$이므로 중근을 갖는다.

ㄷ. $2^2-4\times7\times(-5)=144>0$이므로 서로 다른 두 근을 갖는다.

ㄹ. $x^2+5x=-11$, 즉 $x^2+5x+11=0$에서
   $5^2-4\times1\times11=-19<0$이므로 근이 없다.

따라서 서로 다른 두 근을 갖는 이차방정식은 ㄱ, ㄷ이다.

6 답 $k\leq14$

$x^2+6x+k-5=0$이 해를 가지려면

$6^2-4(k-5)\geq0$이어야 하므로

$56-4k\geq0$, $-4k\geq-56$

$\therefore k\leq14$

7 답 ②

두 근이 $-\dfrac{1}{3}$, $\dfrac{5}{2}$이고 x^2의 계수가 6인 이차방정식은

$6\left(x+\dfrac{1}{3}\right)\left(x-\dfrac{5}{2}\right)=0$

$6\left(x^2-\dfrac{13}{6}x-\dfrac{5}{6}\right)=0$

$6x^2-13x-5=0$

따라서 $a=-13$, $b=-5$이므로

$a-b=-13-(-5)=-8$

8 답 10

x^2의 계수가 2이고 중근 -5를 갖는 이차방정식은

$2(x+5)^2=0$ $\therefore 2x^2+20x+50=0$

따라서 $A=20$, $5B=50$이므로 $B=10$

$\therefore A-B=20-10=10$

개념 30 이차방정식의 활용
• 44~46쪽

1 답 $4x+12$, $4x+12$, 2, 6, 6, 6, 6, 6, 6

2 답 $x+1$, $x+1$, 13, 12, 12, 12, 12, 13, 12, 13

3 답 $x-3$, $x-3$, 16, 16, 16, 16

4 답 160, 4, 8, 4, 8, 4, 8, 8

5 답 0, 1, 1, 1, 1, 1

6 답 27, 54, -6, 9, 9, 9, 9

7 답 $x-5$, $x-5$, 13, 13, 13, 13, 13

8 답 $x+3$, $x-4$, 3, 4, 9, 9, 9, 9, 9

9 답 8, 10

연속하는 두 짝수 중 작은 수를 x라 하면 큰 수는

$x+2$이므로

$x^2+(x+2)^2=164$, $2x^2+4x-160=0$

$x^2+2x-80=0$

$(x-8)(x+10)=0$

$\therefore x=8$ 또는 $x=-10$

그런데 x는 자연수이므로 $x=8$

따라서 두 짝수는 8, 10이다.

10 답 1초 후

$20+30t-5t^2=45$에서 $-5t^2+30t-25=0$

$t^2-6t+5=0$, $(t-1)(t-5)=0$

$\therefore t=1$ 또는 $t=5$

따라서 물체의 지면으로부터의 높이가 처음으로 $45\,\mathrm{m}$가 되는 것은 물체를 쏘아 올린 지 1초 후이다.

11 답 15 cm

둘레의 길이가 $46\,\mathrm{cm}$이므로 직사각형의 가로의 길이와 세로의 길이의 합은

$46\div2=23(\mathrm{cm})$

이때 직사각형의 가로의 길이를 $x\,\mathrm{cm}$라 하면 세로의 길이는

$(23-x)\,\mathrm{cm}$이므로

$x(23-x)=120$, $x^2-23x+120=0$

$(x-8)(x-15)=0$

$\therefore x=8$ 또는 $x=15$

그런데 $\dfrac{23}{2}<x<23$이므로 $x=15$

따라서 가로의 길이는 $15\,\mathrm{cm}$이다.

12 답 ⑴ 같다.
⑵ 가로: $(40-x)\,\mathrm{m}$, 세로: $(25-x)\,\mathrm{m}$
⑶ 5 m

⑶ $(40-x)(25-x)=700$에서

$x^2-65x+300=0$, $(x-5)(x-60)=0$

$\therefore x=5$ 또는 $x=60$

그런데 $0<x<25$이므로 $x=5$

따라서 도로의 폭은 $5\,\mathrm{m}$이다.

5 이차함수와 그 그래프

개념 31 이차함수
•47쪽

1 답 (1) × (2) ○ (3) × (4) × (5) ○ (6) ○

(1) $y=-2x+3$ ⇨ 일차함수

(3) $y=\dfrac{1}{x^2}+1$ ⇨ 이차함수가 아니다.

(4) $y=x^2-x(x+1)=x^2-x^2-x=-x$
　 ⇨ 일차함수

(6) $y=(x+3)^2+9x=x^2+6x+9+9x=x^2+15x+9$
　 ⇨ 이차함수

2 답 (1) $y=3x$　(2) $y=2x^2+2x$
　　　 (3) $y=x^2+\dfrac{3}{2}x$　(4) $y=80x$
　　　 ⇨ 이차함수인 것: (2), (3)

(1) $y=3\times x=3x$ ⇨ 일차함수

(2) $y=2x\times(x+1)=2x^2+2x$ ⇨ 이차함수

(3) $y=\dfrac{1}{2}\times x\times(2x+3)=x^2+\dfrac{3}{2}x$ ⇨ 이차함수

(4) $y=80\times x=80x$ ⇨ 일차함수

3 답 (1) 7　(2) 4　(3) 3　(4) 16

(1) $f(-1)=(-1)^2-2\times(-1)+4=7$

(2) $f(0)=0^2-2\times0+4=4$

(3) $f(1)=1^2-2\times1+4=3$

(4) $f(-2)=(-2)^2-2\times(-2)+4=12$
　　 $f(2)=2^2-2\times2+4=4$
　　 $\therefore f(-2)+f(2)=12+4=16$

4 답 ②

① $y=2x\times2x=4x^2$ ⇨ 이차함수

② $y=x\times x\times x=x^3$ ⇨ 이차함수가 아니다.

③ $y=x\times x=x^2$ ⇨ 이차함수

④ (둘레의 길이)$=2\times\{$(가로의 길이)$+$(세로의 길이)$\}$이므로
　 (가로의 길이)$=\dfrac{10}{2}-x=5-x$
　 $\therefore y=x(5-x)=-x^2+5x$ ⇨ 이차함수

⑤ (원기둥의 부피)$=$(밑넓이)$\times$(높이)이므로
　 $y=\pi\times x^2\times15=15\pi x^2$ ⇨ 이차함수

따라서 이차함수가 아닌 것은 ②이다.

5 답 30

$f(-2)=(-2)^2-7\times(-2)-3=15$

$f(3)=3^2-7\times3-3=-15$

$\therefore f(-2)-f(3)=15-(-15)=30$

개념 32 이차함수 $y=x^2$의 그래프
•48쪽

1 답 (1) $(0,\,0)$　(2) $x=0$
　　　 (3) 제1, 2사분면　(4) $y=-x^2$

2 답 (1) $(0,\,0)$　(2) $x=0$
　　　 (3) 제3, 4사분면　(4) $y=x^2$

3 답 (1) ○ (2) × (3) ○ (4) × (5) ○ (6) ×

(2) y축에 대칭이다.

(4) $y=-x^2$에 $x=-1$, $y=1$을 대입하면
　 $1\neq-(-1)^2$이므로 점 $(-1,\,1)$을 지나지 않는다.

(6) 제3, 4사분면을 지난다.

4 답 ①, ④

① 점 $(0,\,0)$을 지나며 아래로 볼록한 포물선이다.

④ 제1, 2사분면을 지난다.

5 답 ②

$y=-x^2$에 주어진 점의 좌표를 각각 대입하면 다음과 같다.

① $-9=-(-3)^2$　② $\dfrac{9}{4}\neq-\left(-\dfrac{3}{2}\right)^2$　③ $-1=-1^2$

④ $-\dfrac{1}{9}=-\left(\dfrac{1}{3}\right)^2$　⑤ $-4=-2^2$

따라서 이차함수 $y=-x^2$의 그래프 위의 점이 아닌 것은 ②이다.

개념 33 이차함수 $y=ax^2$의 그래프
•49~50쪽

1 답 (1)

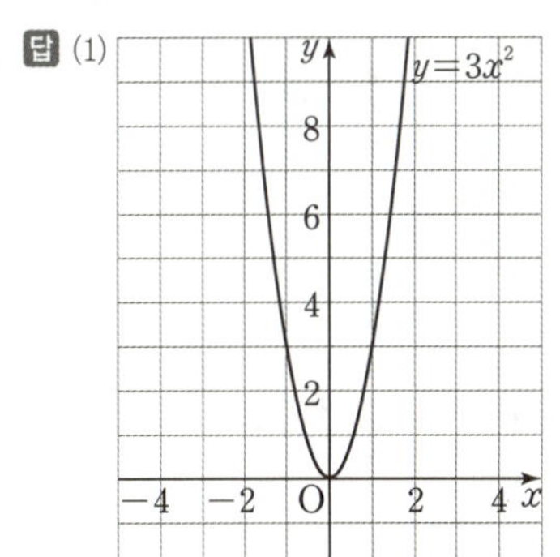

(2) $(0,\,0)$

(3) $y=-3x^2$

2 답 (1)

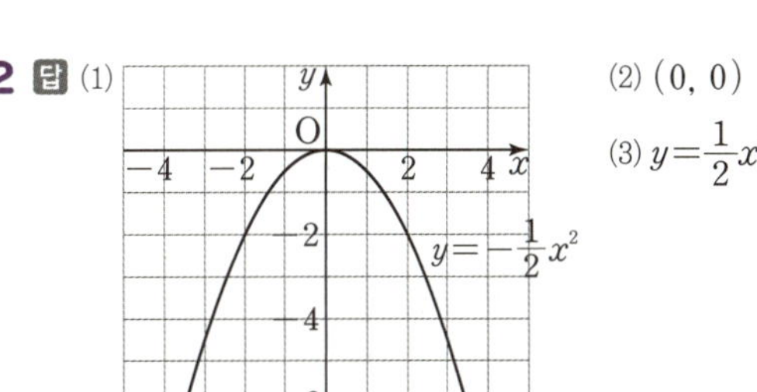

(2) $(0,\,0)$

(3) $y=\dfrac{1}{2}x^2$

3 답 (1) 0, 0, y (2) 아래 (3) $-2x^2$ (4) 18 (5) $>$

(4) $y=2x^2$에 $x=-3$을 대입하면
$y=2\times(-3)^2=18$이므로 점 $(-3,\,18)$을 지난다.

4 답 ③

③ 이차함수 $y=\dfrac{1}{3}x^2$의 그래프의 축의 방정식은 $x=0$이다.

5 답 ④

주어진 이차함수의 x^2의 계수의 절댓값을 구하면

① 2　　② 3　　③ $\dfrac{5}{2}$　　④ 6　　⑤ $\dfrac{1}{2}$

x^2의 계수의 절댓값이 클수록 그래프의 폭이 좁아지므로 주어진 이차함수 중 그래프의 폭이 가장 좁은 것은 ④이다.

6 답 ④

$y=-2x^2$에 주어진 점의 좌표를 각각 대입하면 다음과 같다.

① $-2=-2\times(-1)^2$

② $-\dfrac{1}{2}=-2\times\left(-\dfrac{1}{2}\right)^2$

③ $-\dfrac{9}{2}=-2\times\left(\dfrac{3}{2}\right)^2$

④ $8\neq-2\times2^2$

⑤ $-\dfrac{25}{2}=-2\times\left(\dfrac{5}{2}\right)^2$

7 답 $y=\dfrac{4}{9}x^2$

원점을 꼭짓점으로 하는 포물선이므로 구하는 이차함수의 식을 $y=ax^2$으로 놓자.

이 그래프가 점 $(-3,\,4)$를 지나므로

$4=a\times(-3)^2$　　$\therefore a=\dfrac{4}{9}$

따라서 구하는 이차함수의 식은 $y=\dfrac{4}{9}x^2$이다.

개념 34 **이차함수 $y=ax^2+q$의 그래프** ·51쪽

1 답 (1)

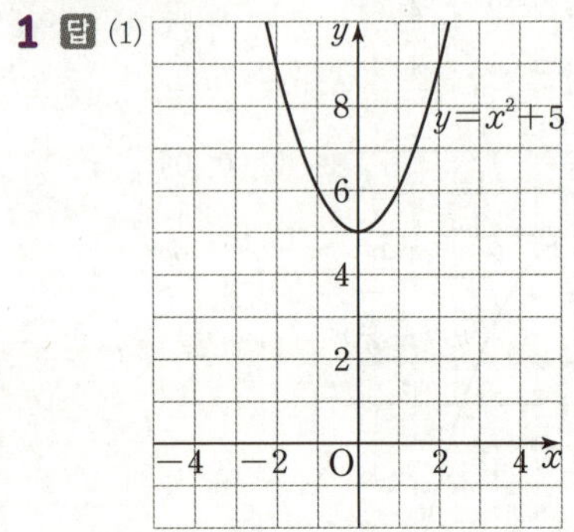

(2) y, 5
(3) ① $x=0$ ② $(0,\,5)$

---

2 답 (1) ① $y=-2x^2+3$
　　② $x=0$
　　③ $(0,\,3)$
(2) ① $y=\dfrac{2}{5}x^2-\dfrac{1}{2}$
　　② $x=0$
　　③ $\left(0,\,-\dfrac{1}{2}\right)$

3 답 ⑤

$y=\dfrac{1}{4}x^2-1$에서 x^2의 계수가 양수이므로 그래프는 아래로 볼록하고, 꼭짓점의 좌표는 $(0,\,-1)$이다.

따라서 $y=\dfrac{1}{4}x^2-1$의 그래프로 알맞은 것은 ⑤이다.

4 답 -15

$y=-2x^2$의 그래프를 y축의 방향으로 3만큼 평행이동한 그래프의 식은 $y=-2x^2+3$

이 그래프가 점 $(-3,\,a)$를 지나므로

$a=-2\times(-3)^2+3=-15$

개념 35 **이차함수 $y=a(x-p)^2$의 그래프** ·52쪽

1 답 (1)

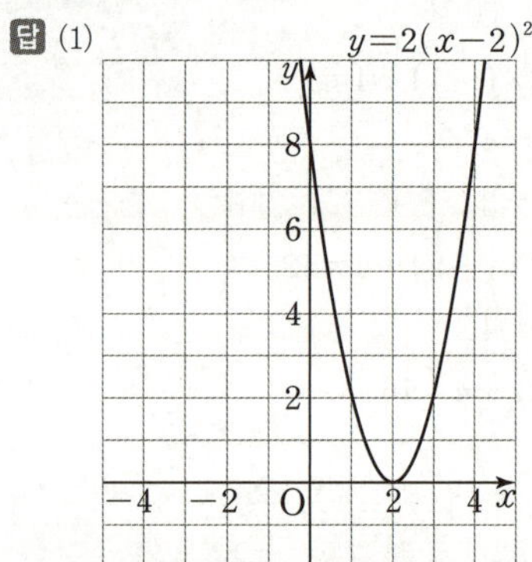

(2) x, 2
(3) ① $x=2$ ② $(2,\,0)$

2 답 (1) ① $y=4(x-5)^2$
　　② $x=5$
　　③ $(5,\,0)$
(2) ① $y=\dfrac{1}{3}(x+2)^2$
　　② $x=-2$
　　③ $(-2,\,0)$
(3) ① $y=-5\left(x+\dfrac{1}{2}\right)^2$
　　② $x=-\dfrac{1}{2}$
　　③ $\left(-\dfrac{1}{2},\,0\right)$

3 답 ㄴ, ㄹ

이차함수 $y=\dfrac{1}{2}(x-6)^2$의 그래프는

ㄱ. 직선 $x=6$을 축으로 한다.

ㄷ. $y=\dfrac{1}{2}(x-6)^2$에 $x=4$, $y=3$을 대입하면

$3\neq\dfrac{1}{2}\times(4-6)^2$이므로 점 $(4,\ 3)$을 지나지 않는다.

따라서 옳은 것은 ㄴ, ㄹ이다.

4 답 1, 3

$y=5(x-2)^2$의 그래프가 점 $(k,\ 5)$를 지나므로
$5=5(k-2)^2$, $(k-2)^2=1$
$k^2-4k+3=0$, $(k-1)(k-3)=0$
$\therefore\ k=1$ 또는 $k=3$

개념 **36**　이차함수 $y=a(x-p)^2+q$의 그래프 (1)　•53쪽

1 답 (1) -3, -1　(2) 1, 2　(3) $-5x^2$, -3, -7

(4) $\dfrac{1}{5}x^2$, -8, 15　(5) $-\dfrac{1}{3}x^2$, -9, 6

2 답 (1) ① $x=3$　② $(3,\ -4)$

(2) ① $x=5$　② $(5,\ 11)$

(3) ① $x=-1$　② $(-1,\ 6)$

(4) ① $x=2$　② $\left(2,\ -\dfrac{1}{2}\right)$

3 답 -10

$y=-2x^2$의 그래프를 x축의 방향으로 a만큼, y축의 방향으로
b만큼 평행이동하면
$y=-2(x-a)^2+b$
따라서 $-a=3$, $b=-7$에서 $a=-3$, $b=-7$이므로
$a+b=-3+(-7)=-10$

4 답 ③, ⑤

① 꼭짓점의 좌표는 $(4,\ -3)$이다.
② 이차함수 $y=x^2$의 그래프를 x축의 방향으로 4만큼, y축의
방향으로 -3만큼 평행이동한 것이다.
③ $y=(x-4)^2-3$에 $x=0$을 대입하면
$y=(0-4)^2-3=13$이므로 y축과 만나는 점의 좌표는 $(0,\ 13)$
이다.
④ $y=(x-4)^2-3$에 $x=3$, $y=-2$를 대입하면
$-2=(3-4)^2-3$이므로 점 $(3,\ -2)$를 지나며 아래로 볼록
한 포물선이다.

따라서 옳은 것은 ③, ⑤이다.

개념 **37**　이차함수 $y=a(x-p)^2+q$의 그래프 (2)　•54~55쪽

1 답 (1) 1, 2, 2, -3, -1, $-(x-1)^2-2$

(2) $x-2$, 4, 4, 5, $\dfrac{1}{4}$, $\dfrac{1}{4}(x-2)^2+4$

2 답 1, $a+q$, $4a+q$, 2, 1, $2(x-1)^2+1$

3 답 (1) $<$, $<$, $>$　(2) $>$, $<$, $<$　(3) $<$, $>$, $>$

(4) $>$, $<$, $>$　(5) $<$, $=$, $>$　(6) $>$, $>$, $=$

(1) 그래프가 위로 볼록하므로 $a<0$
　꼭짓점이 제2사분면 위에 있으므로 $p<0$, $q>0$
(2) 그래프가 아래로 볼록하므로 $a>0$
　꼭짓점이 제3사분면 위에 있으므로 $p<0$, $q<0$
(3) 그래프가 위로 볼록하므로 $a<0$
　꼭짓점이 제1사분면 위에 있으므로 $p>0$, $q>0$
(4) 그래프가 아래로 볼록하므로 $a>0$
　꼭짓점이 제2사분면 위에 있으므로 $p<0$, $q>0$
(5) 그래프가 위로 볼록하므로 $a<0$
　꼭짓점이 y축 위에 있으면서 x축보다 위쪽에 있으므로
　$p=0$, $q>0$
(6) 그래프가 아래로 볼록하므로 $a>0$
　꼭짓점이 x축 위에 있으면서 y축보다 오른쪽에 있으므로
　$p>0$, $q=0$

4 답 $y=-2(x-3)^2+5$

꼭짓점의 좌표가 $(3,\ 5)$이므로 이차함수의 식을
$y=a(x-3)^2+5$로 놓자.
이 그래프가 점 $(1,\ -3)$을 지나므로
$-3=a(1-3)^2+5$
$4a=-8$　$\therefore\ a=-2$
따라서 구하는 이차함수의 식은
$y=-2(x-3)^2+5$

5 답 ②

$a>0$이므로 그래프는 아래로 볼록하고,
$p>0$, $q<0$이므로 꼭짓점 $(p,\ q)$는 제4사분면 위에 있다.
따라서 이차함수 $y=a(x-p)^2+q$의 그래프로 적당한 것은
②이다.

개념 **38** 이차함수 $y=ax^2+bx+c$의 그래프 (1) ·56~58쪽

1 답 (1) 1, 1, 1, 1, 8
 (2) 9, 9, 9, 9, 10
 (3) 25, 25, 25, 25, 5, 13
 (4) 36, 36, 36, 36, 6, 15

2 답 (1) 9, 9, 9, 18, 21
 (2) 4, 4, 4, 20, 29
 (3) 1, 1, 1, 3, 8
 (4) 25, 25, 25, $\dfrac{25}{2}$, $\dfrac{7}{2}$

3 답 (1) ① $(3, -8)$ ② $(0, 1)$ ③ 아래로 볼록

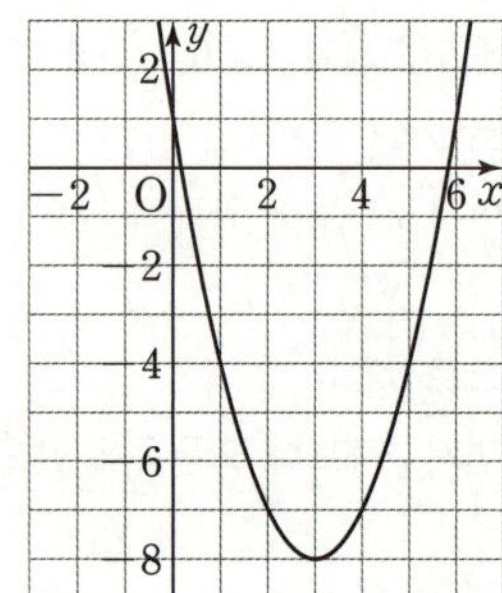

 (2) ① $(-1, 5)$ ② $(0, 0)$ ③ 위로 볼록

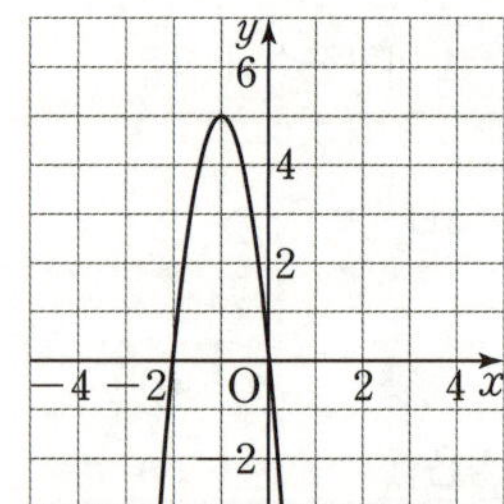

 (3) ① $(3, 3)$ ② $(0, -3)$ ③ 위로 볼록

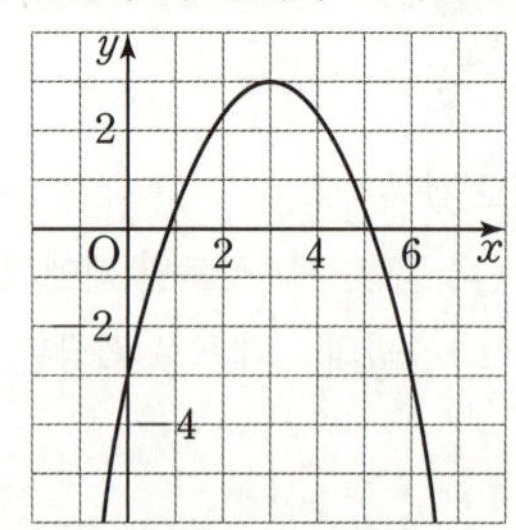

(1) $y=x^2-6x+1=(x-3)^2-8$
(2) $y=-5x^2-10x=-5(x+1)^2+5$
(3) $y=-\dfrac{2}{3}x^2+4x-3=-\dfrac{2}{3}(x-3)^2+3$

4 답 (1) 0, 0, 3, 3, 0, 3, 0
 (2) 0, 0, 2, 2, 0, 2, 0
 (3) 0, 0, 1, 1, 0, 1, 0

5 답 11
$y=4x^2-16x+7$
$\quad=4(x^2-4x)+7$
$\quad=4(x^2-4x+4-4)+7$
$\quad=4(x^2-4x+4)-16+7$
$\quad=4(x-2)^2-9$
따라서 $p=2$, $q=-9$이므로
$p-q=2-(-9)=11$

6 답 $(-1, -4)$, $x=-1$
$y=3x^2+6x-1$
$\quad=3(x^2+2x)-1$
$\quad=3(x^2+2x+1-1)-1$
$\quad=3(x^2+2x+1)-3-1$
$\quad=3(x+1)^2-4$
따라서 꼭짓점의 좌표는 $(-1, -4)$이고, 축의 방정식은 $x=-1$이다.

7 답 $(3, -7)$
$y=x^2+ax+2$의 그래프가 점 $(2, -6)$을 지나므로
$-6=2^2+2a+2$, $2a=-12$ $\quad\therefore a=-6$
즉, $y=x^2-6x+2$에서
$y=x^2-6x+2$
$\quad=(x^2-6x)+2$
$\quad=(x^2-6x+9-9)+2$
$\quad=(x^2-6x+9)-9+2$
$\quad=(x-3)^2-7$
따라서 꼭짓점의 좌표는 $(3, -7)$이다.

8 답 $\left(-\dfrac{1}{2}, 0\right)$, $(2, 0)$
$y=2x^2-3x-2$에 $y=0$을 대입하면
$0=2x^2-3x-2$
$(2x+1)(x-2)=0$
$\therefore x=-\dfrac{1}{2}$ 또는 $x=2$
따라서 x축과 만나는 점의 좌표는 $\left(-\dfrac{1}{2}, 0\right)$, $(2, 0)$이다.

9 답 ⑤
$y=-2x^2+8x-2$
$\quad=-2(x^2-4x)-2$
$\quad=-2(x^2-4x+4-4)-2$
$\quad=-2(x^2-4x+4)+8-2$
$\quad=-2(x-2)^2+6$
이므로 그래프는 오른쪽 그림과 같다.

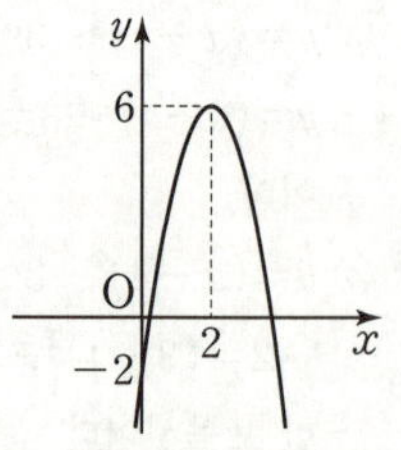

⑤ 제2사분면을 지나지 않는다.

1 답 (1) >, <, <, < (2) <, >, <, >
(3) >, <, <, > (4) <, >, <, <
(5) >, =, =, < (6) <, <, >, =

2 답 $8, 8, -\dfrac{1}{2}, -\dfrac{1}{2}(x+3)^2+8$

3 답 $1, 1, 1, -1, -1, -(x+1)^2-1$

4 답 $-7, 7, 7, 7, 2, 4, 2x^2+4x-7$

5 답 $1, 3, -1, 1, -x^2-6x-5$

6 답 ①
그래프가 위로 볼록하므로
$a<0$
축이 y축의 왼쪽에 있으므로 $ab>0$
$\therefore b<0$
y축과의 교점이 x축보다 아래쪽에 있으므로
$c<0$

7 답 ③
$y=ax+b$의 그래프에서 $a>0$, $b<0$
$y=x^2+ax+b$의 그래프는
(i) (x^2의 계수)$=1>0$이므로 그래프의 모양
이 아래로 볼록하다.
(ii) $a>0$이므로 x^2의 계수와 x의 계수의 부호
가 같다. 즉, 그래프의 축은 y축의 왼쪽에
있다.
(iii) $b<0$이므로 y축과의 교점은 x축보다 아래쪽에 있다.
따라서 이차함수 $y=x^2+ax+b$의 그래프는 위의 그림과 같으
므로 꼭짓점은 제3사분면 위에 있다.

8 답 $y=3x^2+6x+5$
꼭짓점의 좌표가 $(-1, 2)$이므로 구하는 이차함수의 식을
$y=a(x+1)^2+2$로 놓자.
이 그래프가 점 $(0, 5)$를 지나므로
$5=a(0+1)^2+2$
$5=a+2$ $\therefore a=3$
따라서 구하는 이차함수의 식은
$y=3(x+1)^2+2=3x^2+6x+5$

9 답 4
축의 방정식이 $x=1$이므로 이차함수의 식을
$y=a(x-1)^2+q$로 놓자.

이 그래프가 두 점 $(-1, 0)$, $(0, 3)$을 지나므로
$0=a(-1-1)^2+q$ $\therefore 4a+q=0$ $\cdots\ ㉠$
$3=a(0-1)^2+q$ $\therefore a+q=3$ $\cdots\ ㉡$
㉠, ㉡을 연립하여 풀면
$a=-1, q=4$
즉, $y=-(x-1)^2+4=-x^2+2x+3$이므로
$a=-1, b=2, c=3$
$\therefore a+b+c=-1+2+3=4$

10 답 15
$y=ax^2+bx+c$의 그래프가 점 $(0, 5)$를 지나므로
$c=5$
즉, $y=ax^2+bx+5$의 그래프가 두 점 $(-1, 7)$, $(1, 9)$를 지나
므로
$7=a-b+5$ $\therefore a-b=2$ $\cdots\ ㉠$
$9=a+b+5$ $\therefore a+b=4$ $\cdots\ ㉡$
㉠, ㉡을 연립하여 풀면
$a=3, b=1$
$\therefore abc=3\times1\times5=15$

11 답 $-3, -1$
x축과 두 점 $(-5, 0)$, $(1, 0)$에서 만나므로 이차함수의 식을
$y=a(x+5)(x-1)$로 놓자.
이 그래프가 점 $(2, -14)$를 지나므로
$-14=a(2+5)(2-1)$
$7a=-14$ $\therefore a=-2$
$\therefore y=-2(x+5)(x-1)=-2x^2-8x+10$
즉, $y=-2x^2-8x+10$의 그래프가 점 $(k, 16)$을 지나므로
$16=-2k^2-8k+10$
$k^2+4k+3=0, (k+3)(k+1)=0$
$\therefore k=-3$ 또는 $k=-1$

1 답 (1) ① ⋀ ② $(0, -5)$ ③ -5 ④ 없다.
(2) ① ⋁ ② $(-1, 3)$ ③ 없다. ④ 3
(3) ① ⋀ ② $\left(\dfrac{1}{2}, 2\right)$ ③ 2 ④ 없다.

2 답 (1) $x=-2$에서 최솟값은 1이고, 최댓값은 없다.
(2) $x=5$에서 최솟값은 3이고, 최댓값은 없다.
(3) $x=3$에서 최댓값은 4이고, 최솟값은 없다.
(4) $x=-5$에서 최댓값은 -7이고, 최솟값은 없다.

3 답 (1) $x=-1$에서 최솟값은 7이고, 최댓값은 없다.

(2) $x=-5$에서 최솟값은 -10이고, 최댓값은 없다.

(3) $x=-\dfrac{5}{2}$에서 최솟값은 1이고, 최댓값은 없다.

(4) $x=-3$에서 최댓값은 9이고, 최솟값은 없다.

(5) $x=7$에서 최댓값은 19이고, 최솟값은 없다.

(6) $x=\dfrac{3}{2}$에서 최댓값은 -2이고, 최솟값은 없다.

(1) $y=x^2+2x+8$
$\quad=(x^2+2x+1-1)+8$
$\quad=(x+1)^2+7$
따라서 $x=-1$에서 최솟값은 7이고, 최댓값은 없다.

(2) $y=x^2+10x+15$
$\quad=(x^2+10x+25-25)+15$
$\quad=(x+5)^2-10$
따라서 $x=-5$에서 최솟값은 -10이고, 최댓값은 없다.

(3) $y=\dfrac{1}{5}x^2+x+\dfrac{9}{4}$
$\quad=\dfrac{1}{5}\left(x^2+5x+\dfrac{25}{4}-\dfrac{25}{4}\right)+\dfrac{9}{4}$
$\quad=\dfrac{1}{5}\left(x+\dfrac{5}{2}\right)^2+1$

따라서 $x=-\dfrac{5}{2}$에서 최솟값은 1이고, 최댓값은 없다.

(4) $y=-x^2-6x$
$\quad=-(x^2+6x+9-9)$
$\quad=-(x+3)^2+9$
따라서 $x=-3$에서 최댓값은 9이고, 최솟값은 없다.

(5) $y=-x^2+14x-30$
$\quad=-(x^2-14x+49-49)-30$
$\quad=-(x-7)^2+19$
따라서 $x=7$에서 최댓값은 19이고, 최솟값은 없다.

(6) $y=-8x^2+24x-20$
$\quad=-8\left(x^2-3x+\dfrac{9}{4}-\dfrac{9}{4}\right)-20$
$\quad=-8\left(x-\dfrac{3}{2}\right)^2-2$

따라서 $x=\dfrac{3}{2}$에서 최댓값은 -2이고, 최솟값은 없다.

4 답 $3,\ k-9,\ k-9,\ 19$

5 답 $4,\ 7,\ 4,\ 7,\ x^2-8x+23,\ -8,\ 23$

6 답 (1) $y=-5(x-2)^2+20$

(2) 2초

(3) 20 m

(1) $y=-5x^2+20x$
$\quad=-5(x^2-4x+4-4)$
$\quad=-5(x-2)^2+20$

(2), (3) $y=-5(x-2)^2+20$은 $x=2$일 때 최댓값 20을 가지므로 공이 최고 높이에 도달할 때까지 걸리는 시간은 2초이고, 그 높이는 20 m이다.

7 답 $-\dfrac{7}{8}$

$y=2x^2-5x+1$
$\quad=2\left(x^2-\dfrac{5}{2}x+\dfrac{25}{16}-\dfrac{25}{16}\right)+1$
$\quad=2\left(x-\dfrac{5}{4}\right)^2-\dfrac{17}{8}$

따라서 $x=\dfrac{5}{4}$에서 최솟값은 $-\dfrac{17}{8}$이므로

$a=\dfrac{5}{4},\ b=-\dfrac{17}{8}$

$\therefore a+b=\dfrac{5}{4}+\left(-\dfrac{17}{8}\right)=-\dfrac{7}{8}$

8 답 -22

$y=-4x^2+20x+k$
$\quad=-4\left(x^2-5x+\dfrac{25}{4}-\dfrac{25}{4}\right)+k$
$\quad=-4\left(x-\dfrac{5}{2}\right)^2+k+25$

따라서 $x=\dfrac{5}{2}$에서 최댓값은 3이므로

$k+25=3 \quad \therefore k=-22$

9 답 2

$y=-2x^2+mx+n$이 $x=1$에서 최댓값이 4이므로
꼭짓점의 좌표는 $(1,\ 4)$이다.
이때 x^2의 계수는 -2이므로
$y=-2(x-1)^2+4$
$\quad=-2x^2+4x+2$
따라서 $m=4,\ n=2$이므로
$m-n=4-2=2$

10 답 -4

두 수를 $x,\ x-4$라 하고, 두 수의 곱을 y라 하면
$y=x(x-4)=x^2-4x$
$\quad=(x-2)^2-4$
즉, $x=2$에서 최솟값은 -4이다.
따라서 두 수의 곱의 최솟값은 -4이다.